KB091185

365

수학

대한수학회 기획
박부성 · 정경훈 · 이한진 · 이종규 · 이철희

365 수학

모든 사람을 위한 수학 다이어리

사이언스
SCIENCE 북스
BOOKS

박사 학위를 받고 고등과학원에서 박사 후 연구원 생활을 하던 2007년. 탁상 달력을 보다가 말도 안 되는 생각을 떠올렸습니다. '하루하루 날짜마다 관련 있는 수학 내용으로 채운 달력을 만들면 어떨까?'

수학자의 일상은 책상 앞에 앉아 논문과 책을 읽고, 종이에 끼적여 가며 계산하고, 아이디어가 떠올라서 흥분했다가, 그 아이디어가 말도 안 되는 엉터리라는 사실에 좌절하는 이런 매일의 연속입니다. 이 과정에서 아이디어를 짜내느라 아픈 머리를 별생각 없이 쉴 수 있는, 그렇다고 수학을 완전히 떠나지는 않는 놀 거리(?)가 필요했습니다. 심심할 때마다 수학적 사실로 날짜 하나씩을 채워 달력을 만들면 재미있겠다는 생각이 들었습니다. 네. 바보 같은 생각이었습니다.

처음에는 별로 어렵지 않았습니다. 구체적인 수와 관련된 잘 알려진 수학적 사실이 적지 않으니, 3월 14일에는 원주율을 넣고, 1월 2일에는 입체 도형 하나를 그려서 오일러 정리 $V - E + F = 2$를 써 넣는 식으로 금방 몇 개를 채울 수 있었습니다.

내용은 그렇다 치고, 형식은 어떻게 해야 할까 생각하면서 가로 7칸, 세로 5칸짜리 표를 만들고 보니, 보통 달력은 31일이 일요일일 때 24일과 같은 칸에 표시를 하는데, 수학 달력은 그렇게 하기가 곤란하다는 사실을 깨달았습니다. 별생각 없이 심심풀이로 시작한 일이었는데 벌써 뭔가 생각이 많이 필요해졌습니다.

수학자에게는 도널드 커누스(Donald Knuth, 1938년~)가 자신의 책을 위해 직접 개발한 최고의 조판 프로그램 텍(TeX)이 있으니, 이걸로 문서를 만들어서 변환하는 게 달력을 만드는 가장 간명한 방법이었습니다. 단 TeX은 그림을 그리기가 어려워 외부 파일을 쓸 수밖에 없다는 점이 좀 불편했는데, 마침 그 무렵 PGF/TikZ라는 환상적인 패키지가 개발되어 TeX으로 그림을 그리기도 쉬워졌습니다. TikZ 언어를 다시 배워야 했지만, 그 정도는 수학 연구에 지친 머리에 휴식이 되는 셈이었습니다.

틈틈이 달력을 채워 나갔지만, 얼마 지나지 않아 난관에 봉착했습니다. 1일부터 15일 정도까지는 그럭저럭 뭔가를 채울 수 있었지만, 16일부터는 채워 넣을 소재가 부족해져서 20일을 넘어가면 10개도 어려웠습니다. 날짜 하나에 소재가 12개는 있어야 1년치 달력을 만들 수가 있는데!

제 전공이랑 상관도 없는 분야의 책과 논문, 웹사이트를 뒤져 가며 달력을 하나씩 하나씩 채워 갔습니다. 그사이 저는 경남대학교에 임용되어 교수 생활을 시작했고 우리나라는 2014년 세계 수학자 대회(International Congress of Mathematicians, ICM) 유치에 성공했습니다. 조직 위원회 위원으로 선정되어 대회를 준비하면서 수학 달력을 ICM 기념품으로 사용하면 좋겠다는 더 황당한 생각이 들었지만, 달력은 여전히 미완성이었습니다.

ICM 개최를 1년 앞둔 2013년. 마침내 마지막 항목을 채워 365일 모든 날짜에 수학적 사실이나 관련 수식이 들어 있는 2014년 수학 달력의 시제품을 완성했습니다. 거의 7년이 걸린 작업이었습니다. 수학 달력을 만든다는 생각이 얼마나 무모한 일이었는지 실감했습니다.

조직 위원회에 달력을 제작하자는 건의를 올려, 마침내 2015년 수학 달력을 만들어 ICM 행사장에서 세계 각지에서 온 수학자들에게 판매했고 마지막 날 완판했습니다. 이후 대한수학회에서는 매년 수학 달력을 만들어 판매하고 있습니다.

2017년. 다시 한번 무모한 일이 시작되었습니다. 수학 달력을 본 네이버에서 매일매일 그 날짜와 관련된 글을 한 편씩 올리자는 제안이 왔습니다. 수학 달력 내용을 설명하는 글을 올리면 충분하지 않겠냐는 생각이었습니다. 그러나 $1 + 2 = 3$처럼 별다른 쓸 거리가 없는 날을 생각하면 절대 불가능한 제안이었습니다.

그런데도 어쩌다 보니 이 무모한 일이 애초 기획보다 더 커진 상태로 시작되었습니다. 수학 달력과 달리 절대 혼자서는 할 수 없는 일이어서 여러 사람을 끌어들여 천만다행히 하루도 펑크나는 일 없이 2018년 1월 1일부터 12월 31일까지 365개의 글을 연재할 수 있었습니다. 수학 달력과 관련해 두 번이나 무모한 짓을 벌였지만 모두 무사히 마칠 수 있었습니다. 함께 이 무모한 프로젝트에 참여한 필자들도 꽤나 힘들었지만, 일정에 쫓기며 작업해야 했던 네이버 편집 팀도 무진장 스트레스를 받았을 것 같습니다. 이 지면을 빌려 무모한 일에 동참했던 모든 분께 다시 한번 감사의 인사를 드립니다.

이제 세 번째 무모한 일을 벌이려 합니다. 네이버에 연재했던 글을 모으고 다듬어 책으로 발간하게 되었습니다. 365일, 아니 윤년을 생각해 2월 29일까지 366일에 해당하는 글을 모으니 양이 엄청나 1,000쪽을 넘는 책이 되었습니다. 지나고 보니 2018년 연재가 얼마나 말이 안 되는 일이었는지 실감이 납니다. 무슨 배짱이었는지 모르겠습니다. 제작 과정이 오래 걸려서 툴툴거리기도 했는데, 저자 교정본을 받고 보니 ㈜사이언스북스 편집 팀 고생이 이만저만이 아니었겠다는 생각이 들어 죄송스러웠습니다.

매일 날짜에 맞추어 글을 쓴다는 것은 정말로 힘든 일이었습니다. 억지스러워 보이는 주제, 이해하기 어려운 내용도 적지 않을 것 같습니다. 그래도 수학의 흥미로운 모습을 엿볼 수 있는 심심풀이는 될 것 같으니, 독자 여러분께서는 가끔씩 펼쳐서 몇 편 읽어 보시면 좋겠습니다.

2020년 11월
박부성
경남 대학교 수학 교육과 교수

차례

차례

1월의
수학

가장 작은 자연수

날짜마다 그와 관련된 수학을 소개하는 『365 수학』의 첫 번째 글은 1월 1일에 어울리는 숫자 1이 주제이다. 1은 가장 작은 자연수이며, 개수 세기의 기본이라 할 수 있다.

1은 인간에게 가장 자연스러운 수이며 가장 기본이 되는 수여서, 여러 문명에서 짧은 막대기 하나, 또는 점 하나처럼 기본이 되는 하나의 문자로 1을 나타냈고, 이것을 반복하는 방식으로 2와 3을 나타내는 기호를 만들었다.

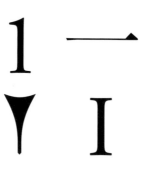

자연수는 직관적으로 자명한 개념으로 생각되지만, 막상 자연수가 무엇인지를 수학적으로 정의하기란 매우 어려워서, 1889년 이탈리아 수학자 주세페 페아노(Giuseppe Peano, 1858~1932년)가 발표한 공리(axiom) 체계에서 비로소 완전한 수학적 정의가 주어졌다.

페아노의 공리에서는 1이 무엇인지를 설명하는 대신 그냥 "1은 자연수이다."를 첫 번째 공리로 둔다. 이와 같이 설명이나 다른 정의 없이 사용하는 개념을 '무정의 용어(undefined term)'라 부른다. 즉 1이 무엇인지를 복잡하게 설명하는 대신 1이 자연수라고 형식적으로 설정해 두는 것이다. 이어서 '다음 수'를 정의하는 방식으로 2, 3, 4, …를 구성한다. 이러한 공리적 접근 방법을 이용해 정수와 유리수를 구성할 수 있고, 이를 이용해 실수와 복소수가 무엇인지까지 수학적으로 정의할 수 있다.

오일러 지표 $V-E+F=2$

정다면체는 각 면이 서로 합동인 정다각형으로 이루어진 다면체이다. 정다면체는 정사면체, 정육면체, 정팔면체, 정십이면체, 정이십면체의 다섯 가지뿐이다. 구현할 수 있는 정다면체는 왜 5개뿐일까?

이들 사이에는 공통점이 있다. 다면체의 꼭짓점의 개수를 V, 모서리의 개수를 E, 면의 개수를 F라 두면 $V-E+F$의 값이 모두 2라는 점이다. 가령 정사면체의 경우 $V=4$, $E=6$, $F=4$이므로 $V-E+F=2$가 됨을 쉽게 확인할 수 있다.

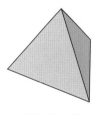

$$V-E+F=2$$

$V-E+F$의 값은 발견자인 레온하르트 오일러(Leon-hard Euler, 1707~1783년)의 이름을 따서 '오일러 지표(Euler characteristic)'라고 부른다. 정다면체뿐만 아니라 구멍이 없는 다면체는 오일러 지표가 2이다. 2라는 값은 구멍이 없는 다면체가 위상적으로 구와 같은 데서 기인한다.

구멍이 있는 다면체의 경우 오일러 지표의 값은 2가 아니다. 다음과 같은 다면체를 생각해 보자. 윗면과 아랫면이 사다리꼴인 사각기둥이다. 이런 사각기둥 4개를 옆면을 따라 붙여 보자. 위에서 보면 한글 자음 'ㅁ' 모양의 다면체가 된다. 이 다면체의 경우 $V=16$, $E=32$, $F=16$으로 오일러 지표를 계산해 보면 $16-32+16=0$이다. 이 다면체는 위상적으로 구면과 같지 않고 도넛 모양의 곡면과 같다.

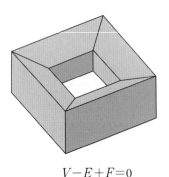

$$V-E+F=0$$

오일러 지표를 이용하면 가능한 정다면체가 5개뿐임을 증명할 수 있다. 아이디어만 간단히 소개하자. 두 가지 관찰에 기인한다. 정다면체의 각 면을 둘러싸는 모서리의 수를 n이라고 하면 $nF=2E$임을 알 수 있다. 정다면체의 각 꼭짓점에 연결된 모서리의 수를 c라고 하면 $cV=2E$임을 알 수 있다. 이를 이용해 $V-E+F=E\left(\dfrac{2}{c}-1+\dfrac{2}{n}\right)=2$를 얻는데, 이 식을 잘 관찰하면 가능한 (c, n)이 $(3, 3)$, $(3, 4)$, $(3, 5)$, $(4, 3)$, $(5, 3)$임을 알 수 있다. 이로써 정다면체는 5개뿐이다.

자연 상수와 원주율 사이:
$e < 3 < \pi$

수학 전반에서는 물론이고 앞으로 심심찮게 등장할 두 상수 e와 π를 소개해 보자.

원주율 π는 '원의 둘레/지름의 길이'로 정의한다. 지름이 1인 원에 내접 정육각형을 그리면, 이 정육각형의 둘레인 3보다 원의 둘레 π가 길다는 사실은 자명하다. 즉 $3 < \pi$임을 알 수 있는데, "돌아가면 멀다."라는 원리를 사용한 예에 해당한다.

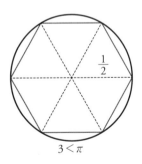

$3 < \pi$

'반지름이 1인 원의 넓이'가 원주율임을 이용해 $3 < \pi$임을 설명하려면 정육각형으로는 충분하지 않다. 최소 정십이각형을 그려야 한다는 걸 확인해 보길 바란다.

원주율 못지않게 중요한 수학의 상수가 '자연 상수' e다. 먼저 구간 $[1, 3]$에서 함수 $y = 1/x$의 그래프와 x-축으로 둘러싸인 영역의 넓이 S를 생각해 보자. 구간 $[1, 3]$을 팔등분하고, 그림에서처럼 넓이를 구하면 $\dfrac{1}{5} + \dfrac{1}{6} + \cdots + \dfrac{1}{12}$ $= \dfrac{28271}{27720} > 1$임을 알 수 있다.

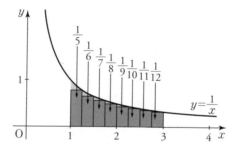

따라서 $S > 1$도 성립한다. 이 사실을 바탕으로 다음과 같이 정의하자. 구간 $[1, a]$에서 함수 $y = 1/x$의 그래프와 x-축으로 둘러싸인 영역의 넓이가 정확히 1인 a값을 자연 상수 e라 정의한다.

이제 $e < 3$임은 당연하다. 궁금한 분들은 $e > 2.5$임을 입증해 보길 바란다. 무엇을 보여야 할지 알 수 있겠는가?

허수 단위 i를 네 번 곱하면: $i^4=1$

제곱해 -1이 되는 '가상의 수'를 i라고 쓴다. 즉 $i^2=-1$을 만족한다는 뜻인데, 실수 중에서는 제곱해 -1이 되는 수가 없으므로 이 수는 실수(real number)가 아니다. 그래서 이 수는 현실적이지 않은 수라는 뜻에서 가상의 수(imaginary number), 좀 더 짧게 '허수'라 한다.

이름도 그렇고, 애초부터 '가상의 근'을 써서 허수를 도입하는 경우가 대부분이어서, 많은 이들이 '허수는 방정식을 풀고 연산하기 위해 만든 것일 뿐 세상에는 존재하지 않는 수'라는 편견을 가지기도 한다.

이 수를 처음 도입했던 혼란스러운 시기에는 그런 생각도 무리는 아니었을 것이다. 하지만 이제 수학에서 허수는 더는 그런 식으로 생각되지 않으며, 무척 자연스럽게 발생하는 수임이 통찰된 지 오래지만 이 사실은 어쩐지 잘 알려지지 않았다.

허수에 앞서 가상의 수 노릇을 했던 수가 바로 '음수'다.

음수에 대한 이해가 정착된 것은 실수들의 세상을 수직선으로 모형화한 뒤부터다. 이제 음수 −1에 대한 이해를 한 단계 올려 보자. 수 자체로 이해하는 것을 넘어서 "−1을 곱한다."라는 말이 무엇인지 생각해 보자. −1은 수직선에 어떤 작용(action)을 하는가? 0을 중심으로 수직선을 180도 회전한다! 예를 들어 −2는 180도 회전한 후, 0을 중심으로 2배 늘리는 작용을 한다. 덤으로 음수에 음수를 곱하면 양수인 이유가 또 한 번 설명된다. 180도 회전을 두 번 하면 회전하지 않는 수인 양수를 얻기 때문이다!

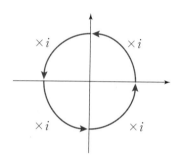

　　이제 수직선이라는 1차원을 벗어나는 순간 대단히 현실적인 수가 탄생한다. 수직선을 90도 회전하는 작용에 "i를 곱한다."라는 고급스러운 표현을 쓰기로 하는 것이다. 180도 회전은 i를 두 번 곱해야 하는데, 이는 −1을 곱하는 것에 해당함을 알고 있다. 따라서 $i^2 = -1$이다! 마찬가지로 $i^4 = 1$은

90도 회전을 네 번 하면 제자리로 돌아온다는 사실을 말해 준다. 평면이 현실적인 것만큼이나 허수도 현실적인 수임을 짐작할 수 있길 바란다.

평면을 벗어나 3차원으로 가면 어떨까? 의외로 만만치 않은 난관이 있는데 「3월 4일의 수학」을 참고하기 바란다.

정오각형과 황금비

우리가 흔히 그리는 별은 정오각형의 대각선을 연결한 모양이다. 기록에 따르면 자와 컴퍼스를 써서 정오각형 작도에 처음으로 성공한 사람은 피타고라스(Pythagoras, 기원전 580~500년)라고 하며, 이를 기념해 피타고라스 학파는 원 안에 오각별을 그린 문양을 상징으로 사용했다고 한다.

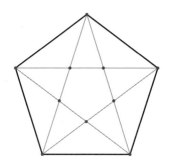

정삼각형, 정사각형, 정육각형을 자와 컴퍼스로 작도하기는 쉽지만, 정오각형을 작도하기란 어려운 일이다. 정 n 각형을 작도하려면 결국 한 각이 $360/n$ 도인 삼각형을 작도해

야 하고, 삼각형의 변의 비에 해당하는 값들을 알아야만 한다. 정오각형에서는 한 변의 길이, 대각선의 길이 등이 이루는 비를 구해 이런 값을 알아낼 수 있는데, 정삼각형, 정사각형, 정육각형과 달리 정오각형에서는 이런 비를 곧장 구할 수 없다는 데 작도의 어려움이 있다.

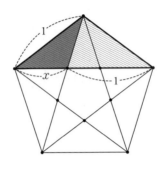

그림에서 빗금으로 표시된 삼각형과 검은색 삼각형이 닮았다는 사실로부터 다음 비례식을 얻을 수 있다.

$$1 : x = x + 1 : 1.$$

미지수 x의 값을 구하면 $x = \dfrac{\sqrt{5}-1}{2}$가 되고, 이로부터 $1 : x$의 비의 값은 황금비가 된다. 이렇게 생각하면 정오각형에는 황금비를 이루는 선분이 아주 많이 숨어 있으며, 이를 이용해 정오각형을 작도할 수 있다. 또한 검은색 삼각형을 절반으로 잘라 직각삼각형을 만들어 보면, 직각삼각형의 세 각이 각각 36도, 90도, 54도라는 사실로부터 $\cos 36° = \dfrac{1+\sqrt{5}}{4}$ 를 얻을 수 있고 이를 이용해 원에 내접하는 정오각형도 작도할 수 있다. 이 값은 황금비의 절반이기도 하다.

자연은 정육각형을 선호하는가?

벌집은 왜 육각형 모양으로 되어 있을까? 벤젠의 분자 구조
나 눈송이의 결정은 왜 육각형 모양을 하고 있을까? 혹시 자
연은 정육각형을 선호하는 것일까?

　우리는 같은 크기의 정육각형 모양의 타일로 바닥을 덮
을 수 있지만, 같은 크기의 정오각형으로는 할 수 없다. 물론
정사각형이나 정삼각형 타일로는 바닥을 덮을 수 있다. 그러
나 바닥이 심하게 좌우로 흔들린다면 정사각형과 정삼각형
타일은 쉽게 어긋나지만, 정육각형 타일은 맞물림이 생기기
때문에 어긋나기 쉽지 않다. 훨씬 더 안정적인 것이다. 그래서
자연은 정육각형을 선호하는지도 모른다.

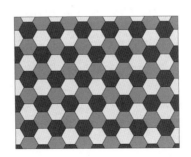

정육각형 타일에서 각 타일 내부에 원을 내접시키면 동일한 원으로 된 평면의 타일링을 얻을 수 있다. 이는 같은 크기의 원으로 가장 **빽빽**하게 평면을 덮는 방법이다. 벌집 추측(honeycomb conjecture)이라 불리는 질문 중 하나는 '평면을 같은 면적을 갖는 영역으로 나누면서 그 영역을 둘러싸는 경계들의 전체 길이를 가장 작게 하는 방법은 정육각형 타일링인가?'라는 것이다. 이 추측은 1999년 미국 수학자 토머스 헤일스(Thomas Hales, 1958년~)가 증명했다. 자연은 에너지를 최소화하고 싶어 한다는 원리가 있는데, 벌집 추측은 이와 상통하며 그런 점에서 다시 한번 자연이 정육각형을 선호하는 것 같다는 믿음을 강화해 준다.

자연에서 발견되는 육각형 구조는 공학적인 난제를 해결해 주기도 한다. 파리의 눈은 벌집 모양과 같은 육각형 모양의 미세한 눈 결정 수백 개로 이루어져 있어 한 조각이 망가져도 다른 조각이 기능해서 시력이 작동하게 되어 있다. 태양 전지를 개발하는 공학자들은 이 벌집 모양 구조에 영감을 받아, 태양 전지 배열을 이와 유사하게 해서 효율성을 높일 수 있었다.

142857의 신비

142857에는 신기한 성질이 있다. 이 수에 2를 곱하면 285714가 되어 원래 수를 자리만 옮긴 모양이고, 3을 곱하면 428571이 되어 역시 같은 수를 자리만 옮긴 모양이 된다. 이런 식으로 6까지 곱한 결과가 모두 142857을 순환적으로 자리를 옮긴 수가 된다. 그리고 7을 곱하면 999999가 된다.

$$142857 \times 2 = \boxed{14}\,2857\,\mathbf{14}$$

$$142857 \times 3 = \boxed{1}\,42857\,\mathbf{1}$$

$$142857 \times 4 = \boxed{1428}\,57\,\mathbf{1428}$$

$$142857 \times 5 = \boxed{14285}\,7\,\mathbf{14285}$$

$$142857 \times 6 = \boxed{142}\,857\,\mathbf{142}$$

$$142857 \times 7 = \ 999999$$

이런 일이 생기는 이유를 알아보자. 분수 $\frac{1}{7}$을 소수로 나타내면 142857이 반복해 나타난다. 이런 소수를 순환 소수라 하며, 142857을 순환 마디라 부르고 순환 마디의 시작과 끝에 점을 찍어 다음과 같이 나타낸다.

$$\frac{1}{7}=0.142857142857\cdots=0.\dot{1}4285\dot{7}.$$

142857에 2를 곱하는 것은 $\frac{2}{7}$를 계산하는 것과 마찬가지인데, 1을 7로 나누는 과정에서 나머지가 2인 단계가 나타나므로 $\frac{2}{7}$의 순환 마디는 $\frac{1}{7}$의 순환 마디를 옮기는 것과 같다.

같은 식으로, 1을 7로 나누는 과정에서 나머지로 3, 4, 5, 6이 모두 나타나므로 $\frac{3}{7}$, $\frac{4}{7}$, $\frac{5}{7}$, $\frac{6}{7}$의 순환 마디는 모두 142857을 옮긴 모양이 된다.

$$\begin{array}{r} 0.142857 \\ 7\overline{)1\,0} \\ 7 \\ \hline 3\,0 \\ 2\,8 \\ \hline 2\,0 \\ 1\,4 \\ \hline 6\,0 \\ 5\,6 \\ \hline 4\,0 \\ 3\,5 \\ \hline 5\,0 \\ 4\,9 \\ \hline 1 \end{array}$$

이렇게 생각하면 142857에 7을 곱하는 것은 $\frac{7}{7}$의 계산과 마찬가지이고, 이것을 순환 소수로 나타내면 9가 무한히 반복되는 0.999999$\cdots$이므로 142857 × 7 = 999999가 됨을 알 수 있다.

142857과 같이 연속한 자연수를 곱할 때 숫자들이 순환하며 나타나는 수를 '순환수(cyclic number)'라 하며, 이와 같은 성질은 1을 7로 나누는 과정에서 2, 3, 4, 5, 6이 모두 나머지로 나타나기 때문에 성립한다. 1을 17로 나누는 과정에서도 1부터 16까지가 모두 나타나므로, $\frac{1}{17}$의 순환 마디인

0588235294117647도 순환수가 된다. 단, 이때는 첫 번째 숫
자인 0을 포함해 16자릿수로 생각한다.

피자 정리

우리는 보통 피자 한 판을 8개의 똑같은 크기의 부채꼴로 나누어 먹는다. 만약 피자의 정중앙이 아닌 곳을 중심으로 해, 45도를 이루도록 네 직선으로 나눈다면 어떻게 될까? 그림처럼 만든 여덟 조각은 넓이가 제각각일 텐데, 만약 하나씩 건너서 흰 부분과 검은 부분을 모은다면 두 부분의 넓이는 같을까?

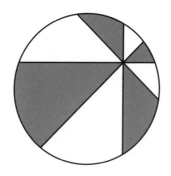

부채꼴 모양이 아니어서 각 영역의 넓이를 구하기가 쉽지 않지만, 실제로 계산해 보면 놀랍게도 흰색 부분의 넓이의

합과 검은색 부분의 넓이의 합은 똑같다. 네 직선이 원 위의 어느 한 점에서 만나든, 그 점을 중심으로 네 직선이 팔등분해 8개의 영역을 만든 다음, 그 넓이를 하나씩 건너가며 더하면 그 값은 일치한다. 이 결과를 '피자 정리(pizza theorem)'라 부른다.

처음에 수학자들이 피자 정리를 증명할 때는 복잡한 계산을 한참 해야 했다. 그런데 1994년 각 영역을 잘라 재조합하는 방식의 증명이 발견되었다. 다음 그림에서 같은 색 도형은 서로 합동이어서 흰색 부분의 넓이의 합과 검은 부분의 넓이의 합이 같음을 한눈에 알 수 있다.

피자 정리는 일반화되어 십이등분, 십육등분, 이십등분…… 하는 경우에도 하나씩 건너가며 넓이를 더한 값들이 일치하며, 그 외의 경우에는 하나씩 건너가며 넓이를 더한 두 합이 다를 수 있음이 증명되어 있다.

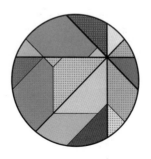

1234를 9로 나눈 나머지는 1

어떤 자연수를 9로 나눈 나머지는 쉽게 구할 수 있다. 예를 들어 1234를 9로 나눈 나머지를 구하기 위해서는 '자릿수합(digit sum)' 1＋2＋3＋4＝10을 구하고, 이걸 9로 나눈 나머지인 1을 구하면 된다. 사실 여기서도 한 번 더 자릿수합을 구해 1＋0＝1이 나머지라고 말해도 좋다. 실제로

$$1234＝9\cdot137＋1$$

임을 확인할 수 있다. 자릿수합을 구하는 것을 반복해 도달한 한 자릿수를 최종 자릿수합이라 부르자. 만약 최종 자릿수합이 9일 때는 나머지가 0이라고 해석해야 한다.

왜 자릿수합을 9로 나눈 나머지와 원래 수를 9로 나눈 나머지가 같을까? 1234개의 물건을 1000개들이 주머니 1개, 100개들이 주머니 2개, 10개들이 주머니 3개, 1개들이 주머니 4개에 넣었다고 하자. 각 주머니에서 하나씩 꺼내면 각 주머니에 남은 것들은 999개, 99개, 9개, 0개 등으로 모두 9의

배수이기 때문에, 꺼낸 것들의 개수를 9로 나눈 나머지가 전체 개수를 9로 나눈 나머지와 같은 것이다. 꺼낸 것들의 개수는 주머니의 수 1＋2＋3＋4인데 바로 자릿수합이다.

최종 자릿수합이 9가 나왔다면 9로 나눈 나머지가 0이라는 뜻이므로, 원래 수는 9의 배수라는 결론이 나온다. 이를 이용하면 어떤 수가 9의 배수인지 아닌지를 간편하게 판정할 수 있다.

또한 최종 자릿수합을 이용하면 복잡한 계산에 오류가 있는지 간편하게 검사할 수 있다. 예를 들어 3567 × 9442 ＝33678614라는 계산이 맞는지 확인하고 싶다고 하자. 3567과 9442의 자릿수합은 21, 19이므로 최종 자릿수합은 3, 1이다. 이를 곱하면 3이 나온다. 그런데 33678614의 자릿수합은 38이므로 최종 자릿수합은 2다. 이 둘이 같지 않으므로, 이 계산은 옳지 않다는 사실을 알 수 있다. 이런 식으로 자릿수합을 이용해 검산하는 방법을 '구거법(check of nines)'이라 하는데, 비록 만능은 아니지만 상당히 유래가 깊은 검산법이다.

10진법

우리가 수를 나타낼 때는 보통 일의 자리, 십의 자리, 백의 자리……를 숫자 하나씩으로 나타내는 표기법을 사용한다. 즉 2018은 일의 자리 8, 십의 자리 1, 백의 자리 0, 천의 자리 2를 써서 $8 \times 1 + 1 \times 10 + 0 \times 100 + 2 \times 1000$을 뜻하는 것이다. 이런 표기 방법을 10진법이라 부른다.

인류 역사를 살펴보면 12개나 20개를 단위로 하는 표기도 없지는 않으나, 거의 모든 문명권에서 10진법을 기본 표기법으로 사용했다. 한국어에서 '십(10)' 다음 수가 '십일(11)'이고, '십(10)'의 2배가 '이십(20)'이고, '일, 십, 백, 천, 만'처럼 10배가 될 때마다 새로운 수의 이름이 나오는 것도 10진법에 따른 것이다. 물론, 한국어의 '스물, 서른', 영어의 'eleven, twelve'처럼 작은 범위에서 예외가 있기는 하다.

수를 나타내는 방식이 10진법을 기본으로 하게 된 것은 당연히 사람의 손가락이 10개였기 때문이다. 개수를 셀 때

10개씩 한 묶음으로 세는 것이 자연스러우므로 수의 표기가 10진법을 따르는 것은 당연한 일이었고, 한 손을 기준으로 한 5진법이나 발가락까지 포함한 20진법이 보조 표기 방법이 되는 것도 당연했다.

그런데 10진법을 기본으로 하기는 하나, 10배가 될 때마다 새로운 이름을 매번 정해야 한다면 수 이름이 너무 많아지는 불편이 있다. 그래서 '만(10,000)'을 10배한 수는 새로운 이름을 정하는 대신 '십만(100,000)'으로, '십만'을 10배한 수는 '백만', '백만'을 10배한 수는 '천만'으로 부르고, '천만'을 10배한 수, 즉 '만'을 1만 배한 수에 이르러 새로운 이름을 정해 '억'으로 부른다. 이런 식으로 1만 배가 될 때마다 새로운 이름을 정하는 방식을 편의상 '만진법(萬進法)'이라 한다. 영어는 'thousand(1,000)'을 10배할 때마다 ten thousand, one hundred thousand로 부르고, thousand를 천 배 한 수를 'million'이라는 새로운 이름으로 부른다. 이런 방식을 '천진법(千進法)'이라 한다. 큰 수를 나타낼 때 세 자리마다 쉼표(,)를 찍는 것도 영어의 천진법에 따른 것이다.

이런 표기법의 또 다른 문제 하나는, 수가 너무 크면 그 수를 나타내는 이름이 없을 수도 있다는 점이다. 예컨대 백(100)을 100번 곱한 수는 어떻게 나타내야 할까? 이런 수를 부르는 이름은 없지만, 이름을 고민할 필요 없이 1 뒤에 0을 200개 나열하면 된다. 이것은 0부터 9까지 10개의 숫자를 반복해 나열하는 방식으로 수를 나타낼 수 있기에 가능한 것으로, 0이라는 숫자가 발명되지 않았다면 불가능한 표기법이었다.

　　현대 컴퓨터는 0과 1의 두 상태를 기본으로 하는 2진법에 바탕을 두니, 8진법이 기본인 세상이라면 더 자연스럽게 컴퓨터를 이해할 수 있을지도 모르겠다. 10진법에서 세 자리씩 묶어서 읽는 천진법처럼, 2진법에서 세 자리씩 묶어서 읽는 방법은 8진법이 되기 때문이다. 그러니 사람의 손가락이 8개인 애니메이션 「심슨 가족(The Simpsons)」의 등장 인물은 손가락이 10개인 우리보다 컴퓨터에 더 익숙하지 않을까?

샘 로이드의 호수 퍼즐

20세기 초에 활동했던 샘 로이드(Sam Loyd, 1841~1911년)는 역사상 최고의 퍼즐 작가로 손꼽히는 인물이었다. 그는 아들과 함께 대를 이어 수천 개의 수학 퍼즐을 만들어 냈고, 유명한 수학 퍼즐은 대부분 로이드의 작품이거나 그의 영향을 받은 것이라고 해도 과언이 아니다. 그의 작품 가운데 '호수 퍼즐'로 알려진 걸작 문제를 알아보자.

이 문제는 정사각형 모양의 땅으로 둘러싸인 삼각형 모양 호수의 넓이를 구하는 것으로, 다음 그림처럼 세 땅의 넓이는 각각 74에이커, 116에이커, 370에이커이다.

삼각 함수를 이용해 복잡한 계산을 하면 삼각형의 넓이를 구할 수 있지만, 이렇게 풀어야 하는 문제라면 수학 퍼즐이라기보다는 어려운 수학 문제라고 해야 할 것 같다.

로이드는 이 문제를 다음과 같은 방법으로 교묘하게 해결했다.

먼저 $74=5^2+7^2$이므로, 피타고라스 정리로부터 높이가 5이고 밑변 길이가 7인 직각삼각형을 생각할 수 있다. 또, $116=4^2+10^2$이므로 이번에는 높이가 4이고 밑변 길이가 10인 직각삼각형을 생각할 수 있다. 이 두 직각삼각형을 다음 그림처럼 배열하면 높이가 9이고 밑변 길이가 17인 직각삼각형을 만들 수 있고, $370=9^2+17^2$이므로 호수의 넓이는 아래 그림에서 좁고 긴 삼각형의 넓이가 된다.

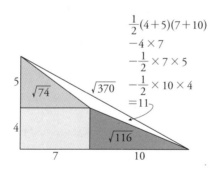

$$\frac{1}{2}(4+5)(7+10)$$
$$-4 \times 7$$
$$-\frac{1}{2} \times 7 \times 5$$
$$-\frac{1}{2} \times 10 \times 4$$
$$=11$$

따라서 호수의 넓이는

$$\frac{1}{2} \times 9 \times 17 - 4 \times 7 - \frac{1}{2} \times 5 \times 7 - \frac{1}{2} \times 4 \times 10 = 11$$

(에이커)

이다.

접촉수

평면 위에서 한 원 주위에 똑같은 원을 최대한 많이 배열한다면 몇 개를 배열할 수 있을까? 알기 쉽게 동전으로 바꾸어 생각하면, 100원짜리 동전이 여러 개 있을 때, 한 동전 주위로 몇 개의 동전을 둘러놓을 수 있겠냐는 것이다. 당연하게도 다음 그림과 같이 6개의 원을 배열하는 것이 최선이다. 이때 가운데 원에 접촉하게 주위에 놓을 수 있는 원의 최대 개수를 '접촉수(kissing number)'라 한다.

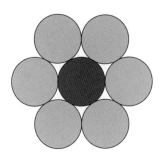

이제 같은 질문을 3차원 공간에서 똑같은 구들로 바꾸

어 생각해 보자. 구 주위에 몇 개의 구를 놓을 수 있을까? 이 문제는 누구나 생각할 수 있는 자연스러운 문제지만, 정답을 구하기는 매우 어렵다.

아이작 뉴턴(Isaac Newton, 1642~1727년) 시대에도 이 문제에 대한 논쟁이 있었다. 뉴턴은 3차원 구의 접촉수가 12라고 주장했지만, 동시대의 뛰어난 수학자였던 데이비드 그레고리(David Gregory, 1659~1708년)는 13이 정답이라고 주장했다.

주위에 배치하는 구들의 중심이 대칭성 있게 배열되는 경우를 생각해 보면 이 중심들이 정다면체를 이루게 되고, 그러면 가장 조밀한 경우는 정이십면체가 된다. 이때 꼭짓점의 개수가 12이므로, 정이십면체의 꼭짓점에 해당하는 위치에 구를 놓으면 접촉수 12인 배열을 만들 수 있다.

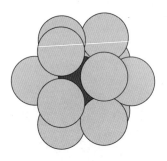

언뜻 생각하면 이것이 당연히 최선 같은데, 위 그림에서처럼 실제로는 바깥에 놓인 구들 사이가 조금씩 떨어져 있어

서 문제가 된다. 혹시 12개의 구를 조금씩 움직이면 구 하나가 더 들어갈 정도의 공간이 나오지 않을까? 그레고리의 주장도 바로 이것이었다. 그러나 당시 수학과 기술로는 접촉수 13이 가능한지 불가능한지를 판정하기가 매우 어려웠다. 이 문제의 정답이 12라는 논리적인 증명은 1953년에 이르러서야 겨우 완성되었다.

당연하게도 이 문제는 일반적인 차원에 대해서도 연구되었다. 현재 고차원에서 정확한 접촉수가 알려진 경우는 4차원 접촉수 24, 8차원 접촉수 240, 24차원 접촉수 196560뿐이다. 다른 차원에서는 3차원처럼 고차원 구들 사이가 조금씩 떨어져 있게 되지만, 8차원과 24차원에서는 바깥에 배열한 고차원 구들이 서로 맞붙기 때문에 다른 구가 들어갈 여유가 없어 정확한 접촉수를 계산할 수 있다.

13은 피타고라스 소수

소수(prime number) 중에서 두 제곱수의 합으로 쓰일 수 있는 수를 피타고라스 소수라 한다. $13=2^2+3^2$와 같이 쓸 수 있다. 소수 7은 제곱수의 합으로 표현할 수 없기 때문에 피타고라스 소수가 아니다.

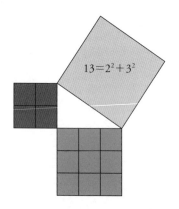

소수 중에서 어떤 수가 피타고라스 소수가 될까? 피타고라스 소수에 대한 필요 충분 조건을 발견한 사람은 알베르 지라르(Albert Girard, 1595~1632년)이지만 피에르 드 페르마

(Pierre de Fermat, 1601~1665년)의 정리로 더 잘 알려져 있다.

> 정리(지라르-페르마의 정리): 홀수인 소수 p가 두 제곱수의 합으로 표현될 필요 충분 조건은 p를 4로 나누었을 때 나머지가 1이 되는 것이다.

    이 정리에 따르면 17, 29, 37, 41 같은 소수들이 피타고라스 소수가 된다. 지라르-페르마의 정리를 처음으로 증명한 사람은 오일러다. 오일러는 제곱수의 합으로 표시되는 수들이 갖는 특성을 잘 이용함으로써 증명에 성공할 수 있었다.

    제곱수의 합으로 표시되는 수는 2차 형식이라 불리는 좀 더 일반적인 형태의 수에 대한 연구로 이어졌다. 2차 형식이란 2개의 변수와 2차식만으로 이루어진 것인데 가령 $x^2 + 4xy + 7y^2$이 2차 형식이다. 페르마는 피타고라스 소수에 대한 정리뿐만 아니라 $x^2 + 2y^2$나 $x^2 + 3y^2$ 형태의 소수를 결정하는 필요 충분 조건도 제시했다. 전자의 형태를 갖는 소수는 8로 나누었을 때 나머지가 1이나 3이 되어야 하며, 후자의 형태를 갖는 소수는 3으로 나누었을 때 나머지가 1이 되어야 한다.

    2차 형식은 카를 프리드리히 가우스(Carl Friedrich Gauss, 1777~1855년)를 거치면서 근대 정수론의 중요한 연구 대상이 되었다. 가우스는 임의의 2차 형식 $ax^2 + bxy + cy^2$이 계수 사이의 특별한 관계를 가지는 형태로 환원될 수 있음을 보였다. 따라서 특별한 관계를 가지는 기본형에 대한 연구에만 초점을 맞추면 된다.

2014년 필즈 메달을 받은 인도계 캐나다 수학자 만줄 바르가바(Manjul Bhargava, 1974년~)의 업적 중 하나는 2차 형식에 대한 가우스의 합성 법칙을 고차 형식으로 일반화한 것이었다. 바르가바의 기하학적 아이디어는 가우스의 아이디어를 새롭게 이해하는 시각을 제시함으로써 사람들을 놀라게 했다.

원환면의 삼각 분할

위상 수학(topology)의 중요한 주제 가운데 하나는 곡면을 분류하는 것이고, 이때 중요한 도구 가운데 하나가 곡면을 삼각형으로 분할하는 삼각 분할(triangulation)이다. 삼각형은 가장 기본적인 평면 도형이고, 주어진 대상을 단순한 구조로 분할하는 것은 수학의 기본 착상이기에 삼각 분할은 곡면의 성질 연구에 기본적인 도구라 할 수 있다. 여기서 삼각 분할은 삼각형의 꼭짓점은 꼭짓점끼리, 변은 변끼리 만나는 경우만 생각하며, 꼭짓점이 다른 삼각형의 변 위에 있는 경우는 생각하지 않는다.

구면의 삼각 분할을 생각해 보면, 구에 가까운 정다면체, 예컨대 정이십면체 같은 것을 생각한 다음 이 입체에 바람을 불어넣어 부풀게 한다고 생각하면 된다. 이 경우 구면을 20개의 삼각형으로 분할한 것으로 생각할 수 있다. 또한 각 삼각형을 다시 더 작은 삼각형으로 분할할 수 있으므로, 구면의 삼각 분할에 필요한 삼각형의 수는 얼마든지 늘어날 수 있다. 그렇다면 구면의 삼각 분할에 필요한 삼각형의 최소 개수는 몇 개일까? 이 경우, 정사면체를 생각한 다음 바람을 불어 넣는다고 생각하면 4개의 삼각형으로 구면을 삼각 분할할 수 있고, 당연히 이것이 최소 개수가 된다.

구면과 완전히 다른 곡면인 원환면(torus)은 어떨까? 원 환면은 고리 모양을 이루는 곡면으로, 쉽게 말해 도넛의 표 면을 일컫는 수학 용어라고 생각하면 된다. 직접 원환면을 들 여다보고 삼각 분할하는 것은 상상이 잘 되지 않아서 수학자 들은 간단한 모형을 만들었다. 직사각형을 하나 놓고, 아래위 두 변을 맞붙인다고 생각해 보자. 그러면 그 결과는 원기둥이 다. 이제 이 원기둥 모양의 양옆에 있는 원을 다시 맞붙이면 바로 원환면이 된다. 아래 그림은 직사각형에서 맞붙이는 두 변의 방향을 화살표로 나타낸 것이다. 각 변을 맞붙이고 나면 직사각형의 네 꼭짓점이 한 점에서 만나기 때문에 네 꼭짓점 모두 A로 표시했다.

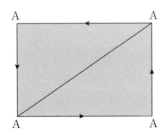

언뜻 생각하면 원환면의 삼각 분할은 위 그림처럼 대각

선을 따라 직사각형을 둘로 나누는 것으로 충분해 보인다. 그러나 이 분할에서는 삼각형의 세 꼭짓점이 모두 한 점 A라는 불합리한 일이 벌어진다. 또한 아래위 두 변이 같은 변이고, 좌우 두 변이 같은 변이며, 대각선은 공유하고 있어서, 결국 하나의 면 위에 있는 서로 다른 두 삼각형이 같은 삼각형이라는 이상한 결론이 나온다. 따라서 삼각 분할을 할 때는 삼각형이 서로 다른 세 변과 서로 다른 세 꼭짓점을 가져야 하며, 서로 다른 삼각형은 아예 만나지 않거나, 한 꼭짓점만 공유하거나, 한 변과 그 양 끝점만을 공유해야 한다. 다음 그림은 이 조건을 만족하는 삼각 분할의 한 예이다. 아래위의 두 B 점은 이 둘이 서로 맞붙는다는 것을 나타낸다. 점 C, 점 D, 점 E 모두 마찬가지다.

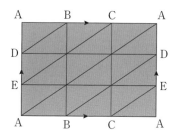

위 삼각 분할은 18개의 삼각형을 이용해야 한다. 이보다 더 적은 개수로 삼각 분할하려면 어떻게 해야 할까? 다음 쪽의 그림은 각 변에 3개의 변이 오도록 하면서 안쪽의 삼각형을 교묘하게 배치해 14개의 삼각형으로 분할한 것으로, 이것이 원환면의 최소 삼각 분할이다.

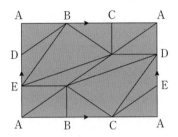

삼각수와 이항 계수:
$$1+2+3+4+5=\binom{1+5}{2}=15$$

n개의 물건에서 k개를 골라 조합을 만드는 방법의 수를 교과서에서는 $_nC_k$라는 기호로 쓰는데, 수학계에서는 $\binom{n}{k}$로 쓰는 것이 보통이다.

예를 들어 $\binom{6}{2}$는 6개의 물건에서 2개를 고르는 방법의 수다. 먼저 6개 중 아무거나 하나 고른 다음, 남은 5개 중 아무거나 고르면 되므로 모두 $6\cdot5$가지일까? 아니다. 우리가 고른 두 가지 물건을 A, B라 하면, 처음에 A를 고른 뒤 나중에 B를 고른 것과 처음에 B를 고른 뒤 나중에 A를 고르는 것을 중복해서 세었다. 따라서 구하는 답은 $\dfrac{6\cdot5}{2}=15$이다.

$\binom{n}{2}=\dfrac{n(n-1)}{2}$임은 같은 논법을 쓰면 알 수 있고, 조금 더 깊게 생각해 보면 $\binom{n}{3}=\dfrac{n(n-1)(n-2)}{3\cdot2}$임을 알 수 있다. 아예 일반적으로

$$\binom{n}{k}=\frac{n(n-1)\cdots(n-k+1)}{k!}=\frac{n!}{k!\,(n-k)!}$$

이 성립함도 알 수 있지만, 여기서는 이쯤에서 그치자.

우리 관심사는 $1+2+\cdots+m=\binom{1+m}{2}$ 라는 사실이다. 이를 입증하는 방법은 많이 알려져 있는데, 때로는 그림 하나가 어떤 말이나 설명보다 강력한 법이다. 다음 그림들을 찬찬히 보면 "아하!"라고 외칠 것이라고 믿는다.

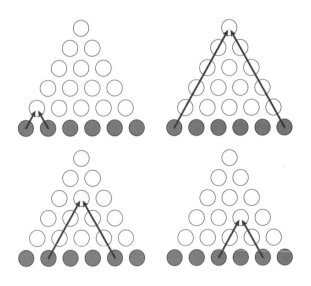

헤론의 공식

세 변의 길이가 a, b, c인 삼각형에서 $s=\dfrac{a+b+c}{2}$라 두면, 삼각형의 넓이 S는 $S=\sqrt{s(s-a)(s-b)(s-c)}$로 주어진다는 사실은 고대로부터 잘 알려져 있다. 이를 헤론(Heron, 10~70년)의 이름을 따서 헤론의 공식(Heron's formula)이라 부른다. 제곱근의 기호를 피하고 s값을 실제로 대입한 모양인

$$16S^2=(a+b+c)(-a+b+c)(a-b+c)(a+b-c)$$

도 자주 쓰이는 형태다.

헤론의 공식은 대개 피타고라스 정리를 써서 증명하는데, 가장 막무가내식 방법이라면 밑변을 c라 두고 높이를 h라 두어

$$\left|\sqrt{a^2-h^2}\pm\sqrt{b^2-h^2}\right|=c$$

로 만든 뒤 제곱해 정리하는 방법일 것이다. 도중에 나오는

$4c^2h^2$을 $16S^2$으로 바꾸는 게 요령이라면 요령이다.

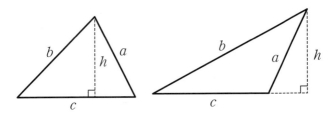

　그런데 헤론의 공식이 실은 피타고라스 정리와 동등하다는 것, 즉 헤론의 공식으로 피타고라스 정리를 증명할 수 있다는 간단한 사실은 별로 알려져 있지 않은 듯싶다. (물론 피타고라스 정리를 쓰지 않고 헤론의 공식을 먼저 증명하는 만만치 않은 일부터 해야 하는데, 예를 들어 삼각형의 '방심(excenter)'이라 부르는 점의 성질을 이용해서 증명할 수 있다.)

　빗변의 길이가 c이고, 밑변의 길이와 높이가 각각 a, b인 직각삼각형이 있다고 하자. 이 삼각형에 헤론의 공식을 적용해도 피타고라스 정리를 얻을 수 있지만, 계산을 줄여 줄 아이디어가 있다. 이 삼각형을 좌우 대칭해 붙여 주면 세 변의 길이가 $2a$, c, c인 삼각형이 나온다. 밑변의 길이가 $2a$, 높이가 b이므로 이 삼각형의 넓이는 ab이다.

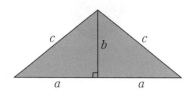

따라서 헤론의 공식을 먼저 증명했다면,

$$16(ab)^2 = (2a+2c)(-2a+2c)(2a)(2a)$$

가 성립해야 하고, 이로부터 $b^2 = -a^2 + c^2$이 나와서 피타고라스 정리가 증명된다.

그럼에도 우리는 헤론의 공식보다는 피타고라스 정리를 더 사랑한다. 공식도 훨씬 단순하고, 응용하기도 쉽기 때문일 것이다. 게다가 증명도 더 쉽고 다양하다.

정십칠각형은
자와 컴퍼스로 작도 가능하다

정 n각형은 자와 컴퍼스만으로 작도가 가능할까? 언제 이것이 가능한지에 대한 필요 충분 조건을 찾아낸 사람은 가우스이다.

> 정리(가우스의 정리): 정 n각형이 자와 컴퍼스만으로 작도 가능할 필요 충분 조건은 n이 2의 거듭제곱과 서로 다른 페르마 소수들의 곱으로 표현되는 것이다.

페르마 소수(Fermat prime)란 $2^{2^m}+1$형태의 소수를 말한다. 17은 $17=2^{2^2}+1$이므로 페르마 소수이다. 따라서 가우스의 정리에 의하면 정십칠각형은 자와 컴퍼스로 작도 가능하다.

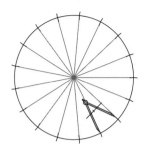

　　2^k+1 꼴의 수가 소수이기 위해서는 k가 2의 거듭제곱이 돼야 한다는 다음의 관찰부터 살펴보자. 먼저 $k=2^r s$, ($s>1$인 홀수)라고 가정하자. 등식

$$a^s+b^s=(a+b)\,(a^{s-1}-a^{s-2}b+\cdots+b^{s-1})$$

에서 $a=2^{2^r}$, $b=1$이라 두면

$$2^k+1=(2^{2^r})^s+1=(2^{2^r}+1)\,((2^{2^r})^{s-1}-\cdots+1^{s-1})$$

을 얻는다. 이는 2^k+1이 소수라는 가정과 모순이다.

　　페르마는 $2^{2^m}+1$이 모두 소수라고 예상했는데, $m=5$인 경우에 $2^{2^5}+1=641\times6700417$로 합성수임을 오일러가 밝혔다. 현재까지 알려진 페르마 소수는 $m=0, 1, 2, 3, 4$인 경우 5개뿐이다. m이 5와 32 사이의 수라면 모든 페르마 수가 합성수임이 밝혀진 것은 최근의 일이다. $m = 20$, 24인 경우에는 페르마 수가 합성수라는 것만을 알 뿐, 어떤 약수를 가지는지 전혀 알지 못한다. m번째 페르마 수가 만약 합성수라면 약수는 $2^m L + 1$ 형태여야 한다는 사실만 알려져 있을 뿐이다.

세제곱수를 5로 나눈 몫을 더하면:

$$\sum_{k=1}^{4}\left\lfloor\frac{k^3}{5}\right\rfloor=\sum_{k=1}^{4}\frac{k^3-k}{5}=18$$

$[x]$는 x를 넘지 않는 최대 정수를 가리킨다. 예를 들어 $\left\lfloor\frac{2^3}{5}\right\rfloor$ 은 $\frac{8}{5}$을 넘지 않는 최대 정수이므로 1이다. 그런데 이 값은 $\frac{2^3-2}{5}=1.2$와는 같지 않다. 일반적으로 $\left\lfloor\frac{k^3}{5}\right\rfloor$과 $\frac{k^3-k}{5}$는 같지 않은데, 이들을 더하면 같기 때문에 다소 희한한 등식이다. 혹시 우연히 값이 같은 것은 아닐까?

먼저 $\frac{k^3}{5}$들은 항상 정수가 아니지만, $\frac{1^3}{5}+\frac{4^3}{5}$과 $\frac{2^3}{5}$ $+\frac{3^3}{5}$은 항상 정수임에 주목한다. 예를 들어 $2^3+3^3=(2+3)$ $(2^2-2\cdot3+3^2)$이기 때문이다. 따라서

$$\left\lfloor\frac{1^3}{5}\right\rfloor+\left\lfloor\frac{4^3}{5}\right\rfloor=\frac{1^3+4^3}{5}-1$$

및

$$\left\lfloor\frac{2^3}{5}\right\rfloor+\left\lfloor\frac{3^3}{5}\right\rfloor=\frac{2^3+3^3}{5}-1$$

이 성립한다. 그러므로

$$\left\lfloor \frac{1^3}{5} \right\rfloor + \left\lfloor \frac{2^3}{5} \right\rfloor + \left\lfloor \frac{3^3}{5} \right\rfloor + \left\lfloor \frac{4^3}{5} \right\rfloor = \frac{1^3 + 2^3 + 3^3 + 4^3}{5} - \frac{5-1}{2}$$

이 성립한다.

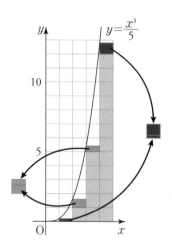

방금 논리는 더 일반화할 수 있다. 즉 p가 소수이고 m이 홀수인 자연수라면

$$\sum_{k=1}^{p-1} \left\lfloor \frac{k^m}{p} \right\rfloor = \sum_{k=1}^{p-1} \frac{k^m - k}{p}$$

가 성립한다. $m=p$인 경우에는 아예 항별로 같다는 것이 페

르마의 작은 정리에 의해 알려져 있음을 생각하면 꽤 흥미로운 결과다.

p가 소수가 아닌 경우에도 우변을 약간 조정해 주면 조금은 덜 예쁜 공식을 얻을 수 있기는 하다.

렙유니트 소수

숫자 1을 반복해 만든 1, 11, 111, 1111, 11111, …은 10진법의 단위인 1, 10, 100, 1000, …을 더하는 것이므로 매우 자연스러운 수열이라 할 수 있다. 이런 수들을 '반복된 1'이라는 뜻에서 'repeated unit'을 줄여 '렙유니트(repunit) 수'라 부른다. 번역하면 '1 반복수' 정도가 될 것 같다.

렙유니트 수 가운데 소수인 것을 특별히 '렙유니트 소수(repunit prime)'라 하는데, 11이 가장 작은 예이다. $111 = 3 \times 37$, $1111 = 11 \times 101$, $11111 = 41 \times 271$, $111111 = 11 \times 10101$은 모두 소수가 아니다.

편의상 1을 n개 늘어놓은 렙유니트 수를 $R(n)$으로 나타내면, $R(4)$와 $R(6)$에서처럼 $n = ab$일 때

$$R(n) = R(a) \times \underline{10\cdots01}\,\underline{0\cdots01}\cdots\underline{0\cdots01}$$

와 같은 꼴로 나타낼 수 있으므로 $R(n)$이 렙유니트 소수가 되려면 n부터 소수여야 한다. 즉 $R(8)$, $R(9)$, $R(10)$은 인수

분해해 볼 필요도 없이 모두 소수가 아니다.

그렇지만 $R(5)$, $R(7)$, $R(11)$도 모두 소수가 아니어서, 새로운 렙유니트 소수는 좀처럼 나타나지 않는다. 그러다 1을 19개나 늘어놓은

$$R(19)=1111111111111111111$$

이 처음으로 소수가 된다. 즉 $R(19)$는 두 번째 렙유니트 소수이다.

세 번째 렙유니트 소수는 무엇일까? $R(19)$ 다음 후보라 할 수 있는 $R(23)$이 세 번째 렙유니트 소수이다. 그러나 이후로는 $R(29)$, $R(31)$, $R(37)$ 모두 소수가 아니고, 한참 동안 소수가 나타나지 않다가 1을 무려 317개나 늘어놓은 $R(317)$에서야 비로소 네 번째 렙유니트 소수가 나타난다.

현재 알려져 있는 가장 큰 렙유니트 소수는 $R(1031)$로 다섯 번째 렙유니트 소수이다. 컴퓨터로 조사한 결과 다음 렙유니트 소수는 $R(49081)$, $R(86453)$, $R(109297)$, $R(270343)$일 것으로 추측하고 있으나, 아직 넷 중 어느 것도 소수임이 증명되지는 않았다. 또, 렙유니트 소수는 무한히 많을 것으로 추측하고 있으나 이것 역시 아직 어느 누구도 증명하지 못했다.

현재 $R(3841457)$까지는 4개의 후보 이외에는 소수일

가능성이 있는 수조차 없는 것으로 보이며, $R(2500000)$까지는 소수가 없는 것으로 확인됐다고 한다.

$R(2) = 11 \leftarrow$ 소수
$R(19) = 1111111111111111111 \leftarrow$ 소수
$R(23) = 11111111111111111111111 \leftarrow$ 소수
$R(317) \leftarrow$ 소수
$R(1031) \leftarrow$ 소수
$R(49081) \leftarrow$ 소수?
$R(86453) \leftarrow$ 소수?
$R(109297) \leftarrow$ 소수?
$R(270343) \leftarrow$ 소수?

repunit
prime

이런 계산이 그저 장난 같고 별 의미가 없어 보일 수도 있다. 그러나 이런 수가 가진 구조를 잘 파악한다면 컴퓨터에서 큰 수를 다룰 때 도움이 될 수도 있으며, 이런 거대한 수를 다루는 방법을 연구하는 것이 수학을 크게 발전시킬지도 모른다.

정이십면체

5개의 정다면체 중에서 면의 개수가 가장 많은 정이십면체는 정사면체, 정팔면체와 더불어 각 면이 정삼각형으로 이루어진 다면체이다. 정다면체의 가장 큰 기하학적 특성은 대칭이라는 개념으로 설명할 수 있다. 어떤 기하학적 대상이 대칭적이라는 것은 그 대상이 동일하게 보이는 특정 방향이 여러 개가 존재한다는 의미이다. 그 특정한 방향에서 보는 한 내가 보고 있는 기하학적 대상은 서로 구별되지 않는 것이다.

대칭성은 변환을 통해서 효과적으로 설명할 수 있다. 가령 원통은 옆면을 어떤 방향에서 보나 동일하다. 다르게 표현하자면, 회전축을 중심으로 회전을 해도 원통은 그 자체에 변화가 없다는 뜻이다. 따라서 기하학적 대상의 대칭이란 그 대상을 변환했을 때 변화가 없는 변환들로 볼 수 있다. 원통이 가지고 있는 대칭성은 회전에 대한 불변성으로 이해할 수 있다. 따라서 고정된 하나의 축에 대해 임의의 각만큼 회전한 회전들이 바로 원통의 대칭이다.

정이십면체는 3차원 공간상의 기하학적 대상이기 때문

에 정이십면체의 대칭을 이해하기 위해 3차원 공간상의 적당한 축에 대한 회전을 고려해 볼 수 있다. 한 꼭짓점에서 5개의 삼각형이 만나는 것에 착안해 이 꼭짓점과 반대쪽에 있는 꼭짓점을 연결한 직선을 회전축으로 잡으면, 정이십면체가 이 축에 대한 360/5도＝72도만큼의 회전에 대칭임을 알 수 있다.

정이십면체가 불변인 회전을 모두 찾으면 총 60개가 된다. 이들을 찾는 방법은 다음과 같다. 먼저 서로 마주 보는 모서리들의 중점을 연결하면 총 15개의 선분을 얻는다. 이중 3개씩 서로 직교하는 세 묶음을 취하면 총 5개 세트의 직교축을 얻는다.

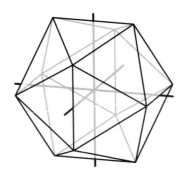

정이십면체의 대칭 회전들은 정이십면체를 이 5개 세트의 직교축 내에서 서로 이동시킨다. 따라서 5개의 문자를 순서대로 배열하는 변환과 서로 대응되는 것을 알 수 있다. 그런 변환이 가능한 총 수는 5!＝120이다. 그런데 회전은 방향

(orientation)을 보존하고, 문자의 순서대로 배열하는 변환 중 방향을 보존하는 것은 절반인 60개이므로 정이십면체의 대칭 회전은 총 60개라는 결론을 내릴 수 있다.

피보나치 나선

한 변의 길이가 21인 정사각형에 사분원을 그린다. 이 호를 계속 연장해 나선을 만들 수 있을까? 오른쪽에 가로 13, 세로 21의 직사각형을 붙인다. 이 직사각형 위와 아래를 길이 13과 8로 분할하면 위에 한 변의 길이가 13인 정사각형을 얻을 수 있다. 이 두 번째 정사각형에 왼쪽 아래 꼭짓점을 중심으로 하는 사분원을 그려 첫 번째 얻은 사분원을 연장한다.

이제 길이 13짜리 정사각형 아래의 직사각형을 좌우로 5와 8로 분할하면 오른쪽에 길이 8의 정사각형을 얻을 수 있다. 이 세 번째 정사각형에 왼쪽 위 꼭짓점을 중심으로 하는 사분원을 그린다.

이번에는 가로 5, 세로 8의 직사각형을 위 아래로 3과 5로 분할하면 아래에 길이 5의 정사각형을 얻는다. 위의 가로 5, 세로 3의 직사각형은 다시 왼쪽에 길이 3의 정사각형과 가로 2, 세로 3의 직사각형으로 분할할 수 있다. 이 직사각형은 다시 길이 2의 정사각형 하나와 길이 1의 정사각형 2개로 분할할 수 있다. 분할은 여기서 멈춘다. 새로 얻은 정사각형들에 대해서도 앞에서와 같이 사분원을 그리면 길이 21에서 시작한 사분원이 하나의 나선을 완성한다.

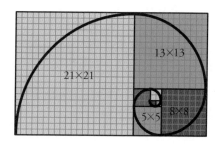

가로 34, 세로 21의 직사각형에 이와 같은 정사각형의 분할이 가능한 이유는 여기 등장하는 정사각형의 변의 길이들이 피보나치 수열(Fibonacci sequence) 1, 1, 2, 3, 5, 8, 13, 21을 이루기 때문이다. 피보나치 수열이란 앞의 연속한 두 수의 합이 세 번째 수가 되는 수열이다. 13세기 초 이탈리아 수학자 레오나르도 피보나치(Leonardo Fibonacci, 1170~1240년)가 창안한 것이다. 우리가 구성한 나선은 황금 나선이라 불리는 나선에 대한 하나의 근사이다.

본래 황금 나선은 황금 비율을 가지는 직사각형에서 우리가 위에서 했던 구성을 통해 얻는 나선이다. 직사각형이 주어졌을 때 이를 짧은 변의 길이를 한 변의 길이로 갖는 정사각형과 나머지 직사각형으로 나눌 수 있다. 이때 본래의 직사각형과 분할로 얻는 작은 직사각형이 서로 닮음일 때 황금 비율을 갖는다고 한다. 황금 비율의 값은 $\dfrac{1+\sqrt{5}}{2}$ 인데 흥미로운 것은 피보나치 수열의 비

$$\frac{3}{2}, \frac{5}{3}, \frac{8}{5}, \frac{13}{8}, \frac{21}{13}, \cdots$$

이 바로 이 값으로 수렴한다. 이것이 우리 나선이 황금 나선과 유사한 이유이다.

22!은 22자릿수

계승 $n!=n \times (n-1) \times \cdots \times 2 \times 1$은 n이 커짐에 따라 빠른 속도로 커진다. 놀라울 정도로 빨리 커져서 기호조차 느낌표를 사용할 정도다.

계승 $n!$의 자릿수를 직접 계산하지 않고 알 수 있을까? 지수 함수 10^n도 빠르게 커지지만, 계승은 이것보다도 더 빨리 커지므로, n이 충분히 크면 $n!$이 n자리가 넘을 것이라는 짐작을 할 수 있다. 그렇다면 흥미로운 질문을 하나 해 보자. 계승 $n!$이 n자릿수가 되는 n은 무엇일까? 그런 n이 있다면 유한개뿐이라는 것은 알 수 있다.

어떤 큰 수의 자릿수를 구하는 한 방법은 밑이 10인 로그를 이용하는 것이다. 주어진 수에 밑이 10인 로그를 취해서 그 수보다 큰 자연수 중 가장 작은 값이 자릿수가 된다. 300에 로그를 취하면 $\log_{10} 300 \approx 2.47$이고 3이 바로 300의 자릿수다. 따라서

$$\log_{10} n! = n - \epsilon$$

이 되는 n값을 추정하면 된다. 여기서 ϵ은 1보다 작은 양수다. 여기서

$$\log_{10}n! = \log_{10}2 + \log_{10}3 + \cdots + \log_{10}n$$

은 $y = \log_{10}x$의 1과 n 사이의 넓이와 비교 가능하므로,

$$\int_1^n \log_{10}x\,dx < \log_{10}n! < \int_1^{n+1} \log_{10}x\,dx$$

를 얻을 수 있다.

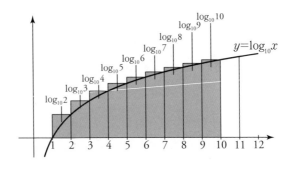

여기서 하한값을 계산해 보면 $\dfrac{n\ln(n/e)+1}{\ln 10}$이 된다. 이를 $n-\epsilon$이라 두면 $\dfrac{\ln(n/e)}{\ln 10}$은 1보다 약간 작은 값이 되어야 한다. 이로부터 $n \approx e \times 10^{1-\mu}$를 얻는다. 만약 $\mu = 0.1$이면

$$n \approx e \times 10^{9/10} \approx 21.33$$

이다.

따라서 21 근방의 값에 대해 계승을 계산해서 자릿수를 확인해 보면 된다. 결과는 $n=22$, 23, 24에 대해 $n!$이 n 자릿수가 된다.

$$22! = \underbrace{1124000727777607680000}_{22\text{자리}}$$

$$23! = \underbrace{25852016738884976640000}_{23\text{자리}}$$

$$24! = \underbrace{620448401733239439360000}_{24\text{자리}}$$

홈 소수

수, 특히 소수는 매혹적인 존재여서, 전문 수학자뿐만 아니라 많은 아마추어 수학자도 소수와 관련된 흥미롭고 아기자기한 발견을 많이 했다. 1990년대 제프리 헬린(Jeffrey Heleen)이 만든 '홈 소수(home prime)'도 그중 하나이다. 헬린은 소인수 분해와 숫자 붙여쓰기를 이용해 여러 가지 재미있는 규칙을 발견했는데, 여기에 '가족 수(family number)'라는 이름을 붙였다. 이런 맥락에서 홈 소수는 '가정 소수' 정도로 부르면 될 것 같기도 하다.

　홈 소수는 주어진 수를 소인수 분해한 다음 크기순으로 나열한 소인수들을 붙여서 새로운 수를 만드는 과정을 반복해 만들어지는 소수를 뜻한다. 예를 들어 6을 소인수 분해하면 2와 3의 곱이므로, 6 다음 단계는 23이 된다. 이 수가 소수이므로 23은 6으로부터 만들어지는 홈 소수이다.

$$6 = 2 \times 3 \rightarrow 23 : 소수.$$

소인수 분해했다가 다시 붙여 쓰는 방식이므로, 홈 소수가 원래 수보다 작아질 것 같지는 않다. 시작하는 수가 소수이면 소인수 분해 과정을 진행할 필요 없이 그 자체로 홈 소수가 되니까, 이런 경우를 제외하고 생각하면 가장 작은 홈 소수는 무엇일까?

6보다 작은 수인 4에서 출발하면, 4는 2와 2의 곱이므로 다음 단계는 22이고, 22는 2와 11의 곱이므로 211이 된다. 211은 소수이므로, 바로 이 수가 홈 소수다. 출발은 6보다 작은 수였지만, 결과는 23보다 훨씬 큰 홈 소수를 얻었다. 이렇게 소인수 분해되는 양상을 살펴보면 6에서 시작해 만들어지는 23이 가장 작은 홈 소수임을 금방 알 수 있다. 다음 합성수인 8은 어떨까? 놀랍게도 8에서 출발하면 다음과 같이 13번째 단계에 이르러서 비로소 19자리 소수가 된다.

$8 = 2 \times 2 \times 2$
$\rightarrow 222 = 2 \times 3 \times 37$
$\rightarrow 2337 = 3 \times 19 \times 41$
$\rightarrow 31941 = 3 \times 3 \times 3 \times 7 \times 13 \times 13$
$\rightarrow 33371313 = 3 \times 11123771$
$\rightarrow 311123771 = 7 \times 149 \times 317 \times 941$
$\rightarrow 7149317941 = 229 \times 31219729$
$\rightarrow 22931219729 = 11 \times 2084656339$
$\rightarrow 112084656339 = 3 \times 347 \times 911 \times 118189$
$\rightarrow 3347911118189 = 11 \times 613 \times 496501723$
$\rightarrow 11613496501723 = 97 \times 130517 \times 917327$
$\rightarrow 97130517917327 = 53 \times 1832651281459$
$\rightarrow 531832651281459 = 3 \times 3 \times 3 \times 11 \times 139 \times 653 \times 3863 \times 5107$
$\rightarrow 3331113965338635107$: 소수

자연수 n에서 출발한 홈 소수를 HP(n)으로 나타내기로 하면, HP(9)에서 HP(18)까지는 HP(8)만큼 커지지는 않는다. 그러다가 HP(20)은 HP(8)보다 더 큰 19자리 소수가 된다. 현재 컴퓨터를 이용해 100보다 작은 n에 대한 HP(n)을 거의 다 계산했으나, 딱 2개가 아직 남아 있다. HP(49)와 HP(77)이 그 두 홈 소수로, 49가 7과 7의 곱으로 인수 분해 되므로, 사실 HP(49)=HP(77)이다. 현재 100단계가 넘게 계산했으나 여전히 소수가 나타나지 않고 있어서 HP(49)가 어떤 수인지는 전혀 모르는 상태이다. 계산 한 번 해 보실 분?

소수의 개수와 오일러 함수:
$\pi(90)=\varphi(90)=24$

소수 세기 함수 $\pi(n)$은 n 이하의 자연수 중에서 소수인 것의 개수를 가리키며, 오일러 함수 $\varphi(n)$은 n 이하의 자연수 중에서 n과 서로소인 것의 개수를 뜻한다. 따라서 $\pi(90)=\varphi(90)=24$라는 식은 90 이하의 자연수 중에서 소수인 것도 24개이며, 90과 서로소인 것도 24개라는 뜻이다.

1	2	3	4	5	6	7	8	9	10
11	12	13	14	15	16	17	18	19	20
21	22	23	24	25	26	27	28	29	30
31	32	33	34	35	36	37	38	39	40
41	42	43	44	45	46	47	48	49	50
51	52	53	54	55	56	57	58	59	60
61	62	63	64	65	66	67	68	69	70
71	72	73	74	75	76	77	78	79	80
81	82	83	84	85	86	87	88	89	90

$$\pi(90) = \varphi(90) = 24$$

아무래도 π보다는 φ값을 계산하기가 더 쉽다. 물론 막무가내로 셀 수도 있지만, 다음처럼 하면 된다. $90 = 2 \cdot 3^2 \cdot 5$ 이기 때문에 90 이하의 자연수가 90과 서로소라는 것은 2, 3, 5를 소인수로 가지지 않는다는 뜻과 마찬가지다. 따라서 90 이하의 자연수 중에서 2의 배수, 또는 3의 배수, 또는 5의 배수를 모두 뺀 것의 개수를 세면 된다.

90 이하의 자연수 중 2의 배수는 $90/2 = 45$개이며, 3의 배수는 $90/3 = 30$개, 5의 배수는 $90/5 = 18$개다. 그런데 이들 개수를 모두 빼 주면 2와 3의 공배수 $90/6 = 15$개, 2와 5의 공배수 $90/10 = 9$개, 3과 5의 공배수 $90/15 = 6$개는 중복이므로, 이를 다시 더해야 한다. 또 그러다 보면 2, 3, 5의 공배수가 중복해서 더해지므로, $90/30 = 3$개를 다시 빼 주어야 한다. 어쨌든 최종적으로

$$\varphi(90) = 90 - 45 - 30 - 18 + 15 + 9 + 6 - 3 = 24$$

임을 알 수 있다.

$$\varphi(90) = (2-1)(3^2-3)(5-1)$$

임을 간파해도 좋겠다.

이제 90 이하의 소수 개수를 구하자. $\sqrt{90} = 9.48\cdots$보다 작은 소수는 2, 3, 5, 7이므로 90 이하의 자연수 중 합성수는

2, 3, 5, 7 중 어느 하나의 배수여야 하는데, 다만 2, 3, 5, 7 자체는 소수임에 유의한다. 따라서 90 이하의 수 중 90과 서로소인 것 중에서 소수가 아닌 것은 1, 7^2, $7 \cdot 11$인데, 반대로 90과는 서로소가 아니지만 자체로는 소수인 2, 3, 5의 개수가 균형을 이루기 때문에 $\pi(90)=24$임을 알 수 있다.

그렇지만 오해는 하지 말자. 이것이 모든 자연수 n에 대해 $\pi(n)=\varphi(n)$이라는 뜻은 아니며 사실 90을 넘어가는 모든 자연수 n에 대해 $\pi(n)<\varphi(n)$임이 입증돼 있기에 하는 이야기다.

25는 첫 번째 프리드먼 수

에리히 프리드먼(Erich Friedman, 1965년~)이 발견한 프리드먼 수란 10진법으로 표시했을 때 각 자리 수에 등장하는 수들을 한 번씩만 사용하되 사칙연산, 괄호와 거듭제곱만을 적용해 본래의 수를 표현할 수 있는 수를 말한다. 예를 들어 $25=5^2$ 이므로 25는 프리드먼 수이다.

가장 놀라운 프리드먼 수 중 하나는 123456789인데

$$123456789=((86+2\times7)^5-91)/3^4$$

으로 표현할 수 있다. 프리드먼 수 중 '좋은' 프리드먼 수는 원래의 수에서 각 자리 숫자가 등장하는 순서와 계산식에서 숫

자가 등장하는 순서가 같은 수를 일컫는다. 가령 736은 좋은 프리드먼 수인데 $736 = 7 + 3^6$ 으로 표현할 수 있다.

프리드먼 수가 이런 성격의 수에서 처음은 아니다. 1994년 클리포드 픽오버(Clifford Pickover, 1957년~)는 뱀파이어 수라는 것을 정의했다. 뱀파이어 수란 짝수 $2n$ 자리의 수로서 n 자리 두 수의 곱으로 표현되는데, 이 두 수의 각 자리 수가 원래 수의 각 자리 수에 나오는 수를 말한다. 예를 들면 $1530 = 30 \times 51$ 은 뱀파이어 수이다. 뱀파이어 수는 프리드먼 수 중 특별한 유형의 수임을 알 수 있다.

프리드먼 수는 얼마나 많이 있을까? 숫자가 크지 않을 때는 대체적으로 그 수가 프리드먼 수가 되기는 어려워 보인다. 10000보다 작은 프리드먼 수는 72개밖에 안 된다. 100000보다 작은 프리드먼 수는 842개뿐이다. 그렇지만 놀랍게도 숫자가 아주 커지면 프리드먼 수가 될 확률이 높아진다. n 보다 크지 않은 프리드먼 수의 개수를 $F(n)$ 이라고 하자. 2013년 마이클 브랜드(Michael Brand)는 $\lim_{n \to \infty} \dfrac{F(n)}{n} = 1$ 임을 보였다.

숫자가 커질수록 프리드먼 수가 될 확률이 커지는 이유 중 하나는, 어떤 수들의 경우 그 수 앞에 임의의 어떤 수를 붙이든지 프리드먼 수가 되게 할 수 있다는 점이다. 가령 12588304는 앞에 어떤 수를 붙이든 프리드먼 수가 된다. 예를 들어 676912588304는

$$676912588304 = 6769 \times 10^8 + 3548^2$$

이기 때문에 프리드먼 수이다.

코흐의 눈송이 곡선은 1.26차원

1904년 스웨덴 수학자 헬게 폰 코흐(Helge von Koch, 1870~1924년)는 눈송이 모양을 닮은 흥미로운 곡선을 제안했다. 처음에 한 변의 길이가 1인 정삼각형이 있다. 각 변을 삼등분한 다음 가운데 부분을 경사진 선 2개로 교체한다. 이제 각 변은 4개의 선분으로 대체되었고 각 선분의 길이는 1/3이다. 정삼각형은 십이각형으로 바뀌었다. 다시 각 변을 삼등분한 다음 가운데 부분을 경사진 선 2개로 교체한다. 각 선분의 길이는 1/9로 줄어들고 십이각형은 사십팔각형으로 바뀐다. 이 과정을 계속 반복한다. 코흐의 눈송이 곡선은 이 과정의 극한으로 정의된다.

코흐의 눈송이 곡선은 꿈틀거림이 너무나 심해 보통 우리가 알고 있는 곡선과 같은 종류인지 의심이 들 정도다. 코흐 곡선의 길이를 계산해 보자. 1단계인 십이각형은 곡선의 길이가 $12 \times \frac{1}{3} = 4$이다. 2단계 사십팔각형의 경우 곡선의 길이는 $12 \times 4 \times \left(\frac{1}{3}\right)^2 = 16/3$이다. 따라서 n번째 3×4^n각형의 곡선의 길이는 $3 \times 4^n \times \left(\frac{1}{3}\right)^n$이다. 이 값은 n이 커짐에 따라 발산한다.

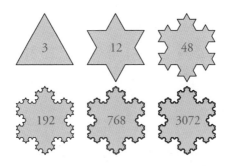

유한한 영역 안에 있는 도형의 길이가 무한이라니 신기해 보이는데, '길이'를 생각하는 방식을 바꾸면 이 도형의 길이를 유한한 것처럼 다룰 수도 있다. 예를 들어 2차원 도형인 정사각형의 넓이는 유한하지만, 정사각형을 선분으로 채운다고 생각하면 길이는 무한한 것처럼 생각할 수 있다. 그렇다면 눈송이 곡선의 길이도 1차원 도형의 길이와 2차원 도형의 넓이 사이에 있는 양으로 생각할 수 있을까?

눈송이 곡선에 대한 적절한 차원을 D라고 하면 'D차원 길이'는 $3 \times 4^n \times \left(\left(\frac{1}{3} \right)^n \right)^D$라고 정의해야 한다. 만약 넓이를 구한다면 $D=2$가 적합한 값이고 부피를 구한다면 $D=3$이 적합한 값일 것이다. n이 커져도 '길이'가 유한한 D를 정하기 위해 로그를 취해 보면 $\log 3 + n(\log 4 - D \log 3)$이 된다. 발산하지 않으려면 $D = \frac{\log 4}{\log 3} \approx 1.26$이 되어야 한다. 이

값이 바로 코흐 곡선의 적절한 차원이다. 보통 이 차원을 프랙탈(fractal) 차원이라고 한다. 프랙털은 코흐 곡선과 같이 자기 유사성(self-similarity)을 가지는 물체를 부르기 위해 브누아 망델브로(Benoit Mandelbrot, 1924~2010년)가 만든 용어이다.

콜라츠 수열

임의의 자연수를 하나 택해 보자. 이 수가 짝수이면 2로 나누고, 이 수가 홀수이면 3을 곱하고 1을 더한다. 그래서 얻은 수에 다시 이 과정을 적용한다. 이 과정을 계속해서 반복한다면 어떻게 될까? 12에 이 과정을 적용해 보면 6, 3, 10, 5, 16, 8, 4, 2, 1을 얻게 된다. 일단 1을 얻고 난 뒤에는 계속 이 과정을 적용해도 4, 2, 1이 반복된다. 이렇게 해서 생긴 수열을 '콜라츠 수열(Collatz sequence)'이라고 한다.

잠깐의 생각으로는 큰 숫자는 여러 단계를 거쳐야 1에 도달하고, 작은 숫자는 훨씬 적은 단계를 거쳐 1에 도달하리라고 짐작하기 쉽다. 그러나 27로 시작하는 콜라츠 수열은 총 길이가 112이다. 27로 시작하는 콜라츠 수열에는 9232와 같은 큰 수가 등장하기도 한다.

이 문제가 생각만큼 간단하지 않은 것은 2로 나누는 과정은 분명 수를 감소시키지만, 3을 곱하는 과정은 수를 증가시키기 때문이다. 두 과정이 번갈아 가면서 작동할 때 의외로 수가 증가할 수 있다. 자, 이제 어떤 수로 시작하든 (오래 걸릴

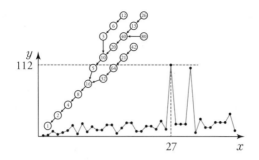

수도 있고 그렇지 않을 수도 있지만) 결국 이 과정을 통해 1에 도
달할 수 있을까? 이 단순한 질문에 대한 답은 아직 알려져 있
지 않다. 2008년까지 알려진 결과에 의하면 87×2^{60} 까지의
모든 수는 이 과정을 반복했을 때 결국 4, 2, 1을 반복하는 순
환 수열로 끝난다는 사실이 알려져 있다. 물론 컴퓨터를 돌려
서 확인해 본 것이다.

이 간단한 문제를 1930년대에 처음 제안한 로타르 콜라
츠(Lothar Collatz, 1910~1990년)는 당시 함부르크 대학교의 학
생이었다. 콜라츠가 1950년에 미국에서 열린 세계 수학자 대
회(International Congress of Mathematicians, ICM)에서 여러 사람
에게 이 문제를 이야기한 것이 계기가 되어 세상에 널리 알려
지게 되었다.

콜라츠 수열이 1로 끝나지 않음을 보이기 위해서는 어떤
수에 대해서는 콜라츠의 과정을 통해 수열들이 점점 증가함을
보이거나, 또는 어떤 수에 대해서는 콜라츠 수열 가운데 4, 2, 1

의 반복과는 다른 종류의 사이클이 등장함을 보여야 할 것이다. 학자들에 따르면 첫 번째 경우는 일어나지 않을 것이라고 한다. 많은 연구자가 두 번째 가능성을 검토하고 있으나, 지금까지 알려진 결과는 만약 사이클이 등장한다면 그 크기는 어떤 값 이상으로 크지 않으리라는 것이다.

28은 완전수

28의 약수 중 자신보다 작은 약수를 다 열거해 보면 1, 2, 4, 7, 14이다. 이들을 다 더하면 $1+2+4+7+14=28$로 본래의 수가 된다. 이와 같이 자신보다 작은 모든 약수의 합과 같은 수를 '완전수(perfect number)'라고 한다.

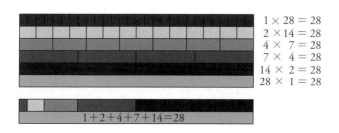

$$1 \times 28 = 28$$
$$2 \times 14 = 28$$
$$4 \times 7 = 28$$
$$7 \times 4 = 28$$
$$14 \times 2 = 28$$
$$28 \times 1 = 28$$

$$1+2+4+7+14=28$$

완전수에 대한 관심은 고대 그리스로 거슬러 올라간다. 유클리드(Euclid, 기원전 300년경)는 그의 책 『원론(*Euclid's Element*)』에서 완전수에 대한 충분 조건 하나를 제시했다.

이 정리에 따르면 $7=2^3-1$은 소수이기 때문에 $2^2(2^3-1)=4 \times 7=28$은 완전수가 된다. 유클리드는 이 정리를 이용해서 완전수

$$6=2(2^2-1), \qquad 28=2^2(2^3-1),$$
$$496=2^4(2^5-1), \qquad 8128=2^6(2^7-1)$$

을 찾을 수 있었다. 유클리드의 정리에 따르면 완전수를 찾기 위해 2^n-1 형태의 소수를 먼저 찾아야 함을 알 수 있다. 이 수가 소수가 될 필요 조건은 n이 소수가 되는 것이다. 이 형태의 소수를 특별히 '메르센 소수(Mersenne prime)'라고 부른다.

유클리드의 정리를 접했을 때 갖게 되는 자연스러운 질문은 '모든 완전수가 $N=2^{n-1}(2^n-1)$의 형태를 갖는가?'이다. 이 질문에 대한 부분적인 답은 오일러가 얻었다.

정리(오일러의 정리): 만약 짝수 N이 완전수이면, N은 $N=2^{n-1}$ (2^n-1)로 쓸 수 있으며 여기서 2^n-1은 소수이다.

오일러의 정리에 따라 짝수 완전수를 찾기 위해서는 $N=2^{n-1}(2^n-1)$ 형태의 수에만 초점을 맞추면 된다. 그리고 이 과정에서 메르센 소수를 찾는 과정이 선결되어야 한다. 현재까지 알려진 가장 큰 완전수는 2018년에 발견된 것으로 자릿수가 4000만 자리를 넘는다. 이때 사용된 메르센 소수는 $2^{82589933}-1$이다.

완전수 연구는 그 역사가 오래되어 여러 가지 흥미로운 사실이 많지만, 완전수에 대한 이해는 아직 일천하다. 오일러의 정리는 짝수 완전수에 대해서만 말하기 때문에 홀수 완전수가 있느냐는 질문을 자연스럽게 할 수 있다. 현재까지 완전수인 홀수는 발견되지 않았다. 10^{1500}보다 작은 수 중에는 홀수인 완전수는 없다는 사실이 알려져 있다.

29번째 피보나치 수는 소수

피보나치 수열 F_n은 $F_1=1$, $F_2=1$, $F_{n+2}=F_{n+1}+F_n$으로 정의된다. 처음 몇 항을 적어 보면 1, 1, 2, 3, 5, 8, 13, 21, 34, 55, 89, …와 같은데 이중에서 소수들이 등장하는 위치를 보면 소수 번째 피보나치 수가 소수가 됨을 볼 수 있다.

$$F_3=2, \ F_5=5, \ F_7=13, \ F_{11}=89.$$

여기서 $F_4=3$의 경우는 예외다.

왜 그럴까? F_k는 F_{kl}을 나누기 때문에 만약 n번째 피보나치 수 F_n이 소수이면 n이 소수여야 하기 때문이다. 단, $F_2=1$이기 때문에 $F_4=3$의 경우는 제외해야 한다. 결론적으로 피보나치 소수들을 찾기 위해서는 n이 소수인 경우만 조사해 보면 된다. 특별히 소수 $n=29$에 대해 $F_{29}=514229$는 소수이다. 또 하나 흥미로운 점은 이 수가 29로 끝난다는 것이다.

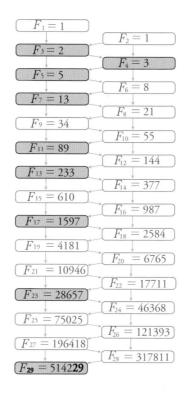

여기서 다음과 같은 질문을 할 수 있다. 만약 n이 소수이면 n번째 피보나치 수 F_n은 소수인가? n이 소수일 때 n번째 피보나치 수 F_n이 반드시 소수인 것은 아니다. 예를 들어 $n=19$가 소수임에도 $F_{19}=4181=113 \times 37$은 합성수이다. 따라서 소수 n에 대해 F_n이 때로는 합성수일 수 있다. 그러나 흥미로운 점은 그 때에도 F_n은 서로 다른 소수들의 곱이며, 이 소수들은 $m < n$인 피보나치 소수 F_m 중에 등장하지 않는다.

피보나치 소수가 무한히 많이 존재하는지는 아직 알려져 있지 않다.

30과 소수 판정법

30＝2·3·5이므로 자연수가 30과 서로소라는 것은 2나 3이나 5의 배수가 아니라는 이야기와 같다. 따라서 2, 3, 5의 배수가 아니면서 소수도 아닌 수는 7 이상의 소인수를 가져야만 한다. 7은 자체로 소수이므로, 가장 작은 후보는 $7^2＝49$이다. 따라서 30보다 작은 것 중에는 없다. 즉 2 이상 30 이하의 수 중에서 30과 서로소라는 것은 소수이기 위한 보증 수표다.

그렇지만 이런 논법을 30보다 큰 수로 확장할 수는 없다. 예를 들어 2·3·5·7＝210에도 동일한 논리를 적용 가능해 보이지만, 7보다 큰 소수인 11이나 13을 인수로 가지는

11^2, $11 \cdot 13$, 13^2 등이 210보다 작으므로 같은 논리를 적용하지 못함을 알 수 있다.

한편 30의 이러한 성질 때문에 알게 모르게 자주 이용하는 소수 판정법을 얻을 수 있다.

어떤 수 p가 소수라면, p를 30으로 나눈 나머지는 1이거나 소수다.

특히 $p > 30$이 소수라면 가능한 나머지는 1, 7, 11, 13, 17, 19, 23, 29의 여덟 가지뿐이다. 하지만 판정법이 간편한 만큼 소수를 가려내기에는 허술하기 짝이 없다. 예를 들어 77을 30으로 나눈 나머지는 17이지만 77 자체는 소수가 아니며, 91을 30으로 나눈 나머지는 1이지만 91은 7의 배수이기 때문이다.

도미노와 체스판

체스판은 가로 세로 8개씩 총 64개의 정사각형으로 이루어져 있다. 여기에 체스판의 한 칸과 크기가 같은 정사각형 2개로 이루어진 도미노를 덮으려면 모두 32개가 필요하다. 만약 체스판에서 대각선으로 마주 보는 두 귀퉁이의 정사각형을 떼어 내고 남은 62개의 칸을 도미노로 덮으려면 어떻게 해야 할까?

도미노를 놓을 수 있는 모든 경우를 따져 보기란 불가능에 가까운 일이므로 다른 방법이 필요하다. 먼저 도미노를 어떻게 덮든, 도미노 하나는 체스판의 검은 칸 하나와 흰 칸 하나를 덮어야 한다는 데 주목하자. 그러면 62개의 칸을 31개의 도미노로 모두 덮었다고 생각할 때, 도미노들이 덮은 검은 칸이 31개, 흰 칸이 31개가 되어야 한다. 그러나 두 귀퉁이의 흰 칸을 떼어낸 체스판에는 검은 칸이 32개, 흰 칸이 30개 남아 있으므로 도미노로 남은 체스판을 모두 덮기란 불가능하다.

만약 체스판에서 색깔이 다른 칸 2개를 떼어 낸다면 도미노 31개로 모두 덮을 수 있을까? 이것은 어느 두 칸을 떼어 내더라도 항상 가능하다.

앞 페이지의 그림은 랠프 고모리(Ralph Gomory, 1929년~)가 제시한 간명한 해법으로, 검은 칸과 흰 칸이 교대로 나타나면서 전체적으로 한 줄이 되게 체스판을 분할한 것이다. 이렇게 하면 색깔이 다른 어느 두 칸을 제거하더라도 도미노 31개로 항상 남은 체스판을 덮을 수 있게 된다.

2월의

수학

2의 제곱근에 대한 근사

2의 제곱근은 한 변의 길이가 1인 정사각형의 대각선 길이이기에 고대로부터 중요하게 여겨졌다. 고대 문명의 발생지인 메소포타미아나 인도에서는 건축 같은 실용적 이유로 2의 제곱근에 대한 근삿값 계산이 중요 문제 중 하나였던 것 같다. 메소포타미아 지역에서 발견된, 기원전 1600년경의 것으로 추정되는 점토판 YBC7289에는 정사각형 대각선 길이의 근삿값이 1:24:51:10으로 기록되어 있다.

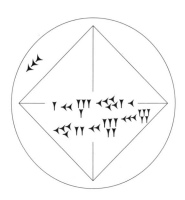

당시에는 60진법을 사용했기 때문에, 10진법으로 숫자를 환산하면

$$1\!:\!24\!:\!51\!:\!10=1+\frac{24}{60}+\frac{51}{60^2}+\frac{10}{60^3}=1.4142129\dot{6}$$

과 같다. 오늘날 우리가 알고 있는 근삿값과 상당히 가까움을 알 수 있다. 메소포타미아 지역에 살았던 고대 바빌로니아 인은 어떻게 2의 제곱근에 대한 근삿값을 계산할 수 있었을까?

연구에 따르면 소위 헤론의 근사법(Heron's method)이라고 알려진 방법을 썼을 것이라는 추정이 가장 유력하다. 1세기의 그리스 수학자 헤론이 제시했다고 하는 이 근사법은 다음과 같다. 먼저 2의 제곱근에 대한 추정값을 하나 선택한다. 가령 1을 선택한다면 이 값의 역수를 취한 다음 2를 곱한다. 이렇게 해서 얻어진 두 값의 평균을 취한다. 즉 $\frac{1}{2}\left(1+\frac{2}{1}\right)=\frac{3}{2}=1.5$를 얻는다. 이제 이 값을 새로운 추정값으로 취해 같은 과정을 반복한다. 즉 $\frac{1}{2}\left(1.5+\frac{2}{1.5}\right)$ $=\frac{17}{12}\approx1.416$을 얻는다. 벌써 우리가 아는 2의 제곱근의 근삿값과 가까움을 알 수 있다. 과정을 반복할수록 더 좋은 근삿값을 얻게 된다.

헤론의 근사법의 아이디어는 방정식 $x^2=2$을 $x=\frac{2}{x}$로 이해해 이 방정식의 해를 찾는 알고리듬이라고 볼 수 있다. 우리는 1이나 2 근처의 유리수를 추정값으로 취하지만, 이 값

이 방정식의 해가 되지는 않는다. 그렇지만 x와 $\dfrac{2}{x}$ 사이의 평균을 취하면 두 값 사이의 차이가 줄어들 것이라는 아이디어를 이용한 것이다.

2를 더해 제곱근 구하기를 반복하면:

$$\sqrt{2+\sqrt{2+\sqrt{2+\sqrt{\cdots+\sqrt{2}}}}}=2$$

제목의 식에서 왼쪽의 값을 x라 두면 $\sqrt{2+x}=x$이어야 한다. 이를 풀면 $x=2$를 얻기 때문에 '답'은 쉽게 구할 수 있다. 다만 왼쪽의 값이 '수렴'한다는 것에 대한 언급이 없으면 어딘지 찜찜하다. 오늘은 이 식의 기하학적 의미 및 이 식과 원주율의 관계를 살펴보기로 하자.

반지름의 길이가 1인 원에 내접하는 정 2^{n+1}각형의 마주 보는 대변 사이의 거리를 b_n이라 두자.

이때 $b_n=2\cos(90°/2^n)$이 성립한다. 이때 간단한 삼각함수 공식을 이용하면

$$b_{n+1}=\sqrt{2+b_n}$$

이라는 것을 알 수 있다. $b_1=\sqrt{2}$이므로 $b_2=\sqrt{2+\sqrt{2}}$, $b_3=\sqrt{2+\sqrt{2+\sqrt{2}}}$ 등이다. 따라서 우리 등식은 b_n이 2에 가까워지느냐는 질문이 된다. 다음 그림을 보면 b_n이 2에 가까워짐

을 알 수 있을 것이다.

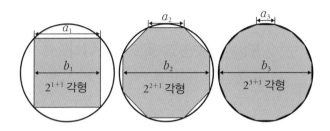

한편 $a_n = \sqrt{4 - b_n^2} = 2\sin(90°/2^n)$는 정 2^{n+1} 각형의 한 변의 길이다. 또한

$$a_n = \sqrt{2 - \sqrt{2 + \sqrt{2 + \sqrt{2 + \sqrt{\cdots + \sqrt{2}}}}}}$$

임을 확인할 수 있다. 그런데 정 2^{n+1} 각형의 둘레 $2^{n+1}a_n$은 점차 2π로 다가가므로, 다음 사실도 알 수 있다.

$$\lim_{n \to \infty} 2^n \sqrt{2 - \sqrt{2 + \sqrt{2 + \sqrt{2 + \sqrt{\cdots + \sqrt{2}}}}}} = \pi.$$

단, 이 식에서 제곱근 기호는 n번 나온다.

$K_{3,3}$은 평면 그래프가 아니다

어떤 마을에 세 가구가 있으며, 인근에 수도, 가스, 전기 시설
이 하나씩 있다고 하자. 이들 세 가구마다 세 시설을 연결하
는 지상 도로를 하나씩 내려고 하는데 도로가 교차하는 일은
없게 하고 싶다고 한다. 가능한 일일까?

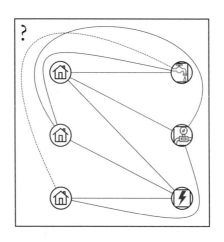

이들 가구를 3개의 점 a, b, c로 생각하고, 시설 역시 3

개의 점 x, y, z로 생각하자. 9개의 모서리 ax, ay, az, bx, by, bz, cx, cy, cz를 도로라 생각하면, 이 질문을 점들과 모서리로 구성되는 평면 그래프(graph)를 그릴 수 있느냐는 수학 문제로 번역할 수 있다. 여기서 그래프란 간단히 말해 '꼭짓점'과 '모서리'로 이루어진 수학적 대상을 말하는 것으로 함수나 통계의 그래프와는 다른 개념임에 유의한다.

어쨌든 몇 번 시도해 보면 그리지 못함을 알 수 있는데, 어떻게 입증할까? 당연히 평면에 그릴 수 있는 그래프, 즉 평면 그래프의 성질을 알아야 한다. 평면 그래프의 꼭짓점 수를 V, 모서리 수를 E, 면의 수를 F라 하면, 오일러의 다면체 공식에서와 마찬가지로

$$V - E + F = 2$$

가 성립한다. 단 여기에서 F는 그래프로 분할된 면의 수이므로, 외부가 결정하는 면도 포함해야 하는데, 이 그래프를 '구면'에 옮겨 그려서 오일러 다면체 공식을 적용하면 입증할 수 있다.

한편 우리가 원하는 그래프에서는 $V = 6$, $E = 9$이므로 $F = 5$일 수밖에 없다. 그런데 이 그래프의 면을 하나 잡으면, 그 면의 모서리는 최소한 넷이어야 한다. 면에 속하는 꼭짓점은 가구, 시설, 가구, 시설 등의 순서로 교대로 나와야 하기 때

문이다. 각 모서리는 2개의 면에 속하므로 전체 모서리의 수
는 $(4F)/2=10$ 이상이어야 한다. $9 \geq 10$일 수는 없으므로
모순이다. 따라서 우리가 원하는 그래프는 평면 그래프가 아
니다.

증명 과정을 보면 실은 구면 그래프도 될 수 없음을
알 수 있는데, 원환면 위에서는 그릴 수 있다. 이 위에서는
$V-E+F=0$이므로 모순이 발생하지 않는다. 실제로 그려
보는 건 독자의 몫이다.

포여의 정리와 최댓값 4:
$|x^2 - 2| \le 2$이면 $-2 \le x \le 2$

쉽게 풀 수 있는 부등식이다. 결과를 설명할 필요는 없을 듯
하다. 하지만 하나만 더 풀어 보자. 예를 들어 $|x^2 - 3| \le 2$는
어떨까? 그 결과는 $1 \le x \le \sqrt{5}$ 및 $-\sqrt{5} \le x \le -1$이다. 이때
해가 속한 구간의 길이는 $2(\sqrt{5} - 1) \approx 2.47\cdots$이다. 앞선 예제
에 비하면 x가 차지하는 구간의 길이가 짧아졌는데, 우연이
아니다. 최고차항이 1인 다항식 $f(x)$가 있으면, $|f(x)| \le 2$인
x들을 모은 집합의 전체 길이는 항상 4 이하임이 알려져 있
기 때문이다.

더 나아가서 최고차항이 1인 복소 변수 다항 함수 $f(z)$
에 대해 $|f(z)| \le 2$인 복소수 z의 실수 부분 길이 또한 최대 4
라는 사실도 증명되어 있다. 최댓값의 한계를 준 이 정리를 발
견자인 포여 죄르지(Pólya György, 1887~1985년)의 성을 따서 포
여의 정리라 부르는데 에르되시 팔(Erdős Pál, 1913~1996년)이
증명 방법과 결과를 매우 아꼈다고 한다. 하지만 다 설명하기
에는 지면이 부족하니 예를 하나 더 드는 것으로 마무리하자.

$|z^2 - 2| \leq 2$인 복소수 z는 무엇일까? 복소수를 $z = x$ $+ iy$라 두면 $(x^2 - y^2 - 2)^2 + (2xy)^2 \leq 4$를 만족해야 하는데, 이를 정리하면

$$(x^2 + y^2)^2 \leq 4(x^2 - y^2)$$

으로 쓸 수 있다. 극형식으로는 $r^2 \leq 4\cos(2\theta)$으로 쓸 수 있는데, 다음과 같은 8자 모양 곡선의 내부와 경계를 이룬다.

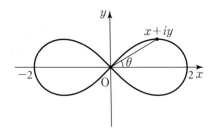

위 그림의 실수 부분이 $-2 \leq x \leq 2$이어서 길이가 4임을 확인해 보길 바란다.

2.5와 2/5

날짜를 표시할 때 월과 일 사이에 점을 찍는 사람도 있고 빗금을 긋는 사람도 있다. 예를 들어, 2월 5일은 2.5로 나타내기도 하고 2/5로 나타내기도 한다.

그런데 2.5와 2/5는 묘하게도 둘이 역수 관계를 이룬다.

$$2.5 \times 2/5 = 1.$$

다른 날짜로도 이런 일이 가능할까? a월 b일을 $a.b$와 a/b로 나타낼 때, 두 수가 서로 역수 관계인 경우가 있을까? 또는 두 수가 같을 수도 있을까? 월과 일을 나타내는 수가 몇 개 안 되니 한번 일일이 확인해 보면, 두 수가 같은 경우는 없고 두 수가 역수인 경우는 2.5와 2/5가 유일함을 알 수 있다.

이제 두 수 a와 b가 월과 일이라는 제한 없이 모든 자연수 값을 가질 수 있다면 어떻게 될까? 범위가 정해져서 몇 개 안 되는 경우에야 일일이 대입해서 계산해 보는 걸로 해결할 수 있지만, 범위에 제한이 없다면 산수 수준으로는 문제를 해결할 수 없다.

먼저 $a.b=a/b$인 경우를 생각해 보자. 이 경우 좌변은 a보다 큰 값인데, a를 b로 나눈 우변은 a보다 클 수 없다. 따라서 $a.b=a/b$인 경우는 존재하지 않는다.

다음으로 $a.b=b/a$인 경우를 생각해 보자. 만약 b가 k 자리 수라면,

$$10^k a^2 + ab = 10^k b$$

를 만족하는 정수 a와 b를 찾아야 한다.

그런데 이 문제가 꽤 어렵다. 별것 아닌 듯 보이는 문제가 의외로 풀기 어려울 때가 있는데, 바로 이런 경우라 하겠다. 이 문제의 답은 $a=2$, $b=5$뿐일 것으로 추측되며, 만약 다른 답이 있다면 특정한 범위에서 a의 값이 나타나야 한다는 것까지는 알 수 있다. 다만 최악의 경우 a의 자릿수가 220억 정도까지 이를 수 있어 무작정 컴퓨터를 돌려서는 답을 구할 수 없다. 어떻게 증명해야 할까?

제곱수의 역수의 무한합:

$$\frac{1}{1^2} + \frac{1}{2^2} + \frac{1}{3^2} + \cdots = \frac{\pi^2}{6}$$

제곱수 각각의 역수를 취해 다 더하면 유한한 값일까? 만약 유한한 값이라면 그 값은 무엇일까? 수학사에서 '바젤 문제 (Basel problem)'로 알려진 이 무한급수의 합을 구하는 문제 는 미적분학이 발전하던 시기 당대 유명한 수학자들의 마음 을 사로잡았다. 기록상으로 이 문제를 처음으로 진지하게 생 각했던 사람은 17세기 중엽에 활동했던 이탈리아 수학자 피 에트로 멩골리(Pietro Mengoli, 1626~1686년)로 알려져 있다. 베 르누이 집안의 수학자인 야코프 베르누이(Jakob Bernoulli, 1654~1705년), 장 베르누이(Jean Bernoulli, 1667~1748년), 다니엘 베르누이(Daniel Bernoulli, 1700~1782년)가 이 문제와 씨름했 고, 크리스티안 골드바흐(Christian Goldbach, 1690~1764년), 고 트프리트 빌헬름 폰 라이프니츠(Gottfried Wilhelm von Leibniz, 1646~1716년)도 이 문제를 연구했다. 마침내 오일러가 그 값이 $\frac{\pi^2}{6}$임을 밝혔다.

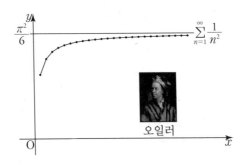

오일러의 아이디어는 다음과 같다. 함수 $\sin(\pi x)$에 대한 두 가지 다른 표현식을 얻은 다음 두 식을 비교하는 것이다. 먼저 $\sin(\pi x)=0$의 근은 모든 정수임을 알 수 있다. 다항식이 어떤 값 $x=a$을 근으로 가지면 $x-a$를 인수로 갖는 것처럼, 함수 $\sin \pi x$도 각 정수 n에 대해 $x-n$을 인수로 갖는다는 것이 오일러의 주장이다. 그뿐만 아니라 이중 어떤 근도 중근이 아닌데 그 이유는 $\displaystyle\lim_{x \to 0}\frac{\sin(\pi x)}{\pi x}=1$이기 때문이다. 이는 $x=0$뿐만 아니라 모든 정수근에 대해 동일하게 성립한다. 결과적으로 오일러는 $\sin(\pi x)$를 다음과 같이 무한곱으로 표현했다.

$$\sin(\pi x)=\pi x(1-x^2)\left(1-\frac{x^2}{4}\right)\left(1-\frac{x^2}{9}\right)\cdots.$$

다른 한편으로 $\sin(\pi x)$는 다음과 같이 거듭제곱급수로 쓸 수 있다.

$$\sin(\pi x) = \pi x - \frac{1}{3!}(\pi x)^3 + \frac{1}{5!}(\pi x)^5 - \cdots.$$

두 식이 원점에서 모든 미분 계수가 같다는 것과 테일러 정리(Taylor's theorem)를 이용하면 양변이 같다는 사실을 보일 수 있다. 이제 무한곱으로 표현한 식을 전개해 3차항의 계수를 보면

$$-\pi \times \left(\frac{1}{1^2} + \frac{1}{2^2} + \frac{1}{3^2} + \cdots \right)$$

임을 알 수 있다. 반면에 거듭제곱급수에서 3차항의 계수는 $-\dfrac{\pi^3}{6}$이다. 두 값이 같기 때문에 이로부터 답은 $\dfrac{\pi^2}{6}$임을 알게 된다.

다면체의 모서리는 7개일 수 없다

사면체의 모서리(변) 개수는 6개, 사각뿔의 모서리 개수는 8개이며, 삼각기둥의 모서리 개수는 9개이다. 모서리 개수가 10, 11, 12, …인 것들은 항상 찾을 수 있는데, 모서리 개수가 7개인 것을 찾기가 쉽지 않다.

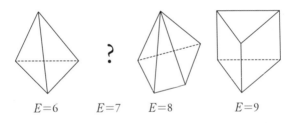

$E=6$ $E=7$ $E=8$ $E=9$

이는 우연이 아닌데, 모서리의 개수가 7개인 다면체는 없음을 입증할 수 있기 때문이다. 다면체의 꼭짓점, 모서리, 면의 개수를 각각 V, E, F라 하면, 오일러의 다면체 공식

$$V - E + F = 2$$

가 성립함은 잘 알려져 있다. 모든 면은 최소한 3개의 모서리를 가지고 있으므로 전체 모서리의 수는 $3F$를 넘는다. 다만 각 모서리는 2개의 면에 속하므로

$$2E \geq 3F$$

임을 알 수 있다. 마찬가지로 $2E \geq 3V$임도 알 수 있다.

이제 $E=7$이라 하면 V, $F \leq 4$여야만 한다. 하지만 이럴 경우 $V-E+F \leq 4-7+4=1$이어서 모순이므로, 모서리의 개수가 7인 다면체는 없다.

한편 원환면 위에서는 $V-E+F=0$이므로 모순이 생기지 않는데, $V=4$, $F=3$이어야 함을 알 수 있다. 그려 볼 수 있겠는가?

2는 제곱수일까?

정수의 성질을 다루는 정수론에서 중요하게 다루는 주제 가
운데 하나는 주어진 방정식이 정수해를 갖는지를 판정하는
것이다. 예를 들어 $4x+6y=1$은 정수해를 가질 수 없지만,
$4x+6y=2$는 정수해를 갖는다. 유명한 페르마의 마지막 정
리도 정수해를 갖는지를 판정하는 문제라 할 수 있다.

이 과정에서 소수 p로 나눈 나머지를 생각하는 구조가
중요한 역할을 한다. 두 수 a와 b를 p로 나눈 나머지가 같
을 때,

$$a \equiv b \,(\mathrm{mod}\ p)$$

로 나타내고, 'a와 b는 p를 법으로 하여 합동이다.'라고
한다.

합동식은 등식과 아주 비슷해서, 합동에 대한 방정식
을 생각할 수 있다. 예를 들어 $2x \equiv 1 \,(\mathrm{mod}\ 7)$과 같은 합동

방정식이 정수해를 가지는지를 생각할 수 있다. 이 경우 x $\equiv 4 \pmod 7$이 합동 방정식의 해가 된다.

　　1차 합동 방정식은 정수해를 갖는지 판정하는 것은 물론 실제 해를 구하는 일도 어렵지 않다. 그러나 차수가 하나 커져서 2차 합동 방정식이 되면 실제 해를 구하기란 매우 어렵고, 정수해를 갖는지 판정하기도 그리 간단치 않다.

　　수학자들은 정수 a가 홀수 소수 p로 나누어지지 않을 때, 2차 합동 방정식 $x^2 \equiv a \pmod p$가 정수해를 갖는 경우에 a를 2차 잉여라 하고 $\left(\dfrac{a}{p}\right) = 1$로 나타냈다. 반대로, 이 2차 합동 방정식이 정수해를 갖지 않는 경우에 a를 2차 비잉여라 하고 $\left(\dfrac{a}{p}\right) = -1$로 나타냈다. 특정한 몇 개의 a에 대해 $\left(\dfrac{a}{p}\right)$ 를 구하는 공식이 알려져 있는데, $a = 2$인 경우도 그중 하나 이다. 신기하게도 이 값은 p를 8로 나눈 나머지가 무엇인지 에 따라 다음과 같이 완전히 결정된다.

$$p \equiv 1,\ 7 \pmod 8 \text{이면 } \left(\frac{2}{p}\right) = 1.$$

$$p \equiv 3,\ 5 \pmod 8 \text{이면 } \left(\frac{2}{p}\right) = -1.$$

　　실제로 $3^2 \equiv 2 \pmod 7$이므로 7로 나눈 나머지를 보는 구조에서는 2가 제곱수라 할 수 있지만, 5로 나눈 나머지를 보는 구조에서는 2가 제곱수가 아니다.

이 공식은 다음과 같이 하나의 식으로 나타낼 수도 있다.

$$\left(\frac{2}{p}\right)=(-1)^{\frac{p^2-1}{8}}$$

    이와 같은 몇 개의 공식과 2차 잉여의 상호 법칙이라고 부르는 아름다운 관계식을 이용하면 일반적으로 $\left(\frac{a}{p}\right)$의 값을 구할 수 있다. 따라서 2차 합동 방정식이 해를 가지는지 갖지 않는지는 약간의 계산으로 판정할 수 있다. 이 이론은 더욱 일반적으로 발전해 다양한 관점에서 상호 법칙이 연구되었고, 이 연구 과정에서 정수론이 크게 발전했다. 이런 점에서 가우스가 "수학은 과학의 여왕이며, 정수론은 여왕의 머리에 놓인 왕관이다. 2차 잉여의 상호 법칙은 그 왕관에서 빛나는 보석."이라고 한 것은 그의 뛰어난 통찰력을 보여 준다 하겠다.

$2^3 + 1 = 9$는 예외

자연수 n마다 $2^n + 1$을 대응하는 수열은 누구나 생각할 수 있는 수열인데, 이들 중에 소수가 나오는 경우는 대단히 드물다. n이 홀수 r의 배수라면, $2^n + 1$은 $2^{n/r} + 1$의 배수이다. 예를 들어 $2^{12} + 1$는 $2^4 + 1$의 배수라는 이야기다.

$$2^{12} + 1 = (2^4 + 1)(2^8 - 2^4 + 1).$$

따라서 $n = 2^k$ 꼴이어야만 $2^n + 1$ 꼴이 소수가 될 가능성이 생기는데, 그마저도 소수인 것은

$$2^{2^0} + 1 = 2, \quad 2^{2^1} + 1 = 5,$$
$$2^{2^2} + 1 = 17, \quad 2^{2^3} + 1 = 257,$$
$$2^{2^4} + 1 = 65537$$

의 5개밖에 알려져 있지 않다.

$$2^0 + 1 = 2$$
$$2^1 + 1 = 3$$
$$2^2 + 1 = 5$$
$$2^3 + 1 = 3^2$$
$$2^4 + 1 = 17$$
$$2^5 + 1 = 3 \times 11$$
$$2^6 + 1 = 5 \times 13$$
$$2^7 + 1 = 3 \times 43$$
$$2^8 + 1 = 257$$
$$2^9 + 1 = 3^3 \times 19$$
$$2^{10} + 1 = 5^2 \times 41$$
$$\vdots$$

이러니 $2^n + 1$ 꼴의 수에서 소수를 찾으려고 시도하는 일은 번지수를 잘못 짚은 것처럼 보인다. 하지만 알고 보면 이 수열은 소수를 무한히 뽑아낼 수 있는 보고이기도 하다. 무슨 이야기인지 알아보기 위해 이런 꼴의 수들을 소인수 분해해 보기로 하자.

잘 살펴보면, $2^3 + 1 = 3^2$일 때만 제외하고 기존에 등장하지 않았던 소인수가 적어도 하나는 반드시 나타난다! 예를 들어 $2^{11} + 1$의 소인수 3과 683 중에는 앞서 나오지 않은 소수인 683이 있으며, $2^{12} + 1$의 소인수 17과 241 중에는 그때까지의 소인수 분해에서는 볼 수 없었던 소수인 241이 있다는 이야기다.

사실 이런 성질은 $2^n + 1$ 꼴의 수열에만 국한된 것은 아니다. 예를 들어 $a^n + b^n$ 꼴의 수열 중에서 $2^3 + 1^3$만을 제외하면, 항상 기존에 나오지 않은 소인수가 나온다는 카를 지그 몬디(Karl Zsigmondy, 1867~1925년)의 정리가 알려져 있다. 이처럼 소수는 어디서나(?) 발견된다는 점에서 놀라움을 자아낸다.

210에서 소수를 빼면

4 이상의 짝수를 소수 2개의 합으로 쓸 수 있느냐는 문제를 '골드바흐의 추측(Goldbach's conjecture)'이라 부른다. 예를 들어 작은 짝수에 대해

$$4=2+2, \ 6=3+3, \ 8=5+3, \ 10=7+3=5+5$$

등으로 쓸 수 있다. 이 추측이 큰 짝수에 대해서도 여전히 참이라는 수치적 증거는 많지만, 아직은 증명되지 않았다.

짝수 $2n$을 두 소수 p, q의 합으로 쓸 수 있다면, 그중 하나는 n 이상이어야 하며 다른 하나는 n 이하여야 한다는 사실은 분명하다. 이제 더 큰 것을 p라 두자. 골드바흐의 추측은 $n \leq p \leq 2n-2$인 소수 p 중에 $2n-p$가 소수인 것이 있느냐는 질문이 된다.

먼저 $n \leq p \leq 2n-2$인 소수 p가 있음은 입증돼 있어서 한시름을 덜 수 있다. 이때 그런 소수 p에 대해 $2n-p$가 소수라면 별로 고민할 것도 없을 텐데 $n=105$가 바로 그런 경

우다!

왜 그럴까? 물론 105와 208 사이의 소수 p에 대해 $q=210-p$가 소수인지 하나하나 확인해 볼 수도 있겠지만, 19번의 계산을 거의 하지 않고도 알 수 있는 방법이 있다.

q는 105 이하이므로, 만약 소수가 아니라면 $\sqrt{105}$ $=10.24\cdots$보다 작은 소인수를 가져야 한다. 즉 q는 2, 3, 5, 7 중 하나로 나누어떨어져야 한다. 그런데 $210=2\times3\times5\times7$ 이므로 $p=210-q$ 역시 2, 3, 5, 7 중 하나로 나누어떨어져야 한다. p는 105 이상의 소수라고 가정했으므로 모순임을 알 수 있다.

따라서 210을 두 소수의 합으로 표현하는 방법의 수는 19가지임도 알 수 있다. 한편 210보다 큰 짝수 중에 이와 같은 성질을 가지는 수는 전혀 없다는 것도 입증할 수 있다. 예를 들어 $2310=2\times3\times5\times7\times11$에 대해서는 왜 비슷한 논법이 통하지 않는지 생각해 보는 것도 좋을 듯하다.

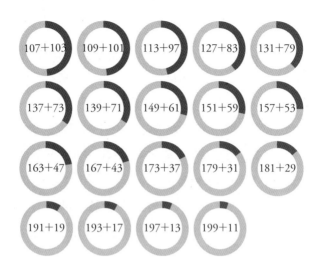

$2^{11} - 2$는 11의 배수

$2^{11} - 2$가 11의 배수라는 사실은 $2(2^5 - 1)(2^5 + 1)$로 인수 분해하고 $2^5 + 1 = 33$임을 계산(!)하면 알 수 있지만, 더 일반적으로 자연수 a에 대해 $a^{11} - a$가 11의 배수임을 입증하려면 이런 방식으로는 곤란하다.

이제 11칸짜리 회전판을 상상해 보자. 이 회전판을 a가지 색깔만을 써서 칠하는 방법의 수는 몇 가지일까? (모든 색깔을 다 사용할 필요는 없다.)

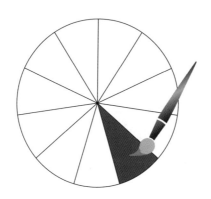

이제 어떤 회전판의 색깔 배치와 예컨대 3칸 회전한 회전판의 색깔 배치가 동일하다고 하자. 그렇다면 원래 회전판의 1번 칸 색과 4번 칸의 색은 같아야 한다. 마찬가지로 7번 칸의 색과도 같아야 하고, 10번 칸, 2번 칸 등이 모두 같아야 하므로 회전판이 한 가지 색으로만 칠해져 있다는 결론을 얻는다. 마찬가지로 어떤 회전판의 색깔 배치가 k칸 회전한 회전판의 색깔 배치와 같으려면 (단, k는 1부터 10까지의 수.) 한가지 색으로만 칠해져 있어야 한다. 거꾸로 말하면 두 가지 이상의 색을 써서 칠한 회전판을 회전해 얻을 수 있는 11가지의 색깔 배치가 모두 다르다!

만약 회전했을 때 색깔 배치가 같은 회전판은 같은 것으로 보기로 하면, 서로 다른 회전판의 개수는

$$\frac{a^{11} - a}{11} + a$$

일 것이다. 개수를 센 것이므로 이 수는 당연히 정수여야 하고, 따라서 원하는 사실이 증명된다!

위 논증에는 사실 11이 소수라는 사실이 중요한 역할을 한다. 즉 이 논증을 일반화하면 다음을 알 수 있다는 뜻이다.

정리(페르마의 작은 정리): p가 소수일 때 $a^p - a$는 p의 배수다.

이를 페르마의 작은 정리라 부르는데, 이 정리 및 이를 일반화한 오일러 정리는 현대 정수론과 암호론 등에서 매우 중요한 역할을 하고 있다.

12음 평균율

음악은 세상의 아름다운 조화를 드러내는 예술로 사랑받아 왔다. 그러나 음악의 아름다움이 어디에서 오는지를 설명하기란 쉽지 않은 일이다. 음악을 아름답게 하는 요소 가운데 하나인 화음을 처음 체계적으로 설명한 사람은 피타고라스였다. 피타고라스 정리로 유명한 바로 그 사람이다.

피타고라스는 두 현의 진동에서 나오는 소리가 조화롭게 들리는 경우가 두 현의 길이의 비와 관련이 있음을 처음으로 관찰했다. 가장 조화로운 것은 두 현의 길이의 비가 1:2인 경우로, 이때 두 현이 내는 소리는 옥타브 차이만 날 뿐 같은 소리로 들린다. 피타고라스는 두 현의 길이의 비가 2:3일 때 서로 다른 소리이면서 조화를 이룬다는 사실을 발견해서, 이것을 기준으로 음률 체계를 만들어 냈다. C음이 나는 현의 길이를 1이라고 할 때, 길이가 2/3인 현의 소리는 G이고, G 현의 2/3인 길이 4/9인 현의 소리는 D가 된다. 그런데 이 D음은 한 옥타브 높아서 한 옥타브를 낮춘 8/9이 C, G와 같은 옥타브 안에 있는 음이 된다.

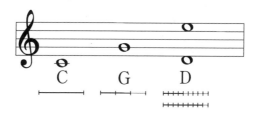

　이런 식으로 반복해 한 옥타브에 12개의 음을 배치한 것을 피타고라스 음계라 한다. 피타고라스는 화음의 조화로움이 바로 음들 사이의 비율이 간단한 정수비라는 사실에서 오는 것이라고 설명했다.

　피타고라스 음계처럼 모든 현의 길이가 정수비를 이루도록 만든 음계를 순정률이라 한다. 그런데 순정률은 조옮김을 하면 비율이 완전히 달라져야 한다는 문제가 있다. 조가 바뀔 때마다 악기를 따로 만들 수는 없으니 말이다. 또한 피타고라스 음계에서 2/3를 아무리 곱해도 한 옥타브 비율인 2를 만들 수 없다는 문제가 있다. 피타고라스 음계에서는 2/3를 12번 곱하는 방식으로 262144:531441을 만들 수 있고, 이 비율이 약 1:2.027 정도로 1:2에 가깝기는 하지만 정확히 1:2는 아니다.

　이런 문제로 자유롭게 조옮김을 할 수 있도록 평균율이라는 음계가 만들어졌다. 평균율은 한 옥타브에 12개의 음이 균등하게 들어 있도록 만든 것으로, 12번 곱해 1:2 의 비가 나타나려면 연속한 두 음 사이의 비가 $1:2^{\frac{1}{12}}$이 되어야 한다. 피타고라스 음계에서 C와 G가 이루는 비 2:3 이 평균율로는 어떤 비인지 계산해 보면, C부터 세어서 C, C♯, D, D♯, E, F, F♯, G로 여덟 번째 음이 G이므로, $1:(2^{\frac{1}{12}})^7 = 1:1.4983\cdots$으로 2:3에 아주 가까움을 알 수 있다.

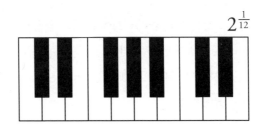

$2^{\frac{1}{12}}$

소수를 무한히 만들 수 있을까?

소수가 무한히 많다는 것은 고대 그리스의 수학자 유클리드
가 쓴 『원론』에도 증명되어 있을 정도이니 2000년이 훨씬 넘
는 오래된 지식이다. 이 증명은 소수가 $p_1, p_2, \cdots, p_n$으로 유
한개밖에 없다고 가정하면 모순이 생기는 것을 이용한다.

　유한개뿐인 소수를 모두 곱한 다음 1을 더한 수를 N이
라 하면, 이 수는 소수 $p_1, p_2, \cdots, p_n$으로 나누어서 항상 1
이 남는다. 따라서 어떤 소수로도 나누어지지 않는 N은 그
자체로 소수일 수밖에 없는데, 앞서 소수는 $p_1, p_2, \cdots, p_n$뿐
이라고 했으니 이것은 명백히 모순이다.

　이런 방식으로 결론을 부정해 모순을 이끌어 내는 증명
을 귀류법이라 하며, 소수가 무한히 많다는 여러 증명이 대부
분 귀류법을 이용하고 있다.

　그런데 이를 오해해, 소수를 차례대로 곱한 다음 1을 더
하면 항상 소수가 된다고 잘못 아는 사람이 꽤 많다. 실제로

$$2+1=3$$

$$2 \times 3+1=7$$

$$2 \times 3 \times 5+1=31$$

$$2 \times 3 \times 5 \times 7+1=211$$

$$2 \times 3 \times 5 \times 7 \times 11+1=2311$$

이 모두 소수여서 이런 착각을 할 만도 하다. 그러나 다음 단계인 2부터 13까지의 소수들을 곱하고 1을 더한 값은 소수가 아니다.

$$2 \times 3 \times 5 \times 7 \times 11 \times 13+1=30031=59 \times 509.$$

소수를 일일이 나열해서 쓰기는 귀찮으니, 2부터 소수 p까지 소수들을 차례대로 곱한 것을 $p\#$으로 나타내자. 이 것을 '소수 계승(primorial)'이라 부른다. 이 기호를 써서 위 결과를 다시 쓰면, 2#＋1부터 11#＋1까지는 소수이지만 13#＋1은 소수가 아니다.

$$\boxed{13\#＋1=59 \times 509}$$

그렇다면 유클리드의 증명은 틀린 것일까? 유클리드의

증명은 '소수가 유한개뿐이다.'라는 가정에서 출발해 새로운 소수를 만들어 낸 것이므로, 소수가 무한히 많은 실제 상황에서는 $p\#+1$이 새로운 소수라는 보장을 할 수 없는 것이 당연하다. 그러니 $13\#+1$이 소수가 아니라는 사실이 유클리드의 증명에 끼치는 영향은 전혀 없다.

실은 $p\#+1$이나 $p\#-1$로 만들어지는 소수가 꽤 많아서, 이런 소수들은 '소수 계승 소수(primorial prime)'라는 이름까지 붙어 있으며, 이를 이용해 새로운 큰 소수를 만들어 내기도 한다. 그러나 $p\#\pm1$ 꼴의 소수가 무한히 많은지는 알려져 있지 않으며, 반대로 $p\#\pm1$ 꼴의 합성수가 무한히 많은지도 알려져 있지 않다.

소수 계승이 아닌 다른 방법으로 소수를 무한히 만들 수는 없을까? 이런 방법이 있다면 소수가 무한히 많다는 사실은 자동으로 증명될 텐데, 아직까지 소수를 무한히 만들어 내는 공식 같은 것은 사실상 없다고 할 수 있다.

$$\dim G_2 = 14$$

영 벡터가 아닌 두 벡터 v, w를 생각하자. $w-kv$ 꼴의 벡터 중에서 w와 길이가 같은 벡터를 $r_v(w)$라 쓰고, 'w를 v에 대해 반사시킨 벡터'라고 부르자. 이때 $k=[v, w]$라고 임시로 표기하기로 하자.

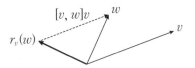

벡터들을 모은 집합 Φ가 '근체계(root system)'라는 것은 다음 조건을 만족할 때를 말한다.

- 영 벡터는 Φ에 속하지 않는다.
- v, $w \in \Phi$이면 $r_v(w) \in \Phi$이고 $[v, w]$는 정수다. 특히 $r_v(v) = -v \in \Phi$인데, $[v, v] = 2$이므로 조건을 자동으로 만족한다.

- $v \in \Phi$일 때 v의 상수배 중에서는 v, $-v$만이 Φ에 속한다.

Φ에 속한 두 벡터 v, w의 사잇각을 θ라고 하자. 필요하면 순서를 바꿔서 $|v| \leq |w|$라 두고, $w \neq \pm v$인 경우만 생각하자. 이때 $|r_v(w)| = |w|$로부터 다음을 알 수 있다.

$$[v, w] = \frac{2|w|}{|v|} \cos\theta.$$

단 여기에서 $|v|$는 v의 길이를 말한다. 마찬가지로 $[w, v] = \frac{2|v|}{|w|} \cos\theta$이다. 이들 정수를 곱한 값 $4\cos^2\theta$도 정수여야 하므로 $4\cos^2\theta = 0, 1, 2, 3$만이 가능하고, 따라서 다음 표를 얻을 수 있다.

$\cos\theta$	$|w|/|v|$	$[v, w]$	$[w, v]$
0	정보 없음	0	0
$\pm\frac{1}{2}$	1	± 1	± 1
$\pm\frac{\sqrt{2}}{2}$	$\sqrt{2}$	± 2	± 1
$\pm\frac{\sqrt{3}}{2}$	$\sqrt{3}$	± 3	± 1

두 벡터 사이의 사잇각 및 벡터의 길이의 비까지 제한되는 걸 알 수 있기 때문에, 근체계의 두 번째 조건은 보기보다 매우 강력한 조건임을 알 수 있다. 예를 들어 2차원 평면에서 $v, w \in \Phi$ 사이의 각이 150도인 것이 있는 경우 $[v, w] = -3$, $[w, v] = -1$인데, 근체계의 조건을 써서 반사시킨 벡터들을 구해 보면 다음과 같은 근체계가 나온다.

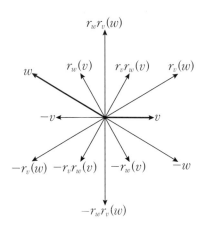

인접한 벡터 사이의 각이 모두 30도이므로 여기에 다른 벡터를 추가하면 근체계가 될 수 없다. 이러한 근체계를 G_2 꼴의 근체계 또는 카르탕 행렬(Cartan matrix)

$$\begin{pmatrix} [v, v] & [v, w] \\ [w, v] & [w, w] \end{pmatrix} = \begin{pmatrix} +2 & -3 \\ -1 & +2 \end{pmatrix}$$

에 대응하는 근체계라 부른다. 두 벡터 사이의 각을 달리해 가며 2차원 근체계를 구하면, 수학자들이 $A_1 \times A_1$, A_2, B_2, G_2라 부르는 근체계가 나온다.

이러한 근체계는 리 대수(Lie algebra)나 리 군(Lie group)이라 부르는 수학적 구조를 분류하고 연구하는 데 핵심적인 역할을 하며, 유한군, 격자 이론, 조합론, 정수론 등에서도 중요하다.

예를 들어 G_2 근체계는 모두 12개의 벡터로 이루어져 있는데, 이 벡터들이 들어 있는 차원인 2를 더해 모두 14차원의 리 대수를 결정한다. 한국이 낳은 세계적인 수학자 이임학(李林學, 1922~2005년)은 G_2 꼴에서 파생하는 리 대수를 이용해 '이임학군(Ree group)'이라 부르는 유한 단순군을 구성하기도 했다.

15 퍼즐

20세기 후반을 대표하는 수학적 장난감이라면 뭐니 뭐니 해도 '루빅스 큐브(Rubik's cube)'일 것 같다. 이와 비슷하게 19세기 말부터 20세기 초까지 전 세계를 풍미했던 수학적 장난감은 '15 퍼즐(fifteen puzzle)'이었다. 이 퍼즐은 규칙에 따라 조각을 움직이는 슬라이딩 퍼즐(sliding puzzle)의 일종으로, 4 × 4로 배열된 15개의 조각을 움직여 차례대로 맞추는 것이다. 기념품 같은 걸로 누구나 한번쯤은 보았을 법한 유명한 퍼즐이다.

1	2	3	4
5	6	7	8
9	10	11	12
13	14	15	

이 퍼즐을 더 유명하게 한 것은, 미국의 전설적 퍼즐 작가 새뮤얼 로이드(Samuel Loyd, 1841~1911년)가 현상금을 건 문제 '14-15 퍼즐'이다. 위 조각에서 14와 15만 자리를 바꾼 상태에서 원래 배열로 바꿀 수 있겠냐는 것이 샘 로이드의 질문이었다. 아래 그림은 로이드의 책에 실린 삽화이다. 상금은 1000달러. 당시로서는 엄청난 거금이었지만, 당연히 풀 수 없는 문제이기에 이런 상금을 건 것이었다.

14와 15 두 조각만 자리를 바꾸는 것이 불가능함을 보이기란 그리 간단치 않다. 조각을 움직이는 방법의 수가 거의 무한하다 보니, 무언가가 불가능하다는 것을 보이려면 새로운 접근 방법이 필요하다. 이 문제의 경우, 15개 조각을 한 줄로 나열할 때 큰 수가 작은 수보다 앞에 나오는 개수인 반전수(inversion number)를 이용해, 조각을 움직여도 바뀌지 않는 값을 정한다. 이런 값을 변화에 대해 바뀌지 않는 값이라는 뜻에서 불변량(invariant)이라 한다. 그리고 1부터 15까지 차례대로 놓인 경우의 불변량과, 14와 15가 바뀐 경우의 불변량이 다름을 보이면 증명이 끝난다.

이와 같이 어떤 변환이 불가능함을 보일 때는 불변량을 활용하는 것이 보통이며, 이를 뒤집어 생각하면 불변량을 이용해 대상을 분류할 수도 있다. 어떤 대상을 목적에 따라 분류할 수 있는 좋은 불변량을 찾는 것은 수학의 핵심 주제 가운데 하나이다.

$$2^4 = 4^2 = 16$$

서로 다른 두 자연수 a, b에 대해 $a^b = b^a$를 만족하는 경우는 $2^4 = 4^2$밖에 없다는 사실은 쉽게 알 수 있다.

그런데 a, b의 범위를 유리수로 늘리면 어떨까? 곧 보겠지만 그런 쌍이 무한개인데 막상 예를 찾으려고 하면 잘 안될 수도 있다. 예를 들어 $a = \dfrac{9}{4}$, $b = \dfrac{27}{8}$이라 두자. 이때

$$\left(\frac{9}{4}\right)^{\frac{27}{8}} = \left(\frac{3}{2}\right)^{\frac{27}{4}} \ \text{및} \ \left(\frac{27}{8}\right)^{\frac{9}{4}} = \left(\frac{3}{2}\right)^{\frac{27}{4}}$$

이므로 일치함을 확인할 수 있다.

짐작했을지 모르지만, 자연수 n에 대해

$$a = \left(1 + \frac{1}{n}\right)^n, \ b = \left(1 + \frac{1}{n}\right)^{n+1}$$

이라 정의하면 $a^b = b^a$를 만족함을 보일 수 있다. n이 커질수록 a, b가 자연 상수 e로 가까워지는 대표적인 유리수 수열이라는 점도 흥미로운데, 사실 이런 꼴 이외에는 $a^b = b^a$인 서

로 다른 유리수 쌍이 없다는 사실도 입증할 수 있다.

물론 $a^b = b^a$인 서로 다른 실수 쌍은 무한히 많다. 양변에 (자연)로그를 취하면

$$\frac{\ln a}{a} = \frac{\ln b}{b}$$

인 쌍 a, b를 구하는 문제가 되는데 $f(x) = \dfrac{\ln x}{x}$의 그래프를 그려 보면 $1 < a < e$마다 $f(a) = f(b)$인 $b > e$가 딱 하나씩 대응하기 때문이다.

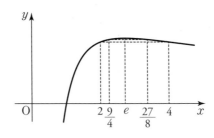

2차 곡면은 몇 가지일까?

원과 직선은 기하학의 원초적인 연구 대상으로, 인류가 기하학이라는 개념을 떠올리는 순간부터 다루게 되는 도형이었다. 원과 직선에 이어 수학자들이 도전했던 대상은 타원, 포물선, 쌍곡선 같은 도형이었다. 이 도형들은 원뿔의 단면으로 나타나기에 '원뿔 곡선(conic section)'이라는 이름으로 불렸다. 그러나 원이나 직선보다 훨씬 복잡한 모양이어서 다루기가 쉽지 않았다. 사실 왜 하필 원뿔의 단면을 생각해야 하는지도 자명하지 않다. 원과 직선보다는 더 복잡하지만, 원뿔 곡선보다는 간단한 도형은 없을까? 또한 원뿔 곡선 다음 단계의 곡선은 무엇이라 할 수 있을까?

여러 대상을 개별적으로 다루던 기하학은 17세기에 르네 데카르트(René Descartes, 1596~1650년)가 좌표를 이용해 점의 위치를 나타내는 해석 기하학을 개발하면서 상황이 완전히 달라졌다. 원뿔 곡선이라 부르던 대상들은, 알고 보니 2차식으로 주어지는 곡선이었다. 그리고 원은 2차 곡선 가운데 타원의 특수한 경우였다. 직선이 1차식으로 주어지는 기하학적 대상이니, 그다음 차수인 2차식으로 주어지는 원뿔 곡선은 직선에 이어 연구 대상이 되는 것이 당연했다. 이렇게 원뿔 곡선은 2차 곡선이라는 새로운 이름을 얻었다.

2차 곡선을 일반화해 3차 곡선을 생각할 수도 있으나, 차원을 높여서 2차 곡면을 생각할 수도 있다. 모든 2차 곡선은 적당히 평행 이동, 회전 이동해 방정식

$$ax^2 + by^2 = c$$

를 만족하는 점들의 집합으로 이해할 수 있다. 그러면 각각의 계수에 따라 여러 가지 2차 곡선이 분류된다.

$$\frac{x^2}{a^2} + \frac{y^2}{b^2} + \varepsilon_1 \frac{z^2}{c^2} + \varepsilon_2 = 0$$
$$\frac{x^2}{a^2} + \varepsilon_3 = 0$$
$$\frac{x^2}{a^2} + \varepsilon_4 \frac{y^2}{b^2} - z = 0$$
$$\frac{x^2}{a^2} - \frac{y^2}{b^2} + \varepsilon_5 = 0.$$

2차 곡면도 평행 이동과 회전 이동을 하면 위 4종류의 방정식 가운데 하나를 만족하는 점들의 집합으로 생각할 수 있다. 이 방정식을 2차 곡면의 표준형이라 한다.

여기서 ε_1, ε_2, ε_3, ε_4는 1, 0, −1이 될 수 있고, ε_5는 0 또는 1이 될 수 있다. 그러면 모두 합쳐 17가지 경우가 가능

하다. 즉 2차 곡면의 표준형은 17가지이다.

그런데 실제로는 17가지 표준형 가운데 어떤 것은 실수 범위에서 해를 찾을 수 없는 것도 있다. 예를 들어, $x^2+y^2+1=0$의 경우, 복소수에서는 해가 존재하지만 실수에서 해가 존재하지 않는다. 좌표 공간에서 그림을 그리는 것은 x, y, z가 실수일 때이므로, 이런 경우를 찾아보면 17가지 표준형 가운데 그림으로 나타낼 수 있는 2차 곡면은 9종류라 할 수 있다. 다음 그림은 그중 하나인 한잎 쌍곡면을 나타낸 것이다.

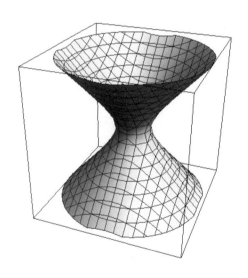

18을 서로 다른 세 소수의 합으로 나타내기

18은 3개의 서로 다른 소수의 합으로 쓸 수 있으며, 그런 방법이 두 가지다. 즉

$$18 = 2 + 3 + 13 = 2 + 5 + 11$$

이다.

다른 수들도 가능할까? 자연수 n을 서로 다른 세 소수의 합으로 쓰는 방법의 가짓수를 $p_3(n)$으로 표시하자. $n=18$의 경우 $p_3(18)=2$이고, 이때가 $p_3(n)=2$이 되는 가장 작은 경우이다. 만약 n을 서로 다른 세 소수의 합으로 쓸 수 없다면 $p_3(n)=0$이다. 그러면 다음과 같은 질문을 생각할 수 있다. '$n \geq 18$일 때 $p_3(n) \geq 2$인가?'

더 일반적인 질문은 함수 $p_3(n)$의 함숫값의 분포는 어떻게 되느냐이다.

짝수를 세 소수의 합으로 쓸 경우 한 소수는 반드시 2가 되어야 하므로, 문제는 임의의 짝수를 2가 아닌 서로 다

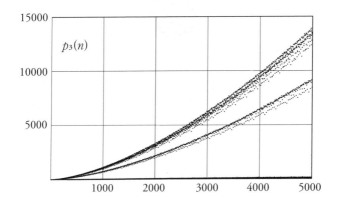

른 소수의 합으로 쓰는 방법의 수를 구하는 것과 동일하다.
이 문제는 4 이상의 모든 짝수를 두 소수의 합으로 쓸 수 있
는가라는 골드바흐의 추측과도 관계가 있다. 짝수 $2n$ 을 두
소수의 합으로 표현하는 방법의 가짓수를 골드바흐 분할수
$g(2n)$ 이라고 하자. 계산에 따르면 n 이 커짐에 따라 $g(2n)$
이 여러 값 사이를 왔다 갔다 하지만, 그 값들의 하한값과 상
한값 모두 커지는 것으로 관찰된다.

　홀수의 경우는 5보다 큰 모든 홀수를 소수 3개의 합으
로 표현할 수 있다는 추측을 2013년 페루 수학자 하랄드 헬
프고트(Harald Helfgott, 1977년~)가 증명했다.

요세푸스 문제

보통 카드 40장과 조커 1장을 포함해 41장의 카드를 손에 쥐고 있다고 하자. 맨 위의 카드는 카드 뭉치 맨 아래에 넣고, 그 다음 카드는 바닥에 버려서 뭉치로부터 제거하는 일을 반복한다. 이때 조커가 마지막까지 손에 남아 있으려면, 애초에 카드 뭉치의 어느 위치에 넣었어야 할까?

만사 귀찮은 사람들은 과정을 거꾸로 밟아 풀 수도 있겠지만, (만사 귀찮은데 그럴 리가……) 사실 그다지 어렵지 않게 해결할 수 있는 문제다.

첫 단계는 문제를 일반화하는 것이다. n장의 카드로부터 시작했을 때 조커를 넣었어야 할 자리를 $J(n)$이라 쓰기로 하자. 예를 들어 2장의 카드였다면 당연히 조커는 첫 번째 장에 넣었어야 하므로 $J(2)=1$일 것이다. $J(3)=3$임은 쉽게 알 수 있다. 이제 $J(n)$들 사이의 관계를 알아보기로 하자.

n장의 카드로부터 시작하면 첫 번째 카드는 맨 아래로 옮겨지며, 두 번째 카드는 버려진다. 이제 손에 남은 카드가 $n-1$장이므로 위에서부터 $J(n-1)$번째의 카드가 조커여

야 한다. 그런데 손에 남은 카드는, 원래 카드 뭉치에서

$$3, 4, 5, \cdots, n-1, n, 1$$

번째의 카드다. 따라서 $J(n)=J(n-1)+2$인데, 다만 $J(n)$ $>n$일 때는 1로 해석해야 한다. 예를 들어 $J(3)+2=5$는 4 보다 크므로 $J(4)=1$이다.

마찬가지로 계산해 $J(n)$을 늘어 쓰면 다음과 같다. 편 의상 $J(1)=1$이라 두자.

$$1, 1, 3, 1, 3, 5, 7, 1, 3, 5, 7, 9, 11, 13, 15, 1, \cdots.$$

따라서 구하려던 값은 $J(41)=19$임을 알 수 있다.

덤으로 다음 규칙을 쉽게 눈치챌 수 있을 것이다.

$$n=2^k+m \ (\text{단 } 0 \le m < 2^k)\text{이면 } J(n)=2m+1\text{이다.}$$

2진법에 익숙한 사람이라면 $J(41)$을 다음처럼 계산할 수도 있다. 먼저 41을 2진법으로 표현한다. $41=32+8+1$ $=101001_{(2)}$에서 맨 앞의 1을 맨 뒤로 옮겨서 얻은 수, 즉 $010011_{(2)}=16+2+1=19$가 답이다.

우리는 가볍게 즐기는 놀이지만, 이 질문은 원래 생사가

걸린 문제로부터 출발했다고 한다. 제1차 유대-로마 전쟁 당시 플라비우스 요세푸스(Flavius Josephus, 37~100년)는 동료 40명과 함께 로마군에게 포위됐다. 이들은 투항하는 대신, 제비를 뽑아 둥글게 둘러앉은 후 2명씩 건너뛰고 세 번째마다 자살하기로 했다. 이렇게 해 39명이 죽은 뒤 요세푸스는 아직 살아남은 동료와 함께 투항했고, 훗날 역사가가 되어 이 일을 기록에 남겼다고 한다.

자, 요세푸스는 몇 번째 자리에 있었다가 살아남았던 걸까? 물론 답은 두 가지다.

요세푸스 문제

220과 284는 친화수

자기 자신을 제외한 약수를 진약수라 부른다. 220의 진약수는

1, 2, 4, 5, 10, 11, 20, 22, 44, 55, 110

인데 이들을 더하면 284이다. 반대로 284의 진약수

1, 2, 4, 71, 142

를 모두 더하면 220이어서 220으로 되돌아온다.

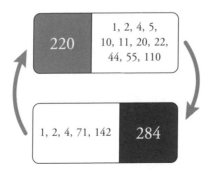

이처럼 두 자연수 m, n에 대해 m의 진약수의 합이 n
이고, n의 진약수의 합이 m일 때 두 수를 '친화수(amicable
pair)'라 부른다. 친화수는 완전수와 더불어 흥미로운 수로 여
겨져 왔기 때문에 페르마나 데카르트 같은 이들도 새로운 친
화수 발견에 관심을 기울였다. 하지만 친화수는 좀처럼 나타
나지 않았는데, 60여 개의 친화수를 발견한 사람이 있으니
바로 오일러다. 그는 무슨 방법을 썼던 것일까? 여기서는 가
장 간단한 사례를 들어 오일러의 방법을 소개해 볼까 한다.

220, 284를 각각 $2^2 \cdot 5 \cdot 11$과 $2^2 \cdot 71$로 소인수 분해한
것이 오일러의 단서였다. 오일러는 먼저 $m = 2^k pq$, $n = 2^k r$ 꼴
이며 p, q, r이 서로 다른 소수인 친화수가 있는지 찾아보기
로 했다. 이때 m과 n의 진약수의 합은 각각

$$(1 + 2 + \cdots + 2^k)(1 + p)(1 + q) - 2^k pq$$

와

$$(1 + 2 + \cdots + 2^k)(1 + r) - 2^k r$$

이므로

$$(2^{k+1} - 1)(1 + p)(1 + q) = (2^{k+1} - 1)(1 + r) = 2^k(pq + r)$$

가 성립해야 한다. 처음 두 식에서 $r=pq+p+q$이고 이를 처음 항과 마지막 항에 대입한 뒤 풀면

$$(p-2^k+1)(q-2^k+1)=2^{2k}$$

가 나온다. 따라서

$$p=2^j(2^{k-j}+1)-1,$$
$$q=2^k(2^{k-j}+1)-1,$$
$$r=2^{j+k}(2^{k-j}+1)^2-1$$

꼴이어야 한다. 이제 k, j에 수를 대입해 가면서 p, q, r이 소수가 되는 쌍을 찾자는 것이 오일러의 전략이었다. 예를 들어 $j=3$, $k=4$인 경우 $p=23$, $q=47$, $r=1151$이 되어 친화수 $m=17296$, $n=18416$을 찾을 수 있다.

 이런 방법을 더욱 일반화하면서 오일러는 무려 60여 개에 달하는 친화수를 발견할 수 있었다.

$21-2$, $21-4$, $21-8$, $21-16$은 모두 소수

어떤 자연수에서 2, 2^2, 2^3, 2^4, … 등을 빼서 얻는 모든 자연수가 항상 소수일 수 있을까?

물론 가장 간단한 경우인 4는 $4-2$가 소수이므로 원하는 조건을 만족한다. 다음으로는 7에 대해 $7-2$, $7-4$가 모두 소수이므로 7도 원하는 조건을 만족하는 수다.

예상하다시피 이런 조건을 만족하는 N은 꽤 드물다. 먼저 $N \geq 6$일 때는 $N-2$, $N-4$가 쌍둥이 소수여야 한다. 그중에서도 $N-8$, $N-16$, … 등이 소수여야 하므로, 생각보다 조건이 까다롭다는 사실을 짐작할 수 있을 것이다.

어떤 소수 p에 대해 2, 2^2, …, 2^{p-1}을 p로 나눈 나머지가 모두 다를 경우, p를 '아르틴 소수(Artin prime)'라 부른다. 예를 들어 2, 2^2, 2^3, …, 2^{12}를 13으로 나눈 나머지를 차례로 구하면

$$2, 4, 8, 3, 6, 12, 11, 9, 5, 10, 7, 1$$

이므로 13은 아르틴 소수다.

만약 p가 아르틴 소수라면, $N-2$, $N-4$, ⋯, $N-2^{p-1}$을 p로 나눈 나머지는 모두 달라야 한다. 그러므로 $N > 2^{p-1}+p$가 원하는 조건을 만족한다면, $N-2$, $N-4$, ⋯, $N-2^{p-1}$이 모두 p보다 큰 소수라는 사실에서, N을 p로 나눈 나머지가 0일 수밖에 없게 된다.

일반화된 리만 가설이 참이라면 아르틴 소수가 무한하기 때문에 우리가 원하는 조건을 만족하는 N의 개수가 유한하다는 것이 보장된다. 설령 일반화된 리만 가설이 참이 아니더라도, 원하는 조건의 N이 매우 까다로운 조건을 만족해야 함을 알 수 있다.

실제로도 조사해 보면 $N=4$, 7, 15, 21, 45, 75, 105가 이런 성질을 가지는데 아직까지 이 7개만이 발견되었을 뿐이고, 에르되시는 더는 없다고 추측했다고 한다.

라이크렐 수는 존재하는가?

초등학생도 이해할 수 있는, 그러나 전문 수학자들도 풀지 못
한 문제를 하나 소개하자. 먼저 회문수(palindrome number)가
무엇인지 알아야 한다. 이것은 바로 읽으나 거꾸로 읽으나 같
은 수로 22, 1441, 50305 같은 수를 말한다. 한 자리 수도 회
문수로 생각한다.

이제 아무 수나 하나 골라 이 수가 회문수인지 확인한
다. 회문수라면 종료. 만약 고른 수가 회문수가 아니라면, 이
수를 뒤집어서 원래 수와 더한다. 만약 더한 결과가 회문수
가 되면 종료하고, 회문수가 아니면 뒤집어 더하는 과정을 반
복한다. 예를 들어, 25는 회문수가 아니지만, 25＋52＝77은
회문수이므로 한 단계 만에 회문수가 된다. 75로 시작하면,
75＋57＝132는 회문수가 아니고, 132＋231＝363은 회문
수이므로 두 단계 만에 회문수가 된다. 이제 자연스럽게 이런
문제를 생각할 수 있다.

수를 거꾸로 쓰고 더하기만 하면 되니 이보다 더 단순한
문제도 없을 것 같다. 초등학생도 얼마든지 이해할 수 있을
정도다.

실제로 계산해 보면, 대부분의 두 자리 수는 서너 단계
만에 금방 회문수가 된다. 다음 그림은 10부터 99까지의 수
가 몇 단계 만에 회문수가 되는지를 나타낸 것이다.

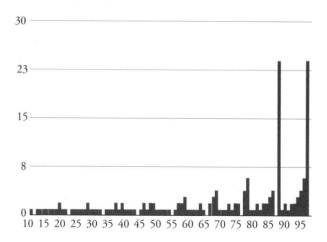

위 그림을 보면 갑자기 치솟는 2개의 수가 있는데, 바

로 89와 이것을 거꾸로 쓴 98이다. 이 수는 다음과 같이 무려 24단계를 거쳐야 회문수가 된다.

89 → 187 → 968 → 1837 → 9218 → 17347

→ 91718 → 173437 → 907808 → 1716517 → 8872688

→ 17735476 → 85189247 → 159487405 → 664272356

→ 1317544822 → 3602001953 → 7193004016

→ 13297007933 → 47267087164 → 93445163438

→ 176881317877 → 955594506548 → 1801200002107

→ 8813200023188.

24단계면 좀 많기는 해도, 다른 수들을 보면 모든 수가 회문수로 끝날 것처럼 보이기도 한다. 그런데 196이라는 그리 크지 않은 수에서 이상한 일이 벌어진다. 이 수는 24단계를 넘어, 100단계, 200단계를 지나도 좀처럼 회문수가 되지 않는다. 어쩌면 절대로 회문수가 되지 않는 수일지도 모르는 일이다.

만약 절대로 회문수로 끝나지 않는 수가 있다면, 이를 '라이크렐 수(Lychrel number)'라 부른다. 196이 가진 이상한 성질에 주목했던 사람들 가운데 한 명인 웨이드 반 랜딩엄 (Wade van Landingham)이 지은 이름으로, 자신의 여자 친구였던 셰릴(Cheryl)의 철자를 바꾼 것이다.

현재 196은 10억 자리가 넘는 단계에 이르렀지만, 여전히 회문수가 되지 않았다. 과연 196은 라이크렐 수일까? 놀랍게도 196이 라이크렐 수인지 아닌지는 물론, 라이크렐 수가 실제로 존재하는지조차 알려져 있지 않다. 초등학생도 이해하고 계산해 볼 수 있는 난이도이면서 아직 거의 아무것도 알 수 없는 문제라니 정말 놀랍지 않은가?

　이 문제는 10진법에서 생각한 것이므로, 진법을 바꾸어 생각할 수도 있다. 0과 1만으로 수를 나타내는 2진법에서는 $10110_{(2)}$, 10진법으로 바꾸면 22가 최초의 라이크렐 수임이 증명되어 있다. 현재 11진법, 17진법, 20진법, 26진법, 그리고 2, 4, 8과 같이 2의 거듭제곱인 진법에서는 라이크렐 수가 존재함이 증명되어 있지만, 다른 진법에 대해서는 라이크렐 수가 존재하는지 증명되어 있지 않다.

23명의 생일이 모두 다를 확률은 $\frac{1}{2}$ 보다 작다

축구 경기 중인 두 팀 선수들과 주심까지 포함해 23명의 생일이 모두 다를 확률은 얼마일까? 이들 23명이 모두 나와 생일이 다를 확률은

$$\left(\frac{364}{365}\right)^{23} \approx 0.9388\cdots$$

이다. (나는 축구 선수도 아니고 주심은 더더구나 아니다.) 그러므로 23명의 생일이 모두 다를 확률도 꽤 클 듯한 느낌을 받는 것도 무리는 아니다. 그러나 잘 믿기진 않겠지만 그런 확률은 절반도 안 된다! 이 문제는 확률에 대한 우리 직관이 허술하다는 예로 흔히 거론되곤 하는데 정말로 그런지 따져 보기로 하자.

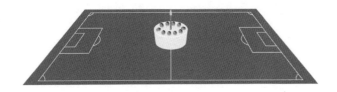

일단 23명이 모였을 때, 이들의 생일을 고르는 방법의 수는 365^{23}이다. 이들의 생일이 모두 다른 경우의 수는 얼마일까? (축구 리그를 보았다면 경우의 수를 따지는 일은 익숙하리라 믿는다.) 첫 번째 사람의 생일은 아무렇게나 고르면 되므로 365가지다. 두 번째 사람의 생일은 첫 번째 사람의 생일이 아닌 날 중에서 고르면 되므로 364가지다. 같은 방법으로 세 번째 사람의 생일을 고르는 방법의 수는 363가지다. 이런 식으로 23명의 생일을 모두 다르게 고르는 방법의 수는 $365 \times 364 \times \cdots \times 343$가지다. 따라서 생일이 모두 다를 확률은

$$\frac{365}{365} \times \frac{364}{365} \times \cdots \times \frac{343}{365} \approx 0.4927\cdots$$

이다. 조금 전의 계산과 무엇이 다른지 확인하길 바란다.

2월 29일이 생일인 사람들도 고려해서 확률을 계산하면, 대략 0.4931이어서 조금 확률이 늘기는 하지만 대세에는 지장이 없다. 어쨌든 생일이 모두 다를 확률은 50퍼센트가 안 된다.

한편 30명이 모이면 생일이 모두 다를 확률은 30퍼센트도 안 되며, 50명이 모이면 3퍼센트도 안 된다. 50명이 모였을 때 생일이 모두 다르다는 쪽에 전 재산을 걸었다가는 대개 파산하고 만다는 이야기다.

대포알 문제와 리치 격자

영국 엘리자베스 1세(Elizabeth I, 1533~1603년)의 총신이었던 월터 롤리(Walter Raleigh, 약 1552~1618년)는 수많은 모험담의 주인공이기도 했다. 어느 날 롤리는 자신에게 학문적인 자문을 해 주던 수학자 토머스 해리엇(Thomas Harriot, 1560~1621년)에게 쌓아 놓은 대포알의 개수를 쉽게 구하는 방법을 물었다.

당시의 대포는 공 모양의 쇳덩이를 날려 보내는 방식이어서, 대포 옆에 대포알을 차곡차곡 쌓아 놓는 것이 보통이었다. 대포알을 정사각형 모양으로 놓고, 그 위에 다시 정사각형 모양으로 한 줄씩 줄이며 쌓아 올려서 마지막에 대포알 하나를 올려놓았다고 생각해 보자. 롤리의 질문은 이렇게 정사각뿔 모양으로 쌓은 대포알의 층수로부터 전체 개수를 알아낼 수 있겠냐는 것이었다.

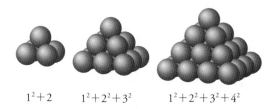

$$1^2+2 \qquad 1^2+2^2+3^2 \qquad 1^2+2^2+3^2+4^2$$

　당대 최고의 수학자 중 한 명이었던 해리엇은 어렵지 않게 답을 구했다. 대포알을 n층으로 쌓은 경우, 전체 개수는 1, 2, ⋯, n을 각각 제곱해 더한 값이 된다. 고등학교에서 배우는 제곱수의 합 공식인

$$1^2+2^2+\cdots+n^2=\frac{1}{6}n(n+1)(2n+1)$$

이 바로 해리엇이 구한 답이었다.

　다시 세월이 흘러, 1875년 프랑스의 수학자 에두아르 뤼카(Edouard Lucas, 1842~1891년)는 대포알 문제와 관련해 흥미로운 문제를 제시했다. 정사각뿔 모양으로 쌓은 대포알을 다시 정사각형 모양으로 배열할 수 있는 경우가 언제이겠냐는 것으로, 뤼카는 이 문제의 답이 $n=1$인 경우와 $n=24$인 경우밖에 없을 것으로 추측했다. 뤼카의 추측은 1918년에 이르러서야 조지 네빌 왓슨(George Neville Watson, 1886~1965년)이 증명하는 데 성공했다. 실제로 1부터 연속된 자연수의 제곱

의 합이 다시 제곱수가 되는 경우는 자명한 경우인 $1^2=1$을 제외하고

$$1^2+2^2+\cdots+24^2=70^2$$

밖에 없다.

　　그저 대단치 않은 우연의 일치라고 생각할 수도 있겠으나, 놀랍게도 이 결과는 1967년에 수학자 존 리치(John Leech, 1926~1992년)가 리치 격자(Leech lattice)라 부르는 구조를 만드는 데 사용했다. 리치 격자는 24차원 공간에 들어 있는 구조로, 단위구로 공간을 가장 조밀하게 채우는 방법을 알려 준다. 바꾸어 말하면 24차원 공간을 대포알로 가득 채우는 것이라 할 수 있겠다. 눈에 보이지도 않는 24차원이 뭐 그리 중요할까 생각할 수 있겠지만, 공간을 단위구로 채우는 방법이 주어지면 정보를 주고받는 방법인 코드(code)를 구성할 수 있다. 그러니까 공간을 조밀하게 채우는 리치 격자를 이용한 코드는 대단히 효율적이라고 할 수 있다.

25는 다섯 번째 사각수

여러 개의 공을 사각형 모양으로 배열했을 때 공의 개수는 얼마일까? 첫째 줄에 5개, 둘째 줄에 5개 해서 다섯 줄을 늘어놓으면 정사각형 모양의 배열을 얻는다. 5개씩 다섯 줄이니까 공의 개수는 5 × 5＝25이다.

고대 그리스 인은 기하학 도형으로 형상화할 수 있는 수에 관심이 있었다. 그들은 위와 같이 정사각형 모양으로 공을 배열함으로 얻게 되는 수를 '사각수(square number)'라고 불렀다. 마찬가지로 삼각형 모양으로 배열해서 얻는 수는 삼각수, 오각형 모양으로 배열해서 얻는 수는 오각수라고 불렀다.

이런 수들은 수의 구성이 갖는 특징 때문에 흥미로운 성질을 갖고 있다. 사각수 n^2에 대한 정사각형 모양의 배열을 생각해 보자. 윗변과 우변에 각각 n개의 공을 추가하고 우측 상단 코너의 빈자리에 공을 하나 추가하면, 사각수 $(n+1)^2$을 형상화하는 길이 $n+1$의 정사각형을 얻는다. 즉 공의 개수 변화를 식 $n^2+2n+1=(n+1)^2$으로 쓸 수 있다. 여기서 주목할 부분은 n번째 사각수에 $2n+1$번째 홀수를 더하면

$n+1$번째 사각수를 얻는다는 점이다. 이 관계를 이용하면 n번째 사각수는 첫 번째 홀수부터 n번째 홀수까지의 합

$$1+3+5+\cdots+(2n-1)=n^2$$

임을 알 수 있다.

사각수의 또 다른 기하학적 성질은 한 사각수를 두 삼각수의 합으로 표시할 수 있다는 점이다. 즉 사각수의 정사각형 배열을 대각선을 따라 대각선을 포함하는 삼각형과 나머지 삼각형으로 분할할 수 있다. 가령 사각수 25의 경우를 보면, 대각선을 포함하는 삼각형을 이루는 공의 개수는 $1+2+3+4+5=15$이고, 나머지 삼각형은 $1+2+3+4=10$개의 공으로 이루어져 있다. 일반화하면 n번째 사각수는 n번째 삼각수와 $n-1$번째 삼각수의 합으로 쓸 수 있다.

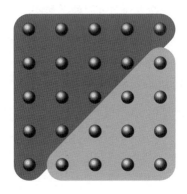

회문 제곱수

앞으로 읽으나 뒤로 읽으나 같은 수를 회문수라 한다. 예를 들어 11, 121과 같은 수가 회문수이다. 회문수인 11을 제곱하면 $11^2=121$이 되어 다시 회문수가 된다. 회문수인 111을 제곱한 결과인 $111^2=12321$도 회문수이다. 이런 수들을 회문 제곱수라 부른다. 곱셈의 구조를 생각하면, 1을 반복해 만든 렙유니트 수를 제곱하면 회문 제곱수가 자주 나옴을 알 수 있다.

$$
\begin{array}{rcl}
11^2 & = & 121 \\
111^2 & = & 12321 \\
1111^2 & = & 1234321 \\
11111^2 & = & 123454321 \\
111111^2 & = & 12345654321 \\
1111111^2 & = & 1234567654321 \\
11111111^2 & = & 123456787654321 \\
111111111^2 & = & 12345678987654321
\end{array}
$$

그렇지만, 1이 10개로 이루어진 1111111111을 제곱하면 1234567900987654321이 되어서 회문수가 되지 않는다.

자신은 회문수가 아니면서 제곱한 결과는 회문수가 되는 경우도 있을까? 별로 크지 않은 수인 26이 그 첫 번째 수로, 26은 회문수가 아니지만

$$26^2 = 676$$

은 회문 제곱수이다. 이어서 264^2, 307^2, 836^2, 2285^2, 2636^2이 회문수가 아닌 수를 제곱해 만들어지는 회문수이다.

회문 제곱수는 얼마나 커질 수 있을까? 곱셈의 구조를 생각하면, 가운데에 0을 반복해 만든 $10\cdots01$을 제곱하면 $10\cdots020\cdots01$이 되어 회문수가 된다. 따라서 회문 제곱수는 무한히 커질 수 있다. 한편 이렇게 만든 회문 제곱수는 홀수 자리 수이므로, 홀수 자리 회문 제곱수는 얼마든지 큰 수를 만들 수 있다는 뜻이 된다.

그러면 짝수 자리 회문 제곱수는 어떨까? 두 자리, 네 자리 회문 제곱수는 존재하지 않고, 여섯 자리 회문 제곱수는 $836^2 = 698896$ 단 하나가 존재한다. 현재 알려져 있는 가장 큰 짝수 자리 회문 제곱수는 26자리 수인

$$64897\,4001055\,15621177\,314682$$

를 제곱해 만들어지는 52자리 수

4211672540455378958718869<u>99</u>9688178598735540
452761124

이다. 밑줄 그은 99를 중심으로 해서 좌우로 대칭을 이루고 있음을 알 수 있다.

　이보다 더 큰 짝수 자리 회문 제곱수를 찾을 수 있을까?

삼각형의 개수는?

다음 그림에서 크고 작은 삼각형은 모두 몇 개일까?

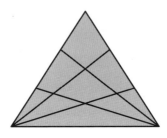

일일이 세어 봐도 되지만, 좀 헷갈리니 다른 방법을 생각해 보자. 먼저 삼각형의 밑변을 잡아 당겨 사각형 모양으로 만들었다고 생각하자. 원래 도형에서 삼각형 하나는 굵은 선분 2개, 가는 선분 2개를 결정하므로, 사각형에서 굵은 선분 2개, 가는 선분 2개를 고르는 방법을 생각한다.

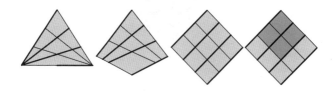

굵은 선분과 가는 선분이 각각 4개이므로 $\left(\dfrac{4}{2}\right)^2 = 6^2$이
두 선분씩 고르는 방법의 수이다. 그런데, 굵은 선분 2개와
가는 선분 2개로 둘러싸인 도형 가운데, 원래 도형에서 삼각
형이 되지 않는 것들이 있다. 사각형 모양에서 어둡게 색칠된
부분이 그것으로, 이 영역에 사각형이 나오도록 굵은 선분과
가는 선분을 고르는 방법의 수는 $\left(\dfrac{3}{2}\right)^2 = 3^2$이다. 따라서 삼
각형의 개수는 $6^2 - 3^2 = 27$이 됨을 알 수 있다.

같은 방법으로 생각하면, 삼각형의 두 변을 n등분해 위
그림과 같이 만들 때, 삼각형의 개수는 $\left(\dfrac{n+1}{2}\right)^2 - \left(\dfrac{n}{2}\right)^2 = n^3$
이 된다. 원래 문제는 여기서 $n=3$일 때이므로, $3^3 = 27$로 일
치함을 알 수 있다.

피보나치 수열과 28

피보나치 수열은 첫 두 항을 1로 놓고 세 번째 항부터는 이전
두 항의 합을 나열해 만들어지는 수열이다. 피보나치 수열의
항을 적어 보면 다음과 같다.

$$1, 1, 2, 3, 5, 8, 13, 21, 34, 55, 89, 144, \cdots.$$

어느 날 인터넷 수학 사이트에 피보나치 수열과 관련된
신기한 현상을 발견했다는 글이 올라왔다. 피보나치 수열의
n번째 항을 F_n이라 할 때, $n \geq 6$이면 $F_n^2 - 28$이 항상 합성
수인 것 같다는 글이었다. 예를 들어 $F_6^2 - 28 = 64 - 28 = 36$
은 분명히 소수가 아니다. 상당히 큰 n까지 합성수가 된다는
사실을 컴퓨터로 확인했지만, 그렇다고 모든 $F_n^2 - 28$이 합성
수라고 결론을 내릴 수는 없다. 무려 $n = 12588$일 때 처음으
로 소수가 나타나는 $F_n^2 + 41$ 같은 사례가 있어서, 만 단위 정
도로 어떤 성질이 성립한다고 해서 모든 경우에도 성립한다
고 생각해선 안 되기 때문이다.

이 문제는 n이 홀수일 때는 약수 배수 관계로 어렵지 않게 해결되지만, n이 짝수일 때가 문제였다. 이 주장이 맞는지 컴퓨터로 꽤 큰 범위까지 계산해 본 사람, 나름대로 이런저런 설명을 쓴 사람들이 있었지만, 결국 출제자 자신이 뤼카 수열(Lucas sequence)을 이용해 간단히 몇 줄로 해결했다. 뤼카 수열의 n번째 항을 L_n이라 할 때, $L_n^2 = 5F_n^2 + 4(-1)^n$이 성립한다는 것이 핵심이었다.

$$5(F_{2n}^2 - 28) = 5F_{2n}^2 - 140$$
$$= (L_{2n}^2 - 4) - 140$$
$$= (L_{2n} - 12)(L_{2n} + 12)$$

뤼카 수열은 프랑스 수학자 뤼카의 이름을 딴 것으로, 첫 두 항을 2, 1로 해, 피보나치 수열과 마찬가지로 이전 두 항의 합을 다음 항으로 하는 수열이다. 뤼카 수열의 처음 몇 항은 다음과 같다.

$$2, 1, 3, 4, 7, 11, 18, 29, 47, 76, 123, 199, \cdots.$$

피보나치 수열과 뤼카 수열은 매우 밀접한 관련이 있어

서 두 수열 사이에 성립하는 등식이 무궁무진하게 많다. 그러다 보니, 피보나치 수열과 뤼카 수열이 가진 성질만 다루는 학술지까지 있을 정도이다.

인수 분해를 해 보면 $F_n^2 - 1$, $F_n^2 - 2^2$, $F_n^2 - 3^2$, …과 같은 수는 당연히 합성수이다. 이런 경우를 제외하면, F_n^2에 제곱수가 아닌 수를 빼서 항상 합성수가 되는 가장 작은 경우가 바로 28이다. 28 이외에 또 어떤 수가 이런 조건을 만족할까?

소수를 만들어 내는 다항식

다항식 $f(n) = 2n^2 + 29$에 $n = 0, 1, 2, \cdots, 28$을 대입해서 나열해 보면

$$29, 31, 37, 47, \cdots, 1597$$

인데 모두 소수처럼 보인다. 당연히 $f(29)$는 소수일 수 없으니 소수의 행진이 멈추지만, 이 뒤로도 나열해 보면 소수가 꽤 많이 나오는 다항식임에는 틀림없다.

그런데 29개의 수를 모두 대입하지 않더라도 $f(0)$, $f(1)$, $f(2)$, $f(3)$이 소수라는 것만 확인하면 $f(28)$까지 몽땅 소수임을 다음처럼 증명할 수 있다!

소수가 아닌 $f(n)$ 중에서 처음 것을 $f(m)$이라 해 보면, $4 \leq m \leq 29$일 것이다. 이때 $f(m)$의 가장 작은 소인수를 p라 두면 $p^2 \leq f(m)$이어야 한다. $f(m) = 2m^2 + 29 < 4m^2$이므로 $p < 2m$이고, 따라서 $k = |m - p|$는 m보다 작으므로, $f(k)$가 소수라는 것을 알 수 있다.

그런데 $f(k)-f(m)=p(2p-4m)$이 p의 배수이므로, $f(k)$도 p의 배수여야 한다. 따라서 $f(k)=p$일 수밖에 없다! 이때 $m=p\pm k=f(k)\pm k=2k^2\pm k+29\geq29$이므로 원하는 사실이 증명된다.

사실 어떤 다항식에서 이처럼 연속해 소수인 사례는 매우 드문데, 실제로 $2n^2+a$ 꼴 중에서 $0, 1, \cdots, a-1$까지 모두 소수인 것은 $a=3, 5, 11, 29$일 때뿐이다.

한편 이 증명을 변형하면 다음 사실도 증명할 수 있다.

정리: $f(n)=n^2+n+a$가 $0\leq n\leq\sqrt{\dfrac{a}{3}}$ 에 대해 소수이면, $0\leq n\leq a-2$에 대해서도 모두 소수이다.

특히 $a=41$일 때가 유명한데, 이런 식으로 소수를 많이 만들어 내는 다항식은 정수론에서 중요하거나 흥미로운 사실과 관련돼 있다. 예를 들어 $2n^2+29$의 이런 성질은 수체 $\mathbb{Q}(\sqrt{-58})$의 유수(class number)가 2라는 사실과 직결돼 있고,

$$e^{\sqrt{58}\pi}=24591257751.99999982213\cdots$$

이 정수에 매우 가깝다는 것과도 관련돼 있다.

크월의

수학

오일러 항등식 $e^{i\pi} = -1$

한 수학 잡지에서 전 세계 수학자에게 '자신이 생각하기에 역사상 가장 아름다운 수학 공식'을 물어 본 적이 있다. 여기서 가장 많은 표를 받은 공식이 '오일러 항등식(Euler's identity)'이라 불리는 $e^{i\pi} = -1$이다. 이 공식이 많은 지지를 받은 이유는 수학사에서 가장 중요한 상수 4개가 한 식에 등장하기 때문이다. 원주율 π, 음수 -1, 허수 $i = \sqrt{-1}$, 자연 상수 e가 동시에 등장하는 것이다. 이 4개의 상수 모두 수학사에서 많은 이야깃거리를 갖고 있다.

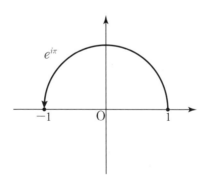

식의 의미를 간단히 말해 보면, 복소수 $1+0i$에 해당하는 좌표 평면상의 점 $(1, 0)$을 원점을 중심으로 180도(π라디안) 회전하면 복소수 $-1+0i$에 해당하는 $(-1, 0)$이 된다는 것이다.

오일러 항등식은 다음과 같은 더 일반적인 등식의 특별한 경우이다.

$$e^{i\theta}=\cos\theta+i\sin\theta.$$

이 등식은 지수 함수와 삼각 함수를 연결한다는 중요성을 내포하고 있다. 양변이 같다는 것을 보이는 한 방법은 지수 함수 e^x의 테일러 급수

$$e^x=\sum_{k=0}^{\infty}\frac{1}{k!}x^k=1+\frac{1}{1!}x+\frac{1}{2!}x^2+\frac{1}{3!}x^3+\frac{1}{4!}x^4+\cdots$$

에서 $x=i\theta$라고 놓고 실수부와 허수부로 나누어 쓰는 것이다. 즉 다음과 같이 쓸 수 있다.

$$e^{i\theta}=\left(1-\frac{1}{2!}\theta^2+\frac{1}{4!}\theta^4+\cdots\right)+i\left(\theta-\frac{1}{3!}\theta^3+\frac{1}{5!}\theta^5+\cdots\right).$$

여기서 우변의 첫 번째 거듭제곱급수는 코사인 함수의 테일러 급수이고 두 번째 거듭제곱급수는 사인 함수의 테일

러 급수이다. 코사인 함수와 사인 함수는 각각의 테일러 급수와 모든 실수에 대해서 일치하기 때문에 오일러 공식을 얻게 된다.

공의 부피는 외접하는 원기둥 부피의 $\frac{2}{3}$

"유레카!" 이 말을 외치며 욕탕을 뛰어나간 이가 누구인지 아마 알 것이다. 아르키메데스(Archimedes, 기원전 287~212년)는 정말 많은 수학적 업적을 이루었지만, 황금 왕관의 일화 때문에 '기쁨에 못 이겨 알몸으로 욕탕을 뛰어나간 사람'으로 더 잘 알려져 있다.

이런 아르키메데스가 평소 자신의 묘비에 새기기를 원했던 업적은 원기둥과 구, 원뿔의 부피의 관계를 나타내는 그림이었다.

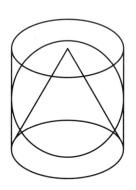

유레카의 일화 때문에 (아르키메데스가 이 관계를 구했다는 말을 들었을 때) 처음에는 큰 욕조에 원기둥과 구, 그리고 원뿔을 담아 넘쳐 나는 물의 양을 재어서 그 부피를 구했을 거라고 생각했다. 하지만, 아르키메데스의 장기는 그것만이 아니었다. 아르키메데스의 다른 명언도 들어 봤을지 모르겠다.

> **내게 충분히 긴 지레와 발받침대가 주어진다면, 지구도 움직일 수 있다.**

아르키메데스는 지레의 전문가였다. 로마 군이 시라쿠사를 침략했을 때, 지레를 이용해 적의 군선을 던져 버렸다는 일화도 전해진다. 흥미롭게도, 구와 원기둥의 부피 관계를 계산하는 방법도 지렛대의 아이디어를 응용한 것이었다. 지렛대의 원리는 지레 받침대에서 발생하는 회전력(torque)이 일치할 때 지레가 평형을 이룬다는 것이다.

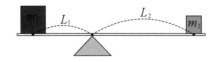

아르키메데스는 이 방법을 이용해 원기둥과 구+원뿔의 단면의 '부피'를 구하고, 이 부피의 비율을 계산함으로써 지

레의 균형점이 되는 거리를 찾을 수 있었다. 그는 이로부터 무게의 비율, 즉 부피의 비율을 계산했다.

이 계산에는 정적분의 아이디어라 할 수 있는 에우독소스(Eudoxos, 기원전 390~337년)의 착출법(Eudoxian method of exhaustion)이 쓰였는데, 정작 아르키메데스는 엄밀한 증명 방법이 아니라고 생각했다고 한다. 그런데도 이 업적을 자신의 묘비에 새기길 원했다는 걸 보면, 아닌 것 같기도 하고.

가우스의 유레카 정리

수학사에서 아르키메데스, 뉴턴과 함께 최고의 천재로 꼽히는 가우스는 당대 최고의 수학자, 물리학자, 천문학자로 엄청난 업적을 쌓았다. 그는 당시 수학의 거의 모든 영역에서 압도적인 성과를 거두어, 지금도 가우스의 이름이 붙어 있는 정리와 이론이 수없이 많이 전해지고 있다. 특히 가우스는 정수론 분야를 새롭게 구축해, 수학의 한 분야로서 완전히 자리 잡게 했다. 페르마, 오일러를 거치면서 발전하기 시작했던 정수론은 가우스 시대에 이르러 숫자 놀음이라는 편견에서 벗어나게 되었다.

가우스는 1796년부터 1814년까지 자신의 연구 결과 146가지를 적어 놓은 수학 일기장을 썼고, 그가 사망한 지 40여 년이 지난 1898년에 이 일기장이 발견되면서 가우스가 얼마나 대단한 수학자였는지가 더 잘 드러났다. 자신의 엄격한 기준을 통과하지 못해 그가 발표하지 않았던 내용들이 담긴 이 일기장은, 수학자 에릭 템플 벨(Eric Temple Bell, 1883~1960년)이 '가우스가 자신의 모든 발견을 적시에 출판했더라면,

인류의 수학사가 50년은 당겨졌을 것.'이라고 평가했을 정도였다.

가우스가 1796년 10월 7일에 쓴 수학 일기 18번 항목은 다음 한 줄이었다.

$$\boxed{\text{EΥPHKA! num} = \triangle + \triangle + \triangle}$$

앞부분의 'EΥPHKA'는 그리스 어로, 로마 알파벳으로 옮기면 EUREKA가 된다. 바로 '유레카'이다. 'num $=\triangle+\triangle+\triangle$'라는 사실을 알아내고 기쁨에 겨워 적은 내용이었다. 뒷부분의 이상한 수식은 '모든 자연수는 삼각수 3개의 합'으로 해석할 수 있다. 이처럼 가우스는 일기장에 자신만의 표현으로 연구 결과를 적어 놓을 때가 많았다.

삼각수는 $1+2+\cdots+k=\dfrac{k(k+1)}{2}$ 꼴의 수여서, 가우스의 발견을 수식으로 나타내면 임의의 자연수 n에 대해

$$n=\frac{x(x+1)}{2}+\frac{y(y+1)}{2}+\frac{z(z+1)}{2}$$

을 만족하는 정수 x, y, z가 존재하는 것이라 할 수 있다. 위식을 적절히 변형하면

$$8n + 3 = (2x + 1)^2 + (2y + 1)^2 + (2z + 1)^2$$

이 되어, 8로 나눈 나머지가 3인 수는 세 홀수의 제곱의 합으로 표현 가능하다고 바꾸어 말할 수도 있다. 제곱수 3개의 합으로 나타낼 수 있는 수가 무엇인지는 아드리앵마리 르장드르(Adrien-Marie Legendre, 1752~1833년)가 1797년 또는 1798년에 처음 증명한 것으로 알려져 있어서, 아마도 가우스는 르장드르에 앞서 비슷한 결과를 얻었던 것으로 보인다.

모든 자연수를 삼각수 3개의 합으로 나타낼 수 있다는 가우스의 '유레카 정리'는 사실 페르마가 제시했던, '모든 자연수는 n각수 n개의 합으로 나타낼 수 있다.'라는 추측의 첫 번째 경우라 할 수 있다. 이후 조제프루이 라그랑주(Joseph-Louis Lagrange, 1736~1813년)가 모든 자연수를 제곱수 4개의 합으로 나타낼 수 있다는 사실을 증명하고, 이어서 오귀스탱루이 코시(Augustin-Louis Cauchy, 1789~1857년)가 일반적인 증명을 발견했다.

3차원에서의 회전과 사원수

고등학교에서 행렬을 가르치던 시절, 평면에서의 회전 변환은 행렬 단원에서 예시로 가장 많이 등장하는 단골손님이었다. 점 (a, b)를 원점을 기준으로 시계 반대 방향으로 θ만큼 회전하는 변환은 다음과 같은 행렬로 표현된다.

$$\begin{pmatrix} \cos\theta & -\sin\theta \\ \sin\theta & \cos\theta \end{pmatrix}\begin{pmatrix} a \\ b \end{pmatrix}.$$

복소수가 등장하면서 회전 변환은 훨씬 쉬운 방법으로 표현할 수 있게 되었다. 평면 위의 점 (a, b)를 복소수 $\alpha = a + ib$로 이해한다면, 원점을 기준으로 시계 반대 방향으로 θ만큼 회전한 결과는 복소수의 곱 $(\cos\theta + i\sin\theta)\cdot\alpha$로 쉽게 표현할 수 있다.

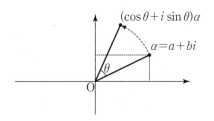

3차원에서는 세 가지의 회전을 생각할 수 있다. x, y, z 축을 중심축으로 회전시키면, x, y, z 좌표는 변하지 않고 나머지 좌표를 평면에서의 회전 변환으로 표현할 수 있다. 이들은 행렬을 이용하면 각각 다음과 같이 표현할 수 있다.

$$\begin{pmatrix} 1 & 0 & 0 \\ 0 & \cos\theta & -\sin\theta \\ 0 & \sin\theta & \cos\theta \end{pmatrix}\begin{pmatrix} a \\ b \\ c \end{pmatrix},$$

$$\begin{pmatrix} \cos\theta & 0 & \sin\theta \\ 0 & 1 & 0 \\ -\sin\theta & 0 & \cos\theta \end{pmatrix}\begin{pmatrix} a \\ b \\ c \end{pmatrix},$$

$$\begin{pmatrix} \cos\theta & -\sin\theta & 0 \\ \sin\theta & \cos\theta & 0 \\ 0 & 0 & 1 \end{pmatrix}\begin{pmatrix} a \\ b \\ c \end{pmatrix}.$$

이런 행렬을 보고 있으면, 복소수와 같이 회전을 단순한 수의 곱으로 표현하는 방법이 있었으면 하는 바람이 생긴다. (당장 이 글을 보는 독자들도 저 커다란 행렬이 떡하니 큰 공간을 차지한 걸 보면 더 읽고 싶은 마음이 사라질 것이다.) 다행히 이런 꿈을 이루어 줄 수가 있다. 복소수를 더 일반화한 '사원수(quaternion)'이다.

사원수는 1843년 윌리엄 로언 해밀턴(William Rowan Hamilton, 1805~1865년)이 처음 소개했는데, 그의 논문은 정의 자체가 낯선 개념을 장황하게 설명해 독자가 이해하기 어려웠다고 한다. 여기서는 19세기에 수학자, 물리학자에게도 쉽지 않았던 사원수 이야기를 장황하게 늘어놓는 대신, 복소수가 허수 단위 i 하나를 도입하는 것이라면, 사원수는 서로 다른 허수 단위 i, j, k 3개를 도입하는 것이라고만 설명하겠다. 일반적으로 사원수의 연산은 복소수 연산과 유사하다.

사원수를 이용한 회전의 표현은 (축을 고정할 때) 그 축에 수직인 평면을 복소평면으로 이해하는 것이 그 시작이다. 회전에 대해 생각할 예정이니 i, j, k가 각각 x, y, z축을 의미한다고 생각해도 좋다. 회전의 대상이 되는 점 $P(a, b, c)$를 사원수 $ai+bj+ck$로 놓고 x, y, z축에 대해 시계 반대 방향으로 $\theta=2\phi$만큼 돌리는 회전 변환을 생각해 보면, 마치 회전축 양끝을 각각 잡고 양쪽에서 반대로 비트는 것 같이 보인다. 위 행렬보다 훨씬 간단해 보이지 않는가?

$$(\cos\phi + i\sin\phi)\,(ai+bj+ck)\,(\cos(-\phi)+i\sin(-\phi))$$
$$(\cos\phi + j\sin\phi)\,(ai+bj+ck)\,(\cos(-\phi)+j\sin(-\phi))$$
$$(\cos\phi + k\sin\phi)\,(ai+bj+ck)\,(\cos(-\phi)+k\sin(-\phi))$$

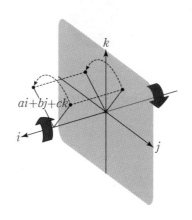

펜로즈 타일링

일정한 도형으로 평면을 빈틈없이 덮는 것을 '타일링(tiling)' 또는 '쪽매 맞춤(tessellation)'이라 한다. 정사각형 모양의 보도 블록을 깐 모습을 생각하면 될 것 같다. 당연히 정사각형 이 외에도 정삼각형이나 정육각형으로 덮는 것을 생각할 수 있고, 정다각형이 아닌 타일링도 여러 가지가 가능하며, 여러 가지 도형을 섞어서 평면을 덮을 수도 있다.

정사각형으로 평면을 덮은 모양을 생각하면, 이 모양을 적당히 평행 이동하면 원래 모양과 겹치게 할 수 있다. 이런 타일링을 주기적 타일링이라고 한다. 정삼각형이나 정육각형 으로 덮은 모양도 주기적 타일링이 된다. 여러 도형을 이용한 타일링도 주기적인 것이 많다. 그렇다면 규칙적으로 배열하 면서도 주기적이지 않은 타일링은 존재할까? 이 질문에 대한 대표적인 예가 펜로즈 타일링(Penrose tiling)이다.

이 타일링은 영국의 수학자이자 물리학자인 로저 펜로 즈(Roger Penrose, 1931년~)가 발견해 그의 이름이 붙은 것으로, 카이트(kite)와 다트(dart)라 부르는 두 도형을 규칙적으로 배열하지만 주기성을 띠지 않는 기묘한 모양이다. 다음 그림에서는 회색이 카이트, 검은색이 다트이다. 그림에서 알 수 있듯, 이 타일링은 정오각형 모양의 배치를 기본으로 해서 72도 회전하면 원래 모양과 겹치는 5중 대칭성을 가지고 있다.

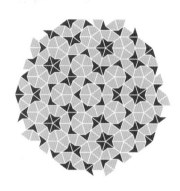

이런 타일링은 수학적으로 흥미롭기는 하지만, 현실과는 별 상관이 없어 보인다. 자연 현상에 이런 비주기적인 타일링이 나타날 것 같지는 않으니 말이다. 타일링은 물질의 결정을 연구하는 과정에서 흔히 볼 수 있는데, 결정과 관련된 타일링은 주기적이라는 것이 화학계의 정설이었다. 비주기적인 타일링과 관련된 구조인 준결정은 이론으로만 존재하는 상상의 산물이었다. 그러다 1982년 이스라엘의 화학자 다니엘 셰흐트만(Daniel Shechtman, 1941년~)이 정오각형 타일링과 관련된 구조를 가진 물질을 발견해 화제가 되었다. 준결정은 한

참 동안 학계의 인정을 받지 못했으나, 결국 이 공로로 셰흐트만은 2011년 노벨 화학상을 받았다. 한편 펜로즈는 수학뿐만 아니라 온갖 분야에 업적을 남긴 다재다능한 인물이었다. 그를 가장 유명하게 한 연구는 블랙홀에 대한 것이었고, 결국이 공로로 2020년 노벨 물리학상 수상자에 선정되었다.

파스칼의 정리

유클리드 기하학이 자와 컴퍼스만을 사용해 작도할 수 있는 것에 대한 기하학이라면, 사영기하학은 자만을 사용해 작도할 수 있는 것에 대한 기하학이라고 할 수 있다. 컴퍼스의 역할이 길이를 옮기는 것이기에 사영기하학에서는 길이가 보존되지 않는 기하학적 변환을 다룬다. 사영기하학의 대표적 정리 중 하나는 파스칼의 정리라 이름 붙은 다음의 정리이다.

> 정리(파스칼의 정리): 원뿔 곡선상의 점 6개를 연결해 얻은 육각형에 대해 서로 마주 보는 변의 쌍들을 연장해 만나는 세 점은 한 직선 위에 있다.

여기서 원뿔 곡선은 원, 타원, 포물선, 쌍곡선을 의미한다. 이들은 두 원뿔을 꼭짓점을 기준으로 마주 보게 한 다음 평면으로 잘랐을 때 생기는 곡선이기에 원뿔 곡선이라 부른다. 만약 원 위의 정육각형을 생각한다면 위 정리가 참이 아닐 것이라고 생각할 수 있다. 서로 마주보는 변은 평행이기 때문이다. 그러나 사영기하학에서는 두 평행선은 무한대에서 모두 만나게 되어 있다. 사영기하학에서 무한대는 하나의 점으로 생각한다. 이처럼 사영기하학은 원근법에서 유래한 기하학이다. 가령 앞으로 뻗어 있는 기찻길의 평행한 두 선로는 지평선에서 만나는 것처럼 보인다.

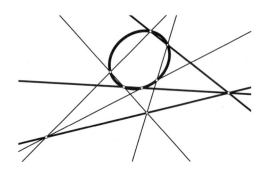

파스칼의 정리는 3세기 그리스의 기하학자인 알렉산드리아의 파푸스(Pappus of Alexandria, 약 290~350년)의 육각형 정리를 사영기하학으로 일반화한 것이라 볼 수 있다. 파푸스의 육각형 정리는 다음과 같다.

정리(파푸스의 정리): 한 직선 위에 서로 다른 세 점 A, B, C가 주어져 있고, 또 다른 직선 위에 서로 다른 세 점 A′, B′, C′이 주어져 있다. 직선 AB′과 직선 A′B가 만나는 점을 P, 직선 AC′과 A′C가 만나는 점을 Q, 직선 BC′과 B′C가 만나는 점을 R이라고 하면 세 점 P, Q, R은 한 직선 위에 있다.

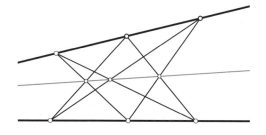

쾨니히스베르크의 7개의 다리

옛날 프러시아의 도시 쾨니히스베르크에는 프레겔 강이 도시를 가로질러 두 지역으로 양분하며 흐르고 있었다. 두 지역 사이 강 한복판에는 2개의 섬이 있었다. 첫 번째 섬에는 도시의 이편과 저편으로 각각 2개씩 다리가 놓였고, 두 번째 섬에는 도시의 이편과 저편으로 각각 1개씩 다리가 놓여 있었다. 두 섬 사이에는 다리 1개가 있었다. 이리하여 총 7개의 다리가 도시의 양편과 두 섬을 연결했다.

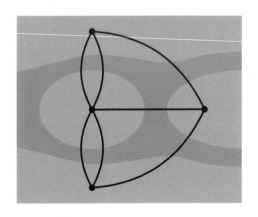

당시에 다음과 같은 문제가 있었다.

도시의 한 지점에서 출발해 다리를 한 번씩만 건너되 모두 지나서 출발점으로 다시 돌아올 수 있겠는가?

1736년 수학자 오일러는 그것이 불가능하다는 답을 내놓았다. 문제 상황을 간단히 도식화하기 위해 4개의 지역을 각각 하나의 꼭짓점으로 표시하자. 그리고 각 지점을 연결하는 다리를 선분으로 표시를 하면 그래프를 얻는다. 4개의 꼭짓점과 7개의 변을 가진 그래프이다.

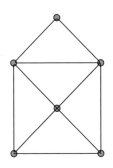

오일러는 어떤 연결된 그래프가 있을 때 한 꼭짓점에서 출발해 변을 한 번씩만 지나서 출발한 꼭짓점으로 돌아오는 경로(이를 오일러 회로라고 부른다.)가 존재하려면 어떤 조건을

만족해야 하는지 질문했다. 오일러는 그것이 가능하려면 필요 조건으로 각 꼭짓점에 연결된 변의 수가 짝수여야 한다는 사실을 발견했다. 변을 한 번씩만 지나는 경로가 있다면 경로 상에 있는 각 꼭짓점에서 들어오는 변과 나가는 변이 한 쌍씩 짝지어져야 한다. 그리고 출발점의 꼭짓점으로 다시 돌아와야 하기 때문에 마찬가지로 출발점이자 도착점이 되는 꼭짓점도 변의 개수가 짝수가 되어야 한다.

오일러는 또한 주어진 연결 그래프에서 각 꼭짓점에 연결된 변의 수가 짝수인 것이 오일러 회로가 존재하는 것에 대한 충분 조건임도 증명 없이 주장했다. 이는 1873년 카를 히어홀처(Carl Hierholzer, 1840~1871년)가 처음으로 증명했다. 주어진 그래프에 오일러 회로의 존재 여부와 관련해 출발점과 도착점이 다르지만 그래프의 모든 변을 지나되 한 번씩만 지나는 경로를 오일러 경로라고 한다. 오일러 경로가 존재할 필요 충분 조건은 연결된 변의 개수가 홀수인 꼭짓점의 개수가 기껏해야 2개인 것이다.

델타다면체

중학교에서 배운 정다면체는, 모든 면이 합동인 정다면체이며, 모든 꼭짓점에서 같은 개수의 면이 만나는 다면체이다. 이 조건을 만족하는 다면체는 모두 5개이고, 이중 정삼각형으로 만들어지는 정다면체는 정사면체, 정팔면체, 정이십면체이다.

조건을 조금 완화하면 더 많은 다면체를 만들 수 있다. 만일 합동인 정삼각형만으로 볼록한 다면체를 만든다면, 과연 얼마나 많이 만들 수 있을까? 5개를 더 만들 수 있어서 총 여덟 가지 다면체를 만들 수 있다.

한번 도전해 보자. 제일 쉬운 방법은 옆면이 정삼각형인 뿔을 만들어 2개를 붙이는 방법이다. 이미 가지고 있는 정사면체 2개를 붙일 수도 있고, 사각뿔 2개를 붙인 것은 이미 정팔면체로 가지고 있으며, 오각뿔 2개를 붙여 만들 수도 있다. 육각뿔? 그건 이미 평면이니 넘어가자.

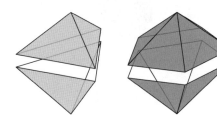

　　더 만들 수 있을까? 똑같은 모양끼리 붙이지 않아도 된
다. 윗면과 아랫면이 정삼각형, 옆면이 정사각형인 삼각기둥
을 만들고, 모든 옆면에 사각뿔을 붙여도 된다. 혹은 야구공
을 만들듯이 정삼각형 6개를 붙여 만든 '나룻배' 모양 2개를
붙여도 된다. 마지막으로, 2개의 정팔면체를 가져다가 한쪽
씩 터서 이어 붙여도 된다.

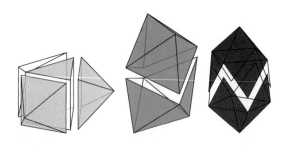

　　위 새로운 도형 5개를 포함한 8개의 다면체는 정삼각형
만으로 만들 수 있어서, 삼각형 모양의 그리스 문자 이름을 빌
려 '델타다면체(deltahedron)'라고 부른다. 이외에도 정육면체
에 사각뿔을 붙이는 등 여러 가지 시도가 가능하겠지만, 어딘

가에 오목한 부분이 생긴다는 사실을 확인할 수 있다.

볼록한 델타다면체가 8개밖에 없다는 사실은 1947년 네덜란드 수학자 한스 프로이덴탈(Hans Freudenthal, 1905~1990년)과 바르털 레인더르트 판데르바르던(Bartel Leendert van der Waerden, 1903~1996년)이 처음 증명했다.

두 사람은 독일에서 공부한 네덜란드 인(판데르바르던), 네덜란드로 이주한 독일인(프로이덴탈)으로 이력이 정반대로 보이지만, 판데르바르던은 나치를 비판했다는 이유로, 프로이덴탈은 유대인이란 이유로 제2차 세계 대전 중 각자 고초를 겪었다. 그 시기를 수학 연구로 이겨냈기에, 종전 후 얼마 되지 않아 이런 결과를 발표할 수 있었을 것이다.

세잎 매듭의 삼색 불변량은 9

3차원 공간에 들어 있는 원을 매듭 이라 부른다. 이 원은 여러 가지 방 법으로 꼬여 있을 수 있는데, 예를 들어 오른쪽 그림처럼 생긴 세잎 매 듭(trefoil knot)이 있다.

그런데 이런 매듭을 끊지 않고 풀어서 꼬이지 않은 원 모 양으로 만들지 못한다는 사실은 어떻게 입증할까? 4차원을 넘나드는 사람이라면야 이 매듭을 풀 수 있지만, 3차원에서 만 놀아야 한다는 게 문제다. 물론 아무리 해 봐도 못 푼다는 것쯤은 경험과 직관(?)으로 알 수 있지만, 복잡한 매듭에 대 해서 직관은 별로 믿을 만한 방법이 아니다.

매듭은 원래 모두 이어져 있지만, 평면에서는 분리되어 보이는 토막들로 이루어져 있다. 예를 들어 세잎 매듭을 위 그 림처럼 나타내면 모두 세 토막으로 보인다. 이제 이들 토막마 다 세 가지 색깔, 예를 들어 빨강(R), 초록(G), 파랑(B) 중 하나 를 골라서 색칠하기로 하자. 단, 아무렇게나 색칠하는 것이 아니라, '교차점 주변 세 토막의 색깔은 모두 같거나, 모두 달라야 한다.'라는 한 가지 조건이 있다.

　이런 제한 조건을 주고 매듭의 각 토막을 색칠하는 방법의 수를 '삼색 불변량'이라 부르기로 하자. 어떤 매듭을 연속적으로 변형해 다른 매듭을 만들 수 있을 경우 두 매듭의 삼색 불변량이 같다는 것이 입증돼 있기 때문에 불변량(invariant)이라는 이름이 붙었다.

　그런데 가장 간단한 매듭인 꼬이지 않은 원의 삼색 불변량은 3이다. 따라서 연속적으로 변형해 꼬이지 않은 원 모양의 매듭을 만들 수 있으려면, 삼색 불변량이 3이어야만 한다. 그런데 세잎 매듭의 삼색 불변량이 9라는 것은 다음처럼 확인할 수 있다. 즉 세잎 매듭은 풀 수 없는 매듭이다!

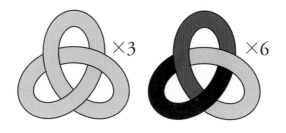

　하지만 삼색 불변량은 조금 약한 불변량이다. 예를 들어 다음 쪽에 있는 '8자 매듭(figure eight knot)'이란 이름의 매듭은 네 토막으로 이루어져 있고 삼색 불변량은 3이지만, 풀 수 없는 매듭이다.

물론 이 사실로부터 세잎 매듭을 연속적으로 변형해 8자 매듭을 만들 수 없다는 사실은 알 수 있긴 하다. 이처럼 수학자들은 매듭과 고리들을 제대로 구분해 줄 불변량을 찾고 있는데, 삼색 불변량은 그중 가장 간단한 불변량이다. 매듭 연구자들은 다양한 방법으로 다양한 불변량들을 찾아내 연구하고 있다.

매리언 월터의 정리

삼각형의 각 변을 삼등분한 다음, 삼등분점과 맞은 편 꼭짓점을 연결하는 선을 그리면 가운데에 작은 육각형이 생긴다. 이 육각형의 넓이와 원래의 큰 삼각형의 넓이를 비교하면 어떻게 될까? 놀랍게도 어떤 삼각형에서든 이 비율은 항상 10분의 1로 일정하다. 즉 삼각형의 넓이는 육각형 넓이의 정확히 10배이다.

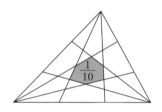

대단히 고전적이면서 우아한 결과여서, 몇백 년은 됐을 법한 정리인데, 이 결과가 처음 발표된 게 1993년이라 하니 한 번 더 놀랄 일이다. 이 정리는 미국 오리건 대학교의 매리언 월터(Marion Walter, 1928년~)와 동료들이 '기하학자의 스

케치패드(Geometer's Sketchpad)'라는 컴퓨터 기하 프로그램을 이용해 그림을 그려 보던 중 우연히 발견했다고 하니 재미있는 일이다. 요즘은 더 발전된 기하 프로그램인 지오지브라(GeoGebra)가 널리 쓰이고 있다.

옛날에는 이런 종류의 기하적인 추측을 세운 다음 일일이 계산해서 확인해 보아야 했으나, 컴퓨터 시대가 되면서 자유롭게 선을 그렸다 지우고, 도형의 길이나 넓이를 마우스 클릭 한 번으로 알아낼 수 있게 되면서 다양한 추측을 손쉽게 만들고 확인할 수 있게 되었다. 이런 점에서 매리언 월터의 정리는 새로운 시대의 수학 연구 방법을 잘 보여 주는 예라 할 수 있겠다.

2^3을 넘는 가장 작은 소수는 11

2^3과 3^3 사이에는 소수 11, 13, 17, 19, 23이 들어 있다. 마찬가지로 3^3과 4^3 사이에는 소수 29, 31, 37, $\cdots$, 61이 들어 있다. 몇 개 더 시도해 보면 N^3과 $(N+1)^3$ 사이에는 항상 소수가 존재한다는 심증이 갈 것이며, 실은 꽤 많이 존재하는 것처럼 보인다.

실제로 $C = 1.61 \times 10^{1419716}$ 보다 큰 N에 대해 N^3과 $(N+1)^3$ 사이에는 소수가 적어도 1개 존재한다는 사실이 알려져 있다. 따라서 C보다 작은 N에 대해 다 조사해 보면 되는 간단한(?) 문제로 바뀐다.

만약 인접한 세제곱수 사이에 소수가 하나도 없는 사례를 찾아내면 어떻게 될까? 축하한다. 수학에서 가장 풀고 싶어 하는 문제의 하나인 리만 가설(Riemann hypothesis)이 틀렸다는 사실을 증명한 것이기 때문이다. 그러니 혹시라도 리만 가설이 틀렸음을 입증하고 싶은 독자는 이 방향으로 도전하는 것도 좋겠다. 다만 C가 꽤 큰 수임은 감안하길 바란다.

어쨌든 윌리엄 밀스(William Mills, 1921~2007년)는 리만

가설이 참이든 거짓이든 다음 정리가 성립한다는 사실을 입증했다.

정리(밀스의 정리): $\lfloor A^{3^n} \rfloor$가 항상 소수인 실수 A가 존재한다.

어디 보자. 소수만을 끝없이 만들어 내는 수열을 찾아내자는 인류의 오랜 꿈이 실현된 것 같은데? 밀스의 정리가 비록 흥미롭기는 하지만, 실제로 소수를 찾아내는 데는 아무 쓸모가 없다는 게 문제다. 무슨 이야기인지 설명하기 위해 편의상 리만 가설을 가정해 보자.

먼저 $p_1 = 2$라 두자. 또한 p_n^3보다 큰 수 중에서 가장 작은 소수를 p_{n+1}이라 하자. 예를 들어 $2^3 = 8$보다 큰 수 중에서 가장 작은 소수는 11이므로 $p_2 = 11$이며, $11^3 = 1331$보다 큰 수 중에서 가장 작은 소수는 1361이므로 $p_3 = 1361$이다.

이때 $p_{n+1} < (p_n + 1)^3$이라는 가정으로부터 $p_n^{-3^n}$이 어떤 상수 $A = 1.30637788\cdots$으로 수렴한다는 걸 알 수 있고, $\lfloor A^{3^n} \rfloor = p_n$이라는 것도 나오게 된다.

$$\lfloor A^{3^1} \rfloor = 2$$
$$2^3 < \lfloor A^{3^2} \rfloor = 11 < (2+1)^3$$
$$11^3 < \lfloor A^{3^3} \rfloor = 1361 < (11+1)^3$$

$$1361^3 < \lfloor A^{3^4} \rfloor = 2521008887 < (1361+1)^3$$
$$2521008887^3 < \lfloor A^{3^5} \rfloor = 16022236204009818131831320183$$
$$< (2521008887+1)^3$$

보았다시피 A를 안 뒤 p_n을 구하는 것이 아니라, p_n들을 구해야 A의 근삿값을 구할 수 있다! 따라서 안타깝지만 밀스의 정리로부터 소수를 구하겠다는 꿈은 접는 편이 좋을 것 같다.

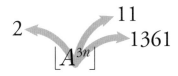

3차 라틴 방진의 개수

n차 라틴 방진(Latin square of order n)은 1부터 n까지의 자연수를 $n \times n$ 모양으로 배열해, 어느 행 어느 열에도 같은 수가 나타나지 않게 배열한 것을 말한다. 예를 들어, 2차 라틴 방진은 첫 행에 1과 2를 배열하고 두 번째 행에 2와 1을 배열한 것, 이것의 좌우를 뒤집은 것 두 가지가 존재한다.

3차 라틴 방진은 몇 가지가 존재할까? 일일이 그려 보면, 다음과 같이 12가지가 존재함을 알 수 있다.

4차 라틴 방진은 576개, 5차 라틴 방진은 161280개, 이런 식으로 그 개수가 급격하게 커진다. 유명한 스도쿠(sudoku)는 9차 라틴 방진을 이용한 것이라 할 수 있다.

3차 라틴 방진 가운데 다음 두 방진은 특별한 성질이 있다. 첫 번째 방진의 수를 십의 자리로 생각하고, 두 번째 방진의 수를 일의 자리로 생각해, 두 자리 수로 이루어진 새로운 3차 방진을 만들어 보면, 신기하게도 아홉 성분이 모두 다르다. 이런 성질을 가진 두 라틴 방진을 특별히 '직교 라틴 방진(orthogonal latin square)'이라 부른다.

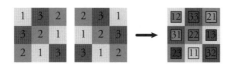

오일러는 직교 라틴 방진을 연구하면서, 방진 하나는 로마 알파벳으로, 다른 방진은 그리스 알파벳으로 나타냈다. 라틴 방진이라는 이름은 로마 알파벳을 썼다는 이유로 붙은 것이며, 직교 라틴 방진은 '그레코라틴 방진(graeco-latin square)'으로도 불린다.

직교 라틴 방진은 가로, 세로, 대각선의 합이 같은 마방진을 만드는 데 사용될 수 있다. 앞에서 배웠던 3차 직교 라틴 방진의 경우, 두 자리 수 ab가 있는 자리에 $(a-1) \times 3 + b$를 넣으면 이렇게 만든 모든 수가 다르고 가로, 세로, 대각선의 합이 모두 같을 수밖에 없다.

실은 이 아이디어는 오일러보다 60년 이상 먼저, 조선 숙종 시대 영의정을 역임했던 최석정(崔錫鼎, 1646~1715년)이 역사상 처음으로 시도한 방식이었다. 최석정은 9차 직교 라틴 방진을 만드는 방식으로 9차 마방진을 구성할 수 있었다. 이 내용은 최석정이 쓴 산학서인 『구수략(九數略)』에 실려 있는데, 우리나라 학자들의 많은 노력 끝에 현재 최석정은 수학의 역사에서 처음으로 직교 라틴 방진을 다룬 수학자로 인정받고 있다. 최석정의 연구 결과가 좀 더 일찍 세계에 알려졌다면, 한국 방진(Korean square)이라는 이름이 라틴 방진을 대신할 수 있지 않았을까 하는 상상을 해 본다.

13은 칸토어 소수

3진법으로 쓴 렙유니트 수, 즉 1 반복수

$$1_{(3)}, 11_{(3)}, 111_{(3)}, 1111_{(3)}, 11111_{(3)}, \cdots$$

를 생각하자. (「1월 19일의 수학」 참조.) 10진법으로는 각각

$$1, 1+3, 1+3+9, 1+3+9+27, \cdots$$

일 것이다.

2진법으로 쓴 1 반복수가 메르센 수인데 이 중에서 소수인 것, 즉 메르센 소수가 현재 발견되는 큰 소수들이다.

이제 3진법으로 쓴 1 반복수 중 소수인 것은 어떤 것일까 생각해 보자. 3진법으로 1을 n개 늘여 썼을 때 소수이려면 당연히 n부터 소수여야 한다. 예를 들어 $n=3, 7$인 경우

$$111_{(3)}=13, 1111111_{(3)}=1093$$

은 소수이다. 하지만 언제나 그렇듯이 역은 성립하지 않는다. 방금 $n=5$를 빼먹은 데서 짐작할 수 있듯 $11111_{(3)}=121$은 소수가 아니다. 메르센 소수나 렙유니트 소수처럼 이런 소수 역시 매우 드문데, 현재까지 20개도 발견되지 않았다.

그런데 이런 수는 게오르크 칸토어(Georg Cantor, 1845~1918년)의 먼지 집합과 관련돼 있다. 칸토어의 먼지 집합이란, 간단히 말해서 0과 1 사이의 수 중에서 3진법으로 소수 전개했을 때 소수점 이하 모든 수가 0 또는 2만 나오는 수를 말한다.

3진법으로 1 반복수의 역수는 항상 칸토어의 먼지 집합에 속한다는 것을 관찰할 수 있다. 예를 들어 $13=111_{(3)}$의 역수 $\frac{1}{13}$을 3진법으로 소수 전개하면

$$\frac{2}{3^3}+\frac{2}{3^6}+\frac{2}{3^9}+\cdots=0.002002002\cdots_{(3)}$$

이므로 칸토어의 먼지 집합에 속한다는 관찰을 할 수 있을 것이다.

예를 들어 $\dfrac{1}{1111111_{(3)}}$의 경우

$$0.000000200000020000002\cdots_{(3)}$$

이라는 것을 알면 이런 역수들이 어떤 규칙을 가지는지 쉽게 알 수 있을 것이다. 이런 의미에서 3진법으로 1 반복수 중에서 소수인 것을 칸토어 소수라 부르는 것도 괜찮아 보인다.

원주율 π

원의 둘레와 원의 지름 사이에 원의 크기와 관계없이 일정한
비율이 있다는 사실은 고대로부터 알려져 있었다. 원주율이
라 불리는 이 상수의 정확한 값을 구하는 것은 그 중요성에도
불구하고 쉽지 않은 문제였다. 대부분의 고대 문명은 실용적
인 목적상 원주율을 적당한 근삿값으로 사용했다. 원주율 계
산에서 중요한 전환점은 기원전 3세기의 수학자 아르키메데
스의 짧은 논문 「원의 측정(Measurement of a Circle)」이었다. 이
논문에서 아르키메데스는 원에 내접하는 정다각형과 외접
하는 정다각형의 둘레를 계산함으로써 원주율에 대한 진일
보한 근삿값을 제시했다.

편의상 반지름이 1인 원을 생각하자. 원주율 $\pi = $ (원의 둘
레)/(원의 지름)이므로 내접하는 정 n각형의 둘레를 A_n, 외접
하는 정 n각형의 둘레를 B_n이라고 하면 $\dfrac{A_n}{2} < \pi < \dfrac{B_n}{2}$ 이다.

아르키메데스는 반지름 1인 원에 내접하는 정육각형
에서 시작했다. 이때 정육각형의 한 변의 길이는 1이므로
$A_6 = 6$이다. 한편 외접하는 정육각형은 내접하는 정육각형

의 원과의 접점마다 접선을 작도함으로써 얻을 수 있다. 이때 접선의 접점, 원의 중심, 외접하는 정육각형의 꼭짓점을 연결하는 직각삼각형을 이용하면 외접하는 정육각형의 한 변의 길이가 $2\tan30° = \dfrac{2\sqrt{3}}{3}$ 임을 알 수 있다. 따라서 $B_6 = 4\sqrt{3}$ 이고 $3 < \pi < 2\sqrt{3}$ 을 얻는다.

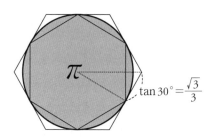

아르키메데스는 n값이 커짐에 따라 원주율에 대한 더 좋은 근삿값을 얻을 수 있음을 알았기에 정육각형의 중심각을 이등분해 정십이각형, 다시 정이십사각형, 정사십팔각형, 마침내 정구십육각형까지 이르러 다음과 같은 범위를 얻었다.

$$3\frac{10}{71} < \pi < 3\frac{1}{7}.$$

이 결과를 소수로 표현해 보면 $3.140845\cdots < \pi < 3.142857\cdots$로 오늘날 우리가 쓰는 근삿값인 3.14를 볼 수 있다.

3차 마방진의 마법합

1부터 연속한 자연수를 정사각형 모양으로 배치해 가로, 세로, 대각선의 합이 같게 만드는 마방진(magic square)은 머나먼 고대부터 흥미로운 연구 대상이었다. 전설에 따르면 중국의 우(禹, 기원전 2070년~?) 임금이 황하의 지류인 낙수(洛水)에서 홍수를 막기 위한 치수 공사를 하고 있을 때 강에서 거북이 한 마리가 나타났는데, 이 거북의 등에 있는 점들이 가로, 세로, 대각선의 합이 15가 되도록 배치되어 있었다고 한다.

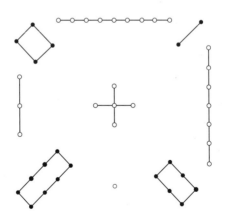

점들의 이런 배치를 낙수에서 나왔다는 뜻에서 낙서(洛書)라 부른다. 우 임금이 하늘의 뜻을 받은 인물이라는 정치적 선전을 위해 만들어진 이야기이겠지만, 아무튼 고대인들에게 마방진은 무척 신기한 존재였던 것 같다.

당연하게도, 3차 마방진에 해당하는 낙서는 여러 가지로 일반화되어, 4차 마방진, 5차 마방진 등등을 생각할 수 있다. 이때 각 마방진에서 가로, 세로, 대각선의 합에 해당하는 값을 그 마방진의 마법합(magic sum)이라 부른다. 3차 마방진의 마법합은 15, 4차 마방진의 마법합은 34, 5차 마방진의 마법합은 65이다. 일반적으로 n차 마방진의 마법합을 구해 보면, 먼저 사용된 수 전체의 합은

$$1 + 2 + \cdots + n^2 = \frac{n^2(n^2+1)}{2}$$

이 된다. 여기서 가로 줄이 n개이니, 마법합은 총합을 n으로 나눈 $\frac{n(n^2+1)}{2}$ 이다. 마방진은 얼마나 많이 존재할까? 마방진을 뒤집거나 돌리는 것을 제외하고 세어 보면, 3차 마방진은 낙서와 같은 배치 한 종류만 존재하며 4차 마방진은 880개, 5차 마방진은 2억 7530만 5224개가 존재한다는 사실이 확인되었다. 6차 마방진의 전체 개수는 아직 아무도 모르지만, 수학적인 계산 결과, $(1.7745 \pm 0.0016) \times 10^{19}$ 임이 알려져 있다. 1770경을 넘는 어마어마한 수이다.

아치와 돔, 그리고 스타인메츠 입체

무지개를 닮았다 하여 홍예(虹霓)라고도 불리는 아치(arch)는 건축 기술의 혁명이었다. 구조물끼리 서로를 지탱하는 이 건축 방식은 같은 넓이를 차지하면서도 필요한 기둥의 수가 적은 혁신적인 기술이다.

이후 더 예쁜 건물을 원하는 사람들은 아치형 구조를 이용해 평평한 지붕 대신 둥근 지붕을 만들어 냈다. 마치 정이십면체의 뾰족한 부분을 깎아 좀 더 둥근 축구공을 만들듯이, 아치형으로 만들어진 회랑의 앞뒤를 다시 아치형으로 깎아 반구와 비슷한 지붕을 완성했다. 이렇게 만들어진 건물 지붕을 회랑형 지붕(cloister vault) 또는 돔식 지붕(domical vault)이라고 부른다.

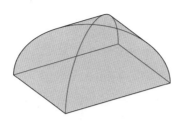

　이러한 건축물은 오래전부터 만들어졌지만, 건축가들은 이러한 건물의 내부 부피에 대해서는 크게 관심을 갖지 않았던 것 같다. (요즘도 실거주자들이 보통 집의 넓이는 알아도, 부피는 잘 모른다.) 수학에서는 원통을 교차해 만든 입체를 생각하고 이 입체의 부피 등 여러 가지를 연구했는데, 다양한 사례를 연구했던 독일계 미국인 수학자 찰스 프로테우스 스타인메츠(Charles Proteus Steinmetz, 1865~1943년)의 업적을 기려 이를 스타인메츠 입체(Steinmetz solid)라고 부른다.

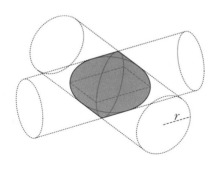

　스타인메츠 입체는 고등학교 적분 단원에서 입체의 부피를 구하는 문제로 가끔 등장한다. 혹시 이 문제를 어디선

가 접했을 때를 대비해, 부피가 $\frac{16}{3}r^3$임을 남긴다.

이 값은 적분을 이용해 구할 수도 있지만, 이 입체의 단면이 정사각형이고, 여기에 내접하는 원의 넓이가 항상 정사각형 넓이의 $\frac{\pi}{4}$배라는 사실을 이용해 구할 수도 있다. 다음 그림과 같이 이 원들이 모여서 부피 $\frac{4}{3}\pi r^3$인 구가 되므로, 스타인메츠 입체의 부피는 구 부피의 $\frac{4}{\pi}$배가 된다. 이와 같이 단면의 넓이의 비로부터 전체 도형의 부피를 알아내는 방법을 발견자인 이탈리아 수학자 보나벤투라 카발리에리(Bonaventura Cavalieri, 1598~1647년)의 이름을 기려 '카발리에리의 원리(Cavalieri's Principle)'라 부른다.

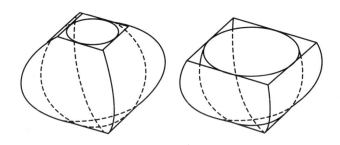

페르마 소수와 귀납법

17세기를 풍미했던 프랑스 수학자 피에르 드 페르마가 언급한 많은 결과는 정수론 발전에 크게 기여했다. 툴루즈 지방법원의 판사였던 페르마는 직위 때문에 일반 대중과 불필요한 접촉을 할 수 없도록 격리되었다. 그 때문이었는지 아니면 타인의 관심이 귀찮아서였는지는 모르겠지만, 페르마는 자신의 결과를 대부분 증명 없이 남겼다. 이중 가장 악명 높은 것이 400년간 후대 수학자를 잠 못 이루게 한 페르마의 마지막 정리다.

페르마의 주장은 레온하르트 오일러부터 앤드루 와일스(Andrew Wiles, 1953년~)에 이르는 많은 수학자에 의해 검증되었는데, 그중 틀린 것으로 밝혀진 것이 하나 있다. 바로 페르마 소수다.

페르마는 수학자들에게 보내는 편지에 $2^{2^m}+1$로 표현되는 수가 모든 m에 대해 소수라고 확신한다고 썼다. 그러나 첫 네 수가 그렇다는 예를 들었을 뿐, 이에 대한 더 이상의 증명은 생략했다.

$$F_0 = 2^{2^0} + 1 = 3,$$
$$F_1 = 2^{2^1} + 1 = 5,$$
$$F_2 = 2^{2^2} + 1 = 17,$$
$$F_3 = 2^{2^3} + 1 = 257.$$

이후 $F_4 = 65537$도 소수임이 확인되었지만 F_5는 합성수임이 밝혀졌고, 그 이후 지금까지 새로운 페르마 소수는 단하나도 발견되지 않았다. 어쩌면 페르마 소수는 저 5개밖에 없는 게 아닐까? 아마도 페르마의 주장은 알렉산드리아의 디오판토스(Diophantos of Alexandria)가 쓴 『산술(*Arithmetica*)』을 읽으며 생각한 바를 적어 보낸 것일 테니, 다음 재판에 들어가기 전 짧은 시간에 유추한 것이 아닐까 한다.

귀납적으로 추측하는 건 매우 좋은 자세이다. 하지만, 연역적으로 증명을 완결하기 전에 섣불리 결론을 내지는 말자. 버트런드 러셀(Bertrand Russell, 1872~1970년)의 그 유명한 문구처럼, 어제까지 모이를 주러 오던 주인이 오늘은 닭을 잡아 먹으러 오고 있을지도 모른다.

여담이지만, F_5가 합성수임을 계산한 인물 중 불운의 천재 제라 콜번(Zerah Colburn,

1804~1839년)이 있다. 콜번은 암산의 천재로 유명했는데, 무려 10자리 수인 F_5가 641로 나누어진다는 사실을 암산으로 계산했다. 만일 욕심 많은 아버지 대신 풍부한 직관을 가진 페르마가 콜번을 키웠다면, 아주 좋은 시너지 효과를 낼 수 있지 않았을까? 페르마의 추측을 콜번이 직접 계산해 연역적인 증명을 해 줬을지도 모른다.

노인의 유산

다음 일화는 어느 아라비아의 수학자가 만든 퀴즈라는 설도 있고, 실존 인물인 아랍의 현자 나스레딘(Nasreddin, 1208~1284년)의 일화라는 설도 있는 퀴즈이다.

옛날 어느 마을에 17마리의 낙타를 가진 한 노인이 있었다. 이 노인은 죽기 직전 세 아들을 모아 놓고 "맏이는 전체 낙타의 $\frac{1}{2}$을, 둘째는 전체 낙타의 $\frac{1}{3}$을, 막내는 전체 낙타의 $\frac{1}{9}$을 갖거라."라고 유언한 채 세상을 떠났다. 하지만, 세 아들은 이 문제를 해결하지 못해 지나가는 현자에게 도움을 청했다. 그 현자는 자신이 타고 온 낙타를 주어 유산을 나누게 했고, 맏이는 18마리의 $\frac{1}{2}$인 9마리, 둘째는 $\frac{1}{3}$인 6마리, 막내는 $\frac{1}{9}$인 2마리를 가져갔다. 현자는 남은 낙타를 타고 유유히 사라졌다.

이웃 마을 촌장은 이 소문을 듣고, 자기도 그처럼 존경을 받고 싶어졌다. 마침, 그 마을에 11마리의 낙타를 가진 노인이 있어, 세 아들에게 "맏이는 전체 낙타의 $\frac{1}{2}$ 을, 둘째는 전체 낙타의 $\frac{1}{3}$ 를, 막내는 전체 낙타의 $\frac{1}{6}$ 을 갖거라."라는 유언을 남겼다. 촌장은 자신의 낙타 1마리를 주어 그 문제를 해결하게 했다. 그러자, 맏이는 12마리의 $\frac{1}{2}$ 인 6마리, 둘째는 $\frac{1}{3}$ 인 4마리, 막내는 $\frac{1}{6}$ 인 2마리를 가져가고, 촌장은 웃음거리가 되었다.

자, 당신이 현자인 척하고 싶다면 어떤 경우에 나서야 할까? 다시 말해, 어떤 노인이 n마리의 낙타를 가졌으며, 세 아들에게 각각 $\frac{1}{a}$, $\frac{1}{b}$, $\frac{1}{c}$ 만큼 나눠 가지라고 유언했을 때, 당신이 현자 같은 결과를 얻을 수 있는 경우는 어떤 경우일까? 위 일화의 예 이외에도 다음 경우가 가능하다.

$$\frac{1}{2}+\frac{1}{3}+\frac{1}{12}=\frac{11}{12}, \qquad \frac{1}{2}+\frac{1}{4}+\frac{1}{5}=\frac{19}{20},$$
$$\frac{1}{2}+\frac{1}{3}+\frac{1}{8}=\frac{23}{24}, \qquad \frac{1}{2}+\frac{1}{3}+\frac{1}{7}=\frac{41}{42}.$$

이 결과는 분수의 단위 분수 분해와 연관이 있다. $\frac{a-1}{a}$

을 단위 분수 3개의 합으로 쓸 수 있다면, 그 결과로부터 다음과 같은 식을 도출해 낼 수 있다.

$$\frac{a-1}{a}=\frac{1}{b}+\frac{1}{c}+\frac{1}{n} \Rightarrow \frac{1}{a}+\frac{1}{b}+\frac{1}{c}=\frac{n-1}{n}.$$

하지만 $a<b<c$ 조건을 만족하려면 $a=2$일 수밖에 없다. 따라서 $\frac{1}{2}$을 3개의 단위 분수로 표현하는 위의 경우만 성립한다.

그럼 촌장처럼 망신을 당할 경우는? 촌장이 당한 그 경우 단 한가지이다. 서로 다른 세 분수의 합이므로, 제일 작은 분수 $\frac{1}{c}$은 아무리 커도 $\frac{1}{4}$보다 클 수 없다. 따라서, $\frac{1}{a}+\frac{1}{b}$은 적어도 $\frac{3}{4}$보다 커야 하는데, 이를 만족하는 경우는 $\frac{1}{2}+\frac{1}{3}, \frac{1}{2}+\frac{1}{4}$ 두 경우밖에 없다. 이제 합을 1로 만드는 세 번째 분수를 찾으면 된다.

3차 곡면들이 이루는 공간의 차원은 19

변수 x, y, z에 대한 1차 방정식

$$ax + by + cz + d = 0$$

의 해집합은 3차원 공간 속에서 1차 곡면, 즉 평면을 나타낸다. 이러한 1차 곡면을 결정하기 위해서는 얼핏 4개의 수 a, b, c, d가 필요한 것처럼 보인다. 하지만 a, b, c, d 대신 ka, kb, kc, kd로 바꾸어도 동일한 1차 곡면을 결정하므로, 본질적으로 1차 곡면은 3개의 수가 결정한다. 실제로도 공간에서 세 점을 주면, 이들 세 점을 지나는 평면이 대체로 하나 결정된다는 건 경험으로 알고 있을 것이다.

3차원 공간 속에서 3차 방정식의 해집합들이 그리는 도형을 3차 곡면이라 부르는 것은 자연스러울 텐데, 이러한 3차 곡면은 모두 몇 개의 수가 결정할까?

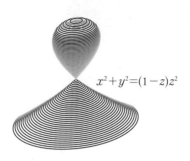

$$x^2 + y^2 = (1-z)z^2$$

딩동 곡면(ding-dong surface)

변수가 x, y, z이고 차수가 3인 다항식을 결정하려면, $i+j+k \leq 3$을 만족하는 음 아닌 정수 i, j, k에 대해 $x^i y^j z^k$ 항의 계수들을 결정해야 한다. $n \leq 3$에 대해 $i+j+k=n$인 i, j, k쌍의 개수는 중복 조합의 수 $_3H_n = \binom{n+2}{n} = \frac{(n+2)(n+1)}{2}$이다. 따라서 $n=0, 1, 2, 3$에 대해 이들 수를 더하면 $1+3+6+10=20$인데, 계수들을 상수배 해도 여전히 같은 3차 곡면을 주기 때문에 구하는 값은 19이다.

한편 $i+j+k+m=3$이도록 하는 새로운 수 m을 도입하면

$$_4H_3 - 1 = \binom{6}{3} - 1 = 19$$

임을 알 수 있기 때문에 조금 더 간편하게 셈할 수도 있다. 이는 3차 다항식

$$a_{300}x^3 + a_{210}x^2y + a_{111}xyz + a_{200}x^2 + \cdots + a_{000}$$

을 생각하는 대신 새로운 변수 w를 도입해

$$a_{300}x^3 + a_{210}x^2y + a_{111}xyz + a_{200}x^2w + \cdots + a_{000}w^3$$

로 변형한 3차 동차(homogeneous) 다항식을 생각하겠다는 것과 밀접히 관련돼 있는데, 이렇게 변수를 하나 더 늘린 동차 다항식의 해집합을 연구하는 것은 수학을 한 단계 발전시킨 중요한 관찰이었다.

20장은 불안해요

캄캄한 방에 있는 서랍장에 빨간색과 검정색 양말이 담겨 있다. 딱 한 번만 방에 다녀와서 한 쌍의 같은 색 양말을 신고 싶다면, 몇 개의 양말을 가져오면 될까? 만일 3개의 양말을 가져오면, 그중 2개는 같은 색일 수밖에 없다. 하지만, 2개만 가져오면 '빨간 양말, 까만 양말' 한 짝씩 신고 패션 테러리스트라는 오명을 쓸지도 모른다. 만일 양말이 빨간 줄무늬, 빨간 민무늬, 검정 줄무늬, 검정 민무늬 4종류라고 한다면 어떨까? 4개는 분명히 위험하다. 최소한 5개를 가져오면 온전한 한 쌍의 양말을 얻을 수 있다.

갑자기 제목과 전혀 다른 이야기로 시작해 버렸다. 이번에 다룰 대상은 어떤 규칙을 이루는 카드의 조합을 찾는 보드게임인 '세트(set)'이다. 세트에 등장하는 카드의 문양은 네 가지 요소로 이루어져 있다. 모양(다이아몬드, 타원, 꼬불꼬불), 개수(1, 2, 3), 색깔(빨강, 초록, 보라), 그리고 패턴(채움, 비움, 줄무늬)이 각각 세 가지 있다. 세트는 이런 카드 중에서 각 요소들이 모두 같거나, 모두 다른 3장의 카드를 찾는 게임이다. 이 3

장의 카드를 세트라 부른다.

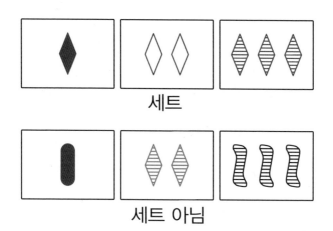

세트

세트 아님

아이들에게 세트를 설명해 주기 위해, 가방에서 몇 장의 카드를 꺼내 예를 들려고 한다. 전문가의 위엄을 보이려면, 카드를 한 번만 꺼내고 그중에서 세트를 만들어 보여 주면 좋을 것 같다. 과연 몇 장의 카드를 꺼내면 될까? 반대로 말하면, 세트가 없게 하면서 몇 장까지 늘어놓을 수 있을까? 답을 먼저 밝히면, 20장까지는 세트가 없게 고를 수 있다.

제일 무식한 방법은 직접 해 보는 것이다. 그 결과 세트가 없는 20장의 카드를 찾을 수 있다.

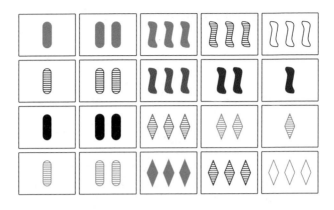

　　따라서 20장을 꺼내면 (확률은 매우 낮지만) 그 안에 세트가 없을 수도 있다. 그렇다면 21장이면 반드시 그 안에 세트가 있다는 건 어떻게 증명하면 좋을까? 이를 위해 카드의 각 요소의 종류에 0, 1, 2로 숫자를 부여하고 모든 카드를 네 숫자의 조합으로 보자.

	0	1	2
모양	◇	◯	⟨
개수	3	1	2
색상	빨강	초록	보라
패턴	채움	비움	줄무늬

이러면 타원 1개에 빨간 줄무늬인 카드는 (1, 1, 0, 2)가 된다. 이때 재미있는 사실은, 3개의 숫자이기 때문에, 세트를 이루는 경우를 모아 놓으면 마치 차례대로 놓인 형태의 모양을 이룬다. 쉬운 이해를 위해 2개의 요소만을 고려한 경우인 3 × 3 판에서 보도록 하자. 이 그림은 세트를 이루는 (2, 0), (2, 1), (2, 2)와 (0, 0), (1, 2), (2, 1)을 표현한 것이다.

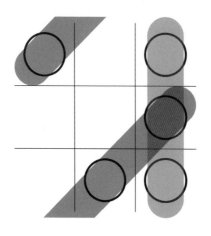

이때 한 줄도 만들지 않는 돌의 개수는 최대 4개임을 알수 있다. 다시 말해, 5개를 놓는 순간 반드시 차례대로 늘어서는 경우가 생긴다. 하나의 돌을 놓았을 때 (이 돌이 한가운데 있다고 생각해 보자.) 이 돌을 포함하는 직선은 4개이며, 그 직선은 나머지 8개의 칸 2개씩을 더해서 만들어진다. 따라서 각 직선에 하나씩의 돌, 4개를 더 넣는 것이 직선을 만들지 않는 최선이다. 하지만 이 4개의 돌을 어떻게 넣어도 한가운데 돌과 함께 직선이 생긴다는 것을 금방 확인할 수 있다. 이를 3차원에서 계산하면 직선을 이루지 않게 놓을 수 있는 돌의 최대 개수는 9개이며, 4차원에서는 20개임을 계산할 수 있다.

3×3 표준 영 도표의 개수는 2·21개

크기가 일정한 정사각형 모양의 칸을 가로 세로 각각 세 칸씩 늘어놓아 만든 아홉 칸짜리 도표에 1부터 9까지 수를 채우려고 한다. 이때 오른쪽이나 아래쪽으로 갈수록 더 큰 수를 채우기로 할 때 이를 '표준 영 도표(standard Young tableau)'라 부른다. 모두 몇 개가 있을까?

가장 왼쪽 위 칸은 당연히 1로 채워야 한다. 2를 채울 자리는 두 곳인데 대칭성을 고려하면 1보다 한 칸 오른쪽에 넣은 경우만 세어도 충분하다. 하나하나 이런 식으로 개수를 세면 모두 21가지이므로, 전체 개수는 이것의 2배인 42가지임을 확인할 수 있다.

1	2	6
3	5	7
4	8	9

그렇다면 가로 세로 네 칸짜리인 것이나 다섯 칸짜리인 것은? 일일이 다 세기란 상당히 힘들어 보이는데, 이런 종류 도표의 개수를 쉽게 구하는 좋은 방법이 알려져 있다.

네모칸을 하나 고른 뒤 그 네모칸을 포함해 오른쪽과 아래쪽에 위치한 네모칸들의 개수를 세자. 이를 그 네모칸의 '갈고리 길이(hook length)'라 부르는데, 예를 들어 아래 왼쪽 그림에서 회색 점을 찍은 네모칸의 갈고리 길이는 4이다. 각 네모칸의 갈고리 길이를 적은 것이 오른쪽의 그림이다.

이제 다 왔다. 우리가 구하던 방법의 수는 전체 네모칸의 개수 9의 계승, 즉 9!을 이들 갈고리 길이들의 곱으로 나누어 주면 된다. 즉

$$\frac{9!}{5 \cdot 4 \cdot 3 \cdot 4 \cdot 3 \cdot 2 \cdot 3 \cdot 2 \cdot 1} = 42$$

가 나온다. 사실 갈고리 길이들의 곱이 전체 사각형 개수의

계승의 약수여야 하는 이유조차 당연해 보이지 않을지도 모르겠다.

방금 설명한 방법은 일반적인 표준 영 도표의 개수를 셀 때도 적용된다. 특히 가로 세로 모두 n칸짜리로 이루어진 정사각형 모양의 표준 영 도표의 개수는

$$\frac{(n^2)!\,0!\,1!\cdots(n-1)!}{n!\,(n+1)!\,(n+2)!\cdots(2n-1)!}$$

임을 알 수 있다. 이런 개수가 뜻하지 않게도 리만 제타 함수와 관련된 어떤 예상에 등장한다는 것은 언급만 하고 지나가기로 하자.

원주율의 역수와 피어스 지수:

$$\frac{1}{\pi} = \frac{1}{3} - \frac{1}{3 \cdot 22} + \frac{1}{3 \cdot 22 \cdot 118} - \cdots$$

실수 $0 < r \leq 1$에 대해 $\frac{1}{n+1} < r \leq \frac{1}{n}$인 자연수 n을 항상 찾을 수 있는데, 편의상 이 수를 피어스(Pierce) 지수라 부르기로 하자. 즉 n배 해도 여전히 1을 넘지 않게 하는 가장 큰 n을 가리킨다.

이때 $\frac{n}{n+1} < nr \leq 1$이므로 다음이 성립한다.

$$0 \leq 1 - nr \leq \frac{1}{n+1}.$$

따라서 $r' = 1 - nr$이라 두면 $0 \leq r' \leq 1$이다. 만약 $r' \neq 0$이면 r'의 피어스 지수 n'도 구할 수 있는데, $r' \leq \frac{1}{n+1}$이므로 $n' > n$이어야 한다.

예를 들어 $r = 0.22$는 4배하면 1 이하지만, 5배하면 1을 넘으므로 r의 피어스 지수는 4다. 이때 $r' = 1 - 4 \cdot 0.22 = 0.12$의 피어스 지수 8은 r의 피어스 지수 4보다 크다.

이처럼 0보다 크고 1 이하인 실수 r_k의 피어스 지수 n_k를 구한 뒤, $r_{k+1}=1-n_kr_k$가 0이면 중지하고 0이 아니면 r_{k+1}의 피어스 지수를 구하는 일을 반복하자.

이때 이 과정이 중지된다는 것과 r_1이 유리수라는 것의 의미가 같음은 쉽게 알 수 있다. 뒤집어 말하면, 계속 증가하는 피어스 지수를 얻는다는 것은 r_1이 무리수라는 것과 똑같은 이야기가 된다.

예를 들어 자연 상수의 역수 e^{-1}에서 시작해 피어스 지수를 구하면, 대단히 규칙적인 수열 1, 2, 3, 4, 5, …가 나오므로 e^{-1}은 무리수다. 따라서 e도 무리수이다.

그렇다면 원주율의 역수 π^{-1}에서 시작하면 어떨까? 물론 무한하기는 하지만 종잡기 힘든 수열 3, 22, 118, 383, …이 나온다. 원주율이 자연 상수보다 훨씬 먼저 발견되었지만, 자연 상수가 무리수라는 것보다 원주율이 무리수라는 것이 더 늦게 증명되었던 까닭에는 원주율이 자연 상수보다 훨씬 성질이 고약한 편이라는 사실도 한몫 했을 것이다.

$$\frac{1}{e}=\frac{1}{1}\left(1-\frac{1}{2}\left(1-\frac{1}{3}\left(1-\frac{1}{4}\left(1-\frac{1}{5}\left(1-\frac{1}{6}\left(1-\frac{1}{7}\left(1-\cdots\right)\right)\right)\right)\right)\right)\right)$$

$$\frac{1}{\pi}=\frac{1}{3}\left(1-\frac{1}{22}\left(1-\frac{1}{118}\left(1-\frac{1}{383}\left(1-\frac{1}{571}\left(1-\frac{1}{636}\left(1-\cdots\right)\right)\right)\right)\right)\right)$$

한편

$$r_1 = \frac{1}{n_1}(1 - r_2) = \frac{1}{n_1}\left(1 - \frac{1}{n_2}(1 - r_3)\right)$$
$$= \frac{1}{n_1} - \frac{1}{n_1 n_2} + \frac{1}{n_1 n_2} r_3 = \cdots$$

이라는 것도 주목할 만하다. 따라서 e^{-1}의 피어스 지수를 구한다는 것은 사실 다음 식을 보인다는 이야기와 똑같다는 사실을 알 수 있을 것이다.

$$\frac{1}{e} = \frac{1}{1} - \frac{1}{1 \cdot 2} + \frac{1}{1 \cdot 2 \cdot 3} - \frac{1}{1 \cdot 2 \cdot 3 \cdot 4} + \cdots.$$

황금 사슬 문제

어느 여행자가 낯선 마을에 도착했다. 이 여행자의 주머니엔 돈은 한 푼도 없고, 있는 건 오직 23개의 고리로 만들어진 황금 사슬뿐이었다. 여정을 잠시 쉬기로 한 여행자는 그 마을 여관 주인과 협상을 했다. 매일 황금 사슬의 황금 고리 1개씩을 숙박비로 지불하고, 집에서 송금받으면 그 돈으로 숙박비를 치르고 사슬을 돌려받기로 합의했다. 황금 사슬을 돌려받았을 때 손상이 최대한 적게 하려면, 과연 어떻게 끊어야 할까?

이 퀴즈는 수학 퍼즐로 유명한 미  국의 과학 저술가 마틴 가드너(Martin Gardner, 1914~2010년)의 『짧은 퍼즐과 문제의 거대한 모음집(*The Colossal Book of Short Puzzles and Problems*)』에 수록된 문제이다. (마틴 가드너가 문제의 원저자는 아닌 것 같다. 이 퀴즈의 다양한 버전이 여러 곳에서 발견된다.)

이 문제의 묘미는 '거스름돈'에 있다. 거스름돈이 없다면, 여행자는 매일 하나의 황금 고리를 지불해야 하니 총 23개의 고리로 분리해야 한다. 가장 무식한 방법은 22번 끊는 것이지만, 조금 더 세련된 방법은 짝수 번째 고리 11개를 끊어서 만들면 된다.

하지만 거스름돈이 생긴다면, 사슬을 몇 번 끊는가에 주목해야 한다. 사슬을 한 번 끊으면 반드시 나오는 것은 한 개의 고리이다. 따라서 n번 끊으면 n개의 고리, 즉 n개의 잔돈을 얻는다. 이 잔돈으로 n번 지불하고 나면? 그 다음날 큰 돈, 여러 개가 연결된 사슬을 주고 거슬러 받아야 한다. 이미 n개의 잔돈이 준비되어 있으므로, $n+1$개짜리를 주고 잔돈을 많이 확보하는 것이 이후 지불이 쉽다. $n+1$개짜리 사슬 도막을 주고, n개를 돌려받는 방법. 이 방법은 사슬로 $n+1$ 진법의 수를 표현하는 것과 같다. 1짜리 단위와 $n+1$짜리 단위가 생기지 않았는가! 1000원권 지폐가 4개 있으면 5000원권 지폐가 있어야 거스름이 가능하지만, 1000원권 지폐 9개가 있으면 5000원권 지폐보다 10000원권 지폐가 있는 편이 더 많은 거래를 할 수 있다.

문제로 돌아가자. 이 문제는 사슬을 한 번 끊어서는 절대 해결할 수 없다는 건 금방 알 수 있다. 두 번 끊는다면 우리는 3진법적인 생각을 해야 한다. 일단 첫날과 둘째 날에 사슬 조각을 하나씩($1_{(3)} = 1 \times 3^0$) 주면, 셋째 날의 최선의 전략은 3개짜리 조각을 주고 2개를 돌려받는 방법($10_{(3)} - 2_{(3)}$

$=1 \times 3^1 + 2 \times 3^0$)이다. 그렇다면 다섯째 날까지는 순조롭게 지불할 수 있고, 여섯째 날이 문제다. 주인은 이미 5개의 고리를 갖고 있는 상황이다. 이때 우리가 할 수 있는 최선은 6개짜리를 주고 거슬러 받는 방법이다. 그렇다면 나뉘는 고리는 1개짜리 2개, 3개짜리 하나, 6개짜리 하나 그리고 12개짜리 하나다. 이제 문제를 해결할 수 있겠는가? (왜 여섯째 날 더 짧은 사슬을 주면 안 되는지는 직접 생각해 보자.)

$$\pi \approx 3.24$$

아니? 원주율의 근삿값은 3.14인데?

사실은 $\pi \approx 3.24_{(16)}$ 라고 써야 할 것을 이렇게 쓴 점 사과 드린다. 여기서 오른쪽 아래에 있는 (16)은 16진법으로 썼다는 이야기다. 즉 이 식은

$$\pi = 3 + \frac{2}{16} + \frac{4}{16^2} + \cdots$$

을 가리키는 것이다. 내친 김에 16진법으로 원주율의 근삿값을 몇 자리 쓰면 다음과 같다.

$\pi = 3.24$3F6 A8885 A308D 31319
8A2E0 37073 44A40 93822
299F3 1D008 2EFA98EC4E
6C894 52821 E638D 01377
BE546 6CF34 E90C6 CC0AC

여기에서 A, B, C, D, E, F는 각각 10진법으로 10, 11, 12, 13, 14, 15에 해당한다.

그런데 난데없이 왜 16진법일까? $2^4=16$이므로 2진법을 쓰는 컴퓨터에서는 네 자리를 묶으면 16진법처럼 쓸 수 있다. 예를 들어 2진법으로 1011이라면 10진법으로는 $8+2+1=11$이고, 16진법으로는 B에 해당한다. 따라서 2진법을 쓰는 컴퓨터 입장에서는 인간의 비위를 맞출 일만 없다면 10진법 대신 16진법으로 계산하면 훨씬 편하다. 그런데 16진법으로 원주율을 계산하기에 편리한 공식이 지난 세기 말에 발견되었다.

베일리-보웨인-플루프 공식(Bailey-Borwein-Plouffe formala) 또는 줄여서 BBP 공식이라고도 부르는데 다음과 같다.

$$\pi=\sum_{k=0}^{\infty}\left[\frac{1}{16^k}\left(\frac{4}{8k+1}-\frac{2}{8k+4}-\frac{1}{8k+5}-\frac{1}{8k+6}\right)\right]$$

원래는 상당히 복잡한 과정을 거쳐 증명되었지만, 막상 공식을 알고 나자 조금 더 쉬운(?) 증명이 발견됐다. 예를 들어 거듭제곱급수의 미분 공식에서

$$\left(\sum_{k=0}^{\infty}\frac{4\sqrt{2}}{8k+1}x^{8k+1}\right)'=\sum_{k=0}^{\infty}4\sqrt{2}\,x^{8k}=\frac{4\sqrt{2}}{1-x^8}$$

이다. 양변을 구간 $[0,\,1/\sqrt{2}]$에서 적분하면, BBP 공식의 첫

번째 항은

$$\sum_{k=0}^{\infty} \frac{1}{16^k} \frac{4}{8k+1} = \int_0^{1/\sqrt{2}} \frac{4\sqrt{2}}{1-x^8} dx$$

이다. 같은 논법을 쓰면 BBP 공식은 다음 공식과 마찬가지 인데

$$\pi = \int_0^{1/\sqrt{2}} \frac{4\sqrt{2} - 8x^3 - 4\sqrt{2}x^4 - 8\sqrt{2}x^5}{1-x^8} dx$$

치환 적분, 부분 적분, 부분 분수 분해 등의 방법을 이용해 열심히(!) 적분을 계산하면, 등식이 성립한다는 것을 보일 수 있다.

BBP 공식이 유용한 이유는 또 있다. 기존에 알려졌던 공식으로 원주율을 계산하려면 소수점 이하 첫 번째 자리부터 구하는 수밖에 다른 도리가 없었다. 따라서 근삿값을 더 정밀하게 구하고 싶었던 사람들은 다른 사람이나 기계가 이미 거쳤던 계산들을 되풀이해야만 했다. 하지만 BBP 공식을 쓰면 π의 16진 소수 전개에서 원하는 자리만을 (약간의 기교는 필요하지만) 비교적 빠른 시간에 계산해 줄 수 있다. 이 때문에 많은 이들의 비상한 관심을 끌었고, 지금은 비슷한 유형의 공식이 많이 나와 있다.

야심만만한 수

6＝1＋2＋3이나 28＝1＋2＋4＋7＋14처럼 자신을 제외한 약수의 합이 자기 자신과 같은 수인 완전수는 수천 년 동안 수학자들의 호기심을 자극하는 주제였다. 짝수 완전수가 어떤 모양인지는 유클리드와 오일러 덕분에 완전히 알게 되었지만, 홀수 완전수는 존재하는지 존재하지 않는지조차 알려져 있지 않다. (「1월 28일의 수학」 참조.)

자신을 제외한 약수들을 더하는 조작을 완전수가 아닌 수에 대해 적용하면 어떻게 될까? 완전수는 이런 조작에 대해 바뀌지 않는 고정점이 되니, 혹시 이런 조작을 반복하다 보면 새로운 완전수가 하나 얻어 걸리지는 않을까?

소수는 자신을 제외한 약수가 1뿐이어서 이 조작의 결과가 항상 1이니, 소수가 아닌 합성수들을 생각해 보자. 예를 들어 8의 약수 1, 2, 4를 더하면 소수인 7이 된다. 약수가 많은 12의 경우는 1＋2＋3＋4＋6＝16이고, 다시 16에 같은 조작을 반복하면 1＋2＋4＋8＝15이다. 여기에 다시 같은 조작을 하면 차례대로 1＋3＋5＝9, 1＋3＝4, 1＋2＝3이 된다. 혹시 완전수가 아닌 합성수로 시작하면 항상 소수를 거쳐 1로 끝나는 것일까? 사실 그렇지 않은 예가 잘 알려져 있다. 220과 284가 친화수이므로 자신을 제외한 약수의 합을 구한 결과는 220과 284를 왔다갔다하며 반복하게 된다. (「2월 20일의 수학」 참조.)

이제 자신을 제외한 약수를 더하는 조작으로 만들어지는 수열이 세 가지 종류가 있을 것으로 추측해 볼 수 있다. 하나는 1로 끝나는 것, 다른 하나는 친화수처럼 몇 개의 수가 순환적으로 나타나는 것, 마지막 하나는 완전수로 무한 반복되는 것. 이것은 '카탈랑-딕슨의 추측(Catalan-Dickson conjecture)'으로 불린다.

이중에 자신은 완전수가 아니면서 최종 결과는 완전수가 되는 수들을 부르는 이름이 있다. 이 수들 가운데 가장 작은 수는 25이다. 25의 약수를 더해 보면, $1+5=6$이 되어 한 단계만에 완전수 6이 된다. 완전수가 아니지만 완전수가 되기를 꿈꾸는 수라는 뜻에서 '야심만만한 수(aspiring number)' 정도로 부르면 어떨까? 이후로 95, 119, 143, 417, 445, 565, 608, …이 이어진다.

언뜻 생각하면 카탈랑-딕슨의 추측은 너무나 당연하게 보인다. 수열이 끝나는 방법이 1, 유한 순환, 완전수의 세 가지뿐이니 말이다. 실제로 계산해 보면 몇 단계 거치지 않고서도 세 경우 중에 하나가 나온다. 138은 177단계나 거쳐야 1이 되기에 꽤 예외적이지만, 어쨌든 다른 경우가 있을 것 같지는 않다. 그런데 아예 다른 경우 하나가 빠졌다. 혹시 이 수열이 끝나지 않는다면? 즉 반복하지 않고 서로 다른 수가 무한히 많은 수가 나타날 수는 없을까? 아직까지 이 수열이 소수, 유한순환, 완전수 가운데 어느 것으로 끝나는지 확인되지 않은 가장 작은 수는 276이다. 여기서 출발하면 276, 396, 696, 1104로 진행된다. 놀랍게도 현재 1500단계를 넘게 계산했는데도 소수도, 반복되는 수도, 완전수도 나타나지 않았다. 과연 276은 카탈랑-딕슨의 추측에 대한 반례일까?

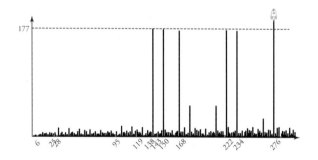

제곱수와 세제곱수 사이

제곱수와 세제곱수를 늘어놓다 보면 재미있는 사례들을 발견할 수 있다.

$$1^2 = 1^3 = 1, \ 2^2 = 4, \ 2^3 = 8, \ 3^2 = 9, \ 4^2 = 16,$$
$$5^2 = 25, \ 3^3 = 27.$$

이 목록에는 제곱수이자 세제곱수인 1, 제곱수와 세제곱수가 인접한 8과 9, 제곱수와 세제곱수 사이에 딱 하나의 자연수를 갖는 25와 27이 있다.

다른 곳에서도 이런 일이 발생할 수 있을지 생각해 보자. 제곱수이자 세제곱수인 수는 또 있을까? 이러한 수는 쉽게 찾을 수 있다. 어떤 자연수의 여섯 제곱이 되는 수 $n = m^6$를 생각하면, 이 수는 $(m^3)^2$이므로 제곱수이며 $(m^2)^3$이므로 세제곱수임을 알 수 있다.

그렇다면 8과 9 이외에 제곱수와 세제곱수가 인접한 경우가 또 있을까? 또는 26 말고도 제곱수와 세제곱수로 둘러싸인 자연수가 또 있을까? 위의 경우를 생각하면 꽤 많을 것 같지만, 정답은 이들이 유일하다는 것이다.

이러한 사실을 확인하는 방법은 정수의 집합을 확장하는 데 있다. 예를 들어, $x^2-y^3=1$을 만족하는 x와 y가 한 가지밖에 없음을 보이는 방법은, 주어진 식을 $y^3=x^2-1=(x-1)(x+1)$와 같이 정리한 뒤 $x-1$과 $x+1$의 최대 공약수를 조사하는 방법이다.

$y^3-x^2=1$의 해를 찾는 방법도 유사하다. 이 식도 복소수를 이용하면 비슷하게 전개할 수 있다.

$$y^3=x^2+1=(x-\sqrt{-1})(x+\sqrt{-1}).$$

이 식에 등장하는 $x+\sqrt{-1}$와 같은 수의 집합

$$\mathbb{Z}[\sqrt{-1}]:=\{a+b\sqrt{-1} \mid a, b \in \mathbb{Z}\}$$

은 마치 정수와 비슷한 성질을 가진다. 소수를 정의할 수도 있고, 이로부터 소인수 분해를 하거나 최대 공약수를 찾을 수도 있다. 이 사실은 가우스에 의해 증명되었기 때문에 '가우스 정수(Gaussian integer)'라고 부른다.

이러한 성질은 $y^3-x^2=2$을 정리한 $y^3=x^2+2=(x-\sqrt{-2})(x+\sqrt{-2})$을 다룰 때 나타나는

$$\mathbb{Z}[\sqrt{-2}] := \{a + b\sqrt{-2} \mid a, b \in \mathbb{Z}\}$$

에서도 나타난다. 이를 이용하면, 제곱수와 세제곱수로 둘러싸인 정수는 26뿐임을 확인할 수 있다.

하지만,

$$\mathbb{Z}[\sqrt{-D}] := \{a + b\sqrt{-D} \mid a, b \in \mathbb{Z}\}$$

가 정수와 같은 성질을 갖는 것은 오직 $D=1, 2$의 두 가지 경우이다. 만일

$$\mathbb{Z}\left[\frac{1+\sqrt{-D}}{2}\right] := \left\{a + b\frac{1+\sqrt{-D}}{2} \mid a, b \in \mathbb{Z}\right\}$$

으로 변형하면, $D=3, 7, 11, 19, 43, 67, 163$인 경우에 정수와 같은 성질을 갖는다.

대수적 정수론에서는 이런 성질을 갖는 경우를 '유수(class number)가 1이다.'라고 한다. 1801년 가우스의 추측으로 시작되었기에 이런 성질을 갖는 D를 찾는 문제는 '가우스의 유수 1 문제'라 이름 붙였으며, 1952년 독일의 아마추어 수학자였던 쿠르트 헤그너(Kurt Heegner, 1893~1965년)에 의해 위에서 제시된 수들이 전부라는 것이 처음 증명되었다. 하지만 헤그너의 증명에는 오류가 있어 아무도 그의 증명을 믿지 않았다. 이후 1967년에 발표된 브라이언 버치(Bryan Birch, 1931년~)의 논문과 1969년에 발표된 해럴드 스타크(Harold Stark, 1939년~)의 논문에서 완전한 증명이 이루어졌는데, 그들의 증명에 따르면 헤그너의 오류는 정말 사소한 것이었다. 하지만 헤그너는 버치가 증명을 발표하기 2년 전 타계해, 자신의 증명이 가치 있다는 사실을 생전에 알지 못했다. 그런 그를 기념하며 수학자들은 위에서 등장한 수 1, 2, 3, 7, 11, 19, 43, 67, 163을 '헤그너 수(Heegner number)'라고 부른다.

3차 곡면과 27개의 직선

3차원 공간에서 종이나 풍선막 같은 면을 이어 붙인 도형을 곡면이라고 한다. 이러한 곡면을 정의하는 방법 중 가장 간단한 방법은 하나의 다항식을 만족하는 점들을 모으는 것이다. 평면은 3차원 공간에서 1차 다항식 $ax+by+cz+d=0$을 만족하는 점의 집합이다. 평면은 1차 다항식으로 정의되므로, 다른 용어로 1차 곡면이라고도 한다.

그렇다면 2차 곡면은 적당한 2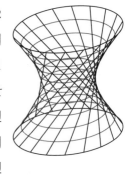차 다항식을 만족하는 점의 집합이다. 제일 쉬운 예는 $x^2+y^2+z^2=1$이다. 누가 봐도 이 유한한 입체 안에 직선이 들어 있을 거라 기대하진 않을 것이다. 하지만 복소수를 고려한다면 이 방정식을 만족하는 직선 $x=1$, $y=iz$를 찾을 수 있다. 쌍곡면의 경우, 무한히 많은 직선을 포함한다는 사실도 널리 알려져 있다.

3차 곡면은 어떨까? 케일리-새먼 정리(Cayley-Salmon theorem)에 의하면, 모든 3차 곡면은 27개의 직선을 포함하고 있다고 한다. 여기서 이 사실의 증명을 모두 설명하기는 무리겠지만, 이해하기 쉬운 예를 들어 살펴보자.

우리가 일반적으로 상상하기 가장 쉬운 곡면은 종이를 구겨서, 혹은 풍선과 같은 탄력있는 고무막을 줄이고 늘려서 만들 수 있는 것이다. 이 방법 말고 이런 걸 생각해 보자. 길거리에서 파는 회오리 감자를 사먹어 본 적이 있는가? 그 모양은 우리가 나선면(helicoid)이라고 부르는 곡면이다.

나선면을 만들려면 회오리 감자의 나무막대기 같은 축이 하나 필요하다. 축을 하나 만들고, 그 축 둘레에 종이를 붙여 나가야 한다. 이러한 작업은 마치 원판에서 중심점을 직선으로 늘리는 것과 같은 모습이다. 이렇게 점을 직선으로 늘여 곡면을 변형하는 작업을 부풀림(blow-up)이라고 한다.

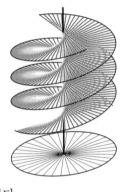

3차 곡면을 이해하는 가장 쉬운 방법 중 하나가 이러한 작업을 반복하는 것이다. 기하에서 가장 기본이 되는 곡면인 사영 평면에 이렇게 나무막대기를 꽂고 나선면처럼 그 면을 늘리는 작업을 27번 반복하면 3차 곡면을 완성할 수 있다. 이것이 케일리-새먼 정리를 받아들이는 가장 쉬운 방법이다.

세 자연수가 쌍마다 서로소일 확률은
28퍼센트

두 자연수 m, n이 공약수를 가지지 않을 때 '서로소'라고 한다. 아무 자연수나 2개 주고 공약수가 있는지 없는지 물었다고 하자. 물론 인수 분해를 한다든지 유클리드 알고리듬 같은 것을 써서 최대 공약수를 구할 수 있다면, 답을 구하는 일은 그다지 어렵지 않은 문제가 된다. 하지만 그냥 찍어 보라고 한다면? 공약수가 있을 확률이 더 클까? 없을 확률이 더 클까?

두 수가 웬만하면 약수 하나쯤은 공유할 것 같아 보일 수도 있겠지만, 두 수가 서로소일 확률은 $\dfrac{1}{\zeta(2)} = \dfrac{6}{\pi^2}$ $\approx 0.6079\cdots$이므로 의외로 높다.

간단히 이유를 설명해 보자. 두 수가 2를 공약수로 가지지 않을 확률은 모두 홀수인 확률인 $\dfrac{1}{2^2}$이어야 한다.

두 수가 3을 공약수로 가지지 않을 확률은 $\left(1 - \dfrac{1}{3^2}\right)$이다. 다른 소수에 대해서도 확률을 생각해 보면 구하는 확률이

$$\left(1 - \frac{1}{2^2}\right)\left(1 - \frac{1}{3^2}\right)\left(1 - \frac{1}{5^2}\right)\left(1 - \frac{1}{7^2}\right)\cdots$$

임을 알 수 있는데, 이 값이 $\dfrac{1}{\zeta(2)}$이라는 것이 알려져 있기 때문이다.

이번에는 자연수를 3개 주었다고 하자. 마찬가지 논법을 쓰면 이 세 수의 최대 공약수가 1일 확률은 $\dfrac{1}{\zeta(3)} \approx 0.8319$로 껑충 뛴다.

예를 들어 2와 4 자체는 서로소가 아니지만, 2, 4, 7과 같은 조합의 최대 공약수는 1이므로 확률이 늘어난 것이다.

만약 세 수 a, b, c에 대해 a와 b, b와 c, c와 a가 각각 서로소라는 것으로 조건을 강화하면 어떨까? 이때는 당연히 $\dfrac{1}{\zeta(2)}$보다 확률이 떨어질 텐데, 앞서와 유사한 논법을 쓰면 소수 p에 대해 $\left(1 - \dfrac{1}{p}\right)^3 + \dfrac{3}{p}\left(1 - \dfrac{1}{p}\right)^2$들을 곱한 값임을 알 수 있고, 28퍼센트 정도임을 계산할 수 있다.

3 원소 위상 공간은 29개

원소의 개수가 n개인 집합 X의 부분 집합 중에서 일부를 모은 집합족 $\mathcal{T}$가 다음 두 조건을 만족할 때 길이가 n인 '위상 공간(topological space)'이라 부르기로 하자.

1. $\mathcal{T}$는 공집합과 X를 포함한다.
2. $\mathcal{T}$는 합집합과 교집합 연산에 대해 닫혀 있다. 즉 A, B가 $\mathcal{T}$에 속하면, $A \cup B$와 $A \cap B$도 $\mathcal{T}$에 속한다.

예를 들어 $X = \{1, 2\}$라 두고 길이가 2인 위상 공간을 구해 보자. 이 집합의 부분 집합은 $\emptyset$, $\{1\}$, $\{2\}$, $\{1, 2\}$로 모두 4개다. 이들 중 일부를 모아 위상 공간을 이루려면 1번 조건 때문에 $\emptyset$, $\{1, 2\}$는 포함해야 한다. 따라서 다음 넷 중 하나여야 한다.

$$\mathcal{T}_1 = \{\, \emptyset,\, \{1, 2\}\}, \qquad \mathcal{T}_2 = \{\, \emptyset,\, \{1\},\, \{1, 2\}\},$$
$$\mathcal{T}_3 = \{\, \emptyset,\, \{2\},\, \{1, 2\}\}, \qquad \mathcal{T}_4 = \{\, \emptyset,\, \{1\},\, \{2\},\, \{1, 2\}\}.$$

허무하게도 이들 4개 모두 2번 조건을 만족하므로, 길이가 2인 위상 공간은 모두 4개다. 그렇다면 길이가 3인 위상 공간도 그럴까? 1번 조건을 만족해야 하므로 모두 $2^{2^3-2}=64$ 가지로 가능성을 좁힐 수 있는데, 2번 조건 때문에 탈락하는 것들이 생긴다. 예를 들어 $\{\emptyset, \{2\}, \{3\}, \{1, 2, 3\}\}$은 $\{2\} \cup \{3\}=\{2, 3\}$을 포함하지 않으므로 위상 공간이 될 수 없다. 끈기 있게 세어 보면 모두 29개임을 알 수 있는데 다음 그림을 참고하기 바란다.

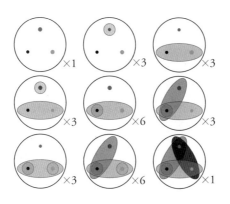

혹시 길이가 4인 위상 공간을 세라고 할까봐 두려운가? 친절하게 답만 알려 주겠다. 모두 355개다. 그런데 이 글을 쓰는 현재까지 길이가 19 이상인 위상 공간의 개수는 알려져 있지 않다. 하물며 임의의 길이에 대해 위상 공간의 개수를 세는 일은 아직은 인류의 능력 밖이라는 뜻이 되겠다.

3-정규 성냥개비 그래프

수학의 여러 분야 가운데 그래프 이론(graph theory)은 점과 선으로만 이루어진 도형인 그래프의 성질을 연구하는 학문이다. 점과 점들을 연결하는 선으로만 이루어진 도형이라면, 이보다 더 단순할 수 없기에 이런 걸로 무얼 연구하나 싶은 생각도 들겠지만, 이 단순한 구조에 심오한 결과들이 무궁무진하게 나타난다. 유명한 오일러의 한붓그리기 문제 같은 것도 그한 예이며, 최근에는 물류나 각종 제어 분야에도 그래프 이론이 적용되고 있다.

그래프 이론은 아마추어가 즐길 수 있는 내용도 많은데, 성냥개비 그래프(matchstick graph)도 그 한 예이다. 성냥개비 그래프는 평면에 펼쳐 놓은 그래프로, 두 점을 연결하는 선이 모두 길이가 같은 선분인 경우를 뜻한다. 물론 성냥개비의 두께는 생각하지 않는다.

정규 그래프는 그래프의 한 점에서 나가는 선의 개수가 일정한 것을 말하며, 2-정규 그래프는 모든 점들이 2개의 선으로 연결되어 있다는 뜻이다. 그렇다면 성냥개비의 개수가 가장 작은 2-정규 성냥개비 그래프는 당연히 성냥개비를 정삼각형 모양으로 배열한 것이 된다.

3-정규 성냥개비 그래프는 어떨까? 입체적으로 생각하면 6개의 성냥개비를 정사면체 모양으로 세워서 연결한 것을 생각할 수 있지만, 성냥개비 그래프는 기본적으로 평면에 펼쳐진 것이므로 아래와 같이 12개의 성냥개비로 만든 모양이 가장 작은 3-정규 성냥개비 그래프가 됨을 알 수 있다.

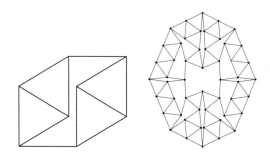

4-정규 성냥개비 그래프를 만들려면 성냥개비가 몇 개나 필요할까? 이것은 발견자인 독일 수학자 하이코 하르보르트(Heiko Harborth, 1938년~)의 이름을 따서 '하르보르트 그래프(Harborth graph)'라 부른다.

5-정규 성냥개비 그래프부터는 평면에 만들 수 없음이 알려져 있으니, 이번에는 3-정규 성냥개비 그래프에 조건을 하나 붙여 보자. 만약 모든 성냥개비 3개가 삼각형을 이루지 않도록 3-정규 성냥개비 그래프를 만들려면, 성냥개비 몇 개

가 필요할까? 삼각형을 허용할 때는 12개면 충분했지만, 삼각형을 허용하지 않을 때는 다음과 같이 개수가 확 늘어서 30개가 필요하다.

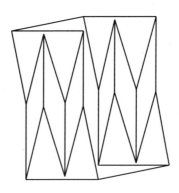

$2 \cdot 3 + 3 \cdot 5 + 2 \cdot 5 = 31$은 소수

오늘은 이상한(?) 연산을 하나 소개하려고 한다. 자연수 m 에 0 이상의 정수 m'을 대응하는 연산인데 다음 두 가지 규칙을 따른다.

1. p가 소수이면, $p' = 1$.
2. m, n이 자연수일 때 $(mn)' = m'n + mn'$.

두 번째 규칙이 곱의 미분 규칙과 닮아 있기 때문에, 방금 정의한 연산을 '산술 미분(arithmetic derivative)'이라고 부른다. 다만 함수의 미분에서는 $(a + b)' = a' + b'$이어야 하지만, 우리 연산에서는 그런 규칙을 따를 필요도 없고, 따르지도 않는다는 것에 주의해야 한다.

예를 들어 보자. 소수의 곱 pq의 산술 미분은 $(pq)' = p'q + pq' = q + p$임을 알 수 있다. 예를 들어 $4' = (2 \cdot 2)' = 2 + 2 = 4$, $6' = 3 + 2 = 5$ 등을 알 수 있다.

그렇다면 12의 산술 미분은 무엇일까? 4와 3의 곱으로 이해하면, $4' \cdot 3 + 4 \cdot 3' = 16$이다. 혹은 6과 2의 곱으로 이해해서 $6' \cdot 2 + 6 \cdot 2' = 5 \cdot 2 + 6 = 16$으로 계산해도 결과가 같다! 이는 우연이 아니라 필연이다. 자연수의 산술 미분은 인수 분해 방법에 무관하게 항상 같은 결과를 준다는 것을 증명할 수 있기 때문이다.

산술 미분은 정수론의 몇몇 미해결 문제들과 연관돼 있어 흥미롭다. 예를 들어 a에 대해 $m' = a$인 m을 찾는 문제는 '산술 적분' 문제라 부를 수 있을 텐데, 특히 a가 짝수 $2n$일 때가 흥미롭다. 만약 골드바흐 추측이 옳다면, $2n = p + q$인 소수 p, q가 존재할 것이다. 이때 $(pq)' = p + q = 2n$이므로, 짝수에 대해 산술 적분이 존재한다는 결론이 나온다.

하지만 골드바흐 추측이 입증되지 않았으므로, 짝수의 산술 적분이 존재한다는 걸 보장할 수 없다. 실제로도 짝수의 산술 적분이 존재하느냐는 질문은 아직까지 미해결 문제다.

두 소수의 곱 pq의 산술 미분 $p + q$는 언제 소수일까? 둘 다 홀수일 수는 없으므로 둘 중 하나, 예를 들어 p는 2여야 하며, 대입하면 $2 + q$가 소수여야 한다. 따라서 q, $q + 2$가 쌍둥이 소수라는 이야기와 같다. 쌍둥이 소수가 무한히 많다는 추측이 참이라면, 산술 미분이 소수가 되는 자연수는 무한히 많다는 것을 알 수 있다.

그런데 두 소수의 곱이 아니더라도 산술 미분을 해

서 소수가 될 수 있다. 예를 들어 $30=2\cdot3\cdot5$의 산술 미분 $2\cdot3+3\cdot5+2\cdot5=31$은 소수이기 때문이다.

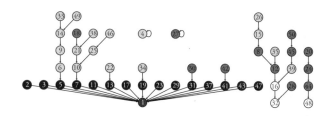

이런 식으로 생각하면 쌍둥이 소수 추측(twin prime conjecture)과 관련된 미해결 문제가 많이 생기는데, 그중 하나만 쓰자. $(pqr)'=pq+qr+rp$가 소수인 소수 쌍 (p, q, r)은 무한히 존재할까?

산술 미분 개념은 아직까지는 수학적으로 크게 흥미로운 결과를 주지는 못했지만, 인류가 소수나 정수와 관련해 모르는 것이 아직도 많다는 것을 일깨워 주는 역할만큼은 톡톡히 하고 있다.

4월의
수학

에르되시-스트라우스 추측

1858년 이집트 룩소르를 방문한 스코틀랜드의 골동품상 알렉산더 헨리 린드(Alexander Henry Rhind, 1833~1863년)는 정체 모를 사람으로부터 고대 파피루스를 사들였다. 이 파피루스는 현재까지 발견된 문서 중에서 저자가 특정된 가장 오래된 수학 문서이다. 파피루스의 머리말에 따르면 이집트의 서기관 아메스(Ahmes)가 작성했다고 하는데, 본인의 창작이 아니라 이전 기록을 베껴 썼다고 되어 있다.

이 파피루스는 초반 상당 부분을 할애해 $\frac{2}{n}$를 서로 다른 단위 분수의 합으로 전개하는 50개의 식을 소개하고 있다.

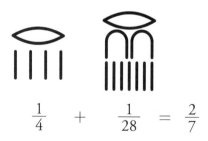

$$\frac{1}{4} + \frac{1}{28} = \frac{2}{7}$$

다른 기록물을 베꼈다고 하는 언급과 이보다 더 오래된 파피루스에도 이런 전개식이 소개되는 사실로 미루어 짐작컨대, 이 공식은 아마 지금의 구구단과 비슷한 게 아니었을까 한다. 이렇게 여러 이집트 파피루스에서 발견된 사실을 기념해 서로 다른 단위 분수의 합을 이집트 분수라고 부른다.

1948년 헝가리 수학자 에르되시 팔과 독일계 미국 수학자 에른스트 가보 스트라우스(Ernst Gabor Straus, 1922~1983년)는 이러한 이집트 분수와 관련된 가설을 하나 세웠다. 린드 파피루스의 기록은 개수의 제한 없이 여러 개의 단위 분수로 분해하는 것이지만, 에르되시와 스트라우스는 특별한 경우인 $n \geq 3$일 때 유리수 $\frac{4}{n}$가 정확히 3개의 서로 다른 단위 분수의 합으로 표현될 수 있다고 생각했다.

$$\frac{4}{n} = \frac{1}{L} + \frac{1}{M} + \frac{1}{N}.$$

여담이지만, 이 가설도 린드 파피루스처럼 에르되시와 스트라우스가 이 내용을 소개하는 원문은 찾을 수 없고, 1950년 에르되시가 작성한 다른 논문에 "우리가 그런 가설을 세웠고, 스트라우스가 $n < 5000$인 경우에는 옳다는 것을 증명했다."라고만 언급되어 있다. 현재 컴퓨터에 의해 $n < 10^{17}$인 경우에도 옳다는 것이 확인되었으나, 일반적인 n에 대해서는 아직도 해결되지 않았다.

앞면이 절반 나올 확률:

$$\frac{\dbinom{2n}{n}}{4^n} \approx \frac{1}{\sqrt{\pi n}}$$

앞면과 뒷면이 나올 확률이 정확히 반반인 공정한 동전을 100번 던진다고 하자. 이때 앞면이 나온 횟수가 정확히 절반 인 50번일 확률은 얼마일까? 각 회차별로 앞면이냐 뒷면이 냐의 두 가지 선택이 있으므로 얻을 수 있는 결과는 모두 2^{100} 가지다. 그중에서 앞면이 딱 50번인 경우는 100개의 자리에 서 50개의 자리를 고르는 경우의 수인 $\dbinom{100}{50}$과 같다. 따라 서 구하는 확률은

$$\frac{\dbinom{100}{50}}{4^{50}} \approx \frac{(100)!}{(50!)^2 \, 4^{50}}$$

임을 어렵지 않게 알 수 있다. 그런데 100!이나 4^{50}과 같은 계 산은 만만치 않기 때문에 고민이다.

더 일반적으로 동전을 $2n$번 던질 때 앞면이 정확히 절 반 나올 확률은

$$\frac{\binom{2n}{n}}{4^n} \approx \frac{(2n)!}{(n!)^2 4^n}$$

인데 이게 어느 정도의 값일까? 물론 n이 크면 "확률이 거의 0이다."라는 말로 얼버무리고 싶겠지만, 그건 좀 꺼림칙하다. 어떻게 해야 할까? 이럴 때 흔히 사용하는 공식으로 스털링 근사식(Stirling's approximation)

$$n! \approx \sqrt{2\pi n}\,(n/e)^n$$

이 있다. 이 식을 대입하면

$$\frac{(2n)!}{(n!)^2 4^n} \approx \frac{\sqrt{4\pi n}\,(2n/e)^{2n}}{(\sqrt{2\pi n}\,(n/e)^n)^2 4^n} = \frac{1}{\sqrt{\pi n}}$$

임을 알 수 있다.

예를 들어 $n=50$이면

$$\frac{\binom{100}{50}}{4^{50}} = 0.0795892\cdots, \quad \frac{1}{\sqrt{50\pi}} = 0.0797885\cdots$$

이어서 그럴듯하다. 어떤 이들은 썩 만족할 만한 근삿값으로 여기지 않으며, 실제로 스털링 근사식을 잘못 쓰면 독이 되는 경우도 있다. 어찌 됐든 큰 수의 계산을 피한 대가로는 비교적 봐줄 만한 근삿값인 건 물론이다.

포드 원과 $\zeta(3)$

평면에서 기약 분수 $\dfrac{p}{q}$에 대해 $\left(\dfrac{p}{q},\ \dfrac{1}{2q^2}\right)$을 중심으로 하고, 반지름이 $\dfrac{1}{2q^2}$인 원을 $F(p/q)$라고 부르기로 하자. 예를 하나 들어 보면 $F(2/3)$은 $\left(\dfrac{2}{3},\ \dfrac{1}{18}\right)$을 중심으로 하고 반지름이 $\dfrac{1}{18}$인 원이다. 1983년 이에 관한 논문을 쓴 미국 수학자 레스터 포드(Lester Ford, 1886~1967년)의 이름을 따서 '포드 원(Ford circle)'이라 부르는데 당연히 x축에 접할 것이다.

서로 다른 두 포드 원 $F(p/q)$, $F(r/s)$의 중심을 각각 $(a,\ b)$, $(c,\ d)$라 하자. $(c-a)^2 \geq 4bd$임을 알 수 있으므로, 두 원의 중심 사이 거리 $\sqrt{(c-a)^2+(b-d)^2}$이 두 원 반지름의 합 $b+d$보다 크거나 같다. 따라서 포드 원끼리는 만나지 않거나 외접한다. 외접한다는 것과 $ps-qr=\pm1$인 것은 동일한 이야기라는 사실도 알 수 있다.

서로 외접하는 두 포드 원 $F(p/q)$, $F(r/s)$과 모두 외접하면서 x축에도 접하는 원 중에서 반지름이 가장 작은 것을 구해 보자. 두 포드 원 사이에 끼면서 x축에 접하는 원을 구해 보자는 뜻이다. 그런데 포드 원 $F\left(\dfrac{p+r}{q+s}\right)$이 그 조건을

만족한다는 사실을 알 수 있다. 예를 들어

$$p(q+s)-q(p+r)=ps-qr=\pm 1$$

임을 확인할 수 있을 것이다.

　따라서 포드 원은 외접하는 원들이 다닥다닥 붙어 있는 모양을 취한다.

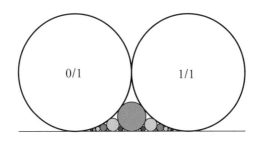

　포드 원은 정수론의 여러 곳에서 등장하는데, 여기서는 포드 원 중에서 $0 \leq x \leq 1$인 영역에 들어가는 것들의 넓이를 알아보자. q와 서로소이며 q 이하인 자연수의 개수를 $\varphi(q)$라 쓰면, 분모가 q인 기약 분수의 개수가 $\varphi(q)$임을 알 수 있다. 따라서 구하는 넓이는

$$\sum_{q=1}^{\infty} \pi \left(\frac{1}{2q^2}\right)^2 \varphi(q) = \frac{\pi}{4} \sum_{q=1}^{\infty} \frac{\varphi(q)}{q^4}$$

이다.

이 값은

$$\frac{\pi}{4}\frac{\zeta(3)}{\zeta(4)}=\frac{45}{2\pi^3}\zeta(3)$$

로 유한한 값임이 알려져 있는데, 여기서 $\zeta(s)=\sum_{q=1}^{\infty}\frac{1}{q^s}$는 리만 제타 함수다. 예를 들어 이 값이 유리수냐는 질문은 아직까지 미해결 문제다. 한편 이들 원의 지름 길이를 모두 더하면 $\sum_{q=1}^{\infty}\frac{\varphi(q)}{q^2}$인데 희한하게도 이 값은 무한대로 발산한다.

이는 포드 원들의 내부를 모두 칠하려면 유한한 양의 페인트만 필요하지만, 지름만 그리려면 무한한 양의 페인트가 필요하다는 뜻이다. '길이를 더한 것이 넓이'라는 고정 관념이 위험한 이유를 말해 준다고 하겠다.

4가 4개면

주어진 재료로 무언가를 만드는 퍼즐 중에서 제일 유명한 것은 아마 성냥개비 퍼즐이 아닐까 하는 생각이 든다. 하지만 요즘은 성냥을 본 적도 없는 사람이 많으니, 나이가 들어 아이들과 놀아 주려면 아이들도 아는 재료를 이용하는 게임이 필요할 것 같다.

오늘 소개할 게임은 4개의 4를 이용해 다른 숫자를 만드는 게임인 '포 포즈(four fours)'이다. 이 게임을 누가 만들었는지는 모르겠지만, 영국 수학자 월터 윌리엄 라우스 볼(Walter William Rouse Ball, 1850~1925년)은 1912년에 출판한 『수학 놀이와 수필(*Mathematical Recreations and Essays*)』에서 포 포즈를 영국의 전통 놀이라고 소개했다.

포 포즈는 4개의 4와 기본적인 산술 기호를 이용해 다양한 수를 만드는 것이다. 예를 들어, 다음과 같이 1부터 10까지 만들 수 있다. 물론 다른 방법으로 만들 수도 있다.

$$1 = 4 - 4 + 4 \div 4 \qquad\qquad 2 = (4 \div 4) + (4 \div 4)$$
$$3 = (4 \times 4 - 4) \div 4 \qquad\qquad 4 = 4 + 4 \times (4 - 4)$$
$$5 = (4 \times 4 + 4) \div 4 \qquad\qquad 6 = ((4 + 4) \div 4) + 4$$
$$7 = 4 + 4 - (4 \div 4) \qquad\qquad 8 = 4 + 4 + 4 - 4$$
$$9 = 4 + 4 + (4 \div 4) \qquad\qquad 10 = (44 - 4) \div 4$$

여기서 어디까지를 기본적인 산술 기호로 허용하는지는 정하기 나름이다. 만일 반드시 4개의 4 사이에 더하기, 빼기, 곱하기, 나누기, 그리고 괄호만 허용한다면 10은 만들 수 없다. 10을 만들려면 근호를 허용하거나, 위 예와 같이 붙여 쓰는 44를 허용해야 한다. 29를 만들려면, 소숫점 또는 계승(factorial, $4! = 1 \times 2 \times 3 \times 4$)이 필요하다. 이런 기호를 다 허용하면, 놀랍게도 1부터 112까지 만들 수 있다. 지수(4^4), 준계승(subfactorial)이라는 약간 복잡한 기호를 허용하면 1부터 877까지도 만들 수 있다.

아마 독자의 머릿속에는 이런 생각이 스쳐갈 것 같다. 4는 어감이 좋지 않으니, 만일 5가 5개, 6이 6개, 또는 3이 3개라면 어떨까? 그렇다면 이미 수학자처럼 사고하기 시작한 것이다. 주저하지 말고 얼른 해 보자.

4의 분할수는 5

자연수 n을 자연수의 합으로 쓰는 방법의 수를 '분할수(partition number)'라고 부른다. 이때 합의 순서가 달라도 같은 방법으로 간주한다. 예를 들어 4를 자연수의 합으로 쓰는 방법은

$$4, 3+1, 2+2, 2+1+1, 1+1+1+1$$

로 모두 다섯 가지다. 따라서 $p(4)=5$임을 알 수 있다.

분할수의 정의는 매우 간단하지만, 여러 수학 분야에서 긴요하게 쓰이는데, 여기서는 분할수의 흥미로운 성질을 하나 알아보자. 다음 쪽의 그림은 분할수를 '영 다이어그램(Young diagram)'이라 부르는 시각적 표현으로 나타낸 것이다.

첫 번째 줄부터 네 번째 줄까지의 사각형은 각각 1, 2, 3, 4의 분할을 나타내고 있다. 예를 들어 네 번째 줄의 영 다이어그램 5개는 4를 분할하는 방법에 하나씩 대응한다.

네 번째 줄의 영 다이어그램 아래에 쓴 5개의 숫자 1, 3,

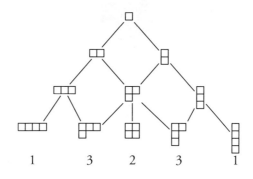

1 3 2 3 1

2, 3, 1은 무엇을 뜻할까? 맨 위의 한 칸짜리 사각형으로부터 선을 따라서 아래로 내려와 해당 영 다이어그램까지 도달하는 방법의 수를 가리킨다. 곰곰이 생각해 보면 바로 이 수가 「3월 21일의 수학」에서 소개한 '표준 영 도표의 개수'임을 알 수 있다. 선을 따라 내려오는 방법을 택하는 것이 바로 1부터 수를 하나씩 채워 나가는 방법과 일대일로 대응하기 때문이다.

하나만 더 살펴보자. 여기에 나온 5개의 수를 제곱한 뒤 더하면 $1^2+3^2+2^2+3^2+1^2=24$인데 이들 영 도표의 사각형의 개수 4의 계승, 즉 4!과 같다. 다시 말해 맨 위의 한 칸짜리 사각형에서 출발한 뒤 네 번째 줄까지 선을 따라 내려 왔다가 다시 선을 따라 맨 위까지 도달하는 방법의 수가 4!이라는 뜻이다. 원래는 대칭식이나 대칭군, 리 대수 등의 표현론과 밀접히 관련돼 있는 사실들인데, 지금은 로빈슨-셴스테드-커누스(Robinson-Schensted-Knuth) 대응이라는 멋진 대응을 써서 설명할 수 있다.

4차원 정다포체는 6개

3차원 내의 정다면체가 5개뿐이라는 것을 소개한 적이 있다. (「1월 2일의 수학」 참조.) 차원을 하나 올린 4차원 내의 정칙 도형을 정다포체 또는 초정다면체라 부르는데, 3차원 공간에 사는 우리로서는 수학을 이용하지 않으면 어떤 모양일지 가늠하기조차 힘들다.

더 높은 차원을 다루기 위해서는 2차원과 3차원에서 통했던 방법을 다시 살펴볼 필요가 있다. 3차원 정다면체의 '면'은 차원이 하나 적은 2차원의 정칙 도형인 '정다각형'이었다. 그런데 모든 정다각형이 정다면체의 면인 것은 아니다. 삼각형, 사각형, 오각형만이 가능하고 육각형 이상은 정다면체의 면이 아니다. 왜일까? 입체를 만들기 위해서는 한 꼭짓점에 3개 이상의 정다각형이 모여야 하는데, 정육각형의 한 내각은 120도여서 3개가 모이면 평면을 채워 버리므로 입체를 만들 수 없기 때문이다.

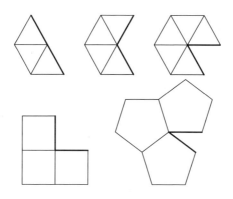

따라서 정삼각형, 정사각형, 정오각형을 위 그림처럼 붙이고, 굵은 선으로 그은 부분을 3차원에서 붙이면 꼭짓점 주변의 기본 모양을 완성할 수 있다. 실제로도 이렇게 하면 모두 정다면체가 얻어진다.

이런 논리를 4차원 정다포체로 확장하자. 4차원 정다포체의 가장자리는 '정다면체'로 이루어져 있을 것이다. 이제한 모서리 주변에 정다면체를 몇 개 붙인 뒤 남은 틈새가 생기면, 4차원에서(!) 면끼리 붙여서 정다포체를 얻자는 것이그나마 가장 직관적일 것이다.

정사면체의 인접한 두 면이 이루는 각은 (이면각이라 부른다.) 약 70.5도이므로, 3개, 4개, 5개까지 붙일 수 있다. 정육면체의 이면각은 90도이므로 3개만 붙일 수 있고, 정팔면체, 정십이면체 역시 각각 한 모서리에 3개만 붙일 수 있다. 그런데 정이십면의 경우 이면각이 138.2도 정도이므로 3개를 붙일 수 없다.

따라서 정사면체 기반 정다포체는 세 가지가 있고, 정육면체, 정팔면체, 정십이면체 기반 정다포체가 각각 한 가지씩 있으므로 4차원 정다포체는 모두 여섯 가지만 가능하다. 실제로 이들은 모두 4차원에서 구현할 수 있으므로 정확하게 여섯 가지다. 이들을 5포체, 8포체, 16포체, 24포체, 120포체, 600포체라 부른다.

「1월 2일의 수학」에서 오일러 지표를 사용해 정다면체를 분류했듯, 정다포체도 4차원 '오일러 지표' 공식을 이용해 분류할 수도 있다.

한편 5차원 이상에서도 정다포체에 해당하는 정칙 도형이 있다. 하지만 5차원 이후로는 각 차원마다 정확히 세 가지 종류만 있음이 알려져 있다.

테트리스

온 인류가 열광적으로 매달린, 단순하면서도 심오한(easy to learn, hard to master) 게임의 대표 주자인 테트리스(Tetris). 이 게임은 인공 지능과 게임 전문가인 알렉세이 파지트노프(Alexey Pajitnov, 1956년~), 드미트리 파블로프스키(Dmitry Pavlovsky)와 당시 고등학생이던 바딤 게라시모프(Vadim Gerasimov, 1969년~) 세 사람이 3년에 걸쳐 개발한, (구)소련에서 제작되어 미국으로 유입된 최초의 게임이다. 최초 제안자인 파지트노프가 4단 블록(tetrominos)과 테니스(tennis)를 합성해 이름지은 이 게임은 이후 많은 버전과 아류작이 다양한 기종으로 출시되었다.

테트리스는 블록 4개로 이루어진 다양한 4단 블록을 쌓아 라인을 만들어 없애는 게임이다. 룰은 단순하지만, 그 블록을 어디에 꽂는 것이 제일 좋을지를 빠른 시간 안에 판단하고 조작하는 작업은 숙달하기 쉽지 않다. 미국 사람들이 게임에 빠져 일을 못 하게 하려고 (구)소련이 전략적으로 개발한 게임이라는 가짜 뉴스도 있었다.

테트리스를 수학적으로 들여다보자. 테트리스에 사용되는 4단 블록은 몇 종류일까? 조금만 생각해 보면 7개라는 것을 금방 알 수 있다. 4단 블록을 잘 회전시키면 높이가 한 칸 또는 두 칸이 되어야 한다. 높이와 폭이 모두 세 칸이 되려면, 반드시 기준이 되는 블록에 옆으로 두 칸, 위로 두 칸을 붙여, 총 5개의 블록이 필요하다.

높이가 1인 4단 블록은 단 하나로, 모든 조각이 일렬로 늘어선 길쭉한 막대기 모양이다. 나머지는 높이가 2인, 위아래 2개의 블록으로 이루어진 것과 아래에 3개, 위에 1개의 블록으로 이루어진 2종류가 있다. 이때 위아래를 얼마나 비틀어 붙이는지에 따라 각각 3개씩을 만들 수 있다.

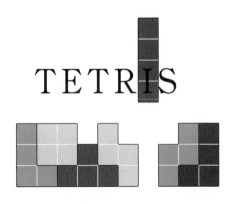

테트리스의 어려움도 수학적으로 증명되어 있다. 2002년 매사추세츠 공과 대학교 전산학 연구소(Laboratory of Computer Science)의 에릭 드메인(Erik Demaine), 수잔 호엔버거(Susan Hohenberger), 데이비드 리벤노웰(David Liben-Nowell)은 테트리스를 숙달하는 것, 즉 주어진 상황에서 최소의 블록으로 최대한 많은 라인을 만들어 없애는 방법을 찾는 것은 NP 완전(NP-complete) 문제임을 증명했다. 테트리스를 잘 못 한다고 너무 실망하지 말라는 수학자의 격려라 생각하자.

정사면체+정팔면체

모서리의 길이가 같은 정사면체와 정팔면체를 생각하자. 이 두 입체 도형의 각 면은 모두 크기가 같은 정삼각형이다. 이 두 도형의 한 면을 서로 일치하도록 맞붙이면, 그 결과로 만들어지는 도형은 몇 면체가 될까?

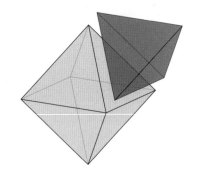

정말 간단한 문제로 보인다. 정사면체의 면이 4개, 정팔면체의 면이 8개이고, 맞붙는 두 면이 내부로 사라지니, 겉으로 드러나는 면의 개수는 $8+4-2=10$이다. 따라서 당연히 십면체가 답이 될 것 같다. 그런데 놀랍게도 이 문제의 답은

10이 아니다.

이 문제는 1980년 10월에 미국판 수능 시험(의 모의고사) 쯤 된다고 할 수 있는 SAT 예비 시험(Preliminary SAT, PAST)에서 출제되어서 한때 화제가 되었던 문제이기도 하다. PSAT에서는 정팔면체 대신, 정팔면체를 반으로 자른 정사각뿔로 출제되었다. 앞서와 마찬가지로, 출제를 담당한 업체인 미국 교육 평가원(Educational Testing Service, ETS)에서는 정사면체와 정사각뿔을 맞붙인 결과가 $4+5-2=7$로부터 칠면체가 된다고 발표했다. 그런데 당시 17세였던 대니얼 로언(Daniel Low-en)은 정사면체와 정사각뿔의 맞붙는 면 옆의 면들이 평평하게 하나의 면을 이룰 것이라고 생각해서, 칠면체가 아니라 오면체가 답이라고 주장했고 실제로 그러했다! 당연히 칠면체가 정답이라고 생각했던 ETS는 결국 수험생들의 점수를 올려 주어야 했다.

실은 이 문제는 한 해 전인 1979년에 미국판 수능 시험인 SAT에 한 번 출제되었던 문제였고, 이미 채점까지 다 마친 상태였다. 뒤늦게 오류를 알게 된 ETS는 재채점하는 소동을 벌였다.

정사면체와 정사각뿔 또는 정팔면체를 맞붙이면 옆면이 평평하게 하나의 면이 된다는 것은 다음 쪽의 그림으로 설명할 수 있다. 정팔면체 2개를 나란히 놓았다고 생각하면, 위쪽 두 꼭짓점 사이의 거리가 다른 모서리들의 길이와 같으므로,

두 정팔면체 사이에 정확하게 정사면체 하나가 쏙 들어갈 수 있음을 알 수 있다. 그러니 정사면체와 정팔면체를 맞붙인 도형은 3개의 마름모와 4개의 정삼각형으로 이루어진 칠면체가 될 수밖에 없다.

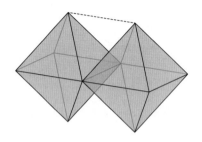

3명이 가위바위보로 1등을 뽑으려면?

2명이 가위바위보 놀이를 하고 있다. 승부가 갈릴 때까지 가위바위보는 평균 몇 번 정도 이루어질까? 매번 승부가 날 확률은 $\frac{2}{3}$이므로, 딱 k번의 가위바위보가 필요할 확률은 $\left(\frac{1}{3}\right)^{k-1}\frac{2}{3}$이다. $k-1$번 비긴 후 k번째에서 승부가 나야 하기 때문이다. 따라서 구하는 기댓값은

$$\sum_{k=1}^{\infty} k \cdot \frac{2}{3^k} = \frac{3}{2}$$

이다. 승부가 날 확률 $\frac{2}{3}$의 역수라는 건 필연의 일치인데, 풀이에 도전해 보는 것도 좋겠다.

그렇다면 3명이 가위바위보를 해서 승부를 가리는 데 필요한 가위바위보의 평균 횟수는 얼마일까? 이 경우에는 승자 한 명만 가리느냐 아니면 1, 2, 3위를 모두 가리느냐에 따라 답이 달라진다. 여기서는 승자 한 명만 가리는 데 필요한 횟수를 구해 보자. 딱 k번의 가위바위보가 필요할 확률이 $\frac{2k-1}{3^k}$임을 알아내는 것부터 쉽지 않고, 이를 이용해 평

균 가위바위보 횟수가 $\dfrac{9}{4}$라는 것을 계산하는 것도 다소 품이 많이 든다. 좀 더 우아한 방법은 없을까?

n명이 가위바위보를 해 승부를 가리는 데 필요한 가위바위보 횟수의 평균을 E_n이라 하자. 첫 판의 가위바위보에서 k명이 이기고 $n-k$명이 탈락할 확률을 p_k라 하자. (단 $1 \leq k \leq n-1$) 첫 판 이후 필요한 가위바위보 횟수의 평균값이 E_k이므로 필요한 전체 횟수는 $1+E_k$만큼 기대할 수 있다.

한편 첫 판에서 비길 확률은 $p=1-(p_1+\cdots+p_{n-1})$이므로 다음 관계식을 얻을 수 있다.

$$E_n = p(E_n+1) + \sum_{k=1}^{n-1} p_k(E_k+1).$$

여기에 $p_k = \dfrac{3 \cdot \binom{n}{k}}{3^n}$ 및 $p=1-\dfrac{2^n-2}{3^{n-1}}$를 대입해 정리하면

$$(2^n - 2)E_n = 3^{n-1} + \sum_{k=1}^{n-1} \binom{n}{k} E_k$$

이다. 이제 이 점화식과 $E_1 = 0$으로부터 $E_4 = \dfrac{45}{14}$, $E_5 = \dfrac{157}{35}$ 등을 얻어 보길 바란다.

규칙이 잘 보이지 않을 텐데 힌트를 주자면, 리만 제타 함수와 밀접히 관련된 흥미로운 수열인 베르누이 수가 등장한다. 비록 간접적이긴 하지만, 가위바위보가 리만 제타 함수와 관련돼 있다니?!

정사각형 재단

현대 사회의 눈부신 기술 발전으로 인해, 이제 옷도 3D 프린터로 '인쇄'하는 방식으로 제작할 수 있다고 한다. 하지만, 아직까지 가장 보편적인 옷 제작 방법은 일단 옷감을 짜고, 그 옷감을 재단해 소매, 등판 등 필요한 조각을 만든 뒤 이를 재봉해 작업을 완성하는 것이다. 이때 재단 단계에서 효율적으로 작업하면, 같은 양의 옷감으로도 더 많은 옷, 혹은 더 큰 옷을 제작할 수 있을 것이다.

이러한 문제의 제일 쉬운 경우를 생각해 보자. 한 변의 길이가 1미터인 정사각형 천이 있다. 이 천에 똑같은 크기의 작은 정사각형 10개를 그려 넣는다고 할 때, 과연 얼마나 큰 정사각형을 그릴 수 있을까?

이해를 돕기 위해 가장 쉬운 경우부터 생각해 보자. 만일 단 1개의 정사각형을 얻으려면, 아무것도 하지 않아도 가로세로 길이가 1미터인 정사각형을 얻을 수 있으며, 이보다 큰 것을 얻을 수는 없다. 2개 이상의 정사각형도 만들어 보자. 정사각형을 하나 그리고 남은 부분을 가장 잘 활용할 방법은 정사각형을 가장 구석에 그리는 것이다. 이때 구석에 그린 정사각형의 한 변 길이가 0.5미터보다 크면, 그만한 정사각형을 그릴 공간이 더는 없다. 따라서 2개의 정사각형을 가장 크게 그리는 방법은 전체를 사등분하는 것이다. 정사각형 3개, 4개를 얻는 방법도 전체를 사등분하는 것이 가장 큰 정사각형을 얻을 수 있는 방법이다.

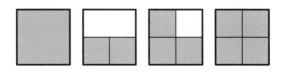

그렇다면, 어떻게 하면 정사각형 5개를 제일 크게 만들어 낼 수 있을까? 위 방법과 유사하게 정사각형을 가로 세로로 삼등분해 9개를 만든 뒤 그중 5개를 취하는 방법일 것 같지만, 더 좋은 방법이 하나 있다.

이렇게 생각해 보자. 먼저 정사각형을 구등분했다고 생각하자. 가장 효율적으로 정사각형을 그려 넣는 방법은 가장 구석에 그리는 것이라고 했으니, 처음 4개를 정사각형의 각 구석에 먼저 그려 넣고, 나머지 한 개를 가장 가운데 것으로 골랐다고 해 보자. 그러면 가운데 정사각형은 구석의 네 정사각형과 꼭짓점에서 만난다. 가운데 정사각형이 답답해 보이니, 만원 지하철에서 공간을 확보할 때처럼 살짝 돌려 주자. 그러면 가운데 정사각형과 네 구석의 정사각형이 안 만나게 할 수 있다! 즉 여유가 생기니, 좀 더 정사각형을 크게 그려도 된다.

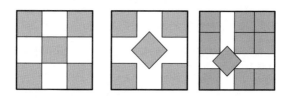

이 방법은 정사각형을 각 구석에 배치하고 하나 더 넣을 때만 가능한 방법이다. 정사각형 n^2+1개를 그릴 때, 일단 큰 정사각형을 가로 세로 $n+1$등분하고, 가운데에 십자가 모양의 길을 내면, 교차 지점에 생기는 사각형을 회전시켜 다른 정사각형과 만나지 않게 할 수 있다. 즉 더 큰 정사각형 10개를 얻을 수 있다. 이렇게 하면 정사각형 안에 10개의 작은 정사각형을 가장 크게 그려 넣을 수 있는 방법을 찾을 수 있다.

피자를 최대한 많이 나누려면?

치킨, 중국요리와 더불어 배달 음식의 대명사가 된 피자. 다른 음식과 달리 한 조각의 비중이 커서 한 판 주문하면 형, 누나와 서로 머리를 들이밀며 더 큰 조각을 차지하겠다고 실랑이를 벌이는 건 매우 흔한 장면이 아닐까 한다. 이런 형제자매의 우애를 위해, 피자집 사장님은 공평하게 네 번의 칼질로 정확히 팔등분한 피자를 배달해 주신다.

　이런 행복한 광경을 상상하자니, 영국의 공리주의 철학자 제러미 벤담(Jeremy Bentham, 1748~1832년)이 했다는 "최대 다수의 최대 행복.(the greatest happiness of the greatest number)"이란 말이 떠오른다. 위 상황은 형제자매가 똑같이 행복할 수 있도록, 즉 가정의 평화를 최대화하기 위해 네 번의 칼질로 같은 크기의 조각을 만드는 데 집중되어 있다. 그렇다면 '최대 다수'의 행복을 쟁취하려면 어떻게 하면 좋을까? 다시 말해, 최대한 많은 사람에게 맛이라도 보게 해 주려고 한다. 과연 네 번의 칼질로 얼마나 많은 사람에게 피자의 맛을 보는 행복감을 줄 수 있을까?

이를 위해 칼질의 횟수를 늘려 가며 생각해 보자. 한 번의 칼질은 항상 피자를 두 조각으로 나누어 준다. 두 번의 칼질로는 네 조각이 만들어진다. 그렇다면 세 번의 칼질로는 어떻게 되나? 물론 나눈 조각을 다시 배열하고 칼질하면 모두 두 동강낼 수 있을 테니 여덟 조각을 만들 수 있다. 하지만 재배열을 하지 않는다면, 똑바른 칼질로는 모든 조각을 베고 지나갈 수 없다.

그렇다면, 이미 두 번의 칼질을 한 피자에, 세 번째 칼질을 했을 때 얼마나 많은 조각을 나누고 지나갈 수 있을까? 여기서부터 수학의 힘을 빌려 보자. 원과 직선의 특징을 알고 있다면, 원과 직선은 두 점에서, 평행하지 않은 직선은 항상 한 점에서 만난다. 즉 원과 2개의 직선이 이미 그어져 있는 상황에서 하나의 직선을 추가한다면, 총 4개의 새로운 교점이 생긴다. 이 교점이 생기는 지점은 어디인가? 이미 이 피자 위에 만들어진 조각의 경계이다. 따라서 다음이 성립한다.

첫 번째 교점이 생기는 곳

→ 첫 번째 조각의 가장자리

두 번째 교점이 생기는 곳

→ 첫 번째 조각과 두 번째 조각

　의 경계

세 번째 교점이 생기는 곳

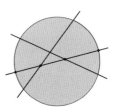

→ 두 번째 조각과 세 번째 조각의 경계

네 번째 교점이 생기는 곳

→ 세 번째 조각의 가장자리

즉 이 칼질로 인해 2개로 나누어지는 조각은 총 3개이고, 따라서 총 세 조각이 늘어난다.

이를 일반화해 보자. 이미 n번 칼질한 피자에 한 번 더 칼질을 하면, 즉 원과 n개의 직선이 있는 상황에서 새로운 직선을 추가하면 총 $n+2$개의 점이 생기므로 $n+1$개의 조각을 더 만들 수 있다. 따라서 네 번의 칼질로 얻어지는 피자 조각의 개수는 1(나누기 전) +1(첫 번째 칼질로 늘어나는 조각의 수)+2+3+4=11이다. 물론 이렇게 나누는 경우 최대 다수의 행복은 실현할 수 있겠지만, 서로 더 큰 조각을 차지하기 위한 다툼은 감수해야 할 것이다.

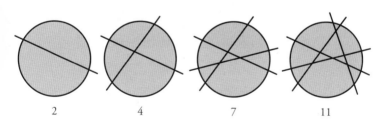

2   4   7   11

열두 번째 피보나치 수는 12의 제곱수

피보나치 수열은 1, 1로 시작해 세 번째 수는 이전 두 수의 합
으로 정의되는 수열이다. 수열을 나열해 보면 1, 1, 2, 3, 5, 8,
…과 같다. 피보나치 수열은 이 수열로 설명할 수 있는 현상
들이 많은 이유로 오랫동안 많은 관심의 대상이 되어 왔다.
그뿐만 아니라 피보나치 수열은 흥미로운 성질도 많이 가지
고 있다. 열두 번째 피보나치 수는 자신의 제곱수, 즉 144이
다. 이것은 하나의 우연처럼 보인다.

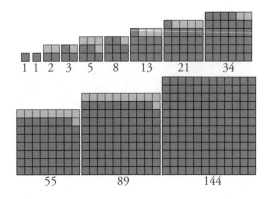

놀라운 것은 n번째 피보나치 수 F_n이 n^2이 되는 경우는 $n=12$가 유일하다는 점이다. n이 12보다 작은 경우는 $F_n < n^2$이고 n이 12보다 큰 경우는 $F_n > n^2$이기 때문이다.

이 사실에 흥미를 느낀다면 다음 질문을 할 수 있다. $p=3, 4, 5, \cdots$에 대해서 $F_n = n^p$가 되는 n이 있을까? 그렇다면 먼저 자연수 m과 $p \geq 2$에 대해 m^p 형태로 주어지는 피보나치 수들이 있는지 살펴보는 것이 좋을 것 같다. $p=2$인 경우, 즉 제곱수인 피보나치 수는 1과 144뿐이다. $p=3$인 경우, 즉 세제곱수인 피보나치 수는 1과 8뿐이다. $p=5, 7, 11, 13, 17$인 경우 m^p 형태의 피보나치 수는 1뿐이다.

존 콘(John Cohn)은 컴퓨터를 돌려 제곱수인 피보나치 수를 찾으려는 사람들의 시도를 보고, 1964년에 제곱수인 피보나치 수가 1과 144뿐이라는 수학적 증명을 발표했다. 그는

$$L_1 = 1, \ L_2 = 3, \ L_{n+1} = L_n + L_{n-1} \ (n \geq 2)$$

로 정의되는 뤼카 수(Lucas number) L_n을 이용했다. 뤼카 수의 정의 방식은 시작하는 두 수가 다를 뿐 피보나치 수와 같다. 콘은 제곱수인 뤼카 수는 L_1, L_3 2개뿐임을 증명했다.

뤼카 수는 $L_{2n} = L_n^2 + (-1)^{n-1} \cdot 2$라는 관계식을 만족하는데, 이를 이용하면 짝수 번째 뤼카 수는 제곱수가 될 수 없음을 알 수 있다. 콘은 홀수 번째 경우도 4로 나누었을 때 나

머지가 1인 경우와 3인 경우로 각각 나누어 뤼카 수가 만족하는 항등식을 이용해 제곱수가 되는 경우가 첫 번째와 세 번째뿐임을 증명했다. 콘은 뤼카 수에 대한 이 결과를 적용해 피보나치 수가 제곱수인 경우를 해결했다.

합과 곱만 알아도!

수학과 논리에 정통한 곱수와 합순이에게 다음과 같은 문제를 주었다. 1보다 크고 합이 100을 넘지 않는 서로 다른 두 수 X, Y를 정한 뒤, 곱수에게는 두 수의 곱을, 합순이에게는 두 수의 합을 알려 주었다. 자신의 정보만으로는 X, Y를 찾지 못한 곱수와 합순이는 대화를 시작했다.

합순: 나는 곱수가 두 수를 못 찾을 거라는 사실을 알고 있었어.
곱수: 아, 이제 나는 X, Y가 뭔지 알았어.
합순: 나도 X, Y가 뭔지 알았어.

과연 두 수는 무엇일까? 이제까지 『365 수학』을 읽어 온 독자라면 4와 13일 것이라는 눈치를 챘을 것이다. 하지만 다른 사람에게 수학을 잘한다는 인상을 주고 싶다면, 더 논리적인 답을 알아야 한다.

1. 곱수는 자신의 정보만으로는 답을 찾지 못했다. 즉 곱수에게 주어진 수는 두 소수의 곱, 혹은 하나의 소수의 세제곱, 하나의 소수의 네제곱은 아니다.

2. 합순이는 자신의 정보만으로는 답을 찾지 못했다. 즉 합순이에게 주어진 수는 7 이상이다.

3. 합순이는 곱수가 답을 찾지 못했다는 사실을 깨달음으로써, X, Y가 둘 다 소수거나, 하나의 소수 p와 그 수의 제곱인 p^2거나, 또는 하나의 소수 p와 그 수의 세제곱 p^3이 아니라는 사실을 알았다. 하지만 합순이는 아직 답을 찾지 못했으니, 위 세 경우를 만족하지 않는 두 수의 합으로 표현하는 경우를 조사했을 때, 다른 경우들이 반드시 나와야 한다. 하지만 합순이는 곱수가 답을 모른다는 사실을 어떻게 알았을까? 합순이가 가진 수는, 곱수가 답을 반드시 알 수 있는 경우, 즉 두 소수의 합이거나, $p+p^2$, $p+p^3$인 경우일 수 없다는 의미이다. 100 이하의 짝수는 항상 2개의 소수의 합으로 표현되니, 최소한 합순이가 가진 수는 홀수여야 한다.

4. 합순이가 가진 수가 홀수라는 것을 아는 순간, 곱수는 답을 알았다. 즉 곱수가 가진 수는 짝수와 홀수의 곱으로 만든다면 반드시 한 가지 경우가 나오는 경우이다. 즉 곱수가 가진 수는 $2^n \cdot p$ 형태의 수이고, X

$=2^n$, $Y=p$여야 한다.

5. 곱수가 답을 알았다고 한 순간, 합순이도 이 사실을 알았다. 이 사실로 합순이가 답을 알았다는 것은, 합이 2^n+p인 경우가 단 하나뿐이라는 것이다. 이러한 홀수는 100 이내에서는 17이 유일하다.

따라서 이 두 수는 $X=4$, $Y=13$이다.

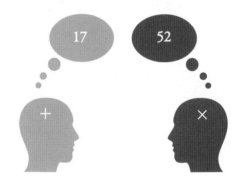

파스칼 삼각형에서 패턴 찾기

두 문자 a와 b에 대한 식 $(a+b)^n$을 전개할 때 각 항의 계수를 나타내는 파스칼 삼각형(Pascal's triangle)은 이항 계수 $\binom{n}{k}$ 를 구하는 도구로 개발되었지만, 그 자체로 신기한 성질이 많다.

예컨대 꼭대기 1부터 비스듬하게 수를 나열해 보면 1, 1, 1, 1, …로 모두 같은 수가 되고, 한 줄 내려와서 차례대로 나열하면 1, 2, 3, 4, …가 되며, 다시 한 줄 내려가면 1, 3, 6, 10, …이 되어 삼각수가 된다. 여기서 다시 한 줄 내려가면 1, 4, 10, 20, …으로 사면체수가 되고, 그다음 줄인 1, 5, 15, 35, …는 사면체를 4차원에서 일반화한 오포체수가 된다.

이밖에도 비스듬히 잘라 나온 수들의 합이 피보나치 수열을 이룬다거나, 홀짝의 색을 다르게 칠하면 시에르핀스키 삼각형과 비슷한 모양이 나오는 등, 그야말로 무궁무진한 패턴이 숨어 있다.

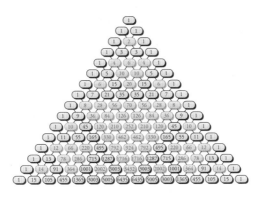

　혹시 파스칼 삼각형에서 같은 수가 나란히 나올 때가 있을까? 매우 당연하게도 1이 나열되는 경우를 제외하고는 이런 일이 생기지 않는다. 그렇다면 일정한 비율을 이루면서 나란히 나오는 경우는 어떨까? 이런 경우도 잘 보이지 않는다.

　비교적 쉬워 보이는 예를 생각해 보자. 파스칼 삼각형에서 나란히 나오는 세 수의 비가 $1:2:3$을 이루는 경우는 있을까? 잘 살펴보면,

$$\binom{14}{4}:\binom{14}{5}:\binom{14}{6}=1001:2002:3003=1:2:3$$

을 발견할 수 있다. 마침 1001, 2002, 3003이어서 비율 계산을 할 필요도 없이 바로 찾을 수 있다. 이런 경우가 또 있을까? 또, 나란히 나오는 수의 비가 $1:2:3:4$를 이루는 경우는 있을까?

간단히 계산해 보면, 파스칼 삼각형에서

$$\binom{n}{k} : \binom{n}{k+1} : \binom{n}{k+2} = 1 : 2 : 3$$

이 되는 경우는 $n=14$이고 $k=4$일 때밖에 없음을 확인할 수 있다.

또 어떤 패턴이 있을까? 혹시 아직까지 알려져 있지 않은 새로운 패턴을 발견한 독자가 있다면 논문 한 편을 쓸 기회다.

네 번째 날의 초현실수

집합론이 수학의 기본 언어가 되면서, 수학의 모든 것을 집합으로 구성하려는 시도가 있었다. 굳이 이렇게까지 해야 하나 싶기도 한데, 수학의 발전 과정을 보면 이런 궁극의 추상화가 새로운 아이디어를 이끌어 내는 경우가 많았다. 집합으로 수를 구성하려는 시도 가운데 가장 성공적이었던 것은 리하르트 데데킨트(Richard Dedekind, 1831~1916년)가 '왼쪽 유리수의 집합'과 '오른쪽 유리수의 집합'을 이용해 실수를 정의한 것을 들 수 있겠다.

데데킨트의 아이디어는 이후 존 콘웨이(John Conway, 1937~2020년)에 의해 '초현실수(surreal number)'라는 개념으로 발전했다. 콘웨이는 왼쪽 집합과 오른쪽 집합을 이용해 수를 정의하는 방법을 생각했다. 이 방법은 기존의 모든 실수뿐만 아니라 실수가 아닌 기묘한 수들도 만들어 낼 수 있어서, 그는 실수를 넘어선다는 뜻에서 초현실이라는 이름을 붙였다. '초실수'라고 번역할 수도 있겠으나, 이 명칭은 보통 '무한대와 무한소를 포함하지만 실수에 대한 모든 1차 논리 명제가 그대로 성립하는 수 체계.'를 뜻하는 것이어서 초현실수 정도로 번역하면 괜찮을 것 같다. 미술 사조의 하나인 쉬르레알리즘(surrealisme)을 '초현실주의'로 번역하니 이런 면에서도 적절한 번역이다.

콘웨이가 초현실수를 생각한 이유는 바둑을 연구하기 위해서였다고 한다. 바둑 전체를 수학적으로 연구하기란 대단히 어려운 일이지만, 복잡한 수가 나거나 하지 않는 상황에서 바둑의 끝내기는 단순 계산 문제라 할 수 있다. 다만 어느 쪽이 어떤 순서로 두는지에 따라 승패가 뒤바뀔 수도 있기에 이 모든 것을 고려한 계산은 말도 안 되게 복잡했다. 콘웨이는 바둑 끝내기가 여러 곳에 남아 있을 때, 각각에 초현실수를 대응시켜서 계산한 결과로 그 바둑의 승패를 확인할 수 있었다. 다음은 '1000달러짜리 패(Thousand-Dollar Ko)'라는 별명이 붙어 있는 바둑 끝내기 문제로, 당대 최고의 기사였던 이창호 9단조차 풀기 어렵다고 포기했던 문제였다. 이 문제는 수학자 얼윈 벌리캄프(Elwyn Berlekamp, 1940~2019년)와 김용환이 만든 것으로, 초현실수를 이용하지 않으면 완전한 분석이 거의 불가능한 문제이다.

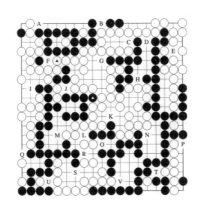

재미있게도, 콘웨이의 연구는 논문이나 학술지로 나오기 전에 소설로 먼저 소개되었다. 아마 진지한 수학 연구 중에 소설로 먼저 소개된 유일한 사례일 것이다. 콘웨이는 자신의 아이디어를 도널드 커누스(Donald Knuth, 1938년~)에게 이야기했고, 커누스는 콘웨이의 허락을 받아 소설로 각색했다. 소설에서는 한 소년과 소녀가 바닷가에서 이상한 글이 적힌 돌판을 발견하는 것에서 시작한다.

돌판에 적힌 것은 초현실수를 만드는 방법이었다. 초현실수는 초현실수들의 집합을 왼쪽과 오른쪽에 나열해 만들어진다. 그런데 이 세상에 아무것도 없다면 초현실수의 집합이라 할 만한 것이 없다. 따라서 첫째 날에 만들 수 있는 것은 왼쪽 집합과 오른쪽 집합이 모두 공집합인 초현실수이다. 이것을

$$\{\ |\ \}$$

로 나타내고, 간단히 0이라 부르자.

둘째 날에는 초현실수로 0 하나가 있으므로, 2개의 초현실수를 만들 수 있다. 즉 $\{0|\ \}$, $\{\ |0\}$, $\{0|0\}$이다. 그런데 왼쪽 집합과 오른쪽 집합으로 초현실수를 분할하는 것이 아이디어이므로 양쪽에 같은 수가 있는 $\{0|0\}$은 초현실수로 생각하지 않는다. 그래서 나머지 두 수를 새로운 초현실수로 생각하고 다음과 같이 이름짓자.

$$1 = \{0|\ \},\ -1 = \{\ |0\}.$$

다시 다음 날인 셋째 날에는 공집합, 0, 1, −1을 이용해 초현실수를 만들 수 있다. 그런데 $\{-1|1\}$과 같은 배열은 더 큰 수가 왼쪽에 오고 더 작은 수가 오른쪽에 가는 모양이 되어서 초현실수를 만들 수 없다. 물론 초현실수끼리 크기를 비교하는 정의가 필요하고, 이를 이용해 두 초현실수가 언제 같은지도 정의할 수 있지만, 여기서 자세한 정의까지 다루기는 어려우니 생략하고, 대강 0, 1, −1을 우리가 아는 기존의 수처럼 생각해 크기를 비교하자. 그러면 다음과 같이 7개의 초현실수를 생각할 수 있다.

$\{~|-1\}=\{~|-1,~0\}=\{~|-1,~0,~1\}=\{~|-1,~1\}$

$<~-1=\{~|0,~1\}$

$<\{-1|0\}=\{-1|0,~1\}$

$<0=\{-1|~\}=\{-1|1\}=\{~|1\}$

$<\{-1,~0|1\}=\{0|1\}$

$<1=\{-1,~0|~\}$

$<\{1|~\}=\{0,~1|~\}=\{-1,~0,~1|~\}=\{-1,~1|~\}$

이중에서 −1보다 작은 수는 −2로, −1과 0 사이의 수는 $-\frac{1}{2}$ 로 이름을 붙여 줄 수 있다. 그러면 셋째 날까지 만들 수 있는 초현실수는 다음과 같다.

$$-2,~-1,~-\frac{1}{2},~0,~\frac{1}{2},~1,~2.$$

같은 식으로 셋째 날까지 만들어진 수들로 새로운 초현실수를 만들면, 넷째 날까지 만들어지는 모든 초현실수는 다음 15개가 된다.

$$-3,~-2,~-\frac{3}{2},~-1,~-\frac{3}{4},~-\frac{1}{2},~-\frac{1}{4},~0,~\frac{1}{4},~\frac{1}{2},~\frac{3}{4},~1,$$
$$\frac{3}{2},~2,~3.$$

생각해 보면 이런 식으로 반복해서 만들어지는 수는 항

상 유리수여서 이 기묘한 구성 방법이 무슨 의미가 있을까 싶은데, 이 과정을 무한 번 반복했다고 생각하면 재미있는 일이 벌어진다. 왼쪽 집합은 모든 자연수이고 오른쪽 집합은 공집합인 $\{1, 2, 3, \cdots \mid \}$은 무슨 수가 될까? 또, 이 수를 ω로 나타낼 때, $\{1, 2, 3, \cdots \mid \omega\}$는 어떤 수라고 할 수 있을까? 여기서부터는 실수를 초월한 완전히 새로운 수의 체계가 펼쳐져서, $\omega - \pi$, $-\omega$ 같은 그야말로 초현실적인 수들이 나타나기 시작한다.

테트레이션

가장 기본적인 수학 연산을 꼽으라면 아마도 덧셈이 선택될 것이다. 아이들이 처음 배우는 연산도 덧셈이다.

이제 같은 수를 여러 번 더하는 상황을 생각해 보면, 덧셈을 한 단계 올린 연산이 곱셈이라 할 수 있다. 같은 식으로 같은 수를 여러 번 곱하는 것은 곱셈을 한 단계 올린 것이라 할 수 있고, 이것은 거듭제곱이다.

그러면 같은 수를 여러 번 거듭제곱하는 것은 어떤 연산일까? 그리고 이런 연산의 이름은 무엇일까?

정리하면 이렇다.

1. (덧셈) $a + n = a + \underbrace{1 + \cdots + 1}_{n\text{번}}$.

2. (곱셈) $a \times n = \underbrace{a + \cdots + a}_{n\text{번}}$.

3. (거듭제곱) $a^n = \underbrace{a \times \cdots \times a}_{n\text{번}}$.

네 번째 단계는 n개의 a를 쌓아올린 $a^{a^{\cdot^{\cdot^{\cdot^{a}}}}}$로, 이것을

$^n a$로 나타내고, 테트레이션(tetration)이라 부른다. 이 이름은 넷(tetra)과 반복(iteration)을 뜻하는 단어를 합쳐 만든 것으로, '제4종 반복 연산' 정도의 뜻이라 할 수 있다. 몇 개 계산해 보면,

$$^1 2 = 2, \ ^2 2 = 2^2 = 4, \ ^3 2 = 2^{2^2} = 2^4 = 16$$

이 된다.

테트레이션을 반복한 연산은 무엇이라 부를까? 이것은 다섯 번째 반복 연산이라는 뜻에서 펜테이션(pentation)이라 부른다. 기존의 표기법으로는 나타내기가 어려워서, 도널드 커누스의 화살표 표기법을 이용하는 것이 보통이다. 먼저 $a \uparrow n = a^n$이라 하자. 그다음으로

$$a \uparrow\uparrow n = \underbrace{a \uparrow (a \uparrow (a \uparrow \cdots \uparrow (a \uparrow a)))}_{n개의 \ a}$$

로 정의한다. 이제 제5종 반복 연산인 펜테이션은 화살표 3개를 이용한

$$a \uparrow\uparrow\uparrow n = \underbrace{a \uparrow\uparrow (a \uparrow\uparrow (a \uparrow\uparrow \cdots \uparrow\uparrow (a \uparrow\uparrow a)))}_{n개의 \ a}$$

로 정의한다. 이런 과정을 반복해 더 높은 단계의 반복 연산

을 정의할 수 있다.

자연수 a에 대해 n을 바꾸어 가면서 계산해 보면, n이 커짐에 따라 ^{n}a의 값은 점점 더 빠르게 커진다. 자연수가 아닌 수를 계산해 보면 어떨까? n이 커짐에 따라 ^{n}z가 출발점에서 멀어지는 복소수 z도 있고, 수렴하거나 일정 범위 안에서 반복되는 복소수도 있다. 놀랍게도 ^{n}z가 출발점에서 점점 멀어지는 복소수 z를 복소평면에 찍어 보면 다음과 같은 그림이 나타난다. 유명한 망델브로 집합(Mandebrot set)처럼 이 그림도 부분을 확대해 보면 전체와 비슷한 모양이 반복해서 나타나는 프랙탈 도형이다.

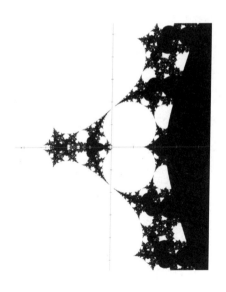

다리 건너기 퀴즈

강 건너가기 퀴즈는 아마 여러분이 한 번은 들어 봤을 법한 이야기이다. 농부가 여우, 닭, 양배추를 가지고 강을 건너는 이야기, 일반인 가족과 식인종이 강을 건너는 이야기 등. 여러 가지 실패 조건을 주고, 이 조건을 피해서 최소한의 횟수로 강을 건너는 방법을 찾는 퀴즈이다.

오늘은 이러한 퀴즈의 다른 버전을 소개하려고 한다. 아마 1981년 책 『퍼즐과 게임 대전략(*Super Strategies For Puzzles and Games*)』에 처음 수록된 것으로 추정된다.

4명의 친구들이 일을 마치고 집으로 돌아가고 있다. 해는 이미 져 버려 어둑어둑해지는 시점이라, 이들은 지름길인 낡은 다리를 건너기로 했다. 이 다리는 매우 낡아 두 사람밖에 건널 수 없으며, 여기저기 구멍이 많아 반드시 횃불을 들고 건너야 한다. 하지만 가진 횃불은 1개뿐이고, 17분밖에 쓸 수가 없다. 공교롭게도 이 4명은 걷는 속도가 다 달라, 다리를 건너는 데 각각 1분, 2분, 5분, 10분이 걸린다. 그렇다면 과연 이들은 무사히 다리를 건널 수 있을까?

  가장 간단하게 생각할 수 있는 방법은 건너가는 속도가
가장 빠른 사람이 횃불을 전담해서 나머지 사람을 안내하는
것이다. 이때 소요되는 시간은 19분이다. 이 방법으로는 다리
를 건너는 도중에 횃불이 꺼질 것이다. 다른 방안이 필요하다.

  일단, 우리의 목적은 4명 모두 다리를 건너가는 것이다.
따라서 건너갈 때는 혼자 건너가는 것이 의미가 없다. 혼자
간다면, 반대편 사람들에게 횃불을 가져다주러 다시 돌아와
야 하니까. 따라서 건너갈 때는 반드시 두 사람이 건너가야
한다.

  이때 건너가는 두 사람이 건너는 데 필요한 시간을 각각
a와 b라고 하면, 두 사람이 건너는 시간은 a와 b의 최댓값,
즉 $\max(a, b)$이다. 이 값은 가장 큰 값에 의지한다.

  $\max(1, 10)=\max(2, 10)=\max(5, 10)=10$이므로, 가
장 느린 사람이 건너갈 때는 반드시 두 번째로 느린 사람이

동행하는 것이 맞다.

그렇다면 한 팀이 건너갔을 때, 횃불을 들고 다시 돌아오는 경우는 어떨까? 이때는 한 명만 오는 것이 최선이므로, 가장 빠른 사람이 오는 것이 맞다. 특히, 가장 느린 두 사람이 건너갔다고 해도, 건너편에 빠른 사람 한 명이 기다리고 있다가 횃불을 받아들고 오는 것이 효율적이다. 따라서 다음과 같은 방법이 가장 효율적이다.

1. 제일 빠른 두 사람이 건너간다. (2분)
2. 제일 빠른 사람이 건너온다. (1분)
3. 제일 느린 두 사람이 건너간다. (10분)
4. 두 번째로 빠른 사람이 건너온다. (2분)
5. 나머지 두 사람이 건너간다. (2분)

이렇게 건너면 정확히 17분이 걸린다.

피보나치 수열과 무한합

피보나치 수열은 $F_1 = 1$, $F_2 = 1$, $F_{n+2} = F_n + F_{n+1}$로 정의되는 간단한 수열이지만, 신기한 성질이 많이 숨어 있다. 예를 들어, '카시니 항등식'이라는 이름이 붙어 있는

$$F_n{}^2 = F_{n-1}F_{n+1} + (-1)^{n-1}$$

과 같은 등식들이 있다.

피보나치 수열은 레오나르도 피보나치가 창안한 이래 800년이 넘는 세월 동안 연구되어 왔으며, 수학자 이외에도 전산학자, 요즘은 생물학자들까지 관심을 가질 정도로 넓은 분야에서 오랫동안 연구가 되어 왔다. 이제 피보나치 수열과 관련해서 새로운 것이 나올 수 있을까 싶을 지경인데, 놀랍게도 여전히 피보나치 수열과 관련된 연구가 많이 이루어지고 있다. 심지어 피보나치 수열과 관련된 연구만 싣는 학술지인 《계간 피보나치(*Fibonacci Quarterly*)》까지 있을 정도이다. 이 학술지는 피보나치 협회(Fibonacci Association)에서 발간하고 있다.

일년에 네 번 나오는 이 학술지에는 문제와 풀이 코너가 있다. 전 세계에서 피보나치 수열과 관련된 흥미로운 문제를 보내면 문제로 싣고, 또 전 세계에서 보내 온 문제 풀이를 실어 준다. 이 분야에서 독보적인 인물이 있는데, 일본 분쿄 대학교 부설 고등학교 교사인 오츠카 히데유키(大塚秀幸)이다. 그는 《계간 피보나치》 매 호마다 신기한 등식을 문제로 싣고 있다. 2015년 8월호에 실렸던, 문제 번호 B-1174는 다음을 증명하는 문제였다.

$$\sum_{n=2}^{\infty} \frac{(-1)^n}{F_n^{\,4} - 1} = \frac{1}{18}$$

피보나치 수열의 네제곱과 관련된 무한합이어서 어떻게 접근해야 문제를 풀 수 있을지 도무지 감도 잘 잡히지 않는 문제인데, 매번 이런 문제를 몇 개씩 만들어 내는 오츠카 선생은 도대체 어떤 분일지 궁금하다.

바둑판

지난 2016년 3월, 인간을 절대 이길 수 없다고 생각했던 컴퓨터 바둑이 당대 최고의 프로 바둑 기사 가운데 하나였던 이세돌 9단에게 완승을 거두는 충격적인 일이 벌어졌다.

바둑판은 가로 세로 19개의 줄이 격자를 이루어, 돌을 놓을 수 있는 장소가 $19^2 = 361$곳에 이른다. 따라서 단순 계산으로는 바둑 한 판으로 가능한 경우의 수가

$$361! = 361 \times 360 \times 359 \times \cdots \times 3 \times 2 \times 1$$
$$\approx 1.4379\cdots \times 10^{768}$$

이 된다. 물론 바둑이라는 게임이 아무렇게나 돌을 놓는 것도 아니고, 바둑판 전체를 가득 채우는 것도 아니며, 돌을 따낸 자리에 다시 둘 때도 있으니 361!과 같은 계산은 거의 아무런 의미가 없지만, 그래도 바둑 한 판을 제대로 두기 위해 생각 또는 계산을 해야 하는 탐색 공간이 어마어마하게 광대무량하다는 것은 별반 틀리지 않다. 그렇기에 컴퓨터가 인간을 능

가하는 수읽기를 하기란 불가능하다고 생각되었다.

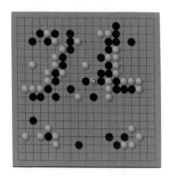

실제로 이 세상 모든 컴퓨터를 총동원한다고 해도 바둑한 판을 처음부터 끝까지 완벽하게 계산할 수는 없다. 그래서초창기 컴퓨터 바둑 프로그램은 바둑 초보도 손쉽게 이길 수있을 정도로 보잘것없었다. 그러던 컴퓨터 바둑이 급속히 발전한 계기가 된 것은 몬테카를로 트리 검색(Monte Carlo Tree Search, MCTS)이라는 기법이 등장하면서부터였다.

한 수 한 수 이어지는 바둑의 행마를 트리 구조로 생각할 수 있다. 지금 둔 곳과 다른 곳에 두면 나무의 다른 가지를따라 가는 것과 같다. 여기서 또 여러 갈림길이 나오고, 갈림길마다 새로운 갈림길이 나오고, 이런 식이다. 이 모든 갈림길을 다 확인하기란 절대로 불가능하므로, 모든 가능성을 검토하는 대신에 무작위로 갈림길을 골라 가는 것이 MCTS 기법이다. 예를 들어, 현재 상황에서 컴퓨터가 흑으로 둘 수 있는 후보가 A 지점과 B 지점 두 군데라 하자. 그러면 컴퓨터는 A 지점에 흑을 둔 상태에서 바둑이 끝날 때까지 무작위로 한 수씩 두어 나가서 승수와 패수를 기록한다. 그 다음, 이번에는 B 지점에 흑을 둔 상태에서 다시 무작위로 한 수씩 두어서 또 승수와 패수를 기록한다. 이제 A와 B의 두 가지 선택 중에 승리 비율이 더 높은 지점을 골라 돌을 놓는다.

이런 방식이 무슨 효과가 있을까 싶기도 한데, 이런 탐색을 수만 번해서 이길 가능성이 높은 수를 찾는 것만으로도 컴퓨터 바둑의 실력이 급상승했다. 그러나 MCTS만으로는 한계가 있어서, 아무리 실력이 늘어도 최정상급 기사를 이길 수는 없다고 생각했다. 그렇지만 이세돌 9단을 이겼던 알파고는 여기에 딥 러닝(deep learning)을 이용해 MCTS의 효율을 극도로 올릴 수 있었다.

MCTS 기법이 나올 때도 그 효과에 많은 사람들이 놀랐는데, 이제는 이세돌 9단을 이겼던 알파고를 압도적으로 이기는 알파고 제로 같은 프로그램이 나올 정도이니, 컴퓨터 바둑의 발전 속도는 정말로 인간의 예상을 훨씬 뛰어넘는다고 할 수 있겠다.

20은 네 번째 사면체수

과일 가게 앞을 지나다 보면 노란 빛깔의 오렌지를 삼각 피라 미드, 즉 사면체 모양으로 쌓아 올린 광경을 종종 볼 수 있다. n층의 삼각 피라미드를 만들려면 몇 개의 오렌지가 필요할 까? 이때 필요한 오렌지 개수를 (n번째) 사면체수라고 한다. 두 층만 쌓으려면 밑에 3개를 정삼각형 모양으로 붙이고 그 위에 1개를 올리면 된다. 2층 피라미드는 4개의 오렌지가 필 요하다. 이때 밑층의 삼각형은 한 변이 2개의 오렌지로 이루 어져 있다. 3층을 만들려면 밑에 각 변이 3개의 오렌지로 이 루어진 정삼각형을 만들면 된다. 앞에서 오렌지 3개로 만든 삼각형의 밑변에 오렌지 3개를 나란히 붙이면 된다는 것을 알 수 있다.

이로써 우리는 n층의 삼각 피라미드의 각 층은 소위 삼 각수라는 것을 알 수 있다. n번째 삼각수를 T_n이라고 두면 n 번째 사면체수는 $T_1 + T_2 + \cdots + T_n$이라는 것도 알 수 있다. 삼각수 사이에는 $T_n = T_{n-1} + n$ 관계가 성립한다. 이를 이용 하면

$$T_n = 1 + 2 + \cdots + n = \frac{n(n+1)}{2}$$

임을 알 수 있다. 처음 몇 개를 나열해 보면 1, 3, 6, 10, 15, ⋯ 와 같다. 따라서 n번째 사면체수는

$$\sum_{k=1}^{n} T_k = \sum_{k=1}^{n} \frac{k(k+1)}{2} = \frac{n(n+1)(n+2)}{6}$$

이다. 이 식을 이용하면 20＝1＋3＋6＋10이므로 20은 네 번째 사면체수임을 알 수 있다. 공식을 살펴보면 n번째 사면체수가 이항 전개의 세 번째 계수, 즉 $\binom{n+2}{3}$와 같다는 것이다. 즉 파스칼 삼각형에서 각 줄에 세 번째 숫자가 바로 사면체수이다. 고등학교 교과서에서 사용하는 기호로는 $_{n+2}C_3$이 되겠다.

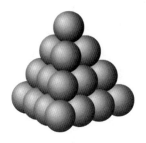

 사면체수와 관련해서 재미있는 질문은 사면체수가 언제 제곱수가 되는지이다. 1878년에 메일(A. J. J. Meyl)이 그러한 수는 1, 4, 19600의 세 가지밖에 없음을 증명했다.

정사각형 분할

1902년 셜록 홈즈 소설로 유명한 영국의 잡지 《스트랜드
매거진(*Strand Magazine*)》에는 퍼즐 작가 헨리 듀드니(Henry
Dudeney, 1857~1930년)가 만든 '이사벨 아가씨의 보석함' 퍼즐
이 소개되었다.

> 기사 휴 경에게는 '미녀 이사벨'이란 애칭으로 널리 알려진 딸
> 이 있었다. 구혼자들이 몰려오기 시작하자, 휴 경은 이사벨의
> 보석함 크기를 맞히는 사람에게 결혼을 허락하기로 했다. 이
> 보석함은 정사각형 모양이며, 이사벨이 애지중지하는 금괴를
> 담고 있다. 금괴의 길이는 10인치, 폭이 1/4인치이며, 금괴가
> 흔들리지 않게 보석함의 빈 자리는 크기가 서로 다른, 한 변의
> 길이가 자연수인 정사각형 모양의 나뭇조각으로 꽉 채워져
> 있다. 이 보석함의 한 변의 길이는 얼마일까?

위 문제의 뒷이야기를 하나 만들어 보자.

이사벨에게는 욕심 많은 하녀가 있었다. 아가씨의 금괴가 탐났던 하녀는 금괴를 훔친 뒤, 언뜻 봐서는 눈치챌 수 없도록 정사각형 모양의 나무 조각으로 채워 넣으려 했다. 과연 이 시도는 성공했을까?

이 퍼즐이 기원인지는 모르겠지만, 몇몇 수학자들은 직사각형을 서로 다른 크기의 정사각형으로 분할하는 문제에 흥미를 가졌다. 그냥 분할하는 것은 너무 단순하니, 모든 변의 길이가 자연수이고 서로 크기가 다른 정사각형으로 분할하는 방법이 있을까? 있다면, 가장 적은 개수로 채워 넣는 방법은 무엇일까? 1936년 케임브리지 대학교의 브룩스(R. L. Brooks), 스미스(C. A. B. Smith), 스톤(A. H. Stone), 튜트(W. T. Tutte)가 직사각형에 대한 결과를 발표했다. 이들이 사용한 방법은 엉뚱하게도, 사각형 조각을 전기 회로의 저항값으로 생각하는 회로를 고안하는 것이었다.

정사각형의 분할은 이보다 훨씬 늦게 발견되었다. 정사각형을 크기가 다른 정사각형으로 가장 적게 분할하는 방법은 21개로 분할하는 방법이다. 이 방법은 1978년 다위베스테인(A. J. W. Duijvestijn)이 컴퓨터를 이용해 처음 발견했고, 4년 뒤 다위베스테인과 페데리코(P. J. Federico), 레이우(P. Leeuw)가 21개가 가장 적게 분할하는 방법임을 증명했다. 이 분할 그림이 아름답다고 여긴 영국 수학자들은 이를 트리니티 수학회의 로고로 삼아 아직까지 사용하고 있다.

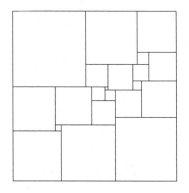

개미 수열

보통 수학이라 하면, 정밀한 공식 등을 통해 개념을 표현하는 학문이라고 생각하기 쉽다. 오늘은 엄밀한 공식을 떠나서 일상생활에서 뭔가를 보고 읽는 것 같은, 수학이 아닌 듯한 수학을 경험해 보자.

　우리나라에서는 베르나르 베르베르(Bernard Werber, 1961년~)의 소설 『개미(*Les Fourmis*)』를 통해 널리 알려져서 흔히 '개미 수열'이라 부르는데, 원래 이름은 '읽고 말하기 수열(look and say sequence)'이라고 한다. 말 그대로 앞의 항을 읽어 다음 항을 만드는 수열이다. 예를 들어 1로 시작하는 수열은 다음과 같다.

　　1, 11, 21, 1211, 111221, 312211, 13112221, ….

　이 수열은 다음과 같이 정의되어 있다. 일단 첫 번째 항은 1로 시작한다. 두 번째 항은 이전 항에 어떤 숫자가 얼마나 많이 있는지를 표현한다. 첫 번째 항에는 1개의 1이 있으므로 1(개의) 1, 즉 11로 정의한다. 세 번째 항은, 두 번째 항 11을 보고 2(개의) 1, 즉 21이라고 표기한다. 세 번째 항은 두 번째 항을 읽으면 된다. 1(개의) 2, 1(개의) 1, 즉 1211이다.

이러한 수열은 구술적인 방법으로 정의되므로, 정확한 일반항을 구하기 힘들다. 하지만 이 수열에 대해 연구한 수학자 존 콘웨이에 따르면 수열의 길이가 계속 30.3퍼센트 정도 늘어나고, 어떤 수에서 시작하든 충분히 많은 단계를 지나면 92개의 수열 가운데 몇 개로 쪼갤 수 있다.

하지만, 이 수열에도 특별한 경우가 있다. 만일 이 수열이 22로 시작한다면 어떨까? 22를 읽어 보면, 2(개의) 2이므로, 다음 항도 22가 된다. 한 번 더 해도 결과는 같다. 계속 22가 반복되는 수열이 된다.

1	22
11	22
21	22
1211	22
111221	22
312211	22
13112221	22
⋮	⋮

정사각형 고정하기

길이가 같은 막대 3개를 연결해 정삼각형을 만들면, 이 삼각형은 변형되지 않고 형태를 유지한다. 정사각형은 어떨까? 길이가 같은 막대 4개만을 연결해서 정사각형을 만들면 이 모양은 쉽게 변형되어 마름모가 되어 버린다. 그렇다면 정사각형이 변형되지 않도록 주위에 길이가 같은 막대를 덧붙이는 것은 어떨까? 쉽게 생각할 수 있는 방법은 정사각형의 각 변에 정삼각형이 생기도록 정팔면체를 만드는 것이다. 만약 모든 막대가 평면에 놓이고, 한 막대가 다른 막대를 가로지르는 일도 없어야 한다면, 이런 조건으로도 정사각형을 고정할 수 있을까? 이것이 수학자 라파엘 로빈슨(Raphael Robinson, 1911~1995년)이 던진 질문이었다.

미국 과학 잡지 《사이언티픽 아메리칸(*Scientific American*)》의 유명 칼럼니스트였던 마틴 가드너는 이 문제를 소개하면서 최소 몇 개의 막대로 정사각형을 고정할 수 있을지를 묻고, 정사각형에 31개의 막대를 더한 로빈슨의 답을 제시했다. 몇 달 후 독자들로부터 수많은 답안이 쇄도했다. 44명의 독자들이 31개보다 훨씬 적은 25개짜리 답을, 7명은 놀랍게도 23개짜리 답을 보내왔다. 다음 그림이 23개의 막대를 덧붙여 검은 정사각형을 고정하는 방법이다. 여기서 개수를 더 줄일 수 있을까?

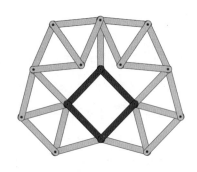

같은 식으로 정오각형을 만들려면 몇 개의 막대를 더해야 할까? 현재 알려져 있는 최소 개수는 개빈 시어볼드(Gavin Theobald)의 풀이로 정오각형에 56개의 막대를 더해야 한다. 만약 막대가 서로 가로지를 수 있다면 어떻게 될까? 이 경우 현재 알려져 있는 최소 개수는 정사각형에 15개의 막대를 더하는 것이다. 이 풀이는 러시아 어로 번역된 가드너의 책을 보고 안드레이 코둘레프(Andrei Khodulev, 1953~1999년)가 구성한 것으로, 그는 정사각형 이외에도 정오각형을 고정하는 26개짜리 풀이를 비롯해 이 분야에서 최고 기록을 여럿 갖고 있다.

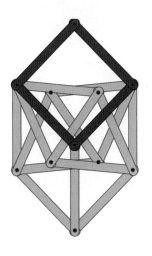

베이글 자르기

그동안 피자를 잘랐으니, 이번에는 베이글을 잘라 보자. 베이글은 가운데 구멍이 뚫려 있는 고리 모양의 빵으로, 도넛과 비슷하면서도 더 단단해서 자르기에는 더 좋을 것 같다.

베이글을 평면으로 한 번 자르면 몇 조각을 만들 수 있을까? 당연히 두 조각으로 나누어진다. 평면으로 두 번 자르면 어떻게 될까? 피자처럼 그냥 위에서 내려다보고 자르면 당연히 네 조각이 되겠지만, 베이글은 피자보다 훨씬 두꺼워서 조금 다르게 자를 수 있다. 다음 그림은 베이글을 정면에서 본 모습으로, 두 평면이 교차하게 자르면 양쪽에 한 조각, 앞뒤로 두 조각, 모두 여섯 조각을 만들 수 있다.

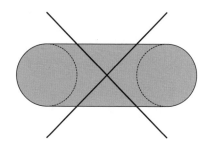

만약 평면으로 세 번 자르면 어떻게 될까? 한 번 자른 조
각을 옮겨 놓고 자르거나 하는 일 없이 베이글이 놓인 그대
로 3개의 평면으로 자르면 최대 몇 개의 조각을 만들 수 있을
까? 상상이 잘 안 되는데, 다음 그림과 같이 자르면 모두 13
개의 조각을 만들 수 있다.

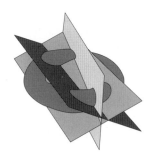

4개의 평면으로 자르는 경우는 어떨까? 최대 몇 개의
조각을 만들 수 있을까? 이것 역시 상상이 잘 안 되는데, 수학
자들은 그 개수를 구하는 공식까지 이미 만들어 두었다. 평면
으로 베이글을 n번 잘라서 만들 수 있는 조각의 최대 개수는

$$\frac{n^3 + 3n^2 + 8n}{6}$$

으로 주어진다. $n=4$를 대입해 보면 이 값은 24가 된다. 그러
니까 4개의 평면으로 베이글을 자르면 최대 24개의 조각을
만들 수 있다.

두 제곱수의 합

「3월 3일의 수학」에서 한 번 소개했지만, 카를 프리드리히 가우스는 모든 정수를 삼각수 3개의 합으로 쓸 수 있음을 증명했고, 조제프루이 라그랑주는 모든 자연수를 제곱수(혹은 사각수) 4개의 합으로 쓸 수 있음을 증명했다.

이 결과를 약간은 '비관적'인 입장에서 기술하자면, 자연수 중에는 제곱수 2개의 합으로, 혹은 제곱수 3개의 합으로 표현할 수 없는 수가 있다는 것이다. 그렇다면 자연스럽게 다음과 같은 생각을 할 수 있다. 제곱수 2개의 합으로 쓸 수 있는 수는 무엇인가? 예를 들어 29는 $29 = 2^2 + 5^2$처럼 두 제곱수의 합으로 쓸 수 있지만, 7은 두 제곱수의 합으로 쓸 수 없다.

이 문제의 해답은 프랑스 수학자 알베르 지라르가 처음 언급했으며, 이후 피에르 드 페르마가 좀 더 잘 정리했다. 이 내용은 페르마가 마랭 메르센(Marin Mersenne, 1588~1648년) 신부에게 보낸 편지에서 발견되었는데, 편지를 보낸 날짜가 1640년 12월 25일이라 '페르마의 크리스마스 정리'라고도 불린다. 완벽한 증명은 레온하르트 오일러가 발표했다.

갑자기 뜬금없지만, 보나파르트 나폴레옹(Bonaparte Napoleon, 1769~1821년)의 이야기를 꺼내자. 프랑스의 황제가 된 나폴레옹은 1805년 아우스터리츠 전투에서 러시아-오스트리아 연합군과 마주치게 된다. 연합군이 더 수가 많았지만, 나폴레옹의 프랑스 군은 중앙을 공격해 연합군을 둘로 나누고, 각각을 물리쳐 대승을 거두었다. 이러한 군사 전술에 기인해 해결하기 어려운 큰 문제를 다루기 쉬운 작은 문제로 나누어 해결하는 방법을 '분할 정복법(divide and conquer)'이라고 부른다. 물론 이는 나폴레옹만의 전유물이 아니었다. 1640년에 페르마가 제시한 방법도 같은 식이다. 만일 페르마가 판사가 아니라 황제였다면, 이러한 문제 해결법을 '인수 분해법'이라 불렀을지도 모르겠다.

다시 수학으로 돌아와서, 어떤 수가 두 제곱수의 합으로 표현되는지를 한번에 해결하기란 힘들다. 하지만 등식

$$(a^2+b^2)(c^2+d^2)=(ac-bd)^2+(ad+bc)^2$$

을 보면, 두 제곱수의 합으로 표현되는 소수를 안다면, 그 소수의 곱도 제곱수의 합으로 표현됨을 알 수 있다.

그럼 어떤 소수가 두 제곱수의 합으로 표현될까? 예외인 2는 $2=1^2+1^2$로 쉽게 표현되고, 4로 나눈 나머지가 1인

소수가 두 제곱수의 합으로 표현됨이 증명되어 있다. 따라서 4로 나누어 나머지가 3인 소수의 제곱과 2의 거듭제곱, 그리고 4로 나누어 나머지가 1인 소수의 곱으로 표현되는 정수는 항상 제곱수의 합으로 표현할 수 있다.

$$25 = (2^2 + 1^2)(2^2 + 1^2)$$
$$= (2 \times 2 - 1 \times 1)^2 (2 \times 1 + 1 \times 2)^2$$

굿스타인 수열 4, 26, 41, 60, 83, 109, 139, …은 언젠가 0이 된다

자연수를 2진법으로 써 보자. 예를 들어 26은 $26=2^4$ $+2^3+2^1$으로 쓸 수 있다. 그런데 지수에 등장하는 4, 3은 2진법으로 쓰지 못했다. 따라서 이것도 2진법으로 바꿔서 $26=2^{2^2}+2^{2^1+1}+2^1$으로 쓸 수 있다. 여전히 최고 지수에 남은 2도 바꿔 쓰면 $26=2^{2^{2^1}}+2^{2^1+1}+2^1$으로 쓸 수 있다. 이런식으로 수를 나타낸 것을 누적(hereditary) 2진법으로 표현했다고 부르는데, 누적 3진법이나 누적 4진법 등이 무엇인지는 설명할 필요가 없을 듯하다.

이제 누적 n진법으로 표현된 수에서 밑수를 모두 $n+1$로 바꾼 뒤, 1을 뺀 수를 구해 보자. 예를 들어 누적 2진법으로 쓴 26은 $3^{3^{3^1}}+3^{3^1+1}+3^1-1=7625597485070$으로 바꿔어 어마어마하게 커진다는 것을 알 수 있다. 이 수를 누적 3진법으로 쓴 뒤 밑수를 모두 4로 바꾸고 1을 뺀다면? 대략 1.34×10^{154}에 달하는 큰 수가 나온다. 그리스 신화의 괴물 히드라의 머리 개수가 무지막지하게 불어나는데 고작 머리 하나를 베어낸 상황을 연상시키는 장면이다.

어떤 자연수를 누적 2진법으로 쓴 뒤 밑수를 모두 3으로 바꾸고 1을 뺀다. 이를 누적 3진법으로 쓴 뒤 밑수를 4로 바꾼 뒤 1을 뺀다. 이처럼 누적 n진법으로 쓴 뒤 밑수를 $n+1$로 바꾼 수에서 1을 빼는 작업을 계속한 수열을 구해 보라고 하면 줄행랑치는 게 상책이다. 하지만 도망칠 때 도망치더라도 놀라운 사실 한 가지는 알고 가자. 이 작업은 반드시 유한한 횟수 만에 0으로 끝나게 된다는 것을 영국의 수학자 루벤 루이스 굿스타인(Reuben Louis Goodstein, 1912~1985년)이 증명했다는 사실 말이다.

출발하는 자연수가 1, 2, 3이면 싱겁게 끝난다. 출발하는 자연수가 4일 때가 비교적 만만하다.

$$2^{2^1}, \ 2 \cdot 3^2 + 2 \cdot 3 + 2, \ 2 \cdot 4^2 + 2 \cdot 4 + 1, \ 2 \cdot 5^2 + 2 \cdot 5, \ \cdots$$

등으로 나가는데, 수가 커진다고 겁내지 말고 몇 개만 써 보면 굿스타인 정리가 성립하는 이유를 짐작할 수 있을 것이다. 내친 김에

$$3 \cdot 2^{27 + 3 \cdot 2^{27}} - 1 = 3 \cdot 2^{402653211} - 1 \approx 6.895 \times 10^{121210694}$$

번째 항에서 0이 된다는 걸 증명해 보는 것도 좋겠다. (편의상

출발값을 두 번째 항이라 부르는 게 관례다.) 만만한 4로 시작해도 이 정도니 아무래도 이번 생에서 히드라의 머리를 다 자르기란 힘든 일 같다.

$$2^{2^1} = 4$$
$$3^3 - 1 = 2 \cdot 3^2 + 2 \cdot 3^1 + 2 = 26$$
$$2 \cdot 4^2 + 2 \cdot 4^1 + 1 = 41$$
$$2 \cdot 5^2 + 2 \cdot 5^1 = 60$$
$$2 \cdot 6^2 + 2 \cdot 6^1 - 1 = 2 \cdot 6^2 + 1 \cdot 6^1 + 5 = 83$$
$$2 \cdot 7^2 + 1 \cdot 7^1 + 4 = 109$$
$$2 \cdot 8^2 + 1 \cdot 8^1 + 3 = 139$$
$$2 \cdot 9^2 + 1 \cdot 9^1 + 2 = 173$$
$$2 \cdot 10^2 + 1 \cdot 10^1 + 1 = 211$$
$$2 \cdot 11^2 + 1 \cdot 11^1 = 253$$
$$2 \cdot 12^2 + 1 \cdot 12^1 - 1 = 2 \cdot 12^2 + 11 = 299$$
$$2 \cdot 13^2 + 10 = 348$$
$$2 \cdot 14^2 + 9 = 401$$
$$2 \cdot 15^2 + 8 = 458$$
$$2 \cdot 16^2 + 7 = 519$$
$$2 \cdot 17^2 + 6 = 584$$
$$2 \cdot 18^2 + 5 = 653$$
$$\vdots$$
$$0 \, ?$$

굿스타인 수열이 수학적으로 놀라운 이유는 또 있다. 굿스타인의 정리는 분명 자연수에 관련된 명제인데도 '자연수 이론'만으로는 증명할 수 없으며, 예를 들어 '집합론' 같은 개념을 도입해야만 증명할 수 있다는 사실이 입증돼 있기 때문이다. 사칙연산만 알면 모든 수학을 알 수 있다는 순진한 꿈을 깨트리는 정리라는 이야기가 되겠다.

특이 타원 곡선

인터넷 보급률, 속도에서 세계 1위를 달리는 한국이니만큼 독자 여러분도 최근 온라인 결제를 해본 적이 있을 것이다. 우리가 이렇게 온라인 결제의 안전성을 믿을 수 있는 이유는 수학의 어려운 문제를 이용해 개인 정보를 안전하게 전달할 수 있기 때문이다. 이 수학적 문제를 푸는 힌트를 가진 소비자와 판매자는 쉽게 그 정보를 획득할 수 있는 반면, 힌트가 없는 제3자는 이 문제를 풀지 못해 정보를 획득할 수 없다.

이러한 정보를 암호화하는 데 사용되는 대표적인 수학 문제가 타원 곡선과 관련된 것이다. 타원이라는 단어 때문에 많은 사람들이 정말 $\frac{x^2}{a^2} + \frac{y^2}{b^2} = 1$로 정의되는 타원을 떠올리지만, 타원 곡선은 타원과는 다른 대상이다. (물론 어느 정도는 관계가 있다.) 타원의 길이를 표현하는 함수는 적분으로 정의되는데, 수학자들은 이 적분을 타원 적분(elliptic integral)이라고 부르기 시작했다. 이 타원 적분과 관련된 방정식을 찾고, 방정식을 만족하는 점을 평면에 표현한 것이 바로 타원 곡선이다.

타원 곡선을 더 이해하기 쉽게 설명하자면, 원환면이라고 말할 수 있다. 하나의 평행 사변형을 가지고 와서 마주보는 변을 이어붙이면 원환면이 된다. 이러한 평행 사변형 위의 점을 신비한 바이어슈트라스 함수로 옮긴 것이 바로 타원 곡선이다.

이 평면 위 두 점을 벡터로 생각하면, 둘을 더할 수 있다. 이 덧셈은 평행 사변형에서도 그대로 적용된다. 평행 사변형의 한 꼭짓점을 원점에 위치시키면, 이 평행 사변형을 무수히 이어 붙여 평면을 덮을 수 있다. 그리고 두 벡터의 합을 그 결과가 포함된 평행 사변형의 점이라 생각하면 이 덧셈은 평행 사변형 위의 두 점을 더해 다시 평행 사변형 위의 점을 얻을 수 있다. 이 결과가 평면에서는 쉽게 이해되지만, 바이어슈트라스 함수를 적용시킨 결과는 타원 곡선 위의 두 점의 합이 어떤 점이 되는지 쉽게 상상하기 힘들다.

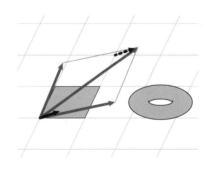

타원 곡선은 평면 위에서 방정식 $y^2 = x^3 + ax + b$를 만족시키는 점의 집합으로도 이해할 수 있다.

이때, $4a^3 + 27b^2 = 0$인 경우는 원환면에서의 덧셈을 적용할 수 없다. 이러한 타원 곡선을 특이 타원 곡선(singular elliptic curve)이라 부른다.

28차 아다마르 행렬

프랑스 수학자 자크 아다마르(Jaques Hadamard, 1865~19
63년)의 이름을 딴 아다마르 행렬은 각 성분이 1 또는 -1이
며 서로 다른 두 열의 내적이 0이 되는 정사각 행렬이다. 즉 n
차 행렬의 경우 n개의 열이 n차원 유클리드 공간에서 서로
수직인 벡터를 이룬다. 예를 들면 $\begin{bmatrix} 1 & 1 \\ 1 & -1 \end{bmatrix}$은 아다마르 행렬이
다. n차 아다마르 행렬을 H라 하면 $HH^t = nI$이다. 여기서
H^t는 H의 행과 열을 바꾼 전치 행렬이다. 아다마르는 다음
과 같은 정리를 증명했다.

> **정리 (아다마르의 정리):** n차 정사각행렬 $X = (x_{ij})$의 각 성분 x_{ij}
> 가 $|x_{ij}| \leq 1$을 만족하면 X의 행렬식의 절댓값은 $n^{n/2}$보다
> 크지 않다.

행렬식의 절댓값은 행렬의 열벡터 n개가 만드는 나란히
꼴의 n차원 부피를 의미하기 때문에 아다마르 정리는 그 부

피의 상한값에 대한 정리라고 볼 수 있다. 아다마르 행렬은 행렬식의 값이 정확히 $n^{n/2}$이 되는 행렬이다.

아다마르 행렬은 통신 이론, 디지털 신호 처리, 영상 압축과 해독 분야에 중요하게 쓰인다. 이런 이유로 차수가 큰 아다마르 행렬을 구성하는 것이 중요한 문제가 된다.

아다마르 행렬에 대해 먼저 물어볼 수 있는 질문은 임의의 n에 대해 n차 아다마르 행렬이 존재하는지이다. 아다마르 행렬이 존재하려면, 일단 $n=1$ 또는 $n=2$이거나 n이 4의 배수여야 한다. 그러면 n이 4의 배수인 경우, 항상 n차 아다마르 행렬이 존재할까?

영국의 수학자 제임스 조지프 실베스터(James Joseph Sylvester, 1814~1897년)는 아다마르 행렬을 얻는 방법을 제안했다. H가 만약 아다마르 행렬이면 $\begin{bmatrix} H & H \\ H & -H \end{bmatrix}$도 아다마르 행렬이다. 이것을 이용하면 n이 2의 거듭제곱이 되는 경우 n차 아다마르 행렬을 얻을 수 있다.

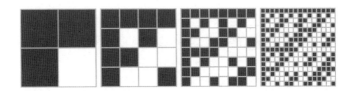

4의 배수 중 2의 거듭제곱이 아닌 경우는 어떻게 해야 할까? 레이먼드 페일리(Raymond Paley, 1907~1933년)는 유한체를 이용해 아다마르 행렬을 얻는 방법을 제안했다. 페일리의 방법에 따르면 4의 배수인 n에 대해 $n-1$이 소수의 거듭제곱인 경우 아다마르 행렬을 얻을 수 있다. 가령 $n=28$인 경우 $27=3^3$이므로 28차 아다마르 행렬이 존재한다.

36차 아다마르 행렬의 존재는 페일리의 방법으로 다룰 수 없는 가장 작은 경우이다. 35가 소수의 거듭제곱이 아니기 때문이다. 이 경우는 라틴 방진을 이용하거나 야코프 슈타이너(Jakob Steiner, 1796~1863년)가 개발한 슈타이너 트리플 시스템을 이용해 아다마르 행렬을 구성할 수 있음이 알려져 있다.

2를 29번 곱하면

수학의 역사에 무수히 많은 천재가 등장하지만, 존 폰 노이만(John von Newmann, 1903~1957년)은 유례가 없는 천재였다. 컴퓨터가 개발되기 시작하던 시기에 활동했던 폰 노이만은 지금과 같은 컴퓨터의 작동 방식을 처음으로 구상해, '폰 노이만 구조 컴퓨터'라 불리는 현대 컴퓨터의 개발에 크게 공헌했다. 그 전에는 새로운 문제를 풀 때마다 컴퓨터의 회로 배치를 일일이 바꾸어야 했지만, 폰 노이만 구조 컴퓨터에서는 프로그램만 새로 짜서 돌리면 되었기 때문에 대단히 효율적이었다.

폰 노이만이 구상한 방식에 따라 제작된 컴퓨터인 에드박(EDVAC, Electronic Discrete Variable Automatic Computer)이 시운전을 할 때, 누군가 이런 문제를 풀게 시켜 보자고 제안을 했다.

> 2를 반복해서 곱할 때, 천의 자리에 처음으로 7이 나오는 것은 언제인가?

인간 컴퓨터였던 폰 노이만에게도 같은 문제를 냈는데, 놀랍게도 그는 에드박보다 먼저 답을 냈다! 답은 2를 21번 곱한 2097152로, 사실 이런 문제는 일일이 계산하는 것 말고는 다른 방법이 없다. 어마어마한 암기력과 암산 능력을 자랑하는 폰 노이만이라면 2의 거듭제곱 정도는 왕창 외우고 다닐 테니 그에게는 머릿속에서 목록 한 번 살펴보는 정도로 해결되는 간단한 문제였을 것 같다.

폰 노이만이 약간 시간을 더 쓰게 하려면, 2를 반복해서 곱해서 모든 자리가 다르게 되는 가장 큰 경우는 언제인지 같은 문제를 물었어야 할 것 같다. 아무리 2의 거듭제곱을 외우고 다닌다 하더라도 각 자리의 숫자를 하나씩 비교하는 일에는 시간이 걸리니 말이다. 2^{34}은 열한 자리 수이므로 이 수부터는 반드시 같은 숫자가 나타난다. 그러니까 2^{33}부터 시작해서 2^{32}, 2^{31}, …으로 하나씩 확인해 나가면 된다. 이렇게 하면 문제의 정답인 아홉 자리 수 $2^{29}=536870912$를 찾을 수 있다. 물론 이 정도의 난이도라도 폰 노이만에게는 몇 초 걸리지 않는 문제겠지만 말이다.

2^{29}은 모든 자리의 숫자가 다르기는 하지만, 모든 숫자가 쓰인 것은 아니어서 숫자 4가 하나 빠져 있다. 만약 폰 노이만에게 2의 거듭제곱 가운데 0부터 9까지 10개의 숫자가 모두 나타나는 수는 무엇인지 물었다면 아마 답할 때까지 1, 2초 더 걸리지 않았을까? 이 경우는 2를 꽤 많이 곱해야 한다. 여러분은 답을 찾을 수 있겠는가?

네 번째 베르누이 수는 $-\dfrac{1}{30}$

초등학교 때 이미 $1+2+\cdots+n$을 계산하는 방법을 알아내 선생님을 깜짝 놀라게 했다는 가우스의 유명한 일화가 있다. 너무 유명하다 보니 이런 합을 가우스가 처음 발견한 것이라는 이상한 오해를 하는 경우도 드물지 않다. 하지만 사실은 그리스 시대에 이미 알려진 방법이었다.

현재 고등학교 과정에서는 $1^2+2^2+\cdots+n^2$이라든지 $1^3+2^3+\cdots+n^3$ 같은 것을 배우는데, $k \geq 4$일 때 $S_k(n)=1^k+2^k+\cdots+n^k$의 공식을 싣지 않는 건 몰라서가 아니다. 그래서 $k=4$일 때의 공식까지 하나 덧붙여, 아는 식을 나열해 보자.

$$S_1(n)=1^1+2^1+\cdots+n^1=\frac{1}{2}n^2+\frac{1}{2}n.$$
$$S_2(n)=1^2+2^2+\cdots+n^2=\frac{1}{3}n^3+\frac{1}{2}n^2+\frac{1}{6}n.$$
$$S_3(n)=1^3+2^3+\cdots+n^3=\frac{1}{4}n^4+\frac{1}{2}n^3+\frac{1}{4}n^2.$$
$$S_4(n)=1^4+2^4+\cdots+n^4=\frac{1}{5}n^5+\frac{1}{2}n^4+\frac{1}{3}n^3-\frac{1}{30}n.$$

이 식들을 보면 몇 가지 규칙이 눈에 띌 것이다.

1. $S_k(n)$은 n에 대해 k차 다항식이고, 최고차 항의 계수는 $\dfrac{1}{k+1}$이다.

2. $S_k(n)$의 n^{k-1}차 항의 계수는 $\dfrac{1}{2}$이고, 상수항은 0이다.

겨우 식 4개만으로 추정한 것이지만, 모두 사실임을 입증할 수 있다.

이제 $S_k(n)$에서 n의 계수를 (제2종) 베르누이 수라 부르고, B_k라 쓰기로 하자. 예를 들어

$$B_1 = \frac{1}{2},\ B_2 = \frac{1}{6},\ B_3 = 0,\ B_4 = -\frac{1}{30},\ \cdots$$

임을 알 수 있는데, 이는 $S_k(n)$의 표현식을 발견한 야코프 베르누이의 이름을 딴 것이다. (베르누이 가문은 1600년대부터 1700년대까지 3대에 걸쳐 수학자와 과학자를 많이 배출했다. 참고로 가우스는 1777년생이다.)

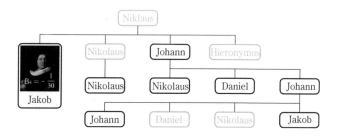

조금 전 식을 더 곰곰이 들여다보면, 다음 항등식을 발견할 수 있을지도 모르겠다.

$$S_k'(n) = kS_{k-1}(n) + B_k.$$

예를 들어 $S_4(n)$을 미분하면 $n^4 + 2n^3 + n^2 - \dfrac{1}{30}$인데, 이 식은 $4S_3(n) + B_4$와 같다는 이야기다. 이 항등식을 이용하면 다음의 베르누이 공식을 얻을 수 있다. (단 $B_0 = 1$로 해석한다.)

$$1^k + 2^k + \cdots + n^k = \frac{1}{k+1} \sum_{j=0}^{k} \binom{k+1}{j} B_j n^{k+1-j}.$$

물론 이 공식을 적용하기 위해서는 $1^k + 2^k + \cdots + n^k$의 1차항의 계수인 B_k를 구하는 색다른 방법이 필요할 것이다. 그런데 위의 식에서 $n = 1$일 때를 생각하면

$$k + 1 = \sum_{j=0}^{k} \binom{k+1}{j} B_j$$

이 성립해야 하는데, 이 점화식으로 B_k를 구할 수 있으므로 걱정하지 않아도 좋다.

한편 베르누이 수는 정수론의 곳곳에서 나온다. 오일러는 리만 제타 함수의 짝숫값을 계산할 때 베르누이 수가 나

온다는 사실을 발견했다. 한편 홀수 소수 p가 베르누이 수 B_2, B_4, $\cdots$, B_{p-3}의 분자의 약수가 아닌 경우 $x^p + y^p = z^p$는 자명한 해만 가진다는 것을 에른스트 쿠머(Ernst Kummer. 1810~1893년)의 정리라 부른다. 예를 들어 $p = 7$은 B_2, B_4의 분자 6, 30의 약수가 아니므로, $x^7 + y^7 = z^7$은 자명한 해만 가진다. 물론 앤드루 와일스가 페르마의 마지막 정리를 증명해 버렸기 때문에 지금은 잊혀져 가는 정리이지만 말이다.

5월의
수학

$1-1+1-1+\cdots$

1703년 이탈리아 수학자 루이지 귀도 그란디(Luigi Guido Grandi, 1671~1742년)는 기묘한 수식을 발표했다. 1을 더하고 빼는 과정을 무한히 반복한 무한급수

$$1-1+1-1+1-1+\cdots$$

였다. 이 무한급수의 합은 무엇일까?

먼저 앞에서부터 차례대로 괄호로 묶어 보면,

$$(1-1)+(1-1)+(1-1)+\cdots=0+0+0+\cdots=0$$

이 되어 합이 0이 된다.

한편으로 첫 번째 1을 건너뛰고 그다음부터 괄호로 묶어 보면

$$1+(-1+1)+(-1+1)+(-1+1)+\cdots$$
$$=1+0+0+0+\cdots=1$$

이 되어 이번에는 합이 1이 된다. 하나의 수식이 2개의 값을 나타낸다니, 말이 되는가? 또한 다항식의 곱

$$(1+x)(1-x)=1-x^2,$$
$$(1+x)(1-x+x^2)=1+x^3,$$
$$\cdots$$

을 생각하면

$$(1+x)(1-x+x^2-x^3+x^4-x^5+\cdots)=1$$

이므로, 이 등식에 $x=1$을 대입하면

$$2(1-1+1-1+1-1+\cdots)=1$$

이 된다. 즉

$$1-1+1-1+1-1+\cdots=\frac{1}{2}$$

이다.

수식 하나의 값이 2개인 것도 이상한데, 심지어 0, $\frac{1}{2}$, 1 의 세 가지 값이 가능하다니?

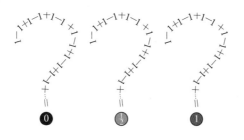

그란디는 0과 $\frac{1}{2}$의 두 가지 결과를 얻고서, 아무것도 없는 무로부터 세상이 창조될 수 있음을 증명했다고 믿었다니 지금 생각하면 황당무계한 이야기다.

세 가지 방법으로 값을 구했지만, 뭔가 계산이 이상해 보이니 조금 더 수학적으로 보이는 방법을 생각해 보자. 먼저

$$S = 1 - 1 + 1 - 1 + 1 - 1 + \cdots$$

라 두면,

$$S = 1 - (1 - 1 + 1 - 1 + 1 - \cdots) = 1 - S$$

가 된다. 따라서 $S=\frac{1}{2}$이다.

　미적분학을 창안한 위대한 수학자 라이프니츠마저 이 문제를 이상한 방식으로 풀었는데, 계산 순서에 따라 0과 1이 공평하게 반복되므로, 두 값의 절반인 $\frac{1}{2}$이 합리적이라는 설명이었다.

　그란디와 라이프니츠가 살던 18세기 초까지도 무한급수를 다루는 방법이 제대로 확립되지 않았기에 이런 기괴한 결과가 나왔지만, 지금은 고등학교에서 배우는 무한 등비급수만 알아도 간단히 해결할 수 있는 문제다. 당연히 정답은 '이 무한 등비급수는 수렴하지 않는다.'이다. 수렴하지 않는 값을 억지로 S로 두고 계산을 했으니 이상한 결과가 나오는 것도 당연한 일이다.

2, 5, 52는 불가촉수

자연수 중에서 자기 자신을 제외한 양의 약수의 합으로 표현되는 수를 완전수라고 한다. 어떤 수가 완전수일 확률은 아주 낮다. 999보다 작은 완전수는 6, 28, 496 단 3개뿐이다.

그 다음에 생각해 볼 수 있는 것은 합성수마다 자신을 제외한 양의 약수를 더했을 때 얻은 수로 모든 자연수를 얻을 수 있을지의 여부다. 4의 진약수 1, 2의 합은 3이며, 6의 진약수 1, 2, 3의 합은 6이고, 8의 진약수 1, 2, 4의 합은 7이다. 9의 진약수 1, 3의 합은 4이고, 10의 진약수 1, 2, 5의 합은 8이며, 12의 진약수 1, 2, 3, 4, 6의 합은 16이다. 순서는 왔다 갔다 하지만 3부터 차례차례 만들어 낼 수 있다. 그러나 5가 보이지 않는다. 5는 이런 방식으로 얻을 수 없는 것일까? 5를 1 및 서로 다른 수의 합으로 쓰는 방법은 1 + 4뿐인데 진약수가 1, 4인 수는 존재하지 않는다. 이와 같이 어떤 수의 진약수의 합으로 표현될 수 없는 수를 불가촉수(untouchable number)라고 한다.

처음 몇 개의 불가촉수들을 나열해 보면 2, 5, 52, 88,

96, 120, 124, 146과 같은데 5를 제외하고는 모두 짝수임을 관찰할 수 있다. 혹시 5를 제외한 모든 홀수는 불가촉수가 아니라고 주장할 수 있을까? 이것은 아직 해결되지 않은 추측이다. 만약 골드바흐의 추측이 참이라면 이 추측도 참이다. 6보다 큰 모든 짝수가 서로 다른 두 소수의 합으로 표현될 수 있다고 가정하자. (골드바흐의 추측) 즉 $2n = p + q$인데, 여기서 $p < q$라고 가정하자. 그러면 $2n + 1 = 1 + p + q$인데 1, p, q는 pq의 진약수이므로 $2n + 1$은 불가촉수가 아니다.

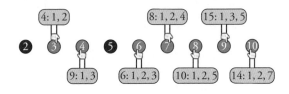

불가촉수는 얼마나 많을까? 1973년 에르되시 팔은 무한히 많은 불가촉수가 있음을 증명했다. 전체 자연수 중에서 불가촉수가 차지하는 크기는 얼마나 될까? 1976년 네덜란드 수학자 헤르만 테 릴레(Herman te Riele, 1947년~)는 그의 박사학위 논문에서 불가촉수가 차지하는 비율이 0.0324보다 작지 않음을 보였다. 이는 10000보다 작은 자연수 중에서 불가촉수가 적어도 324개 있다는 뜻이다. 2005년 윌리엄 뱅크스(William Banks)와 플로리안 루카(Florian Luca, 1969년~)는 불가촉수가 차지하는 비율이 $1/48 + \epsilon$보다 작지 않음을 보였고

2011년 천용가오(Chen Yong-Gao)와 자오칭칭(Zhao Qing-Qing) 은 $0.06 + \epsilon$보다 작지 않음을 보였다. 여기서 ϵ은 큰 자연수 에 대해서 0으로 가는 오차값이다.

푸앵카레의 추측

위상 수학의 최대 관심사 중 하나는 다양체를 분류하는 일이다. 닫힌 2차원 곡면의 경우 구면과 도넛은 위상적으로 다르다. 도넛을 연속적으로 변형시켜도 구면을 얻을 수 없기 때문이다. 특별히 2차원 유향 곡면들은 구면에 핸들을 몇 개 붙였는지로 분류할 수 있다. 핸들들의 개수가 서로 다르면 위상적으로 동치가 아니다. 즉, 연속적인 변형으로 한 곡면을 다른 곡면으로 바꿀 수 없다.

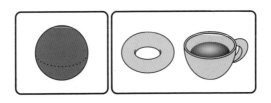

3차원의 경우는 어떨까? 3차원 다양체라는 것은 국소적으로 3차원 유클리드 공간과 같은 공간이다. 위상 수학 발전에 큰 공헌을 한 프랑스의 수학자 앙리 푸앵카레(Henri

Poincaré, 1854~1912년)는 1904년 다음과 같은 추측을 했다.

콤팩트한 3차원 다양체가 있어서 그 위에 단순하게 닫혀 있는 임의의 곡선을 연속적으로 변형해 한 점으로 축소시킬 수 있다면, 이 다양체는 3차원 구면과 위상적으로 동치다.

여기서 다양체가 콤팩트하다는 것은 구면과 같이 경계가 없고 유한한 공간이라는 뜻이다. 가령 2차원 곡면인 뫼비우스 띠는 원을 경계로 가지고 있다. 또 다른 예로 3차원 유클리드 공간은 무한한 공간이다. 곡선을 연속적으로 변형해 한 점으로 축소시킬 수 있는 성질은 구면에서 성립한다. 그러나 가령 2차원 곡면인 도넛의 경우 도넛의 단면을 감는 원은 한 점으로 축소시킬 수 없다.

푸앵카레의 추측은 고차원에서 먼저 해결되었다. 1960년 스티븐 스메일(Stephen Smale, 1930년~)은 5차원 이상의 다양체에 대해 푸앵카레의 추측이 참임을 증명했다. 보통의 다양체는 반드시 매끄러운 것은 아닌데, 스메일은 매끄러운 다양체에 대해서 증명을 했다. 1982년 마이클 프리드먼(Michael Freedman, 1951년~)은 4차원에서도 푸앵카레 추측이 참임을 증명했다. 이 공로로 두 사람 모두 수학계 최고의 영예인 필즈 메달을 받았다.

1986년 미국의 윌리엄 서스턴(William Thurston, 1946~

2012년)은 3차원 다양체에 대한 여덟 가지 종류의 서로 다른 기하학과 이를 연구하는 프로그램을 제시했다. 푸앵카레 추측의 3차원 구면은 이중 한 기하학에 포함되는데 이 유형이 가장 어려운 기하였다. 나머지 일곱 가지 기하학에 대한 이해가 상당히 많이 진행되는 동안에도 3차원 구면이 포함된 기하학의 이해는 요원했다. 이렇게 어려우면서도 중요한 문제였으니, 미국 클레이 연구소에서 2000년 5월 23일 밀레니엄 7대 난제 가운데 하나로 이 문제를 선정한 것도 당연한 일이었다.

마침내 2003년 러시아의 수학자 그리고리 페렐만(Grigori Perelman, 1966년~)이 리치 흐름(Ricci flow) 방정식의 기법을 사용해 3차원인 경우를 해결했다고 발표했다. 몇 년간 이 분야의 전문가들로 구성된 몇 개의 그룹이 각각 페렐만의 증명을 조사했고, 2006년 그가 마침내 푸앵카레의 추측을 해결했음을 공인했다.

0.5의 계승과 원주율:
$0.5! = \sqrt{\dfrac{\pi}{4}}$

1부터 n까지의 자연수를 모두 곱한 차례곱 혹은 계승이라 부르는 $n!$은 수학에서 중요하다. 혹시 n이 자연수가 아닐 때도 $n!$을 정의할 수 있을까? 만약 $0.5!$을 정의해야만 한다면 어떻게 해야 가장 합리적일까? 이런 질문에는 당연히(?) 오일러가 등장한다.

오일러는 자연수 n에 대해

$$n! = \frac{1}{1+n}\frac{2}{2+n}\frac{3}{3+n}\cdots$$

임을 이용해

$$0.5! = \frac{2}{3}\frac{4}{5}\frac{6}{7}\cdots$$

으로 정의하는 것이 합리적이라고 생각했다.

그렇다면, 잘 알려진 존 월리스(John Wallis, 1616~1703년)의 공식

$$\frac{\pi}{2} = \frac{2 \cdot 2}{1 \cdot 3} \frac{4 \cdot 4}{3 \cdot 5} \frac{6 \cdot 6}{5 \cdot 7} \cdots$$

을 이용하면 $0.5! = \sqrt{\dfrac{\pi}{2}}$ 를 얻을 수 있지 않을까?

뭔가 눈치챘는가? 제목에 있는 결과인 $0.5! = \sqrt{\dfrac{\pi}{4}}$ 와 다르다! 이는 '무한'을 너무 제멋대로 다뤘기 때문에 발생한 일로, …에 감춘 부분을 소홀히 해서 발생한 오류다. 아무런 주의 없이 1.5!을 위와 같이 다루면,

$$1.5! = \frac{2}{5} \frac{4}{7} \frac{6}{9} \cdots = 3 \times 0.5!$$

과 같은 이상한 결과도 나온다. 모름지기 $1.5! = 1.5 \times 0.5!$이어야 할 텐데 말이다. …을 제대로 다루는 방법은 '극한'인데, 감춰졌던 정의를 옳게 수습하면 다음과 같다.

$$n! = \lim_{k \to \infty} \left(\frac{1}{1+n} \frac{2}{2+n} \frac{3}{3+n} \cdots \frac{k}{k+n} k^n \right).$$

자연수일 때 잘 따져 보면 k^n 항이 필요한 이유를 알 수 있을 것이다. 이렇게 고친 정의를 이용해 오일러의 의도대로 올바로 계산하는 일은 독자 여러분께 맡긴다.

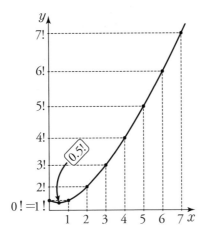

오각형의 대각선은 5개

정 n 각형의 대각선의 개수는 몇 개일까? 정삼각형은 대각선이 없기 때문에 n이 4이상인 경우를 생각해야 할 것이다. 대각선은 꼭짓점 2개를 연결함으로써 생기기 때문에 n개의 점에서 2개를 선택하는 가짓수와 같다. 그러나 여기서 서로 이웃하는 꼭짓점은 대각선이 아니라 변을 주기 때문에 제외해야 한다. 이런 순서쌍의 개수는 정확하게 변의 개수와 일치한다. 따라서 정 n 각형의 대각선의 개수는 $\binom{n}{2} - n$이 된다. 특별히 오각형의 경우는 5개의 대각선이 존재한다.

정 n 각형의 대각선과 관련해서 흥미로운 문제 중 하나로 오일러가 제안한 다각형 분할 문제가 있다. 정 n 각형을 대각선을 이용해서 삼각형들로 분할할 수 있는 방법이 몇 가지 있는지 묻는 문제이다. 그런데 정오각형만 해도 문제가 만만치 않다. 생각해 볼 수 있는 방법 중 하나는 대각선을 하나 그려 놓고 시작하는 것이다.

대각선을 하나 그리면 볼록 사각형이 하나 생기고 대각선으로 2개의 삼각형으로 분할하는 방법은 두 가지밖에 없다. 대각선은 총 5개이므로 총 10가지의 분할법을 얻었다. 그런데 자세히 보면 각 분할법은 두 번씩 반복해서 나타난다. 그 이유는 대각선을 하나 고정시키고 나머지 사각형을 분할할 때 사용하는 대각선은 나중에 이 대각선을 고정시키고 하는 분할에서 다시 등장하기 때문이다. 따라서 정확한 분할법은 10/2=5가 된다.

일반적인 정 n 각형에서도 이렇게 하면 될까? 정육각형을 생각해 보면 어떤 대각선은 삼각형 1개와 오각형 1개로 분할하지만, 또 어떤 대각선은 사각형 2개로 분할한다. 여러 가지 경우가 생기는 것이다. 다각형 분할 문제의 답은 소위 카탈랑 수(Catalan number)라는 것으로 주어진다. 정 n 각형을 대각선을 이용해서 삼각형들로 분할할 수 있는 방법의 가짓수는 $\frac{1}{n-1}\binom{2n-4}{n-2}$ 이다.

소인수 분해

1995년 앤드루 와일스가 증명해 이제는 수학의 난제라는 타이틀을 내려놓은 페르마의 마지막 정리. 이 정리의 증명에 대한 역사를 훑어보면, 아이작 뉴턴(Isaac Newton, 1642~1727년)의 편지에 있던 문구인 "거인들의 어깨 위에 있어 멀리 볼 수 있었다."라는 표현이 참 어울린다는 생각이 든다. 이 마지막 정리의 증명을 위해 정말 많은 수학자들이 관련된 사실을 한 땀 한 땀 엮듯이 발견했고, 증명의 마무리를 와일스가 해냈다.

이렇게 와일스가 멀리 볼 수 있도록 해 주었던 인물 중에는 프랑스의 수학자 가브리엘 라메(Gabriel Lamé,  1795~1870년)가 있었다. 라메는 탄성과 관련된 물리학의 라메 상수(Lamé's constants)로도 유명하지만, 페르마의 마지막 정리를 $x^7 + y^7 = z^7$인 경우에 대해 증명한 사람으로도 잘 알려져 있다.

재미있는 사실은, 라메가 페르마의 마지막 정리를 증명하면서 큰 실수를 한 적이 있다는 사실이다. 1847년 3월 1일, 라메는 파리 아카데미에서 자신이 페르마의 마지막 정리를 완벽히 증명했다고 발표했다. 그의 증명에서 주된 아이디어는 다항식의 인수 분해를 이용하는 것이었다. 만일 $\zeta^n = 1$을 만족하는 복소수 ζ를 생각한다면, 페르마의 정리의 다항식은 다음과 같이 인수 분해된다.

$$x^n + y^n = (x+y)(x+\zeta y)\cdots(x+\zeta^{n-1}y).$$

이때 어떤 정수 x, y에 대해서도 $(x+y)$, $(x+\zeta y)$, $\cdots$, $(x+\zeta^{n-1}y)$들이 공약수를 갖지 않아, 페르마의 마지막 정리를 증명할 수 있다는 주장이었다.

이 증명은 다른 수학자 조제프 리우빌(Joseph Liouville, 1809~1882년)의 이전 결과를 일반화하는 내용이었는데, 당사자가 발표장에 참석했으며 심지어 바로 다음 발표자였다! 그리고 발표에 나선 리우빌은 라메의 증명이 옳지 않을 것이라고 말했다. 그다음 발표자였던 오귀스탱루이 코시는 라메의 증명이 맞을 것 같다고 말하고 이후 공동 연구를 진행했지만, 결국 리우빌의 염려가 옳았다.

우리는 정수에 익숙하기 때문에 소수와 기약수를 같은 개념으로 이해한다. 일반적으로 기약수(irreducible number)는

1과 자기 자신 이외의 다른 수로 나눌 수 없는 수를 의미하고, 소수는 두 수의 곱을 나누면, 반드시 둘 중 하나를 나누는 수를 의미한다. 정수에서는 두 단어가 같은 의미이지만, 앞선 사례와 같이 $\zeta^m = 1$을 만족하는 복소수 ζ를 포함하는 확장된 정수의 경우에는 두 의미가 크게 달라진다. 예를 들어, $\sqrt{-5}$를 포함하는 확장된 정수에서는 6을 다음과 같이 표현할 수 있다.

$$6 = 2 \cdot 3 = (1 + \sqrt{-5})(1 - \sqrt{-5}).$$

위 확장된 정수에서, 2는 기약수이다. 하지만 소수일 수는 없다. 2는 $(1 + \sqrt{-5})$와 $(1 - \sqrt{-5})$ 중 어느 것도 나눌 수 없다. 즉 어떤 정수 a, b에 대해서도 $2(a + b\sqrt{-5}) = 1 + \sqrt{-5}$가 성립하지 않는다.

이후, 에른스트 쿠머에 의해 확장된 정수에서 소수에 해당하는 '이상적인 수(ideal number)' 개념이 필요하다는 것을 알게 되었고 이 개념이 현대 대수학에 등장하는 아이디얼(ideal)로 발전했다.

$$\frac{1}{2} \oplus \frac{1}{3} = \frac{5}{7}$$

알베르트 아인슈타인(Albert Einstein, 1879~1955년)이 창시한 상대성 이론의 출발점 중 하나는 '다가오는 물체에서 보낸 빛의 속도도 내게는 동일하게 관측된다.'라는 사실이다. 다가오는 물체의 속도를 v라 하고, 빛의 속도를 c라 할 때 관측자에게 $v+c$로 보여야 한다는 기존 상식에 반하기 때문에 처음에는 매우 당혹스러운 결과였다.

두 물체의 속도가 v, w일 때 관측되는 새로운 속도를 $v \oplus w$라 하면,

$$v \oplus w = \frac{v+w}{1+vw/c^2}$$

가 가장 합리적인 선택이며, 실제로도 그렇다는 사실이 알려져 있다. 예를 들어 $\frac{1}{2}c$의 속도로 다가오는 우주선에서 $\frac{1}{3}c$의 속도로 나아가는 총탄을 발사했다면, 내게는 $\frac{1}{2}c + \frac{1}{3}c = \frac{5}{6}c$가 아니라 $\frac{5}{7}c$로 관측된다는 뜻이다.

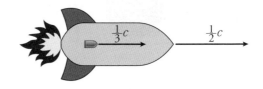

그런데 사실 이런 모양의 식은 수학에서 오래전부터 사용하고 있었다. 부호만 바꾸면 탄젠트 함수의 덧셈 정리나 다름없기 때문이다. 속도 v가 광속 c에 비해 아주 작을 때는 v와 비슷하면서, 광속에 가까우면 무한에 가까워지는 대표적인 함수로

$$L(v) = \frac{c}{2}\ln\left(\frac{c+v}{c-v}\right) = v + \frac{v^3}{3c^2} + \frac{v^5}{5c^4} + \frac{v^7}{7c^6} + \cdots$$

가 있다.

이때 $L(v) + L(w) = L(v \oplus w)$임을 직접 확인해 보기 바라는데, 이는

$$\frac{c + (v \oplus w)}{c - (v \oplus w)} = \frac{c+v}{c-v}\frac{c+w}{c-w}$$

임을 확인하라는 것에 해당한다. 즉 속도 v가 아니라 '변형된 속도' $L(v)$들 사이에서 덧셈이 보존되는 셈이다.

한편 $V = L(v)$의 역함수를 구하면 $v = \dfrac{e^{2V/c} - 1}{e^{2V/c} + 1}$이 되어 쌍곡 탄젠트 함수라 부르는 종류의 함수가 나온다.

무리수는 유리수에 얼마나 가까운가?

분모가 8인 유리수 중에 π와 가장 가까운 것은 무엇일까?
$8\pi \approx 25.13$이므로 $\dfrac{25}{8}$가 가장 가까움을 알 수 있다. 이때

$$\left| \pi - \frac{25}{8} \right| < \frac{1}{8}$$

임은 분명할 것이다. 이를 일반화하면, 무리수 α와 자연수 q
에 대해

$$\left| \alpha - \frac{p}{q} \right| < \frac{1}{q}$$

인 정수 p가 반드시 존재한다는 사실을 쉽게 알 수 있다.

아돌프 후르비츠(Adolf Hurwitz, 1859~1919년)는 '비둘기집
의 원리'를 이용해 '널널한' 부등식을 상당히 개선할 수 있었
다. 무리수 α에 대해

$$\left| \alpha - \frac{p}{q} \right| < \frac{1}{\sqrt{5}\,q^2}$$

인 정수쌍 (p, q)가 무한히 많이 존재함을 증명할 수 있었던 것이다.

특히 황금비 $\phi = \dfrac{\sqrt{5}+1}{2}$와 피보나치 수열 F_n에 대해

$$F_n^2 \left| \phi - \frac{F_{n+1}}{F_n} \right| = \frac{1}{\dfrac{1}{\phi} + \dfrac{F_{n+1}}{F_n}}$$

이 n이 커질수록 $\dfrac{1}{\sqrt{5}}$로 수렴한다는 사실로부터, 후르비츠 부등식의 $\sqrt{5}$를 더 큰 수로 바꿀 수는 없다는 점도 이끌어 낼 수 있다.

흥미롭게도 바로 이 황금비만 제외하면, 무리수 $\alpha \neq \phi$에 대해

$$\left| \alpha - \frac{p}{q} \right| < \frac{1}{\sqrt{8}\, q^2}$$

인 정수쌍 (p, q)가 무한히 많이 존재함을 증명할 수 있다. 이때 $\sqrt{8}$을 더 큰 수로 바꿀 수 없는 것은 $\alpha = \sqrt{2}$ 때문인데, $\sqrt{2}$까지 제외하면 다음에는 $\sqrt{9 - \dfrac{4}{25}} = \sqrt{\dfrac{221}{25}}$로 바꿀 수 있다.

이런 식으로 계속 부등식을 개선해 나갈 때 나오는 수들을 라그랑주 수라 부른다. 라그랑주 수는 정수 n에 대해 $\sqrt{9 - \dfrac{4}{n^2}}$ 꼴임이 알려져 있는데, 이 값은 3으로 수렴한다.

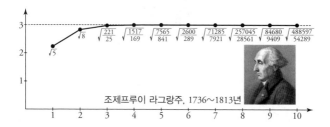

$\sqrt{5}$ $\sqrt{8}$ $\sqrt{\dfrac{221}{25}}$ $\sqrt{\dfrac{1517}{169}}$ $\sqrt{\dfrac{7565}{841}}$ $\sqrt{\dfrac{2600}{289}}$ $\sqrt{\dfrac{71285}{7921}}$ $\sqrt{\dfrac{257045}{28561}}$ $\sqrt{\dfrac{84680}{9409}}$ $\sqrt{\dfrac{488597}{54289}}$

조제프루이 라그랑주, 1736~1813년

해피 엔딩 문제

1933년 겨울 헝가리 부다페스트에서 세 학생이 이야기를 나누고 있었다. 세 학생은 나중에 저명한 수학자가 된 에르되시 팔, 세케레시 죄르지(Szekeres György, 1911~2005년), 그리고 클라인 에스터(Klein Eszter, 1910~2005년)였다. 클라인은 다른 두 학생에게 자신이 생각한 기하학 문제를 하나 설명하고 있었다.

> 평면에 임의로 5개의 점이 있으며, 어느 세 점도 한 직선 위에 있지 않다고 하자. 그러면 5개의 점이 어떻게 놓여 있든 이중 4개를 잘 연결해 볼록 사각형을 얻을 수 있다.

클라인은 5개의 점이 있을 때 그 배열이 세 가지 유형으로 귀착됨을 설명했다. 첫 번째는 점 4개가 이미 볼록 사각형을 이루고 있고 나머지 한 점은 이 사각형 내부에 있는 경우이다. 두 번째는 점 5개가 볼록 오각형을 이루는 경우이다. 이 경우 대각선 하나만 그으면 언제든 볼록 사각형을 얻을 수 있다. 세 번째 경우는 점 3개가 삼각형을 이루고 나머지 두 점은 삼각형 내부에 있는 경우이다. 이 경우도 내부의 점 2개와 삼각형의 적당한 한 변으로 볼록 사각형을 얻을 수 있다.

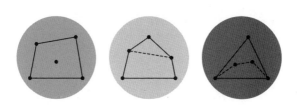

클라인의 문제에 흥미를 느낀 에르되시와 세케레시는 클라인 문제의 일반화를 생각해 보았다. 3과 같거나 큰 각각의 자연수 n에 대해서 볼록 n각형을 반드시 포함할 수 있는 최소한의 점의 개수(이 개수를 $g(n)$이라 표현하자.)는 얼마일까? 이를 에르되시는 해피 엔딩 문제라고 이름 붙였는데, 세케레시와 클라인이 나중에 결혼해 부부가 되었기 때문이다.

1935년 에르되시와 세케레시는 $g(n)$의 값이 모든 n에 대해서 유한임을 증명했다. 각 n에 대해 충분히 많은 점이 평면에 있으면 그중에 항상 볼록 n각형이 있다는 것이다. 사실상 에르되시와 세케레시는 $g(n) \leq \binom{2n-4}{n-2} + 1$임을 증명했고, 동시에 $g(n) = 2^{n-2} + 1$일 것이라는 예상을 제시했다. 이 문제는 아직 해결되지 않았다. $g(5) = 9$임은 엔드레 마카이(Endre Makai, 1947년~)가 처음 증명했다고 알려져 있었으나 공식적인 증명은 1970년 제임스 캘브플라이시(James Kalbfleisch, 1940~2017년), 존 캘브플라이시(John Kalbfleisch, 1943년~) 형제와 랄프 고든 스탠튼(Ralph Gordon Stanton, 1923~2010년)이 처음으로 발표했다. $g(6) = 17$임은 2006년 세케레시와 린지 피터스(Lindsay Peters)가 컴퓨터를 사용해 증명했다.

상용 로그와 계산자

한국에서는 중등 수학 과정에서 계산기 없이 필산으로 계산하기를 강조하지만, (아마도 숙제하기 귀찮아서) 꽤 많은 학생이 계산기를 써 본 기억이 있을 것 같다. 지금은 컴퓨터, 심지어 휴대 전화에도 계산기 기능이 있기 때문에 원할 때라면 언제든 편리하게 사용할 수 있다.

하지만 전자식 계산기의 도입은 1940년대이며, 기계식 계산기가 발명된 것도 1642년이다. 이전에는 주판처럼 덧셈을 쉽게 해 주는 도구를 응용해 곱셈을 할 수밖에 없었다고 생각하기 쉽겠지만, 수학은 복잡한 기술 구현 없이 곱셈을 쉽게 계산할 도구를 발명해 냈다. 바로 오늘의 주인공인 계산자(slide rule)이다. 이 도구는 기본적으로 2개의 자로 이루어져 있는데, a 곱하기 b를 계산하려면 1번 자의 1번 눈금에 2번 자의 a 눈금을 맞추면, 1번 자의 b에 해당하는 눈금과 맞는 2번 자의 눈금이 정확히 ab가 된다.

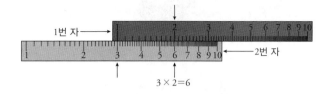

1번 자

2번 자

$3 \times 2 = 6$

이러한 원리는 우리가 고등학교 수학에서 맛보게 되는 로그의 응용이다. 우리가 가장 쉽게 구현할 수 있는 것은 더하기이다. 그리고 로그의 기본적인 성질은 곱을 합으로 변환해 준다.

$$\log_{10} ab \doteq \log_{10} a + \log_{10} b$$

2개의 자에 각각 $0 = \log_{10} 1$, $\log_{10} 2$, $\log_{10} 3 \cdots$의 길이를 표시해 두면, 2번 자의 $\log_{10} a$ 값에 1번 자의 $\log_{10} b$ 값을 합친 길이를 2번 자에서 확인할 수 있는데 그 값이 바로 $\log_{10} ab$가 된다. 이 원리를 이용해 곱셈을 할 수 있도록 만든 도구를 계산자라고 하며, 존 네이피어(John Napier, 1550~1617년)가 로그의 원리를 처음 발표한(1614년) 시점으로부터 6년 뒤 옥스퍼드 대학교의 수사(修士)이자 수학자였던 에드먼드 건터(Edmund Gunter, 1581~1626년)가 발명했다.

이러한 로그를 가장 많이 사용했던 사람은 천문학을 연구했던 요하네스 케플러(Johannes Kepler, 1571~1630)이다. 그의 표현에 따르자면 로그의 기본 개념을 생각했던 사람은 스위스의 수학자 요스트 뷔르기(Jost Bürgi, 1552~1632년)지만, 더 체계적으로 정리해 소개한 사람은 네이피어다. 이후 영국의 수학자 헨리 브리그스(Henry Briggs, 1561~1630년)는 네이피어를 두 번이나 찾아가 밑이 10인 로그의 사용을 제안했고, 이를 이용해 계산한 로그 값을 논문으로 출판했다. 참고로 네이피어의 로그 함수는 정확히 우리가 현재 사용하고 있는 형태는 아니지만, 대략 밑이 $1 - 10^{-7}$으로 환산된다.

계승과 제곱수:
$$\sqrt{4!+1}=5, \ \sqrt{5!+1}=11$$

약간은 신기해 보이는 이 식들은 다음과 같이 설명할 수 있다. n이 정수일 때

$$n(n+1)(n+2)(n+3)+1$$
$$=(n^2+3n)(n^2+3n+2)+1$$
$$=(n^2+3n+1)^2$$

이므로

$$\sqrt{n(n+1)(n+2)(n+3)+1}=n(n+3)+1$$

이 항상 성립한다. 따라서 위 결과는 $n=1, 2$인 특별한 경우이며, 예를 들어

$$\sqrt{3\cdot4\cdot5\cdot6+1}=3\cdot6+1=19$$

임을 알 수 있는 것이다.

많은 사람들은 이 식을 보며 다음과 같은 질문을 떠올렸을 것이다.

$$\sqrt{n!+1} \text{ 은 항상 자연수일까?}$$

호기롭게 도전했다가 $\sqrt{1!+1}$, $\sqrt{2!+1}$, $\sqrt{3!+1}$ 에서 한번 좌절하고 나면, 혹시 $n=4$, 5 둘뿐이지 않을까라는 추측으로 조심스레 선회할지도 모르겠다.

불행히도(?) 우리의 예측은 또 빗나간다. $\sqrt{7!+1}=71$이기 때문이다. 그렇지만 그다지 많이 벗어나지는 않는다. 현재까지 발견된 건 이 세 가지 경우뿐이기 때문이다! 이 세 가지 경우 이외에도 해가 존재하겠느냐는 문제를 브로카르 문제(Brocard's problem)라 부르는데, 스리니바사 라마누잔(Srinivasa Ramanujan, 1887~1920년)이나 에르되시도 여기에 관심을 두었던 것 같다.

조금만 생각해 보면 4를 제외하고 n까지 곱한 수를 인접한 두 수의 곱으로 쓸 수 있느냐는 문제와 같다는 사실을 알 수 있다. 예를 들어 $2 \cdot 3 \cdot 5 \cdot 6 \cdot 7 = 35 \cdot 36$이므로 $\sqrt{7!+1}$ $=35+36$임을 알 수 있기 때문이다. 이런 식으로 쓰고 나니 어쩐지 가능성이 희박해 보이긴 한다.

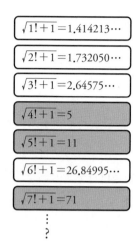

$$\sqrt{1!+1}=1.414213\cdots$$

$$\sqrt{2!+1}=1.732050\cdots$$

$$\sqrt{3!+1}=2.64575\cdots$$

$$\sqrt{4!+1}=5$$

$$\sqrt{5!+1}=11$$

$$\sqrt{6!+1}=26.84995\cdots$$

$$\sqrt{7!+1}=71$$

$$\vdots$$
?

　　abc 추측이라 부르는 문제가 해결되면 해가 유한하다는 것은 증명돼 있지만, 그 정도로 만족할 수는 없다. 예를 들어 10^9보다 작은 n에 대해서는 컴퓨터를 돌려서 확인했지만, $n!$이 워낙 빨리 커지는 수라 이 셋밖에 없다고 말하기엔 아직 가진 증거가 너무나도 적은 편이다.

풀러렌 C_{60}

1996년 노벨 화학상은 새로운 종류의 탄소 화합물인 풀러렌을 발견한 공로로 해리 크로토(Harry Kroto, 1939~2016년), 로버트 컬(Robert Curl, 1933~), 리처드 스몰리(Richard Smalley, 1943~2005년) 세 화학자에게 수여되었다. 이들이 발견한 물질인 풀러렌은 탄소 원자 60개가 공 모양으로 결합해 C_{60}이라 불리는 것으로, 기존 물질과는 구성 방식, 성질 등이 판이하게 달라 많은 관심을 끌었다. 특히 그 구조가 문자 그대로 축구공 모양을 이루고 있어서 더욱 흥미로웠다.

처음에 크로토 교수는 탄소 원자 60개를 배치해 공 모양이 되게 하는 방법을 잘 몰랐다. 그래서 오랫동안 고민하다가 동료 수학자에게 물어보고서야 그 구조를 깨달았다고 한다. C_{60}의 구조를 만들고서, 크로토 교수는 건축가 버크민스터 풀러(Buckminster Fuller, 1895~1983년)가 만들었던 돔 구조와 비슷하다는 데서 착안해 이 화합물의 이름을 '버크민스터 풀러렌(Buckminster Fullerene)', 줄여서 '풀러렌' 또는 애칭으로 '버키볼(Bucky ball)'이라 불렀다.

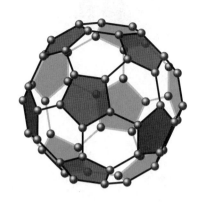

    C$_{60}$은 정오각형 모양 12개, 정육각형 모양 20개로 이루어져 있다. 풀러렌의 종류는 이 밖에도 여러 가지 있어서, 더 많은 탄소 원자를 이용해 새로운 풀러렌을 만들 수 있다. 그런데 어느 경우든, 정오각형과 정육각형 모양으로 공이나 럭비공 모양 같은 것을 만들어 보면, 정오각형은 항상 12개가 필요하다. 이것은 우연의 일치일까? 이 사실은 다면체에 대한 오일러의 정리를 이용하면 간단히 증명할 수 있다.

    정오각형 a개와 정육각형 b개로 공 모양을 만들었다고 하자. 이 입체 도형의 면의 개수는 $a+b$이다. 모서리의 개수를 세어 보면, 정오각형들의 변의 개수 $5a$와 정육각형들의 변의 개수 $6b$를 더한 값은 $5a+6b$이고, 각 변이 2개씩 만나 모서리 하나가 되므로, 모서리 전체의 개수는 $\dfrac{5a+6b}{2}$이다.

    이번에는 꼭짓점의 개수를 세어 보자. 정오각형의 꼭짓점이 $5a$개, 정육각형의 꼭짓점이 $6b$개 있으며, 꼭짓점마다 3

개의 면이 만나므로, 꼭짓점 전체의 개수는 $\dfrac{5a+6b}{3}$ 이다. 꼭짓점의 개수를 v, 모서리의 개수를 e, 면의 개수를 f 라 하면, 오일러의 정리에 따라 $v-e+f=2$가 성립한다.

그러면

$$v-e+f=\dfrac{5a+6b}{3}-\dfrac{5a+6b}{2}+(a+b)=2$$

가 되고, 식을 정리하면 $\dfrac{a}{6}=2$가 되어 $a=12$를 얻는다. 따라서 어떤 모양으로 만들어도 정오각형은 정확하게 12개가 필요한 것이다.

삼각형 분해 모순

인터넷 유머 게시판을 보면 수학 시험에서 도형 문제와 직면한 학생이 실제로 그려 보거나 만들어서 답을 찾았다는 사진이 가끔씩 올라올 때가 있다. 가장 당황스러웠던 사진은 정팔면체의 전개도를 주고 이를 이용해 만든 주사위 눈 배치를 묻는 문제였는데, 학생이 이 전개도를 잘라서 실제 정팔면체를 만들고 숫자를 직접 적어 넣어서 답을 찾은 문제였다. 이러한 사례 때문에 보기로 주어지는 도형이나 그래프를 실제 비율과는 다르게 그려 넣는 선생님도 있다고 한다.

이번에 소개할 문제는 이러한 경우와 좀 비슷한 사례다. 다음 쪽의 그림을 살펴보자. 밑변의 길이가 13, 높이가 5인 삼각형을 분할했다. 그리고 이를 재배치했더니, 여전히 밑변이 13, 높이가 5인 삼각형인데…… 한 칸이 빈다. 이 한 칸은 어디로 사라진 것일까?

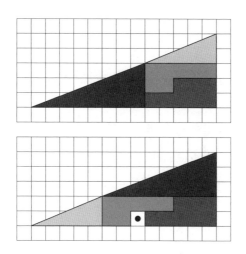

이 그림을 처음 보았을 때 매우 당황스러웠다. 분명히 같은 조각을 재배치했으니 같은 넓이가 되는 것이 상식이다. 하지만 이 그림은 그러한 상식을 부정하는 것 같다.

여기서 비밀은, 2개의 그림이 고등학교 수학 선생님의 문제처럼 정확한 그림이 아니라는 데 있다. 만일 큰 그림이 삼각형이라면, 빗변은 직선이 되어야 한다. 이 빗변의 기울기는 $\frac{5}{13}$이다. 따라서 검은색 삼각형의 꼭짓점에 해당하는 점의 높이 $\frac{5}{13} \times 8$은 자연수일 수 없다. 즉 위 그림에서 검은색 삼각형의 꼭짓점은 그림같이 격자점에 놓이면 안 된다.

또한 다음과 같이 생각할 수도 있다. 위아래 모두 밑변이 13, 높이가 5인 '삼각형'이 아니다! 만일 위 그림이 '삼각형'이라면, 검은색 삼각형과 회색 삼각형 모두 큰 "삼각형"과 닮아야 한다. 하지만 큰 '삼각형'의 밑변과 높이의 비는 13:5, 검은색 삼각형의 밑변과 높이의 비는 8:3, 그리고 회색 삼각형의 밑변과 높이의 비는 5:2이다. 세 삼각형 모두 닮은 삼각형이 아니다! 하지만 검은색 삼각형과 회색 삼각형의 빗변의 기울기는 각각 $\frac{3}{8}=0.375$, $\frac{2}{5}=0.4$이고, 이에 해당하는 삼각형의 예각은 약 20.1도, 21.7도 정도이므로 그 차이를 위 그림에서 눈으로 확인하기란 쉽지 않다.

목제주령구

보드게임 등에서 순서를 정하거나 이동하는 거리를 무작위로 선택하는 방법 중 가장 일반적인 것은 주사위가 아닐까 한다. 주사위에도 여러 종류가 있지만, 가장 흔히 볼 수 있는 것이 만들기 쉽고 사용하기 편리한 정육면체 주사위이며, 이외에도 여러 정다면체를 이용해 만든 주사위가 있다. 이러한 주사위는 무엇보다도 '공평'해야 한다. 주사위에 쓰인 수가 나올 확률이 모든 수에 대해 동일해야 게임의 긴박한 상황에서 긴장감을 높여 준다.

이러한 주사위는 우리나라에서도 발견되는데, 그중 하나가 목제주령구이다. 목제주령구(木製酒令具)는 경주 월지를 발굴하는 과정에서 출토되었는데, 각 면에는 술 마시고 웃기, 소리 없이 춤추기 등등 술자리에서 등장할 법한 벌칙이 쓰여 있다. 그래서 나무로 만들어(木制) 술 마시면서(酒) 명령하는(令) 도구(具)라는 뜻에서 목제주령구로 불린다.

목제주령구 모양을 만드는 방법은 축구공 제조와 유사하다. 축구공은 우리가 만들 수 있는 가장 면이 많은 정다면체인 정이십면체에서, 12개의 꼭짓점 부분을 깎아서 더 둥근 모양이 되게 만든 것이다. 목제주령구는 정육면체의 여덟 꼭 짓점을 깎아서 면이 14개인 다면체로 만든 것이다. 아마 다양한 벌칙을 적기 위해 면을 늘린 게 아닐까 하는 생각이 든다. 이를 위해 모서리를 많이 깎아서, 새로이 나오는 면은 정삼각형이 아니라 육각형이 된다.

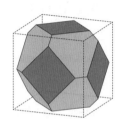

그런데 앞에서 잠시 말한 것처럼 난수 생성을 위해서는 각 면이 나올 확률이 같거나, 적어도 비슷해야 할 것이다. 놀이를 여러 번 반복하는데 '술 마시고 웃기' 벌칙만 나온다면, 주사위를 던져 벌칙을 결정하는 재미가 덜할 것이다. 목제주령구는 이러한 기대를 상당히 잘 만족시키고 있다. 단순히 8개의 꼭짓점을 깎아 둥글게 만드는 데 그치지 않고, 각 면의 넓이가 거의 같으면서 각 면이 나올 확률도 비슷하도록 제작되었다. 출토된 진품은 보존 처리 중 소실되어 현재는 복제품만 전해지지만, 대략 사각형 면의 넓이는 6.25제곱센티미터, 육각형 면의 넓이는 6.265제곱센티미터 정도이다.

볼록 오각형 쪽매맞춤

쪽매맞춤(tessellation)은 일정한 도형들로 평면을 채우는 방법을 뜻한다. 예를 들어 한 종류의 합동인 정다각형으로 평면을 덮는다고 생각하면 정삼각형, 정사각형, 정육각형으로 덮는 방법을 생각할 수 있다. 정다각형을 2종류 이상 사용해 평면을 덮는 방법도 생각할 수 있고, 정다각형이 아닌 도형으로 평면을 덮는 방법도 생각할 수 있다.

정삼각형, 정사각형, 정육각형으로 평면을 덮을 수 있는 것은 당연해 보이는데, 중간에 있는 정오각형은 왜 평면을 덮을 수 없을까? 이것은 정다각형의 내각을 생각하면 금방 알 수 있다. 정오각형으로 평면을 빈틈없이 덮으려면, 꼭짓점 주변에 정오각형이 모여서 그 내각의 합이 360도가 되어야 한다. 그러나 정오각형의 한 내각의 크기는 108도이므로 정오각형 몇 개를 모으든 내각의 합이 360도가 될 수 없다.

그렇다면 정오각형이 아니라 일반적인 볼록 오각형이라면 어떨까? 이 문제는 100여년 전인 1918년에 카를 라인하르트(Karl Reinhardt, 1895~1941년)가 그때까지 알려진 오각형 쪽매맞춤을 분류하면서 본격적으로 시작되었다. 라인하르트는 한 종류의 합동인 볼록 오각형을 주기적으로 나열해 평면을 빈틈없이 덮는 다섯 가지 방법을 찾았다. 사람들은 이로써 이 문제가 다 해결된 것으로 생각했다.

50년이 지난 1968년에 리처드 브랜던 커슈너(Richard Brandon Kershner, 1913~1982년)는 아무도 생각지 못했던 새로운 오각형 쪽매맞춤을 3종류나 더 발견했다. 이로써 오각형 쪽매맞춤은 모두 8종류가 가능하게 되었다.

이 문제는 누구나 이해할 수 있는 간단한 문제이고, 문제를 푸는 데 심오한 수학이 필요하지도 않은 데다, 50년 만에 새로운 발견이 이어졌다는 역사도 흥미로워서 수학 전공자가 아닌 사람들에게도 많이 알려졌다. 특히, 마틴 가드너가 미국의 과학 잡지 《사이언티픽 아메리칸》 1975년 7월호에 이 문제를 소개하면서 미국 전역에 널리 퍼졌다.

이 잡지를 보고 리처드 제임스 3세(Richard James III)가 새로운 아홉 번째 쪽매맞춤을 발견했고, 이어서 미국의 마조리 라이스(Marjorie Rice, 1923~2017년)가 새로운 쪽매맞춤을 4종류나 발견해 수학자들을 놀라게 했다. 라이스는 어렸을 때 수학에 재능 있는 학생이었지만, 가난과 당시 여성에 대한 편견 탓에 대학에 진학하지 못하고 고등학교 졸업으로 학업을 마친 평범한 주부였다. 만약 라이스가 수학을 전공했다면 얼마나 멋진 결과를 많이 만들어 냈을까?

라이스의 발견 이후 한동안 새로운 오각형 쪽매맞춤이 발견되지 않다가 1985년에야 롤프 슈타인(Rolf Stein)이 열네 번째 쪽매맞춤을 발견했다. 이것이 마지막일까? 이제 더는 새로운 쪽매맞춤은 없으리라고 생각하고 있었는데, 30년이 지난 2015년에 케이시 맨(Casey Mann)과 제니퍼 맥라우드맨(Jennifer McRoud-Mann) 부부는 학부생이었던 데이비드 본 디로(David Von Derau)와 함께 완전히 새로운 오각형 쪽매맞춤을 발견했다. 이 발견은 컴퓨터를 이용한 것으로, 이전의 수작업으로는 발견하기 어려운 것이었다.

아래 그림은 열다섯 가지 쪽매맞춤을 모두 나타낸 것으로, 에드 페그 주니어(Ed Pegg Jr., 1963년~)가 만들었다.

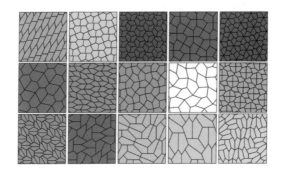

이제 이 열다섯 가지가 전부일까? 2017년 미카엘 라오(Michaël Rao)는 더 이상 새로운 쪽매맞춤이 존재하지 않는다는 증명을 발표해 100년에 걸친 문제에 종지부를 찍었다.

16은 지그재그 수

1부터 5까지의 자연수를 늘어놓는 방법의 수는 5!＝120가
지이다. 이중에서 수가 커졌다 작아졌다를 반복하는 순열을
지그재그(zigzag) 순열 또는 오르락내리락(up-down) 순열이라
부른다. 즉 짝수 번째 항이 인접한 홀수 번째 항보다 항상 큰
순열을 말한다. 예를 들어 1 3 2 5 4는 지그재그 순열이지만,
1 3 2 4 5와 같은 수열은 지그재그 순열이 아니다.

그렇다면 지그재그 순열은 몇 가지일까? 언제나 그렇듯
이 이 정도는 직접 세어 보아 16개임을 구하는 편이 더 빠를
수도 있다.

이제부터 n개의 수를 늘어놓은 지그재그 순열의 개수를 a_n이라 쓰기로 하자. 이때 내리락오르락(down-up) 순열, 즉 홀수 번째 항이 인접한 짝수 번째 항보다 항상 큰 순열의 개수도 a_n이라는 점에 착안해 $2a_5$를 다른 방법으로 구해 보자.

5개짜리 오르락내리락 또는 내리락오르락 순열 중에서 5가 $k+1$번째 자리에 있는 경우의 수를 세어 보자. 1부터 4까지의 수 중에서 k개를 뽑아서 5보다 앞에 배치하고, 나머지는 5보다 뒤에 배치하는 방법의 수와 같아야 하므로

$$\binom{4}{k}a_k a_{4-k}$$

임을 알 수 있다. 즉 다음이 성립한다. (단 $a_0=1$이라 둔다.)

$$2a_5 = \sum_{k=0}^{4}\binom{4}{k}a_k a_{4-k}$$

더 일반적으로 $n \geq 1$일 때

$$2a_{n+1} = \sum_{k=0}^{n}\binom{n}{k}a_k a_{n-k}$$

임을 알 수 있다. 이를 이용하면 모든 지그재그 순열의 개수를 구할 수 있다.

또한 이 개수가 삼각 함수 $f(x)=\tan x+\sec x$를 $x=0$

에서 n번 미분한 값과 일치한다는 사실도 밝힐 수 있다! ($2f'(x)=1+(f(x))^2$이 성립하기 때문이다.) 즉 다음 사실을 알 수 있다.

$$\tan x = \frac{a_1}{1!}x + \frac{a_3}{3!}x^3 + \frac{a_5}{5!}x^5 + \cdots.$$

$$\sec x = \frac{a_0}{0!} + \frac{a_2}{2!}x^2 + \frac{a_4}{4!}x^4 + \cdots.$$

탄젠트나 시컨트 함수의 미분이 상당히 까다롭다는 것을 감안했을 때 꽤 수월한 계산법을 얻은 것이며, 더욱이 이들 미분 계수가 모두 어떤 대상의 개수라는 점에서 매우 특이한 결과라 할 수 있다.

벽지의 반복 패턴

중세 시대 돌로 만든 성과 저택에서 보온을 위해 걸었던 벽걸이 직조물인 태피스트리(tapestry)는 한동안 부유한 사람들의 장식품이었지만, 현재는 가장 손쉬운 인테리어법 중 하나로 자리잡았다. 산업 혁명 이전에 벽지는 세금을 부과할 정도로 사치품이었기에, 부자들은 파노라마 그림, 중국에서 수입한 당지 등 상상할 수 있는 온갖 종류의 벽지를 사용했다. 현재는 실내 장식용으로 제작된 저렴한 벽지도 많으며, 이러한 벽지는 일반인이 붙이더라도 어색하지 않도록 반복되는 패턴을 가진 경우가 많다.

    여러 무늬가 그려진 벽지 중에는, 마치 삼각형이 합동임을 보이기 위해 움직이는 것처럼 그 벽지를 여러 가지 방법으로 이동시켜도 무늬가 동일하게 보이도록 할 수 있는 경우가 있다. 여기서 이동이란 평행 이동, 회전, 그리고 뒤집어 붙이기 등을 말한다. 이러한 방법으로 원래 모양을 유지하도록 벽지를 옮기는 방법을 모은 것을 벽지군(wallpaper group)이라고 부른다.

이렇게 일정한 패턴이 반복되는 현상을 보고 수학자들이 그냥 넘어갔을 리가 없다. 1891년 러시아의 수학자 예브그라프 표도로프(Evgraf Fedorov, 1853~1919년)는 벽지군이 정확히 17종류임을 증명했다. 1924년 헝가리 수학자 포여 죄르지도 같은 결과를 독립적으로 증명했다.

이러한 벽지군은 우리가 손쉽게 생각할 수 있는 방법을 기준으로 분류할 수 있다. 먼저, 뒤집어 붙일 수 있는 방법이 있는 경우와 없는 경우로 분류 가능하다. 회전의 경우는 정확히 다섯 가지로, 어느 한 패턴을 중심으로 회전이 불가능하거나, 60도 회전, 90도 회전, 120도 회전, 180도 회전이 가능한 경우로 분류할 수 있다.

위 경우의 수만 따져 보면 열 가지밖에 없어 보이지만, 각각의 경우에 생각지 못한 방법이 등장한다. 예를 들어, 회전이 불가능하고, 뒤집어 붙일 수 없는 경우라면, 동일한 가로 그림(혹은 세로 그림)을 연이어 붙이는 패턴밖에 없어 보인다. 하지만, 이런 패턴에도 특별한 경우가 등장하는데, 평행 이동과 뒤집어 붙이기를 같이 하면 원래의 그림과 겹치는 경우가 생긴다. 이를 '미끄럼 반사(glide reflection)'라고 한다.

표도로프나 포여는 어떻게 모든 벽지의 모양을 분석했을까? 이들이 쓴 방법은 벽지를 옮기는 방법을 정다각형에 대응시키고, 이 다각형으로 구, 평면, 또는 쌍곡면을 덮는 방법을 생각하는 것이었다. 이로부터 구, 평면 그리고 쌍곡면의 오일러 지표를 이용해 각 벽지군에 대응하는 분수의 합이 항상 2가 된다는 사실을 알아냈고, 그 결과로 벽지군이 17종류임을 증명했다. 위의 설명에서, 회전의 경우가 정확히 다섯 가지뿐이라고 확언할 수 있는 이유도 이 분수의 합의 규칙으로부터 찾을 수 있다.

정오각형과 18도

원에 내접하는 정오각형을 그렸다고 생각해 보자. 원을 오등분한 각의 크기를 구해 보면

$$360도/5 = 72도$$

이고, 이 각에 따라 정오각형을 다섯 조각으로 나눈 삼각형을 생각하면, 이 삼각형은 이등변삼각형이고 두 밑각의 크기는

$$(180도 - 72도)/2 = 54도$$

가 된다. 또한 정오각형의 한 내각을 구하면 그 크기는

$$2 \times 54도 = 108도$$

이다.

이렇게 구한 세 각의 크기 72도, 54도, 108도는 모두 18도의 배수라는 공통점이 있다. 그뿐만 아니라 정오각형의 꼭짓점과 중심을 잇는 여러 선을 그어 보면, 그림과 같이 18도와 관련된 여러 각이 숨어 있음을 알 수 있다.

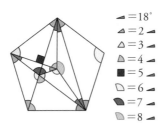

정오각형이 황금비 $\dfrac{1+\sqrt{5}}{2}$ 와 관련이 있는 것처럼, 그림의 여러 각에 대한 사인값을 구해 보면 다음과 같이 $\sqrt{5}$ 와 관련된 값들이 나타난다.

$$\sin 18° = \frac{-1+\sqrt{5}}{4}.$$

$$\sin(2 \times 18°) = \sin(8 \times 18°) = \sqrt{\frac{5-\sqrt{5}}{8}}.$$

$$\sin(3 \times 18°) = \sin(7 \times 18°) = \frac{1+\sqrt{5}}{4}.$$

$$\sin(4 \times 18°) = \sin(6 \times 18°) = \sqrt{\frac{5+\sqrt{5}}{8}}.$$

$$\sin(5 \times 18°) = 1.$$

19음계

현대 음악에서 널리 사용하는 평균율은 한 옥타브 간격을 십이등분한 음계를 사용한다. 한 옥타브 높은 음의 진동수는 2배이기 때문에 이 음계를 쓸 경우 인접한 두 음 사이의 진동수의 비는 $2^{1/12}$이다.

예를 들어 '도' 음의 진동수를 1이라고 했을 때, '미' 음의 진동수는 얼마일까? 도-도#-레-레#-미까지 네 음 뒤에 미가 나오므로 진동수는 $2^{4/12}=2^{1/3}=1.25992\cdots$이다. 이 수는 간단한 분수 $\frac{5}{4}=1.25$와 매우 가깝기 때문에 많은 사람이 1.25배한 진동수로 인식한다. 따라서 도와 미 소리를 동시에 내면 진동수의 비가 4:5로 어울리는 소리로 들리는 것이다. 솔 역시 $2^{7/12}=1.49831\cdots$이어서 $\frac{3}{2}=1.5$에 가깝기에 도와 솔은 진동수의 비가 2:3으로 어울리는 편안한 소리로 들린다.

그런데 이런 12음계 대신 19음계를 써야 한다는 주장을 하는 이들이 있다. 즉 인접한 두 음 사이의 진동수 비를 $2^{1/19}$로 해야 한다는 것이다. 아래 표에서 보듯 흔히 사용하는 음의 진동수를 계산해 보면 나름 일리가 있어 보이는 주장이기는 하다.

12음계	순정률	19음계
$2^{0/12}=1.00000$	도: 1	$2^{0/19}=1.00000$
$2^{2/12}=1.12246$	레: $\frac{9}{8}=1.125$	$2^{3/19}=1.11566$
$2^{4/12}=1.25992$	미: $\frac{5}{4}=1.25$	$2^{6/19}=1.24469$
$2^{5/12}=1.33484$	파: $\frac{4}{3}=1.333\cdots$	$2^{8/19}=1.33890$
$2^{7/12}=1.49831$	솔: $\frac{3}{2}=1.5$	$2^{11/19}=1.49376$
$2^{9/12}=1.68179$	라: $\frac{5}{3}=1.666\cdots$	$2^{14/19}=1.66652$
$2^{11/12}=1.88775$	시: $\frac{15}{8}=1.875$	$2^{17/19}=1.85927$
$2^{12/12}=2.00000$	도: 2	$2^{19/19}=2.00000$

특히 '라' 음과의 진동수 비가 19음계에서는 매우 좋아
지는 데다, 12음계에서는 구현하기 힘든 $2^{5/19}=1.200\cdots\approx\frac{6}{5}$
과 같은 진동수의 음을 살릴 수 있다는 것도 장점이다.

그런데 19음계를 쓸 경우 도와 레, 파와 솔처럼 기존에
온음이라 불렸던 구간은 3분음이 2개 들어가며, 미와 파나
시와 도처럼 기존에 반음이라 불렸던 구간에 2분음이 하나
들어가게 된다. 그러므로 19음계 피아노 건반은 아마 다음 쪽
의 그림처럼 생겨야 할 것이다.

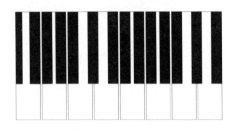

또는 이렇게 생겼을지도 모른다.

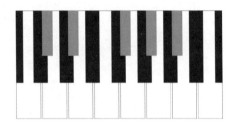

한편 이론적으로만 따진다면 19음계 이상을 추구할 수
도 있다. 음악 이론상 다음으로 적합한 음계는 31음계라 하
는데, 인간이 감당할 수 있을 것 같지는 않아 보인다.

아이코시안 게임

아이코시안 게임(icosian game)은 아일랜드의 수학자이자 천문
학자인 윌리엄 로언 해밀턴이 1857년에 발명한 수학 게임이
다. '아이코시'는 그리스 어로 20을 뜻한다. 게임의 목표는 정
십이면체의 모서리를 따라서 모든 꼭짓점을 한 번씩 방문하
되, 어떤 모서리도 두 번 방문하지 않으며, 끝점과 시작점이
같은 경로를 찾는 것이다. 이 게임은 정십이면체를 평면에 투
영해 얻어진 도형의 꼭짓점마다 구멍이 있는 페그 보드 형태
로 유럽에서 판매되었다.

해밀턴은 이 게임을 만들어 내놓기 1년 전에 아이코시

안이라는 새로운 수 체계를 발견했다. 아이코시안에 있는 두 수는 곱하는 순서를 달리하면 결과가 달라질 수 있으며, 다섯 번 거듭제곱하면 1이 되는 수도 있다. 추상적인 대수적 구조이지만, 아이코시안에서의 연산은 정십이면체의 모서리와 꼭짓점을 이용해 시각화할 수가 있었고, 여기서 아이코시안 게임이 나오게 되었다. 새로운 수 체계에 매료되었던 해밀턴이 이를 게임으로 만들어 더 널리 알리고자 했던 것이다. 각각의 수는 정이십면체의 대칭성으로 해석할 수도 있었기에 아이코시안이라는 이름이 붙여졌다. 해밀턴은 사원수의 발견자로 더 유명한데, 어느 다리를 지나다가 사원수의 아이디어를 떠올린 해밀턴이 흥분해 자신의 발견을 다리에 기념비로 새긴 일화도 잘 알려져 있다. 이러한 사례들을 보면 해밀턴은 발견의 기쁨을 표현하는 방식이 평범하지만은 않았던 수학자였던 것 같다.

이 게임은 상업적으로 크게 성공하지는 못한 것으로 보이지만, 현대 수학에서 중요하게 여겨지는 여러 개념의 시초를 여기서 발견할 수 있다. 점과 선으로 이루어진 도형을 그래프라 하는데, 오늘날 그래프 이론에서 아이코시안 게임에서와 같은 조건을 만족하는 경로는 해밀턴 경로(Hamiltonian path)라고 불리게 되었다. 수학을 전공하는 대학생들이 배우는 군론의 용어를 사용한다면, 해밀턴의 아이코시안은 생성원과 관계식을 사용해 처음으로 정의된 군이기도 하다.

제곱의 합이 5 이하인 정수쌍은 21개

두 정수를 제곱한 뒤 더해서 5 이하인 것을 직접 세어 보면 어렵지 않게 21쌍을 발견할 수 있다.

$$(\pm 1, \pm 2),\ (\pm 2, \pm 1),\ (\pm 1, \pm 1),\ (0, \pm 2),$$
$$(0, \pm 1),\quad (\pm 2, 0),\quad (\pm 1, 0),\quad (0, 0).$$

가우스는 정수의 제곱의 합이 n 이하인 것을 세어서 표를 만들어 보았다고 한다. 즉 자연수 n에 대해 $x^2 + y^2 \le n$인 정수쌍의 개수를 세어 본 것이다. (전문 용어로 노름(norm)이 n 이하인 가우스 정수의 개수라고 말한다.)

정수의 제곱의 합이 n 이하인 정수쌍의 수를 $G(n)$이라 쓰기로 하자. 예를 들어 $G(5) = 21$이라고 쓰자는 뜻이다. 여기에 몇 개 값을 구해 놓았다.

수를 들여다보면 뭔가 느낌이 오는가? 가우스도 그렇게 느꼈던 것 같다.

n	$G(n)$
10	39
100	317
1000	3149
10000	31417
100000	314197
1000000	3141549

예상대로다. $\dfrac{G(n)}{n}$ 은 n 이 커질수록 원주율 π 에 가까워진다! 사실 부등식 $x^2+y^2 \leq n$ 부터가 원점을 중심으로 하고 반지름이 $\sqrt{n}$ 인 원의 경계와 내부를 뜻하므로, 이 영역에 포함된 격자점의 개수가 원의 넓이와 관련돼 있다는 건 수긍할 수 있을 것 같다. 사실 증명도 그다지 어렵지는 않다.

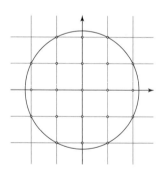

위의 사실은 수론적 방정식이나 부등식이 기하학과 관련돼 있음을 보여 주는 극히 일부분의 사례에 불과하다. 예를 들어 위 관찰에다가 수론의 결과를 조금 더하면, 유명한 라

이프니츠 급수를 수론적으로 보일 수 있음이 알려져 있다.

$$\frac{1}{1} - \frac{1}{3} + \frac{1}{5} - \frac{1}{7} + \frac{1}{9} - \cdots = \frac{\pi}{4}.$$

오일러의 φ 함수

페르마의 작은 정리에 따르면 p가 소수이고 a가 p와 서로
소인 정수일 때, $a^{p-1}-1$은 p의 배수이다. 이 정리를 p가 합
성수인 경우로 확장할 수 있을까? 페르마보다 딱 100년 뒤에
태어난 오일러가 증명해 오일러 정리라 불리는 다음 정리가
페르마의 작은 정리를 일반화한 것이라 할 수 있다.

> 정리(오일러의 정리): a가 n과 서로소인 정수일 때, $a^{\varphi(n)}-1$은 n
> 의 배수이다.

여기서 $\varphi(n)$은 1부터 n까지의 정수 가운데 n과 서로소
인 것의 개수를 나타낸다. 예를 들어, 1, 2, $\cdots$, 22 가운데 22
와 서로소인 수는 짝수와 11, 22를 제외하고 10개가 있으므
로 $\varphi(22)=10$이 된다. 소수 p의 경우, $\varphi(p)=p-1$이므로
이때는 페르마의 작은 정리와 같다.

일반적으로 $\varphi(n)$의 값은 n을 소인수 분해하면 어렵지

않게 구할 수 있다. 그러나 주어진 자연수 n에 대해 $\varphi(x)=n$을 만족시키는 x를 구하기란 특별한 방법이 없고 해의 개수도 들쑥날쑥해 매우 어려운 문제이다.

그렇지만 $\varphi(x)=22$를 풀기는 그리 어렵지 않다. 우선 $\varphi(23)=22$이므로 $x=23$은 쉽게 찾을 수 있다. 두 자연수 a와 b가 서로소일 때 $\varphi(ab)=\varphi(a)\varphi(b)$라는 사실에 주목하면, $\varphi(2\times23)=\varphi(2)\varphi(23)=1\times22$이므로 $x=46$을 찾을 수 있다. 이 두 값 이외에는 다른 해가 없다는 사실도 어렵지 않게 보일 수 있다.

이번에는 식을 조금 변형해 $\varphi(x)=\varphi(22)$를 풀면 어떻게 될까? $\varphi(22)=10$이고 $\varphi(x)=10$을 만족시키는 x를 구해 보면 $x=22$ 외에 $x=11$이 하나 더 있다. 그리고 이 두 해가 전부이다.

$\varphi(\varphi(x))=22$는 어떨까? 쉽지 않은 문제지만, 어쨌든 해는 $x=47$, 94의 2개이다. 우변에도 φ를 붙인 $\varphi(\varphi(x))=\varphi(22)$의 해는 무엇일까? 역시 간단치 않지만, $\varphi(x)=22$가 되는 $x=23$, 46 이외의 해는 없다.

묘하게도 네 방정식 모두 꼭 2개의 해만 가지고, 이런 일이 생기는 다른 수는 알려져 있지 않다. 2 두 개로 이루어진 22가 2와 이런 관계가 있다니 재미있지 않은가?

$$\varphi(x) = 22$$

$$\varphi(x) = \varphi(22)$$

$$\varphi(\varphi(x)) = 22$$

$$\varphi(\varphi(x)) = \varphi(22)$$

쌍둥이 소수들에 대해

유클리드가 소수의 개수가 무한함을 증명한 이래로 사람들은 소수의 분포를 이해하기 위해 많은 노력을 기울여 왔다. 소수가 등차수열이나 등비수열처럼 어떤 정해진 공식대로 만들어진다면 간단하겠지만, 소수의 분포는 상당히 불규칙해 보인다. 그럼에도 소수가 등장하는 패턴을 관찰해 보면 분포에 어떤 특징이 있는 것은 아닐지 자문하게 된다. 처음에 등장하는 소수를 보면 3, 5, 7, 11, 13, 17, 19, …인데 서로 차이가 2인 순서쌍으로 등장함을 볼 수 있다. 즉 (3, 5), (5, 7), (11, 13), (17, 19)과 같다. 물론 이와 같이 등장하지 않는 소수도 있다. 소수 23에 대해 21, 25는 모두 합성수이다. 마치 모든 소수가 쌍둥이 소수를 이루지는 않지만, 크기가 점점 더 큰 쌍둥이 소수는 계속 얻을 수 있는 것처럼 보인다. 오래된 질문 중 하나는 쌍둥이 소수가 무한히 많이 있는지이다.

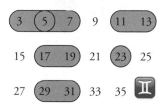

이 질문과 관련해 더 일반적인 예상은 다음과 같다.

자연수 $a_1 < a_2 < \cdots < a_k$에 대해 $a_1, \cdots, a_k$가 허용 가능하면 $n+a_1, \cdots, n+a_k$이 모두 소수가 되는 자연수 n은 무한히 많다.

여기서 $a_1, \cdots, a_k$가 허용 가능하다(admissible)는 조건이 의미하는 바는 다음과 같다. 임의의 소수 p에 대해 어떤 자연수 m이 적어도 하나 존재해서 $m+a_1, \cdots, m+a_k$이 모두 p와 서로소이다. 예를 들면 11, 13, 17, 19는 모두 소수이므로 허용 가능하다. 이 수들의 경우 $n=90, 180$에 대해서도 $n+11, n+13, n+17, n+19$는 모두 소수이다. 이렇게 되는 n이 무한히 많이 존재할까?

2013년 4월 장이탕(Zhang Yitang, 1955년~)은 어떤 값 B가 존재해서 차이가 B를 넘지 않는 소수의 순서쌍이 무한히 많음을 보임으로써 전 세계를 놀라게 했다. 장이탕은 실제로

B의 값이 70000000이면 충분하다는 것까지 보였다. 장이탕이 실제로 증명한 것은 다음과 같다:

정리(장이탕의 정리): 어떤 자연수 k가 존재해서 만약 a_1, $\cdots$, a_k 가 허용 가능하면 $n+a_1$, $\cdots$, $n+a_k$ 중 적어도 2개는 소수가 되는 자연수 n은 무한히 많다.

장이탕은 $k=3500000$으로 잡을 수 있음을 보였고 이후 다른 학자들의 노력에 의해서 $k=50$까지 작게 잡을 수 있음을 보였다. $k=2$에 대해서 장이탕의 정리를 보일 수 있으면 쌍둥이 소수 추측을 해결할 수 있게 되는 것이다.

24＝25

가로 길이 8, 세로 길이 3인 직사각형을 잘라서 한 변의 길이
가 5인 정사각형을 만들 수 있을까? 24와 25는 다르니까 당
연히 불가능한 일인데, 다음 그림처럼 자르면 24＝25라는 놀
라운 결과를 얻을 수 있다. 이게 어찌 된 일일까?

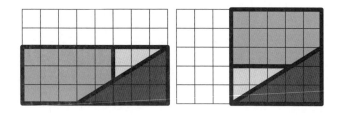

이 조합은 「5월 13일의 수학」에서 다루었던 삼각형 분할
과 비슷하게, 실제로는 작은 차이가 나는 도형을 마치 빈틈없
이 잘라 붙일 수 있는 것처럼 속이는 그림이다. 어느 부분이
잘못되었는지 찾았는가?

이 그림에 나타나는 세 수인 3, 5, 8은 피보나치 수열의
인접한 세 항이다. 피보나치 수열의 n번째 항을 F_n이라 하면,

다음과 같은 등식이 성립한다.

$$F_{n-1}F_{n+1} = F_n^2 + (-1)^n.$$

어떤 직사각형의 가로와 세로가 각각 F_{n+1}과 F_{n-1}이면, 위 그림과 같은 방법으로 잘라 붙여서 한 변의 길이가 F_n인 정사각형을 만들 수 있다. 물론 실제로는 직각삼각형의 빗변 부분에 빈틈이 생기거나, 반대로 도형이 겹쳐서 넓이 1 차이를 만들지만, F_n이 충분히 큰 경우에는 이런 오차가 눈에 잘 띄지 않는다.

25개의 정사각형 문제

정사각형 모양의 타일이 25장 있다. 타일의 가로 세로의 길이가 각각 1이라고 하자. 한 줄에 5장씩 5줄을 깔면 가로 세로의 길이가 5인 정사각형을 얻을 수 있다. 이 정사각형은 둘레가 20이다. 이제 타일 25장을 재배열해서 정사각형을 2개의 사각형으로 분할해 각 사각형의 둘레의 길이가 마찬가지로 20이 되게 할 수 있을까?

분할한 2개의 사각형 중 첫 번째 사각형의 가로를 x, 세로를 y로 놓고 두 번째 사각형의 가로를 a, 세로를 b로 놓자. 그러면 첫 번째 사각형을 이루는 타일의 개수는 xy가 되고 두 번째 사각형을 이루는 타일의 개수는 ab가 된다. 따라서 $xy+ab=25$가 되어야 한다. 동시에 각 사각형의 둘레의 길이가 20이 되어야 하므로 $2(x+y)=2(a+b)=20$이라는 식을 얻는다. 문제의 질문은 이 연립 방정식의 해가 존재하는지이다.

이 연립 방정식을 풀기 위해 $xy=p$, $ab=q$라고 놓자. 그러면 $p+q=25$인 양수의 순서쌍 (p, q)에 대해서 방정식

$x + y = 10$, $xy = p$와 $a + b = 10$, $ab = q$를 풀면 된다. $p \geq q$ 경우만 생각하면 된다. 따라서 문제는 $t^2 - 10t + p = 0$의 자연수 근을 구하는 문제로 귀결된다.

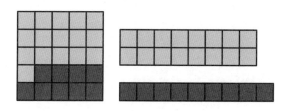

근의 공식을 사용하면 방정식의 근은 $t = 5 \pm \sqrt{25 - p}$ 이 되는데 자연수 m에 대해서 $25 - p = m^2$이 되어야 한다. 즉 $p + q = 25$를 만족하는 모든 순서쌍을 고려할 필요 없이 25에서 제곱수를 뺀 p만 고려하면 되는 것이다. $25 = 24 + 1$ $= 21 + 4 = 16 + 9 = 9 + 16$으로부터 가능한 p는 $p = 24$, 21, 16, 9이다. 그런데 여기서 $p + q = 25$이고 q에 대해서도 같은 조건이 성립해야 하기 때문에, 사실상 25가 제곱수의 합으로 표현이 되는 경우만 가능한데 $25 = 16 + 9$가 유일하게 그렇게 되는 경우($p \geq q$)이다. $p = 16$, $q = 9$에 대해서 풀면 우리가 찾는 두 사각형은 8×2와 9×1임을 알 수 있다.

26은 전화수

5명의 사람에게 모두 1대씩의 전화기가 있다. 이들은 전화를 사용하지 않을 수도 있고, 아니면 다른 4명 중 어떤 한 명과 전화 통화를 하고 있을 수도 있다. 예를 들어 1번과 4번이 통화를 하는데, 남은 2, 3, 5번은 통화를 하지 않을 수 있다. 또는 1번과 5번, 2번과 3번이 통화를 하고 남은 4번은 통화를 하지 않는 상태일 수도 있다. 이런 상태는 모두 몇 가지일까?

- 아무도 통화를 하지 않는 경우가 한 가지
- 2명만 통화를 하고 있는 경우는 5명 중 2명을 고르는 가짓수인 $\binom{5}{2}=10$가지
- 2명씩, 2명씩 통화를 하는 경우는 $\binom{5}{2}\binom{3}{2}\frac{1}{2}=15$가지

따라서 모두 26가지이다. 이를 5명에 대응하는 전화수 (telephone number)라 부르는데, ('전화번호'가 아니다!) 일반적으로 전화기가 n대일 때 전화수 a_n은 얼마일까? 위에서 계산

한 방법을 적용하면

$$a_n = \sum_{j=0}^{[n/2]} \frac{n!}{2^j j! \, (n-2j)!}$$

임을 알 수 있다.

또는 다음 점화식을 써서 구할 수도 있다.

$$a_{n+1} = a_n + n a_{n-1}$$

2개의 합 중 앞의 항은 1번이 통화 중이 아닌 상태의 개수이며, 뒤의 항은 1번이 다른 사람과 통화 중인 상태의 개수다. 한편 각 상태마다 i번과 전화 통화 중인 사람이 j번이면 $f(i)=j$라 정의한 함수를 대응할 수 있다. 통화를 하지 않는 사람은 자신과 통화 중이라고 간주하면 된다. 예를 들어 1번과 5번, 2번과 4번이 통화를 하고 3번은 통화를 하지 않는 경우, 다음과 같은 함수를 얻을 수 있다.

$$f(1)=5,\ f(2)=4,\ f(3)=3,\ f(4)=2,\ f(5)=1.$$

이런 함수는 자신과 합성하면 항등 함수가 된다는 특징을 가진다. 즉 f 는 역함수 f^{-1} 와 일치한다는 특성을 가지는 것이다.

이런 함수는 '쌍대성(duality)'이라 부르는 특성을 반영할 수 있기 때문에 중요한 함수라는 것만 언급해 두자. 면의 개수가 n인 정다면체에 대해 쌍대인 정다면체의 면의 개수를 대응하는 함수

$$f(4)=4,\ f(6)=8,\ f(8)=6,\ f(12)=20,\ f(20)=12$$

도 그런 예다.

27은 사면체수 5개의 합

1843년 영국의 변호사이자 아마추어 수학자였던 프레데릭 폴록(Frederick Pollock, 1783~1870년)은 어떤 자연수이든 5개를 넘지 않는 사면체수의 합으로 표현할 수 있을 것이라는 추측을 내놓았다. 가령 7은 $7 = 4 + 1 + 1 + 1$처럼 사면체수 4개의 합으로 표현할 수 있다. 그러나 27은 $27 = 20 + 4 + 1 + 1 + 1$로 사면체수 4개로는 안 되고 5개의 합으로 표현할 수 있다. 사면체수의 합으로 표현하기 위해 최소한 5개의 사면체수가 필요한 수로는 17, 27, 33, 52, 73, …이 있다.

$$27 = \underset{20}{\triangle} + \underset{4}{\triangle} + \underset{1}{\bullet} + \underset{1}{\bullet} + \underset{1}{\bullet}$$

1952년 조지 네빌 왓슨(George Neville Watson, 1886~1965년)은 임의의 자연수를 표현하기 위해 필요한 사면체수의 개수가 8을 넘지 않음을 증명했다. 1997년 처우충츠앙(Chou

Chung-Chiang)과 덩웨판(Deng Yuefan, 1962년~)은 343867보다 크고 400억보다 작은 모든 자연수가 4개 이하의 사면체수의 합으로 표시됨을 컴퓨터를 통해 확인했다. 현재까지의 일반적인 추측은 343867이 사면체수의 합으로 표현하기 위해 최소한 5개의 사면체수가 필요한 가장 큰 수일 것이라는 것이다. 이는 아직 수학적으로 증명되지 않았다.

폴록의 추측은 페르마의 다각수 정리를 3차원으로 일반화하려는 시도로 이해할 수 있다. 페르마의 다각수 정리란 임의의 자연수를 n개를 넘지 않는 n각수의 합으로 표현할 수 있다는 정리이다. 처음에 문제를 제시한 사람은 페르마이지만, 페르마의 증명은 알려져 있지 않다. n이 3인 경우 가우스가 증명했고 일반적인 n에 대해서는 코시가 증명을 했다.

폴록은 또한 임의의 자연수를 7개가 넘지 않는 팔면체수의 합으로 표현할 수 있다는 추측도 내놓았다. 여기서 팔면체수는 공을 정팔면체 모양으로 쌓을 때 공의 개수에 해당하는 수이다. 1, 6, 19, 44, …가 팔면체수다. 현재까지 컴퓨터를 사용한 계산에 의하면 팔면체수의 합으로 표현하기 위해 최소한 7개의 팔면체수가 필요한 가장 큰 수는 309이며 11579보다 큰 수는 팔면체수 5개의 합으로 표현할 수 있는 것으로 확인되었다.

삼각형이 예각삼각형일 확률

아무렇게나 삼각형을 그려 보라고 하면, 대개 사람들은 예각삼각형을 그리곤 한다. 교과서의 예를 보더라도 대부분 예각삼각형이다. 만약 무한한 평면 위에서 아무렇게나 세 점을 찍어서 삼각형을 만들면 어떨까? 세 점이 한 직선 위에 있을 확률이나, 직각삼각형을 이룰 확률은 0이다. 따라서 예각삼각형 아니면 둔각삼각형일 텐데, 어느 쪽 삼각형이 나올 확률이 더 클까?

이런 문제는 기하학적 확률이라 부르는 영역에 속하는 문제인데, 자칫 잘못하면 엉뚱한 결론을 내리기 쉬운 예 중 하나로 정평이 나 있다. 영국의 수학자 찰스 도지슨(Charles Dodgson, 1832~1898년)은 논리학 책도 썼으며 확률론이나 행렬 이론 등 다방면에 유능했지만, 이 확률을 구할 때 실수를 한 것으로도 유명하다.

삼각형 ABC가 있을 때 가장 긴 변이 있을 텐데, 편의상 이를 AC라 놓자. 이제 A와 C를 중심으로 하고 반지름이 $r = \overline{AC}$인 원을 각각 그리자.

r가 가장 길다고 했으므로, 점 B는 두 원 내부의 교집합에 속한다. 이 영역의 넓이가 $\frac{2}{3}\pi r^2 - \frac{\sqrt{3}}{2}r^2$임은 쉽게 계산할 수 있다. 그런데 B가 AC의 중점을 중심으로 하고 반지름이 $r/2$인 원의 내부에 있으면 둔각삼각형이다. 따라서 둔각삼각형일 확률이

$$\frac{\dfrac{\pi}{4}}{\dfrac{2\pi}{3} - \dfrac{\sqrt{3}}{2}} \approx 0.64$$

이므로 구하는 확률은 36퍼센트 정도라는 것이 도지슨의 논리였다.

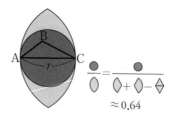

얼핏 별 문제 없어 보이는 이 논리는 '가장 긴 변' 대신 '중간 길이의 변'으로 바꿔 풀어 보면 답이 달라진다는 데서 무너지기 시작하는데, 어떻게 다른지 한 번 계산해 보아도 좋을 것이다.

무한 평면에서 세 점을 잡을 때 확률 밀도 함수를 정하는 문제가 발생하기 때문에, 문제를 설정하는 것 자체부터 쉽

지 않아서 유한한 영역에서 푸는 경우가 많다. 예를 들어 원 안에서 세 점을 고를 때 예각삼각형을 이룰 확률은 $\frac{4}{\pi^2} - \frac{1}{8}$, 즉 약 28퍼센트임이 알려져 있으며, 정사각형 안에서 세 점을 고를 때는 $\frac{53}{150} - \frac{\pi}{40}$, 약 27.48퍼센트라고 한다. 어느 경우가 됐든 예각삼각형을 이룰 확률은 절반은 커녕 30퍼센트도 넘지 못한다.

　찰스 도지슨의 저서 『이상한 나라의 앨리스(*Alice's Adventures in Wonderland*)』를 너무나 재미있게 읽었던 빅토리아 여왕(Queen Victoria, 1819~1901년)은 (맞다. 찰스 도지슨은 루이스 캐럴이라는 필명으로 더 유명하다!) 그의 저서를 모두 모아들이라고 했다는데, 논리학, 행렬 대수학 등은 포함돼 있었지만 다행히도 이 문제가 실려 있던 책은 빠져 있었다. 그도 그럴 것이 이 문제가 실린 찰스 도지슨의 책 『호기심 수학 2부: 침대맡 문제들(*Curiosa Mathematica, Part 2: Pillow Problems Thought Out During Wakeful Hours*)』은 당시 출간되지 않았기 때문이다. 하지만 1993년에 100주년 기념판이 나올 때 이 문제만 빠지는 수모는 피할 수 없었다고 한다.

5와 29는 마르코프 수

방정식 $x^2 + y^2 + z^2 = 3xyz$의 양의 정수해 (x, y, z)를 마르
코프 삼중항이라 한다. 예를 들면 $(1, 1, 1)$, $(1, 1, 2)$, $(1, 2, 5)$,
$(1, 5, 13)$, $(2, 5, 29)$, $(1, 13, 34)$와 같은 세 정수 쌍이 마르코
프 삼중항이다. 마르코프 수는 이러한 세 정수 쌍의 구성원
으로 나타나는 양의 정수를 말한다. 처음 몇 개의 마르코프
수는 1, 2, 5, 13, 29, 34, 89, 169와 같다. 러시아의 수학자 안
드레이 마르코프(Andrei Markov, 1856~1922년)는 무리수를 유
리수로 근사하는 문제를 다루는 디오판토스 근사 이론에 대
한 연구에서 이 방정식의 중요성을 발견했다.

　주어진 마르코프 삼중항 (x, y, z)에서 새로운 마르코
프 삼중항을 얻는 간단한 방법이 있다. 두 수 y, z가 고정된
경우, 마르코프의 방정식은 x에 대한 2차 방정식이다. 근과
계수와의 관계를 이용한다면 $(3yz - x, y, z)$도 역시 마르코
프 삼중항이 됨을 알 수 있다. 가령 $(1, 5, 13)$으로부터 이러한
방식으로 3개의 새로운 삼중항 $(5, 13, 194)$, $(1, 13, 34)$, $(1,
2, 5)$를 얻을 수 있다. 마치 하나의 삼중항으로부터 새로운

가지가 나와 다른 삼중항들이 생겨나는 것처럼 생각할 수 있다. 마르코프 삼중항들의 모임은 $(1, 1, 1)$에서 시작해 무한히 가지를 치며 뻗어 가는 나무와 같은 구조를 이루게 된다. 이 나무에서 $(1, 1, 1)$과 $(1, 1, 2)$를 제외한 모든 마르코프 삼중항은 3개의 서로 다른 마르코프 삼중항과 이웃한 가지에 놓인다.

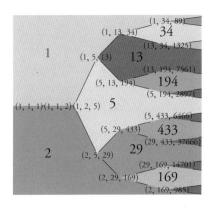

숫자 29는 $(2, 5, 29)$, $(2, 29, 169)$, $(5, 29, 433)$, $(29, 169, 14701)$와 같이 무한히 많은 마르코프 삼중항의 구성원으로 등장하는데, 오직 $(2, 5, 29)$에서만 마르코프 삼중항의 최댓값이 된다. 이는 물론 29만의 독특한 성질은 아니다. 1913년에 페르디난트 프로베니우스(Ferdinand Frobenius, 1849~1917년)가 남긴 유명한 추측은 모든 마르코프 수가 어떤 마르코프 삼중항의 최댓값으로 단 한 번씩만 등장하게 된다는 것이다.

이따금 이 추측을 증명했다는 주장이 있어 왔지만, 이 문제는 100년이 지난 지금도 여전히 수학의 미해결 문제로 남아 있다. 이 문제에 호기심을 갖게 된 독자를 위해 미리 한 마디를 더하자면, 영국의 수학자 리처드 가이(Richard Guy, 1916~2020년)는 '이 문제를 풀려고 시도하지 마시오.'라는 제목의 에세이를 통해 도전자들에게 경고의 메시지를 남긴 바 있다.

Rule 30

"필요는 발명의 어머니.(Mater artium necessitas)" 최초로 누가 말했는지는 알려져 있지 않지만, 정말 마음에 와 닿는 문장이다. 특히 누워서 텔레비전을 볼 수 있게 만든 반사경 안경을 온라인 상점에서 봤을 때, 이 격언이 정말 맞는 말이라 여겼다.

이 격언에 비추어 볼 때, 인간의 게으름은 자동 기계라는 주제를 정말 심도 있게 연구하게 하지 않았나 한다. 최초의 자동 기계라 할 수 있는 장치의 기록은 고대 그리스로 거슬러 올라간다. 그리스 철학자인 헤론은 수력으로 작동하는 오르간, 사이펀에 대해 기술했다. 이외에도 천재라 평가받는 발명가들은 모두 자동 기계에 대한 꿈을 품었던 것 같다.

17세기 즈음의 자동 기계에 대한 인식은 '특정 기능의 수행'이었다. 르네 데카르트는 기계론을 저술하면서 인간 이외의 생명체는 모두 복잡한 기계와 다를 바 없다고 주장했다. 즉 사고가 결여된 모든 동작을 기능이라 해석한 것이다. 따라서 자동 기계도 어떤 가치 판단 없이, 동력이 공급되면 정해진 방식에 따라 기능을 수행하는 것으로 여겼다. 인간의 사고를 이론적으로, 혹은 실체적으로 구현하기 위한 시도는 20세기 즈음부터 시도되었다. 이러한 시도 중 가장 혁신적인 것 중 하나가 폰 노이만의 세포 자동 장치(Cellular Automata)이다.

　서론이 길었는데, 오늘 소개할 내용은 영국계 미국 수학자인 스티븐 울프럼(Stephen Wolfram, 1959년~)이 제시한 기초 세포 자동 장치의 예이다. 이 모델은 모든 세포는 0 또는 1의 상태를 가지며, 일정한 시간 경과 후 자신과 인접한 다른 두 세포의 상태에 따라 그 세포의 다음 상태가 결정되는 모델이다. 이때 세 세포의 모든 경우는 여덟 가지로 분류되며, 이 여덟 가지 경우에 따른 상태 변화를 나타내는 법칙에 따라 세포의 모양이 어떻게 변하는지 관찰한다. 이러한 규칙은 총 $2^8 = 256$가지의 경우가 있지만, 반전과 대칭 등 원칙적으로 가능한 경우를 묶으면 총 88가지의 다른 경우가 존재한다.

　울프럼은 이 규칙을 네 가지로 분류했는데, 모두 0이 되거나 1이 되는 경우, 안정적으로 반복되는 배열이 만들어지는 경우, 혼돈스러운 패턴을 만드는 경우, 그리고 복잡하고 논리적으로 구성되는 패턴을 만드는 경우이다.

　이중에서 세 번째 예로 유명한 것이 Rule 30이다. 이 규칙은 세 세포의 상태에 대해 다음과 같은 변화를 일으키는 규칙이다.

세 세포의 상태	111	110	101	100	011	010	001	000
가운데 세포의 변화	0	0	0	1	1	1	1	0

이 법칙이 Rule 30이라 이름 붙은 이유는 가운데 세포 변화를 의미하는 수 00011110을 2진수로 읽으면 30이 되기 때문이다. 이 법칙에 따른 세포 변화는 혼돈스러운 패턴을 만든다. 예를 들어 한 줄로 늘어서 있는 세포의 상태가 '00010000'이었다면, 일정 시간 경과 후 '00111000'와 같이 바뀐다. 아래 그림은 이러한 변화를 이어 붙여 변화의 전체적인 모습을 표현한 것이다. 맨 윗줄이 한 줄로 늘어서 있는 세포 중 단 하나의 세포만이 1의 상태를 가지는 처음 상태이고, 시간의 흐름에 따른 변화를 바로 다음 줄에 이어서 표현한 결과이다. 오른쪽 절반의 모습을 보면 일정한 규칙에 따라 변하는 것 같지 않다.

Rule 90의 경우는 Rule 30과는 다르게 규칙적인 패턴이 반복되는, 울프럼의 두 번째 경우이다.

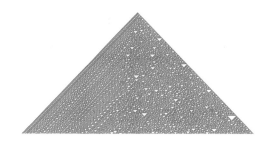

세 세포의 상태	111	110	101	100	011	010	001	000
가운데 세포의 변화	0	1	0	1	1	0	1	0

단 하나의 세포만이 1인 상황에서 이 규칙을 적용하면, 시에르핀스키 삼각형(Sierpinski's triangle)이 만들어진다. 시에르핀스키 삼각형은 정삼각형에서 가운데 정삼각형을 계속 없애는 작업을 반복해서 만드는 프랙탈의 기본적인 예이다.

하노이 탑과 시에르핀스키 삼각형

'하노이 탑(Tower of Hanoi)'은 3개의 막대와 여러 개의 원반으로 이루어진 장난감으로, 한 막대에 꽂혀 있는 원반을 다른 막대로 모두 옮기는 것이 목표이다. 단, 작은 원반 위에 큰 원반이 올라갈 수 없다는 조건 때문에 아무렇게나 움직여서는 안 되고 순서를 잘 생각해서 움직여야 한다.

이 장난감은 프랑스 수학자 에두아르 뤼카가 처음 고안했다. 나중에 이 장난감을 상업적으로 판매하면서, 인도 바라나시에 있는 사원에서 유래했다는 식의 전설이 덧붙여지기도 했다. 베트남의 하노이든 인도의 바라나시든 둘 다 이름만 빌린 것이지 이 장난감과 직접적인 관련은 없다.

원반 n개를 다른 기둥으로 옮기려면 최소 $2^n - 1$번을 움직여야 한다. 원반이 5개인 경우 $2^5 - 1 = 31$번을 움직여야 한다. 이 최소 횟수를 구하는 문제는 수학적 귀납법의 위력을 잘 보여 주며, 이런 구조는 재귀 호출을 이용해 간결하게 프로그램을 짤 수 있는 전형적인 예이기도 하다.

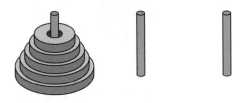

　여러 권의 수학 대중서를 집필하고 수학 칼럼을 썼던 저명한 학자 이언 스튜어트(Ian Stewart, 1945년~)는 하노이 탑의 해법이 시에르핀스키 삼각형과 관련이 있음을 보였다. 하노이 탑의 각 단계에서 진행 가능한 조합들을 연결해 보면, 신기하게도 시에르핀스키 삼각형과 비슷한 구조가 나타난다. 아래 그림은 원반이 3개인 경우를 나타낸 그림으로, 원반의 개수가 늘어날수록 시에르핀스키 삼각형에 더 가까워진다. 만약 기둥이 4개라면 3차원 공간에서 시에르핀스키 삼각형과 비슷한 구조가 만들어진다.

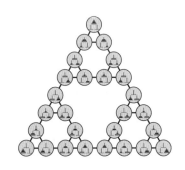

6월의
수학

육각형의 넓이를 이등분하는 대각선

육각형 ABCDEF의 대각선 AD, BE, CF가 우연히도 넓이를 이등분하는 경우, 이들 세 선분은 반드시 한 점에서 만날까? 쉽게 생각할 수 있는 질문인데 반해, 헤쳐 나갈 방법이 의외로 잘 떠오르지 않는 질문인 것 같다. 이제 넓이를 이등분하는 세 선분이 예컨대 다음의 왼쪽 그림처럼 만난다고 해 보자.

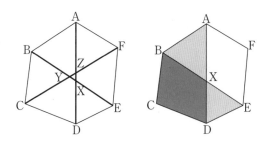

이때 서로 넓이가 같은 사각형 ABCD와 BCDE에서 공통 부분 BCDX의 넓이를 뺀 것이기 때문에 두 삼각형 AXB, DXE의 넓이는 같다.

이때 두 각 ∠AXB, ∠DXE가 맞꼭지각으로 서로 같기

때문에

$$\overline{XD}\ \overline{XE}=\overline{XA}\ \overline{XB}$$

가 성립한다는 사실을 알 수 있다. 마찬가지 논법으로

$$\overline{YB}\ \overline{YC}=\overline{YE}\ \overline{YF}$$

와

$$\overline{ZA}\ \overline{ZF}=\overline{ZC}\ \overline{ZD}$$

가 성립해야 한다. 따라서 셋을 모두 곱하면

$$\overline{XD}\ \overline{XE}\ \overline{YB}\ \overline{YC}\ \overline{ZA}\ \overline{ZF}=\overline{ZD}\ \overline{YE}\ \overline{XB}\ \overline{ZC}\ \overline{XA}\ \overline{YF}$$

가 성립해야 한다. 그런데 왼쪽의 여섯 항은 각각 오른쪽의 여섯 항보다 모두 길이가 길거나 같기 때문에, $X=Y=Z$가 성립해야만 한다.

특히 B, D, F가 각각 AC, CE, EA의 중점인 경우에는 삼각형 ACE의 세 중선이 한 점에서 만난다는 사실을 얻을 수 있어 흥미롭다.

제곱수의 합: 말 없는 증명

"백문이 불여일견."이라는 말이 있다. 백 번 듣는 것보다는 한 번 보는 것이 낫다는 말이다. 수학 증명에서도, 문장으로 설명하는 대신 직관적인 그림으로 어떤 등식이 성립한다는 사실을 보여 주는 증명이 있다. 이를 '말 없는 증명(proof without words)'이라고 한다.

오늘은 고등학교에서 많이 접하는 등식

$$1 + 2^2 + \cdots + n^2 = \frac{n(n+1)(2n+1)}{6}$$

의 증명을 '말 없이' 해보려고 한다.

물론 위 등식은 여러 가지 방법으로 증명할 수 있다. 고등학교에서 많이 쓰는 방법은

$$k^3 - (k-1)^3 = 3k^2 - 3k + 1$$

을 이용해 이 식을 $k=1$, ⋯, n까지 더하는 방법과 수학적 귀납법을 이용하는 방법이 있다. 하지만 고등학교 과정에서 수학적 귀납법은 개념을 이해할 수 있는 쉬운 것에 대해서만 적용하라고 권장하니, 여기서는 수학적 귀납법 대신 다른 방법을 적용해 보자.

1) 한 변의 길이가 1인 정육면체를 층층이 쌓아 $1^2 + \cdots + n^2$개로 이루어진 사각뿔 비슷한 모양을 만든다.

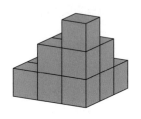

2) 이렇게 만든 사각뿔 모양 3개를 오른쪽과 같이 합쳐, 직육면체에서 조금 삐져나온 모양을 만든다.

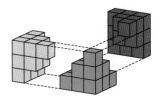

3) 삐져나온 부분을 반으로 잘라 윗면을 모두 덮는다.

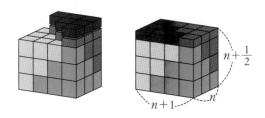

위 그림으로

$$3 \times (1 + 2^2 + \cdots + n^2) = n(n+1)\left(n + \frac{1}{2}\right)$$

임을 이해할 수 있는가? 그렇다면 여러분은 이미 수학에 한 발을 디딘 것이다.

주기 3은 카오스를 함의한다

카오스 이론(chaos theory)은 일정한 규칙을 따르면서도 예상하기 힘들 정도로 복잡하게 변하는 양상을 연구하는 수학의 한 분야이다. 이 분야는 기상학자 에드워드 로렌츠(Edward Lorenz, 1917~2008년)가 기상 현상을 컴퓨터로 시뮬레이션하던 도중에 발견한 것으로 유명하다. 그러나 초창기에 로렌츠의 논문은 수학자들에게 별로 알려지지 않아서, 수학적인 연구도 별로 없었고, 카오스(chaos)라는 용어도 쓰이지 않았다.

1973년 어느 날, 메릴랜드 대학교 수학과의 제임스 요크(James Yorke, 1941년~)에게 이웃 연구실의 지구물리학자가 논문을 하나 전해 주었다. 바로 로렌츠의 논문이었다. 흥미를 느낀 요크는 지도 학생이었던 리톈옌(Li Tien-Yien, 1945~2020년)과 함께 이 논문을 연구하다가, 함수의 주기성과 관련해 신기한 현상을 발견했다.

먼저 '주기'가 무엇인지부터 설명하자. 0부터 1까지의 구간 $I=[0, 1]$에서 I 자신으로 가는 연속 함수 f가 주어져 있다고 하자. 만약 $f(x)=x$가 성립하는 x가 있다면, 이 값을 고정점(fixed point)이라 부른다. f를 두 번 합성한 함수를 $f^2(x)=f(f(x))$로 나타낼 때, $f^2(x)=x$가 성립하는 x가 존재하면, 이 x를 '주기 2인 점'이라고 부른다. 같은 식으로, $f^n(x)=x$가 되면 '주기 n인 점'이라 부른다.

요크와 리가 발견한 것은 주기 3인 점이 존재하면 모든 주기가 다 나타난다는 것이었다. 즉 주기 3인 점이 있기만 하면, 주기 1인 고정점, 주기 2인 점, 주기 4인 점, 주기 5인 점, …, 주기 100인 점, …, 이런 점이 모두 존재한다는 것이다. 모든 주기가 다 나타난다는 것은 점들이 변화되는 양상이 그야말로 천차만별이라는 뜻이어서, 이들은 「주기 3은 카오스를 함의한다.(Period three implies chaos)」라는 제목으로 논문을 작성했다. 놀랍게도 증명에 사용된 수학은 수학과 저학년 학생도 이해할 수 있을 정도이고 분량도 두세 쪽이어서, 이들은 전문 학술지에 출판하는 대신, 수학과 학부생 수준의 논문을 주로 싣는 수학 교육 관련 학술지인 《아메리칸 매스매티컬 먼슬리(*American Mathematical Monthly*)》에 논문을 투고했다.

그러나 《아메리칸 매스매티컬 먼슬리》에서는 내용이 너무 어렵다면서 더 쉽게 풀어쓸 것을 요구했다. 그렇잖아도 자신들의 발견을 대단치 않은 것으로 생각했던 요크와 리는 심사 결과에 실망해 의욕을 잃고 논문을 수정할 생각을 하지 않았다. 그러고나서 얼마 후, 이들은 생물학자 로버트 메이(Robert May, 1936~2020년)의 강연을 들으러 갔다가 깜짝 놀랐다. 메이는 생물의 개체수 변화를 나타내는 로지스틱 함수에 나타나는 주기성을 언급했다. 그러면서 주기가 3이 되는 순간 갑자기 다양한 주기가 나타나더라는 관찰 결과를 발표했다. 바로 요크와 리가 증명한 사실이었다!

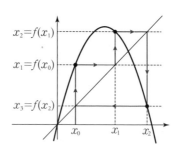

요크와 리는 메이에게 자신들이 발견한 결과를 이야기했고, 곧 그 결과가 얼마나 중요한지를 깨달았다. 그래서 처박아두었던 논문을 다시 다듬어 7쪽짜리 논문으로 고쳐 쓴 다음 《아메리칸 매스매티컬 먼슬리》에 다시 투고해, 1975년에 게재되었다. 카오스 이론이라는 이름이 바로 이 논문에서 유래했다.

놀라운 일은 이후에 더 이어졌다. 요크와 리의 논문이 발표되기 10년 전, 우크라이나 수학자 올렉산드르 샤르코우스키(Oleksandr Sharkovsky, 1936년~)가 더 강력한 결과를 발표했다는 사실이 뒤늦게 알려졌다. 그러니까 요크와 리는 샤르코우스키 정리(의 일부)를 재발견한 셈이었다. 샤르코우스키 정리는 자연수를 다음과 같이 나열하는 것에서 시작한다. 먼저 3, 5, 7, 9, …으로 1보다 큰 홀수를 모두 나열하고, 다음에 3×2, 5×2, 7×2, …를 나열하고, 그다음 3×2^2, 5×2^2, 7×2^2, …을 나열한다. 이런 식으로 홀수에 2의 거듭제곱을 곱한 수를 모두 나열한 다음, 마지막으로 2의 거듭제곱을 …, 2^3, 2^2, 2^1, 2^0 순서로 나열한다. 언뜻 보기에는 이상한 순서인데, 놀랍게도 이 순서에 따라 함수의 주기성이 나타난다. 3은 이 수열에서 가장 처음에 나타나므로, 이후의 모든 자연수가 주기로 나타나며, 만약 어떤 함수가 주기 5인 점을 가진다면, 주기 3인 점은 존재하지 않을 수 있어도 이 수열에서 5 이후에 나타나는 모든 수를 주기로 갖는 점이 반드시 존재한다.

렙타일

주어진 도형을 분할하는 문제는 순수 수학뿐만 아니라 유희 수학 분야에서도 자주 다루는 주제이다. 특히, 합동인 도형으로 등분하는 문제는 꽤 재미있는 주제이며, 합동인 도형이 분할하려는 원래 도형과 닮은 경우는 더 흥미로운 문제가 된다. 어떤 도형을 자신과 닮은 도형으로 등분할 수 있을 때, 이 도형을 '복제해 타일처럼 깔 수 있다.'라는 뜻에서 복제 타일(replicating tile)을 줄여 렙타일(rep-tile)이라 부른다. 이 용어는 수학자이자 공학자였던 솔로몬 골롬(Solomon Golomb, 1932~2016년)이 만들었는데, 원래 파충류(reptile)를 뜻하는 단어여서 말장난이 살짝 섞여 있다. 요즘 말로는 아재 개그라고 할까.

정삼각형을 합동인 4개의 정삼각형으로 분할하기는 간단하다. 정사각형도 마찬가지. 이런 도형은 차수 4인 렙타일, 더 줄여서 렙-4-타일(Rep-4-tile)로 부른다. 다음 도형은 정사각형을 사등분한 다음 작은 정사각형 하나를 없앤 것이다. 이 도형을 원래 도형과 닮은 도형 4개로 분할할 수 있을까?

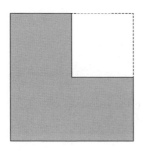

　　여러 수학 퍼즐 책에 소개되어서 이 도형이 렙-4-타일이라는 것은 꽤 잘 알려져 있는데, 이 도형은 렙-9-타일이기도 하다. 즉 똑같은 모양 9개로도 등분할 수 있다.

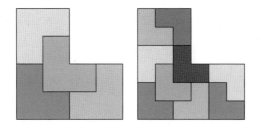

　　이밖에도 렙-4-도형은 꽤 많이 알려져 있는데, 스핑크스라 불리는 다음 도형도 유명하다. 렙-4-타일인 오각형은 이 스핑크스 이외에는 알려져 있지 않다. 이 도형을 사등분할 수 있겠는가?

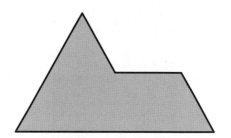

5는 가장 작은 합동수

세 변의 길이가 3, 4, 5인 삼각형은 직각삼각형인데 이 삼각형의 넓이는 6이다. 세 변의 길이가 자연수이면서 넓이가 1, 2, 3, 4, 5인 직각삼각형이 없다는 사실은 쉽게 알 수 있다. 만일 세 변의 길이가 유리수인 조건을 허용하면 어떨까? 예를 들어 세 변의 길이가 유리수이며 넓이가 5인 직각삼각형은 있을까? $9^2 + 40^2 = 41^2$이므로 세 변이 9, 40, 41인 삼각형은 직각삼각형이다. 이 삼각형의 넓이는 180인데 $180 = 5 \cdot 6^2$임에 착안하면, 세 변의 길이가 유리수 $\frac{3}{2}$, $\frac{20}{3}$, $\frac{41}{6}$인 직각삼각형의 넓이가 5임을 알 수 있다.

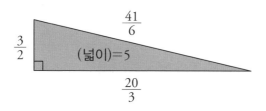

이처럼 어떤 자연수가 세 변의 길이가 유리수인 직각삼

각형의 넓이로 주어지는 자연수를 '합동수(congruent number)'라 부른다. 즉 5나 6은 합동수다. 예를 들어 세 변이 5, 12, 13인 직각삼각형의 넓이는 30이므로, 30도 합동수다. 합동수를 몇 개 써 보면 다음과 같다.

5, 6, 7, 13, 14, 15, 20, 21, 22, 23, 24, 28, 29, 30, 31, ….

관심 있는 독자는 세 변의 길이가 유리수이며, 넓이가 7인 직각삼각형을 찾아보기 바란다.

한편 위의 수열에서 빠져 있는 1, 2, 3, 4, 8, 9, 10 등이 합동수가 '아니'라는 것을 입증하기란 쉽지 않은 편이다. 예를 들어 1이 합동수가 아님을, 따라서 모든 제곱수는 합동수가 아니라는 사실은 페르마가 유명한 '무한강하법(method of infinite descent)'으로 증명한 바 있다. 2나 3 역시 합동수가 아니라는 사실도 같은 방법으로 입증했기 때문에 가장 작은 합동수는 5다. 실은 페르마가 최초로 무한강하법을 사용한 사례가 바로 이 문제였다고 한다.

어떤 자연수가 합동수냐의 여부를 판단하는 문제는 형태는 다르지만 아랍 수학에서도 발견된다. 피보나치 역시 합동수 문제를 다룬 바 있으며, 현대 암호론의 근간을 이루는 고급 수학인 '타원 곡선' 이론과 관련돼 있어 합동수 문제는 과거와 현재가 어우러지는 지점에 자리한 문제이다.

클레이 재단이 제기한 밀레니엄 7대 난제 중 하나로 100만 달러의 상금이 걸려 있는 '버치 스위너튼-다이어 추측'도 타원 곡선과 연관이 있다. 이 추측이 사실로 밝혀지면, 어떤 자연수가 합동수인지 판단하는 좋은 알고리듬이 있다는 사실은 알려져 있다.

그건 그렇고 합동수라는 이름은 그다지 좋은 작명은 아니다. 도형의 합동이나, 수나 다항식의 합동과는 별 관련이 없기 때문이다.

6차원 구는 표준적인 복소 구조를
가질 수 있을까?

평면에 직교 좌표를 도입하면 평면상의 점은 두 실수의 순서 쌍으로 이해할 수 있다. 순서쌍 2개의 각 성분끼리 더함으로써 순서쌍끼리 더할 수 있다. 곱셈도 가능할까? (x, y)는 복소수 $x + iy$에 대응시킬 수 있다. 복소수끼리 곱셈이 가능하므로 이것을 순서쌍에 대한 곱셈으로 정의하면 된다. 이렇게 사칙연산이 가능하다면 평면의 원소에 대한 변수로 원래의 순서쌍보다는 복소수를 나타내는 변수를 사용하는 것이 편리할 것이다.

평면뿐 아니라 곡면에도 복소수 변수를 이용할 수 있을까? 곡면은 전체적으로는 평면과 다르지만 국소적으로는 유클리드 평면과 같다. 즉 국소적으로는 직교 좌표 같은 것을 붙여서 직교 좌표에서 했던 계산 같은 것을 할 수 있다. 따라서 평면에서처럼 복소수 변수(또는 좌표)를 사용할 수 있다. 문제는 국소적으로 붙인 이 좌표계가 곡면을 따라가며 전체적으로 어긋남 없이 잘 붙어야 한다는 것이다. 곡면 중 가장 기

본적인 구면에는 복소수 좌표를 줄 수 있다. 이 경우 구면이
표준적인 복소 구조를 가진다고 한다.

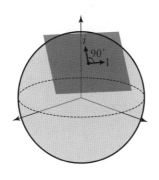

　　이제 차원이 높은 구를 생각해 보자. 고차원의 구에도
표준적인 복소 구조(integrable complex structure)를 줄 수 있을
까? 복소수는 2차원 평면에 해당하기 때문에 복소수의 순서
쌍을 생각한다면 고려 대상이 되는 구는 짝수 차원의 구이어
야만 한다. 가령 4차원 구이면 국소적으로 $(z, w) = (x + iy,$
$u + iv)$의 좌표를 줄 수 있는지 묻는 것이다. 표준적인 복소
구조를 줄 수 있는지 바로 알기 어렵기 때문에 우리는 좀 더
일반적인 복소 구조(almost complex structure)를 생각한다. 4차
원 구를 예로 들면, 4차원의 뜻은 각 점에서 서로 다른 네 방
향으로 곡선을 잡을 수 있다는 것이다. 4차원 구를 5차원 유
클리드 공간에 들어 있는 것으로 본다면, 구면에 수직인 방
향과 서로 다른 이 네 방향이 서로 수직이 되는 방향이라고

가정하자. 이때 방향을 나타내는 접벡터를 X, Y, Z, W라고 하자. 일반적인 복소 구조 J란 이들 접벡터들에 대한 회전으로 $J(X)=Y$, $J(Y)=-X$, $J(Z)=W$, $J(W)=-Z$를 만족한다. 그러면 특별히 $J^2=-Id$가 된다. 이 식은 $(\sqrt{-1})^2 = -1$을 일반화한 것으로 보면 된다. 평면에서도 허수 i의 기하학적 의미는 90도 회전임을 기억하자.

1953년 아르망 보렐(Armand Borel, 1923~2003년)과 장피에르 세르(Jean-Pierre Serre, 1926년~)는 짝수 차원의 구 중 일반적인 복소 구조를 갖는 것은 2차원 구면과 6차원 구면뿐임을 증명했다. 2차원 구면은 특별히 표준적인 복소 구조를 줄 수 있다. 그러나 6차원 구에 표준적인 복소 구조를 줄 수 있는지는 아직 알려져 있지 않다. 현재까지의 연구 결과들은 6차원 구에 표준적인 복소 구조를 줄 수 있는 가능성이 거의 없어 보인다는 것을 암시한다. 20세기의 최고 기하학자 중 한 사람인 천싱선(Chern Shiing-Shen, 1911~2004년)은 작고하기 직전까지 이 문제와 씨름했다고 한다.

365 수학

실러시 다면체

사면체는 어느 면도 다른 모든 면과 모서리를 공유한다. 이런 성질을 가진 다른 다면체는 없을까? 놀랍게도 사면체를 제외하면 단 한 종류만이 알려져 있다. 헝가리 수학자 실러시 러요시(Szilassi Lajos, 1942년~)가 발견해 실러시 다면체(Szilassi polyhedron)로 불리는 다음 칠면체가 그것으로, 육각형인 면 7개, 꼭짓점 14개, 모서리 21개로 이루어져 있다. 자세히 보면, 7개의 면 가운데 어느 것도 나머지 6개의 면과 만나는 것을 확인할 수 있다.

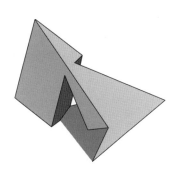

이 다면체가 사면체와 확연하게 다른 점이라면 가운데에 구멍이 하나 있다는 것으로, 위상적으로는 원환면과 동등하다. 즉 실러시 다면체가 유연한 재질로 이루어져 마음대로 늘이고 줄일 수 있다면 이 다면체를 변형해 도넛 모양을 만들 수 있다. 반면 구멍이 없는 사면체는 공 모양으로 만들 수 있어서 위상적으로 구와 동등하다.

구멍이 g개인 어떤 다면체의 꼭짓점이 v개, 모서리가 e개, 면이 f개라면, $v-e+f=2-2g$가 성립한다. $g=0$인 경우에는 $v-e+f=2$가 되어 잘 알려진 오일러의 정리가 된다.

어떤 다면체가 사면체나 실러시 다면체처럼 어떤 면도 다른 모든 면과 만나는 성질을 갖는다고 하자. 그러면 두 면을 고를 때마다 모서리가 하나씩 결정되므로 $e=\dfrac{f(f-1)}{2}$이 된다. 또, 한 꼭짓점에 4개의 면이 모이면, 마주보는 두 면은 꼭짓점만 공유하고 모서리를 공유할 수 없다. 따라서 꼭짓점마다 꼭 3개의 면이 만나야 한다. 그러면 꼭짓점마다 모서리 3개가 모이게 되므로 $3v=2e$가 된다.

이상의 조건을 모두 만족하는 자연수의 조합 (g, v, e, f)를 구해 보면,

$$(0, 4, 6, 4), (1, 14, 21, 7), (6, 44, 66, 12), \cdots$$

가 된다. 첫 번째 경우는 사면체라는 것을 쉽게 알 수 있지만,

두 번째 경우에 해당하는 다면체가 실재하는지는 자명하지 않다. 이것을 실제로 구성한 사람이 바로 실러시였다. 그러면 세 번째 경우는 어떨까? 이 다면체는 (존재한다면) 구멍이 6개나 있는 복잡하게 생긴 도형인데, 아직 어느 누구도 이 다면체가 실제로 존재하는지 그렇지 않은지 밝혀내지 못했다. 도전해 볼 사람이 있을까?

하일브론의 삼각형 문제

한스 하일브론(Hans Heilbronn, 1908~1975년)의 삼각형 문제라
고 알려진 것은 다음과 같다. 평면상에 넓이가 1인 볼록 집합
이 하나 주어져 있다. 한 변의 길이가 1인 정사각형이나 반지
름이 $\frac{1}{\sqrt{\pi}}$인 원이 넓이가 1인 볼록 집합의 예가 되겠다. 주어
진 볼록 집합에 $n(n \geq 3)$개의 점 P_1, P_2, $\cdots$, P_n이 있다. 이
점 중 세 점을 이어 만든 삼각형의 넓이의 최솟값을 $A(P_1, P_2,$
$\cdots, P_n)$이라 하자. n개의 점을 어떻게 선택하느냐에 따라 이
최솟값이 변할 터인데 그중 가장 큰 값을 결정할 수 있을까?
그 값은 점의 개수 n에 따라 결정되므로 H_n으로 표시하자.
이것을 보통 하일브론 상수라고 부른다. 주어진 볼록 집합의
유형에 따라 결과는 다를 것이다.

한 변의 길이가 1인 정사각형에 대해 하일브론의 문제를
생각해 보자. $n=3$인 경우는 삼각형이 하나만 생기기 때문에
정사각형 위에 세 점을 어떻게 줄 때 삼각형의 넓이가 가장 큰
지 생각하면 된다. 점의 위치를 표시하기 위해 좌표 평면에 4
개의 점 $(0, 0)$, $(1, 0)$, $(0, 1)$, $(1, 1)$에 의해 주어지는 정사각

형 위에서 문제를 생각하자. $P_1=(0, 0)$, $P_2=(1, 0)$, $P_3=(1, 1)$ 일 때 넓이가 가장 큼을 알 수 있다. 따라서 $H_3=\dfrac{1}{2}$이다.

$n=4$인 경우도 $P_1=(0, 0)$, $P_2=(1, 0)$, $P_3=(0, 1)$, $P_4=(1, 1)$일 때 $H_4=\dfrac{1}{2}$을 얻을 수 있다.

$n=6$일 때 하일브론 상수는 $H_6=\dfrac{1}{8}$이다. 이 값을 주는 점의 분포는

$$P_1=\left(\dfrac{1}{4}, 0\right),\ P_2=\left(\dfrac{3}{4}, 0\right),\ P_3=\left(0, \dfrac{1}{2}\right),$$
$$P_4=\left(1, \dfrac{1}{2}\right),\ P_5=\left(\dfrac{1}{4}, 1\right),\ P_6=\left(\dfrac{3}{4}, 1\right)$$

이다. 여기서 6개의 점은 볼록 육각형의 모양을 이룬다. 가장 작은 넓이를 주는 삼각형은 $P_1P_2P_3$ 또는 $P_1P_3P_5$이다.

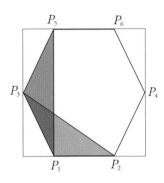

이때의 넓이는 $\dfrac{1}{8}$이다.

정말 점 6개의 분포가 위와 같을 때 하일브론 상수 값을 줄까? 위 6개의 점을 약간 흩어 놓았을 때 최소 넓이의 값이 줄어드는 것을 볼 수 있다. 6개의 점에 의해 결정되는 육각형에서 이웃하는 두 변에 의해 결정되는 삼각형이 최소 넓이를 주는 것을 관찰할 수 있다. 만약 P_1을 왼쪽으로 조금 움직여서 P_1, P_2 사이를 조금 벌려 놓으면 $P_1P_2P_3$의 넓이가 늘어날 수 있지만, 동시에 $P_1P_3P_5$의 넓이가 줄어들어 최소 넓이를 취하는 삼각형은 $P_1P_3P_5$가 되고 그 넓이는 $H_6 = \frac{1}{8}$보다 작게 된다.

n이 6보다 큰 경우에 대해서는 하일브론 상수가 적어도 어떤 값보다 커야 한다는 것만 알려져 있을 뿐, 그 값이 하일브론 상수인지는 알려져 있지 않다.

원주율 값에 들어 있는 6개의 9

원주율 값은 고대로부터 중요한 관심 대상이었다. 인류는 역사적으로 원주율 값을 계산하는 좋은 방법을 찾으려고 많은 노력을 했다. 다른 한편으로 원주율 값을 소수점 아래 상당히 많은 자리까지 계산하려는 노력도 계속되어 왔다. 19세기의 영국 수학자 윌리엄 섕크스(William Shanks, 1812~1882년)는 15년 동안 소수점 이하 707자리까지 원주율 값을 계산했다고 한다. 안타까운 것은 528자리 이후로는 계산이 틀렸다고 한다.

원주율은 무리수이며 초월수이기 때문에 원주율 값의 소수점 아래로 나타나는 숫자들은 상당히 불규칙하게 보인다. 흥미로운 것 중 하나는 소수점 아래 762번째 자리부터 9가 연달아 6개 등장한다는 것이다. 이후에 다시 한 수가 연달아 6개 등장하는 일이 일어나는데, 그 주인공이 놀랍게도 또다시 9라고 한다. 소수점 아래 193034번째 자리에서 그런 일이 일어난다.

3.14159265358979323846264338327950288419716939937510
58209749445923078164062862089986280348253421170679
82148086513282306647093844609550582231725359408128
48111745028410270193852110555964462294895493038196
44288109756659334461284756482337867831652712019091
4564856692... ...260249141273
72458700... ...282925409171536436
7892590... 011330... 548820461... 13841469519415116094
330572... 36575959... 3092186... 881932611793105118548
074462379962749... 55188575... 4891227938183011 94912
98336733624406... 3086021... 463952247371907021798
60943702770539... 7629317... 38467481846766940 5132
00056812714526... 0827785... 275778960917363717872
146844090122... 301464... ...11050792... 96892589235
4201995611... 19608640... ...598813... 774771309960
518707211... 3872978... ...951... 773281609631859
50244594... 9830826425223... 468503526193 11881
71010003137838752886587533208381420617177669147303
59825349042875546873115956286388235378759375195778
18577805321712268066130019278766111959092164201989

원주율 값의 소수점 아래 수들의 패턴과 관련해 사람들이 생각하는 개념으로 정상수(normal number)라는 것이 있다. 어떤 실수 x를 b진법으로 표기했을 때 소수점 아래로 수가 무한히 계속 이어지는 경우 소수점 아래 n자리까지 전개에서 0과 $b-1$ 사이에 있는 수 a가 나타나는 횟수를 $N(a, n)$이라고 하자. 만약 $a \in \{0, 1, \cdots, b-1\}$인 모든 a에 대해서

$$\lim_{n \to \infty} \frac{N(a, n)}{n} = \frac{1}{b}$$

이 성립하면 그 실수 x를 단순 정상수라고 부른다. 예를 들면 2진법으로 전개한 수가 $0.101010\cdots$이면, 이는 단순 정상수이다. 좀 더 일반적으로 동일한 실수 x의 소수점 아래 n자리까지 전개에서 $\{0, 1, \cdots, b-1\}$의 원소로 이루어진 표현 w

가 나타나는 횟수를 $N(w, n)$이라 하자. 만약 임의의 길이 m인 임의의 표현 w에 대해서

$$\lim_{n \to \infty} \frac{N(w, n)}{n} = \frac{1}{b^m}$$

이 성립하면 그 실수 x를 정상수라고 부른다. 1933년 수학자 데이비드 챔퍼나운(David Champernowne, 1912~2000년)은 소수점 아래에 자연수를 차례대로 붙여서 만든

$$0.12345678910111213 14\cdots$$

이 정상수임을 보였다. 이 수는 특별히 소수점 아래 전개가 주기성을 갖지 않는 수이다. 대표적인 무리수 $\sqrt{2}$, e, π는 정상수일 거라고 짐작하지만, 실제로 그러한지 아직 증명하지 못하고 있다.

36명의 장교 배열 문제

레온하르트 오일러는 피에르시몽 라플라스(Pierre-Simon La-place, 1729~1827년)가 '우리 모두의 스승'이라 일컬을 만큼 해석학, 대수학, 기하학, 조합론 등 다양한 분야에 큰 업적을 남긴 수학자이다. 왠지 수학자라고 하니, 오일러의 업적은 모두 논리적이고 수학적인 지루한 저술일 것 같다.

하지만 우리 모두의 스승이라 불리울 만큼, 지루한 학생을 위해 재미있는 예를 보여 주기 위해 노력하신 상냥한 선생님이 아닐까 한다. 오늘은 오일러가 직접 만든 '36명의 사관' 퍼즐 하나를 소개하고자 한다.

6개의 부대에서 대령, 중령, 소령, 대위, 중위, 소위 각 1명씩이 와서 총 36명이 모였다. 이들 36명을 6 × 6 배열로 배열하되 모든 행과 열에 여섯 부대와 여섯 계급의 사관이 모두 나타나도록 할 수 있을까?

이 문제는 「3월 12일의 수학」에서 소개했던 직교 라틴 방진 문제이다. 또는 라틴 어 알파벳의 대문자와 그리스 어 알파벳의 소문자를 썼기 때문에 그레코라틴 방진이라고도 한다.

자, 펜과 종이를 들고 시도하기 전에 답부터 말하면, 위 조건을 만족하도록 36명의 사관을 배열하는 방법은 없다. 오일러는 n이 홀수이거나 4의 배수인 경우 $n \times n$ 직교 라틴 방진을 만드는 방법을 제시했다. 그리고 $n=2$인 직교 라틴 방진은 없고, n이 6인 경우에 자신의 방법으로는 만들 수 없음을 보였다. 이를 기반으로 오일러는 n이 4로 나눈 나머지가 2인 경우에는 직교 라틴 방진이 없을 것이라는 가설을 세웠다.

$n=6$인 경우에 대해서는 1901년 가스통 타리(Gaston Tarry, 1843~1913년)가 모든 경우를 확인함으로써 6차 직교 라틴 방진이 없음을 확인했고, 1959년이 되어서야 어니스트 틸든 파커(Ernest Tilden Parker, 1926~1991년), 라지 찬드라 보스(Raj Chandra Bose, 1901~1987년), 샤랏찬드라 샹카르 슈리칸드(Sharadchandra Shankar Shrikhande, 1917~2020년)가 $n \geq 10$인 경우에는 오일러의 가설이 틀렸음을 증명했다.

공교롭게도 직교 라틴 방진을 만들 수 없을 때는 오일러가 확인한 두 가지, $n=2$, 6인 경우뿐이었다. 마치 페르마의 소수처럼.

46	57	68	70	81	02	13	24	35	99
71	94	37	65	12	40	29	06	88	53
93	26	54	01	38	19	85	77	60	42
15	43	80	27	09	74	66	58	92	31
32	78	16	89	63	55	47	91	04	20
67	05	79	52	44	36	90	83	21	18
84	69	41	33	25	98	72	10	56	07
59	30	22	14	97	61	08	45	73	86
28	11	03	96	50	87	34	62	49	75
00	82	95	48	76	23	51	39	17	64

365 수학

정육면체의 전개도는 11가지

전개도는 어떤 입체 도형을 잘라서 평면에 펼친 그림을 뜻한다. 거꾸로 말하자면, 평면에서 전개도를 잘라내 잘 접으면 입체 도형이 된다. 입체 도형 가운데 기본적인 것이라 할 수 있는 정육면체를 생각해 보자. 정육면체의 전개도는 모두 몇 가지가 가능할까?

막상 세어 보면 꽤 헷갈리는데, 전개도를 돌리거나 뒤집는 경우를 하나로 생각하면 전개도 전체는 다음과 같이 11가지 종류가 있다.

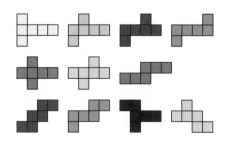

정육면체의 한 모서리의 길이가 1이라고 하면, 모든 전

개도의 넓이는 6이 된다. 당연해 보이는가? 그렇다면 전개도의 둘레의 길이는 어떨까? 모서리의 길이가 1인 정육면체의 전개도 11가지는 모두 둘레의 길이가 14로 같다. 왜 그런지 설명할 수 있겠는가?

정육면체 대신 직육면체를 생각해 보자. 직육면체의 전개도는 몇 개쯤 될까? 정육면체와 마찬가지로 11가지? 아니, 이것보다는 많을 것 같으니, 두세 배쯤 되는 20개에서 30개 정도? 모두 틀렸다.

가로, 세로, 높이가 모두 다른 직육면체의 전개도는 돌려서 같은 것을 하나로 셀 때 54가지나 존재한다. 이 전개도들의 넓이는 당연히 모두 같지만, 모든 전개도의 둘레의 길이가 같지는 않다. 예를 들어, 아래 그림의 두 직사각형의 둘레의 길이는 4만큼 차이가 난다. 그러니 정육면체의 전개도 11가지가 모두 둘레의 길이가 같다는 것은 자명하지는 않은 사실이다.

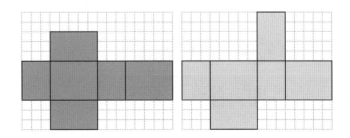

정십이각형 속의 삼각형과 육각형

정삼각형이나 정사각형과 같은 도형은 비교적 단순해 넓이를 구하는 것이 쉽지만, 다른 정다각형은 넓이를 구하기가 쉽지 않다. 정육각형 정도는 넓이를 구하기가 크게 어렵지 않지만, 정십이각형과 같은 도형의 넓이를 구하는 것은 간단치 않아 보인다. 그런데 정십이각형 안에 들어 있는 다각형 사이에 신기한 관계를 발견할 수 있다. 다음 그림에서 회색 육각형과 검은색 삼각형의 넓이가 같다. 왜 그럴까?

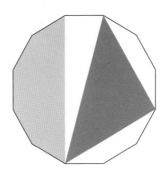

실제로 넓이를 일일이 구해서 확인할 수도 있지만, 정십

이각형을 정삼각형과 정사각형으로 분할하면 색칠된 두 도형의 넓이 관계를 쉽게 확인할 수 있다. 아래 그림을 보면, 회색 육각형은 정사각형 2개와 정삼각형 4개로 이루어져 있다고 할 수 있다. 검은색 삼각형의 넓이가 어떤지는 한눈에 잘 보이지 않는데, 일부분을 잘라서 옮겨 붙이면 넓이 관계가 잘 드러난다. 그림과 같이 옮겨 보면 정사각형 2개, 정삼각형 4개가 되어 회색 육각형과 넓이가 같다는 것을 알 수 있다. 그리고 정십이각형의 넓이는 변의 길이가 같은 정삼각형 12개와 정사각형 6개의 합과 같음을 덤으로 알 수 있다.

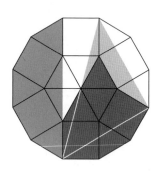

자연 상수와 연분수 표현:
$\dfrac{e+1}{e-1} \approx \dfrac{13}{6}$

직사각형이 하나 주어질 때 짧은 변의 길이를 한 변으로 하는
정사각형을 가능한 한 많이 없애면, 아무것도 남지 않거나 자
투리 직사각형이 하나 남는다. 자투리가 남는 경우 역시 같은
방법으로 정사각형들을 없애는 일을 반복해 보기로 하자.

예를 들어 변의 길이의 비가 $1 : \sqrt{2}$인 경우 한 변의 길이
가 1인 정사각형은 하나 잘라낼 수 있다. 남은 자투리 사각형
의 길이의 비는 $(\sqrt{2}-1) : 1$, 즉 $1 : (\sqrt{2}+1)$이므로 정사각형
을 2개 잘라낼 수 있고, 남은 자투리 사각형의 길이의 비는
$(\sqrt{2}-1) : 1$이 된다. 이후로는 계속 정확히 2개씩 정사각형을
잘라낼 수 있음을 알 수 있는데, 이를 이용하면 $\sqrt{2}$가 무리수
임을 증명할 수 있다. (두 변의 비가 유리수이면, 언젠가는 자투리
가 남지 않음을 증명할 수 있기 때문이다.)

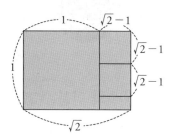

예를 들어 자연 상수 e에 대해, 두 변의 길이의 비가 $(e-1):(e+1)$인 경우에는 어떨까? $1.71828\cdots:3.71828\cdots$ 이므로 처음에는 정사각형을 2개 잘라낼 수 있다. 남은 자투리 직사각형의 두 변의 비는 $(3-e):(e-1)=0.28171\cdots:1.71828\cdots$이다. 여기에서는 6개의 정사각형을 잘라낼 수 있으며, 남은 자투리에서는 10개를 잘라낼 수 있다.

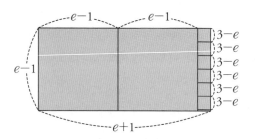

이때 잘라낸 정사각형의 개수는 2, 6, 10인데 과연 이런 규칙이 앞으로도 이어질까? 다시 말해서 잘라낸 정사각형의 개수가 14, 18, 22, …처럼 규칙적으로 나올지를 질문해 볼

수 있다. 그렇다는 사실을 처음으로 밝힌 것이 바로 오일러다. 현대식 표기를 따르자면 다음처럼 쓸 수 있다는 뜻이다.

$$\frac{e+1}{e-1} = 2 + \cfrac{1}{6 + \cfrac{1}{10 + \cfrac{1}{14 + \cfrac{1}{18 + \cfrac{1}{\cdots}}}}}$$

2.163953...

이런 종류의 관계를 통해 오일러는 $\frac{e+1}{e-1}$ 이 무리수임을, 따라서 자연 상수 e가 무리수라는 것을 입증할 수 있었다. 한편 위의 전개식으로부터 다음 유리수 값들이 $\frac{e+1}{e-1}$ 의 근삿값임을 알 수 있다.

$$2 + \frac{1}{6} = \frac{13}{6}, \quad 2 + \cfrac{1}{6 + \cfrac{1}{10}} = \frac{132}{61}, \quad \cdots.$$

예를 들어 첫 번째 근삿값으로부터 $e \approx \frac{13+6}{13-6} = 2.71428\cdots$을 얻을 수 있고, 두 번째 근삿값으로부터 $e \approx \frac{193}{71} = 2.71830\cdots$을 얻을 수 있다.

14는 카탈랑 수

카탈랑 수는 조합론에서 경우의 수를 세는 여러 다양한 문제에서 공통적으로 등장하는 수이다. 대표적인 문제 중 하나는 n쌍의 괄호를 묶는 방법의 가짓수를 세는 것이다. 이 가짓수를 C_n으로 표기하자. 예를 들면 두 쌍의 괄호를 묶는 방법은 ()()와 (()) 두 가지 방법뿐이다.

일반적으로 C_n을 구하는 방법은 다음과 같다. $n-1$쌍의 괄호로 묶는 모든 경우가 하나 있으면 이를 2개의 파트 AB로 나눌 수 있다. 이때 A는 k쌍의 괄호로 묶여 있고, B는 $n-1-k$쌍의 괄호로 묶여 있다. 만약 괄호를 A에 추가해 (A)B가 되게 하면 n쌍의 괄호로 묶는 경우를 하나 얻는다. 이는 k쌍의 괄호로 묶는 각 경우 A와 $n-1-k$쌍의 괄호로 묶는 각 경우 B에 대해 적용되기 때문에 $C_k C_{n-1-k}$가 짓수만큼의 n쌍의 괄호로 묶는 경우를 얻게 된다.

이제 AB와 같은 분할에서 k의 값을 0에서 $n-1$까지 모두 망라하고 각 경우에 대해 (A)B를 취하면 n쌍의 괄호를 묶는 모든 경우를 얻을 수 있다. 이때 $C_n = \sum_{k=0}^{n-1} C_k C_{n-1-k}$를 얻는다.

카탈랑 수에 대한 이 점화식은 1758년 독일의 수학자 요한 안드레아스 폰 제그너(Johann Andreas von Segner, 1704~1777년)가 처음으로 얻었다. 당시에 오일러가 $n+2$개의 변을 가진 정다각형을 대각선을 이용해 삼각형들로 분할하는 가짓수에 대한 문제를 냈는데 그 문제에 대한 해결법을 제시한 것이다.

점화식을 사용해 3쌍의 괄호로 묶는 방법의 가짓수를 세어 보자. 2쌍의 괄호로 묶는 경우를 2개로 분할하는 경우를 먼저 망라해야 한다. AB의 크기가 각각 $(0, 2)$, $(1, 1)$, $(2, 0)$인 경우를 망라하고 새 괄호를 첨가해 보자. 구분을 위해 $(A)B$인 경우 $[A]B$로 표기하자. 그러면 $[](())$, $[]()()$와 $[()]()$와 $[(())]$, $[()()]$를 얻을 수 있다. 따라서 $C_3 = 2 + 1 + 2 = 5$이다. 마찬가지로 4쌍의 괄호를 묶는 경우의 수는 $C_4 = C_0 C_3 + C_1 C_2 + C_2 C_1 + C_3 C_0 = 2(5+2) = 14$이다.

$$C_0 C_3 : ()(()) \quad ()()() \quad ()(())() \quad ()((())) \quad ()(())$$
$$C_1 C_2 : (())()() \quad (())()() $$
$$C_2 C_1 : ((()))() \quad (())()$$
$$C_3 C_0 : (()(())) \quad (()()()) \quad ((())()) \quad (((()))) ((())())$$

외젠 샤를 카탈랑(Eugene Charles Catalan, 1814~1894년)은 벨기에 태생의 수학자로 프랑스 에콜 폴리테크니크에서 조제프 리우빌(Joseph Liouville, 1809~1882)을 사사했다. 리우빌을 통해 오일러의 분할 문제와 이후의 해법에 대해서 알게 된 카탈랑은 처음으로 $C_n = \dfrac{(2n)!}{n!(n+1)!}$ 의 공식을 얻었다. 카탈랑 수라는 이름은 20세기 들어와서 대중 수학 저술가인 마틴 가드너가 사용하면서 대중화되었다고 한다.

$$4 \sin 15° = \sqrt{6} - \sqrt{2}$$

한때는 삼각 함수의 공식이 당연한 것으로 여겨지던 때도 있었지만, 고등학교 교과 과정이 바뀌면서 이제는 삼각 함수의 도함수를 구하기 위한 최소한의 공식 이외에는 '어려운 공식'으로 간주되고 있다. 마치 몇 번 영화화도 된 유명 판타지 소설의 악당 이름처럼 '알지만 말할 수 없는 것'이 되어 버린 느낌이다.

그래도 몇몇 특별한 각에 대한 삼각 함수의 값은 어려운 공식을 쓰지 않고 간단한 작도로 얻을 수도 있다. 자와 컴퍼스, 그리고 피타고라스 정리를 이용해 $\sin 15°$를 구해 보자.

1. 정삼각형 하나를 반으로 자른 직각삼각형 ABC를 그린다.
2. 선분 AB를 연장해, 선분 AC의 길이와 선분 AD의 길이가 같아지는 점 D를 찾는다.
3. 삼각형 ACD는 이등변삼각형이므로, 각 ACD와 각 ADC는 같고, 두 각의 크기를 더하면 각 BAC와 같

으므로, 각 ACD와 각 ADC의 크기는 15도이다.

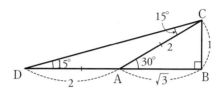

선분 BC의 길이를 1이라 할 때, 피타고라스 정리에 의해 선분 CD의 길이는

$$\sqrt{(2+\sqrt{3})^2+1^2}=\sqrt{8+4\sqrt{3}}=\sqrt{8+2\sqrt{12}}=\sqrt{6}+\sqrt{2}$$

이다. 따라서,

$$\sin 15° = \frac{1}{\sqrt{6}+\sqrt{2}} = \frac{\sqrt{6}-\sqrt{2}}{4}$$

이다.

16 정리

평면에 곡선이 하나 있다. 이 곡선상의 한 점에 반지름이 1인 원이 A라는 점에서 접하고 있다고 하자. 이제 곡선 위를 원이 굴러갈 때 원래 원 위의 A점이 움직여 가는 곡선을 생각할 수 있다. (곡선이 너무 심하게 굽어 있거나, 뾰족점이 있는 경우는 생각하지 않는다.)

이런 곡선을 '바퀴가 굴러가는 곡선'이라 해 '윤전 곡선'이라 부른다. 예를 들어 직선 위를 굴러가는 윤전 곡선은 '굴렁쇠선'이라 부르는 사이클로이드(cycloid)이며, 반지름이 3인 원 위를 굴러가면 '아스트로이드(astroid)'라는 곡선이 나온다.

실제로 곡선을 기준으로 어느 쪽으로 굴러가느냐에 따라 윤전 곡선은 2개가 나오는데 예를 들어 다음과 같다.

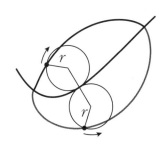

이제 주어진 곡선의 양쪽에서 원이 딱 한 바퀴씩 굴러갔다고 하자. 그러면 주어진 곡선을 사이에 두고 윤전 곡선 2개가 나올 것이다.

이 도형은 매우 흥미로운 성질을 가지는데, 먼저 두 곡선의 길이를 더하면 반드시 16이라는 성질이 성립한다. 특별한 경우로 사이클로이드의 길이는 8이라는 사실을 알 수 있다.

매우 늦게 알려진 사실임에 비해 증명은 의외로 쉽지만, 극좌표와 간단한 적분을 알아야 하므로 더는 설명하지 않는다.

또한 이 두 곡선이 둘러싸는 영역의 넓이는 항상 6π 라는 사실이 성립한다. 따라서 사이클로이드와 직선으로 둘러싸인 영역의 넓이는 3π 일 것이다.

17은 섹시 소수의 센터

제목만 읽고 이상한 상상을 하며 책을 펼치지 않았기를 바란다. 먼저 섹시 소수란 이름이 6을 의미하는 라틴 어(sex)에서 온 것임을 명확히 하도록 하자.

정수론에는 풀리지 않은 난제가 많은데, 정수 자체의 구조가 단순해, 이 단순한 정보만으로는 무한히 많은 수에 대한 일반적인 정보를 얻기 힘든 경우가 많다. 페르마의 마지막 정리도 정수만의 성질로는 도저히 풀 수 없기 때문에 체의 확장, 타원 곡선의 모듈라 성질 등 다른 도구를 도입하고 나서야 그 증명이 가능했다. 이런 난제 중 하나가 쌍둥이 소수 가설로, p와 $p+2$가 모두 소수인 p가 무한히 많다는 추측이다. 아직도 쌍둥이 소수 가설은 풀리지 않았지만 많은 사람들이 참일 거라 믿으며 이와 관련된 연구를 진행하고 있고, 많은 변형도 제시되고 있다.

이번에 소개하는 주제인 p, $p+6$이 모두 소수인 p도 그 한 예이다. 이러한 p, $p+6$을 '섹시 소수(sexy primes)'라고 부른다. 쌍둥이 소수처럼 섹시 소수도 무한히 많을 것이라 생각되고 있다. 섹시 소수는 500 이하의 수 중에 46쌍이 있다. 500 이하의 쌍둥이 소수가 28쌍임을 감안하면, 섹시 소수가 쌍둥이 소수보다 많아 보인다. 즉 섹시 소수가 무한히 많을 가능성이 커 보인다.

현재까지 알려진 섹시 소수 중 가장 큰 것은 2009년 켄 데이비스(Ken Davis)가 발견했으며, 이 수는 11593자리의 소수이다. 그 값은 아래와 같이 표현된다. (아래 식에서 $n\#$은 $1 \leq p \leq n$을 만족하는 소수 p를 모두 곱한 값이다.)

$$p = (117924851 \cdot 587502 \cdot 9001\# \cdot (587502 \cdot 9001\# + 1)$$
$$+ 210) \times (587502 \cdot 9001\# - 1)/35 + 5.$$

수학의 좋은 점 중 하나는 별다른 비용 없이 여러 가지 확장을 생각해 볼 수 있다는 점이다. 섹시 소수의 다른 성질은 연구하기 쉽지 않지만, 섹시 소수를 이용한 여러 상황을 둘러보면 어려운 배경 지식 없이도 재미있는 사실을 발견할 수 있다. 쌍둥이 소수나 섹시 소수처럼 꼭 2개만을 생각해야 한다고 법에 정해져 있지 않으니, 이를 다음과 같이 늘려 보자. 아래와 같이 소수만으로 이루어지고 공차가 6인 등차수열을 얼마나 길게 만들 수 있을까?

$$p, \ p+6, \ p+12, \ p+18, \ \cdots.$$

이에 대해서도 데이비스가 많은 경우를 찾았다. 길이가
3인 등차수열은

$$p = (84055657369 \cdot 205881 \cdot 4001\# \cdot (205881 \cdot 4001\# + 1)$$
$$+ 210) \times (205881 \cdot 4001\# - 1)/35 + 1,$$

길이가 4인 등차수열은 $p = 2^{3333} + 1582534968299$부터 시
작하는 것이 현재까지 알려진 가장 큰 수열이다.

그렇다면 길이가 5인 등차수열은 어떨까? 이 부분은 쉽
게 알 수 있다. 만일 p, $p+6$, $p+12$, $p+18$, $p+24$가 있
다면, 이 5개 중 하나는 5의 배수이다. 모두 소수이므로 5개
중 하나는 5여야 하고 뒤의 네 숫자는 6보다 큰 수이니, $p=5$
이다. 즉 5, 11, 17, 23, 29가 유일하게 공차 6, 길이 5인 소수
로 이루어진 등차수열이다.

같은 식으로 생각하면, 길이 6인 등차수열은 만들 수 없
으므로 연속한 섹시 소수를 가장 많이 모으는 방법은 5개를
모으는 것이고, 이 모임의 센터는 17이다. 이런 의미에서 17
이 가장 섹시한 소수라고 할 수 있지 않을까?

램지 수

세상은 참 넓은 듯하지만, 한편으로는 좁기도 하다. 직장에서 선임으로만 알던 사람이 알고 보니 같은 중학교 출신에, 동향 사람인 것을 알게 되었을 때의 놀라움이란! 이럴 때는 항상 착하게 살아야겠다는 다짐을 하곤 한다.

이러한 사실을 수학적으로 설명할 수 있다면 어떨까? 수학적인 설명을 위해 상황을 조금 더 구체적으로 설정해 보자. 꽤 많은 사람들이 참석하는 모임이 있다고 하자. 이중 두 사람을 고르면, 둘은 서로 아는 사이거나 모르는 사이일 것이다. 그럼 이 안에서 서로 잘 아는 세 사람(친구 셋), 혹은 서로 모르는 세 사람(타인 셋)이 반드시 있을까? 일단 이러한 상황이 되려면 인원수가 적당하게 있어야 한다. 만일 2명밖에 참석하지 않은 모임이라면 3명을 고를 수조차 없고, 3명이라면 고를 방법 자체가 하나뿐이다!

이 문제는 조합론의 그래프를 이용해 생각할 수 있다. 각 사람을 점으로 생각하고, 두 사람이 아는 사이면 굵은 선으로, 모르는 사이이면 가는 선으로 잇는 그래프를 생각하고,

이 그래프 안에서 같은 선으로 이루어진 삼각형이 있는지를 찾는 문제이다. 이렇게 생각하면, 다음 그림은 최소한 6명 이상의 인원이 있어야 친구 셋 혹은 타인 셋이 있을 수 있다는 사실을 알려 준다.

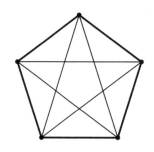

그렇다면 6명이 있다면 가능할까? 6명이면 가능하다는 사실도 위 그림으로부터 쉽게 알 수 있다. 먼저 위의 그림에서 한 개의 변이라도 굵기가 변한다면, 우리가 원하는 변의 굵기가 일정한 삼각형이 만들어진다. 따라서 5명 중에서 이미 친구 셋이나 타인 셋이 있다면, 여기에 한 명이 추가되어도 그 사실은 변하지 않는다.

만일 5명만으로 부족한 상황, 즉 위의 그림과 같다면, 새로운 사람을 추가해 보자. 이 사람을 가운데 점이라고 생각하고, 이 사람과 나머지 5명의 관계를 확인한다고 하자. 만일 이 사람이 다섯 사람을 모두 안다면, 즉 나머지 다섯 점에 굵은 선을 긋는다면, 굵은 변의 삼각형을 많이 만들 수 있다. 따라서 최소한 한 사람은 모르는 사람이어야 하고, 최소한 1개의 가는 변이 그어진다. 오각형을 잘 돌려서 맨 위의 사람과 모르는 사이라고 하자. (가는 변) 그렇다면 양옆의 두 사람 중 한 명만 몰라도 가는 변 삼각형이 만들어진다. 만일 둘 다 아는 사이이면, 굵은 변 삼각형이 만들어진다!

이렇게 6명의 인원만 있으면 그 안에서 친구 셋 또는 타인 셋이 있다. 램지의 정리는 친구 m명 또는 타인 n명이 반드시 존재하는 최소의 인원 $R(m, n)$이 존재한다는 것이다. 이 수를 '램지 수(Ramsey number)'라 부른다. 위의 증명은 $R(3, 3) = 6$임을 보인 것이다.

램지 수는 생각보다 계산하기 어렵다. 지금까지 $R(2, 2) = 2$, $R(4, 4) = 18$임은 증명되었지만, 5의 경우에는 $43 \le R(5, 5) \le 48$이라는 정도밖에 알려져 있지 않다. 설명이 어렵지 않았으니, 모든 경우를 컴퓨터로 찾아보면 될 것 같다는 생각이 들 것이다. 하지만 단순히 생각해 봐도 47명을 2명씩 짝짓는 수가 $\binom{47}{2} = 1081$이므로, 47명의 인원에 대해 서로 알고 모르는 관계를 나타내는 모두 경우의 수는 2^{1081}으로 이 수는 약 2.6×10^{325}이다. 즉 47명으로 충분할지를 컴퓨터로 계산해 보려 해도, 약 2.6×10^{325}가지의 경우에 대해 5명이 모두 아는 경우 혹은 모르는 경우가 있는지를 일일이 찾아야 하므로 컴퓨터 한두 대로는 계산할 수 없다.

에르되시는 램지 수를 구하는 문제가 얼마나 어려운지

를 다음과 같이 비유했다.

　"만약 압도적인 무력을 가진 외계인이 나타나 $R(5, 5)$의 값을 알아내지 못하면 지구를 멸망시키겠다고 했다고 합시다. 이 경우 인류가 할 수 있는 최선의 대책은 전 세계 컴퓨터를 모두 모아 이 값을 구하는 것입니다. 그런데 만약 외계인이 $R(6, 6)$의 값을 요구했다면? 그때 인류가 할 수 있는 최선의 대책은 그 외계인을 죽여 버리는 겁니다."

육각마법진

1910년 미국의 클리포드 애덤스(Clifford Adams)는 신문에서 수학 퍼즐 문제를 발견했다. 1부터 19까지 19개의 수를 정육각형 모양으로 배열해 일직선상에 있는 수들의 합이 같게 만드는 문제였다. 간단히 풀리지 않는 문제여서 애덤스는 틈날 때마다 문제를 풀어 보았다. 매번 수를 써 가며 계산하는 것도 쉬운 일이 아니어서, 애덤스는 정육각형 모양의 타일을 구해 이리저리 옮기며 답을 찾았다고 한다.

그러다 47년이 지난 1957년, 수술 후 병실에서 회복 중이던 애덤스는 결국 답을 찾았다! 그러나 답을 적어 둔 종이를 잃어버리는 바람에 다시 5년 동안 답을 찾으려고 노력했지만 성공하지 못했다. 다행히 1962년 12월에 잃어버렸던 종이를 찾은 애덤스는 당시《사이언티픽 아메리칸》에 수학 칼럼을 연재 중이던 마틴 가드너에게 이 문제에 대해 편지를 보냈다.

편지를 받은 가드너는 애덤스의 풀이가 수백 가지 답 가운데 하나일 것으로 생각하고 문헌을 조사했다. 애덤스의 풀이가 최초는 아니었으나, 이상하게도 애덤스의 풀이를 뒤집거나 돌린 꼴 이외의 다른 풀이는 전혀 기록되어 있지 않았다.
가드너는 수학자 찰스 트리그(Charles Trigg, 1898~1986년)에게
편지를 보내 이 문제에 대해 물었고, 트리그는 애덤스의 풀이
가 유일할 뿐만 아니라, 이런 일이 가능한 배열은 정육각형
하나로 만든 자명한 경우를 제외하면 애덤스의 풀이처럼 정
육각형 19개를 배열하는 것뿐이라는 사실까지 밝혔다.

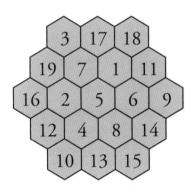

　　정육각형 모양을 뒤집거나 돌리는 경우를 하나로 세면,
19개의 수를 나열하는 방법은 19!/12가 되어 1경을 조금 넘
는다. 그러니까 이 문제는 1경 가지 경우 가운데 하나뿐인 배
열을 찾으라는 문제라 할 수 있다.

$6 \times 20 \pm 1$

아마추어 수학자들이 좋아하는 주제 가운데 하나는 아마도 소수를 나타내는 공식이 아닐까 싶다. 소수는 정수론에서 대단히 중요하지만, 출현하는 양상이 너무나 불규칙해서 소수의 성질 연구가 어려울 수밖에 없다. 그래서 '소수를 나타내는 공식만 만들 수 있으면 정수론의 수많은 미해결 문제가 풀린다.'라고 생각하는 사람도 아주 많은 것 같다. 그러다 보니, 리만 가설이 참으로 증명되기만 하면 소인수 분해가 어렵다는 사실에 기반한 현대 암호가 모두 무용지물이 된다는 식의 이상한 이야기도 많이 떠돌고 있다.

사실 수학자들은 소수를 나타내는 공식 같은 것에 별 관심이 없다. 그런 공식이 있으리라 생각하지도 않고, 있다 해도 실질적인 의미가 있을 정도로 간명한 모양일 것으로 기대하지도 않는다. 어떤 의미에서는 소수를 나타내는 특별한 공식이 없기 때문에 소수의 성질 연구가 흥미롭다고 할 수도 있겠다.

가끔 자신이 수학의 미해결 문제를 해결했다고 주장하면서 소수와 관련된 문제, 그러니까 유명한 골드바흐 추측이나 쌍둥이 소수 추측 같은 것의 증명을 인터넷에 공개하는 사람들을 볼 수 있다. 이런 사람들의 증명에는 '소수를 나타내는 방법'이 많이 등장하는데, 흔히 볼 수 있는 사례 가운데 하나는 $6n \pm 1$ 꼴로 소수를 나타내는 것이다. 사실 3을 제외하고 모든 홀수 소수는 반드시 $6n + 1$ 또는 $6n - 1$로 나타낼 수 있다. 그들은 이 사실을 굉장히 복잡하게 설명하지만, 약수 배수 관계를 따져 보면 자명하다 할 수 있다. 그런데 이걸 거꾸로 해, 모든 자연수 n에 대해 $6n + 1$과 $6n - 1$ 가운데 적어도 하나는 반드시 소수라고 주장하면 이것은 자명지도 않을 뿐더러 사실도 아니다. 안타깝게도 중고등학교에서 명제와 논리를 제대로 다루지 않아서인지 원래 명제와 그 역을 구별하지 못하는 사람이 꽤 많다. 소수를 $6n \pm 1$ 꼴로 나타내는 것도 그런 경우라 할 수 있다.

실제로 n에 자연수를 차례대로 넣어 보면 $6n + 1$과 $6n - 1$ 가운데 하나, 또는 둘 다 소수가 나오기에 이런 착각에서 더 잘 벗어나지 못하는 것 같다. 그러나 저 두 식의 값은 $n = 20$일 때 모두 합성수가 된다. $6 \times 20 - 1 = 119 = 7 \times 17$이고 $6 \times 20 + 1 = 121 = 11^2$이기 때문이다. 이런 일은 $n = 20$일 때만이 아니어서, n이 20, 24, 31, 34, 36, 41, 48, 50, $\cdots$일 때도 $6n \pm 1$은 모두 합성수가 된다.

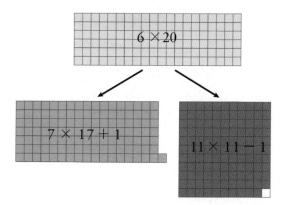

6 × 20

7 × 17 + 1

11 × 11 − 1

365 수학

시커먼의 주사위

우리가 보통 사용하는 주사위는 1, 2, 3, 4, 5, 6개의 점이 찍힌 주사위다. 점의 개수의 총합이 21이라는 것쯤은 누구나 알 것이다. 이런 주사위를 2개 굴려서 점의 개수의 합을 구하면 2부터 12까지 나오는데, 그 분포를 표로 나타내면 다음과 같다.

	•	••	•••	::	:•:	::
•	2	3	4	5	6	7
••	3	4	5	6	7	8
•••	4	5	6	7	8	9
::	5	6	7	8	9	10
:•:	6	7	8	9	10	11
:::	7	8	9	10	11	12

시커먼(Sicherman)의 주사위는 각 면에 1, 2, 2, 3, 3, 4개와 1, 3, 4, 5, 6, 8개의 점을 찍은 주사위 한 쌍을 말한다. 뭔가 이상한 주사위인데, 신기하게도 한 쌍의 주사위를 굴렸을

때 점의 개수의 합은 보통 주사위 한 쌍을 굴렸을 때와 완전히 분포가 동일하다. 예를 들어 시커먼의 주사위에서 두 점 개수의 합이 6인 경우는

$$1+5, 2+4, 2+4, 3+3, 3+3$$

으로 모두 다섯 가지인데, 보통 주사위 한 쌍에서도

$$1+5, 2+4, 3+3, 4+2, 5+1$$

으로 다섯 가지이다.

	⚀	⚁	⚂	⚃	⚄	⚅
⚀	2	4	5	6	7	9
⚁	3	5	6	7	8	10
⚂	3	5	6	7	8	10
⚃	4	6	7	8	9	11
⚄	4	6	7	8	9	11
⚅	5	7	8	9	10	12

점의 개수를 자연수로 한정할 때, 혹시 다른 조합의 주사위로도 이런 일이 생길 수 있을까? 물론 가능한 조합을 모두 만들어 보는 막노동으로도 해결할 수 있겠지만, 여기서는

좀 더 고급진 접근법을 택해 보자.

보통 주사위 한 쌍과 시커먼의 주사위 한 쌍에 대해 점의 개수의 합이 같은 분포를 보인다는 것은, 다음 항등식으로 간결하게 표현할 수 있다.

$$(x^1 + x^2 + x^3 + x^4 + x^5 + x^6)^2$$
$$= (x^1 + 2x^2 + 2x^3 + x^4)(x^1 + x^3 + x^4 + x^5 + x^6 + x^8).$$

따라서 다른 조합의 주사위가 있는지 찾기 위해서는

$$x^2(x+1)^2(1+x^1+x^2)^2(1-x^1+x^2)^2$$

를 (계수의 합이 6인) 다항식 2개의 곱으로 쪼개 보면 된다. 몇 번 시도해 보면, (아쉽게도) 위에서 구한 시커먼의 주사위밖에 없음을 알 수 있을 것이다.

그건 그렇고 시커먼의 주사위에 찍힌 점의 개수의 합은 42인데, 이것이 보통 주사위에 찍힌 점의 개수 21의 2배라는 것은 우연일까?

22는 스미스 수

22를 소인수 분해하면 22＝2×11이 된다. 22의 각 자리 수를 다 더하면 2＋2＝4다. 한편 소인수 분해에 나타나는 소수의 각 자리 수를 다 더해 보면 2＋1＋1＝4가 된다. 이와 같이 어떤 수의 각 자리 수의 합과 그 수의 소인수들의 각 자리 수의 합이 같은 수를 '스미스 수(Smith number)'라고 한다. 가장 작은 스미스 수는 4이며, 22는 두 번째 스미스 수이다.

스미스 수는 1982년 앨버트 윌런스키(Albert Wilansky, 1921~2017년)가 그의 처남 집 전화번호 493-7775에 대한 흥미로운 관찰을 하고 나서 도입했다. 4937775는 4937775＝3×5×5×65837로 소인수 분해가 되며

$$4+9+3+7+7+7+5=3+5+5+6+5+8+3+7=42$$

이므로 스미스 수이다. (스미스는 윌런스키 처남의 이름이었다.)

$$4+9+3+7+7+7+5 = 3+5+5+6+5+8+3+7$$
$$4937775 = 3 \times 5 \times 5 \times 65837$$

$$22 = 2 \times 11$$
$$2+2 = 2+1+1$$

스미스 수는 얼마나 많이 있을까? 1987년 웨인 맥대니얼(Wayne McDaniel)은 스미스 수가 무한히 많이 있음을 보였다. 맥대니얼은 $n \geq 2$인 각 n에 대해 적당한 수 t와 b가 존재해 $t(10^n-1)10^b$이 스미스 수가 됨을 보였다. 맥대니얼은 사실상 k-스미스 수란 것을 정의했는데, 이는 고려하고 있는 수의 자리 수를 더한 합이 그 수의 소인수들의 자리 수 합의 k배인 경우를 말한다. 맥대니얼은 일반적으로 각각의 k에 대해 k-스미스 수도 무한히 많이 있음을 보였다.

스미스 수들의 분포와 관련된 흥미로운 사실은 또 있다. 서로 연속하는 두 스미스 수들도 있다. 그런 수들은 스미스 형제라고 하는데, 가장 작은 스미스 형제는 728과 729이다. 스미스 형제들이 무한히 많이 있는지는 알려져 있지 않다. 현재까지 계산에 의하면 10^9보다 작은 스미스 형제는 총

615885쌍이라고 한다. 심지어는 서로 연속하는 3개의 스미스 수도 있다. 스미스 삼형제라고 불리는데, 가장 작은 스미스 삼형제는 73615, 73616, 73617이다. 심지어는 스미스 사형제, 오형제, 육형제, 그리고 칠형제도 존재한다. 그러나 그 이상의 형제가 존재하는지는 알려져 있지 않다.

소디의 내접원

반지름이 각각 1, 2, 3인 원이 서로 접하도록 놓여 있다. 이 세 원에 동시에 접하는 네 번째 원의 반지름은 얼마일까? 이 세 원에 동시에 접하는 원은 세 원으로 둘러싸이는 작은 원(여기서는 내접원이라고 부르자.)과 세 원을 밖에서 접하는 큰 원 두 가지가 있음을 알 수 있다. 이때 내접원의 반지름은 6/23이다.

세 원에 동시에 접하는 원의 반지름을 구하는 문제는 역사가 아주 오래되었다. 고대 그리스의 수학자 아폴로니오스(Apollonios, 기원전 262~190년)는 점이나 선 또는 원으로 이루어진 세 가지 대상에 동시에 접하는 원을 자와 컴퍼스로 작도하는 문제를 제시했다. 가령 점 3개가 주어졌을 때는 세 점이 한 직선에 있지 않다면 직교 좌표에서의 원의 방정식을 이용해서 세 점을 지나는 원의 방정식을 구할 수 있다. 이중 특별히 흥미로운 문제는 세 원에 동시에 접하는 원을 작도하는 문제이다. 이 문제를 해결한 사람은 16세기 프랑스 수학자 프랑수아 비에트(François Viète, 1540~1603년)이다.

이 문제에서 특별한 경우가 주어진 세 원이 서로 접하는

경우이다. 이 경우 세 원에 동시에 접하는 원을 프레데릭 소디
(Frederick Soddy, 1877~1956년)의 이름을 따서 소디의 원이라고
한다. 물리학자로 1921년에 노벨 화학상을 받은 소디는 내접
원과 외접원의 반지름을 구하는 공식을 제시했다. 반지름이
r인 원은 $1/r$의 곡률을 가진다. 소디의 공식은 네 원의 곡률
에 대한 관계식으로 주어진다. 각 원의 곡률을 k_1, k_2, k_3, k_4
라고 하면

$$2\,(k_1^2 + k_2^2 + k_3^2 + k_4^2) = (k_1 + k_2 + k_3 + k_4)^2$$

을 만족한다. 이를 이용해 처음 제시한 문제를 풀어 보자. 네
번째 원의 곡률을 k라고 하면

$$2\,(1 + 1/4 + 1/9 + k^2) = (1 + 1/2 + 1/3 + k)^2$$

을 만족한다. 이는 k에 대한 2차 방정식으로 $k = 23/6$,
$-1/6$의 두 근을 갖는다. 여기서 양의 근이 내접원의 곡률이
고, 음의 근의 절댓값이 외접원의 곡률이다. 따라서 내접원의
반지름은 곡률의 역수인 6/23이 된다.

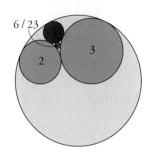

6 / 23

2

3

소디가 곡률에 관한 공식을 처음 발견한 것은 아니며, 비에트나 데카르트도 이 공식을 알고 있었다고 한다. 소디는 원에 관한 결과를 서로 접하는 구에 관한 문제로 일반화할 수 있었다. 구의 경우에는 4개의 서로 접하는 구에 동시에 접하는 구의 반지름을 결정하는 문제가 된다.

정육면체의 회전 대칭

'차렷', '좌향좌', '우향우', '뒤로돌아'라고 쓰인 4개의 명령어 버튼과 하나의 정사각형이 주어진 상황을 상상해 보자. 사람이 버튼 하나를 누르면, 해당하는 작업이 정사각형에 수행된다. 버튼을 아무렇게나 여러 번 눌러 정사각형이 움직인 후에도 정사각형의 모습과 위치는 처음과 다르지 않을 것이다. 이 4개의 명령어 버튼을 정사각형의 회전 대칭이라 한다.

일반적으로 도형 X의 대칭이란 X의 구조를 보존하는 기하학적 변환을 말한다. f와 g가 X의 두 대칭일 때, f를 먼저 수행한 다음 g를 수행하는 작업도 역시 X의 대칭이 된다. 정사각형에서의 예를 보자면,

좌향좌+좌향좌=뒤로돌아, 뒤로돌아+좌향좌=우향우

와 같은 관계를 찾을 수 있다. 대칭 사이에 일종의 연산이 가능하게 되는데, 이렇게 어떤 도형의 대칭으로부터 얻어지는 수학적 구조를 군(群, group)이라 부른다.

3차원에 존재하는 5개의 정다면체 중 하나인 정육면체는 24개의 회전 대칭을 갖는다. 이 24개의 대칭을 나열하기 위해서는 각 회전의 대칭축을 찾아보는 작업이 유용하다. 회전축이 서로 다른 대칭은 서로 다를 수밖에 없기 때문이다.

정육면체에는 6개의 면이 있고, 따라서 3쌍의 서로 마주 보는 면이 있다. 두 마주 보는 면의 중심을 지나는 회전축을 이용하면, 90도, 180도, 270도 회전이 가능하다. 여기서 $3 \times 3 = 9$개의 대칭을 얻는다. 이와 유사하게 하나의 모서리에 대해 가장 멀리 있는 반대쪽 모서리를 찾을 수 있는데, 이 둘의 중심을 지나는 회전축을 이용하면 180도 회전이 가능하다. 정육면체에는 12개의 모서리가 있으므로, 서로 반대쪽에 놓인 모서리 6쌍을 찾을 수 있고, $6 \times 1 = 6$개의 대칭을 더 얻는다. 마찬가지로 두 마주 보는 꼭짓점을 지나는 회전축을 이용해 120도, 240도 회전을 할 수 있다. 4쌍의 마주 보는 꼭짓점이 있으므로, $4 \times 2 = 8$개의 대칭을 얻는다. 마지막으로 정사각형에서처럼 '차렷'이 필요하다. 이렇게 $9 + 6 + 8 + 1 = 24$개의 회전 대칭을 모두 찾았다.

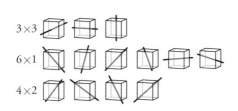

제곱하면 반복되는 수:
$25^2=625, 625^2=390625$

1, 5, 6을 제곱한 1, 25, 36의 마지막 자리의 수는 다시 1, 5, 6
이다. 두 자리 수를 제곱했을 때 마지막 두 자리가 원래 수와
같은 수는 25와 76뿐이다. 예를 들어 $76^2=5776$의 마지막
두 자리 수는 76이다. 세 자리 수는 어떨까?

어떤 세 자리 수 n을 제곱한 수의 마지막 세 자리가 n이
라는 것은 $n^2-n=n(n-1)$이 $1000=2^3 \cdot 5^3$의 배수라는 말
로 바꿔 쓸 수 있다. n과 $n-1$이 서로소임에 유의하자. 따라
서 n이 $5^3=125$의 배수라면 $n-1$이 8의 배수여야 하며, 반
대로 $n-1$이 125의 배수라면 n이 8의 배수여야 한다. 앞의
조건을 만족하는 세 자리 수는 625뿐이며, 뒤의 조건을 만족
하는 세 자리 수는 376뿐이다. 실제로 $376^2=141376$임을 확
인할 수 있다.

연습 삼아 네 자리 수에서 찾아보면 9376밖에 없음을
알 수 있고, 다섯 자리 수에서는 90625밖에 없다. 이후로도
그러한 수들을 찾아보면 다음과 같은 계보를 이룬다.

한 자리	두 자리	세 자리	네 자리	다섯 자리	여섯 자리	일곱 자리	⋯
1	(01)	(001)	(0001)	(00001)	(000001)	(0000001)	⋯
5	25	625	(0625)	90625	890625	2890625	⋯
6	76	376	9376	(09376)	109376	7109376	⋯

그중에서도 5로 끝나는 계보는 제곱한 항으로부터 이후에 나올 항들을 예측할 수 있다는 조금 더 특별한 성질을 가진다. 예를 들어 다섯 자리 수 90625를 제곱한 $90625^2=8$ 212890625의 마지막 여섯 자리 890625가 다음 계보에 나온다는 뜻이다.

$$25^2 = 625$$
$$625^2 = 390625$$
$$90625^2 = 8212890625$$
$$890625^2 = 793212890625$$
$$2890625^2 = 8355712890625$$
$$12890625^2 = 166168212890625$$

여기서는 제곱밖에 다루지 않았지만, 이들 수는 몇 번 거듭제곱을 해도 항상 자신들로 끝나는 수다. 예를 들어 76의 세제곱 438976은 76으로 끝난다는 이야기다. 이는 모든 k에 대해

$$n^k - n = n(n-1)(n^{k-2}+n^{k-3}+\cdots+n+1)$$

이 $n(n-1)$의 배수라는 사실에서 알 수 있다.

이런 성질을 가지는 것들 중에 자릿수가 같은 것을 더해 보면 흥미로운 점을 또 발견할 수 있다. $25+76=101$, $625+376=1001$, … 등을 확인할 수 있을 것이다.

여섯 번째 케이크 수는 26

「4월 11일의 수학」에서 피자를 자르는 문제를 다룬 적이 있다. 수학적으로 말하자면, 이 문제는 직선을 이용해 2차원의 원반을 나누는 문제였다. 이 문제를 발전시켜 다른 재미있는 문제를 발명해 보자. 러시아 해군 특허청에 근무하던 겐리흐 알트슐레르(Genrikh Altshuller, 1926~1998년)는 전 세계의 특허 중에서 창의적이라 생각되는 4만 건을 정리해 트리즈(TRIZ)라는 발명의 원리를 개발했다. 트리즈는 기존의 제품을 발전시키는 여러 가지 방향을 제시한다. 흥미로운 사실은, 이것이 수학에서 이미 사용하고 있던 방법이라는 점이다.

이러한 발전 방안 중 하나가 차원을 높이는 방법이다. 피자가 2차원 대상이었다면 (물론 피자를 토핑과 도우로 나누어 먹겠다면 모르겠지만, 토핑을 걷어내고 도우만 먹으라고 던져 주는 행위는 정말 비인간적인 행동이라 믿는다.) 케이크는 3차원 대상이라 할 수 있다. 그렇다면 케이크에 n번 칼질을 해서 얼마나 많은 조각으로 나눌 수 있을까?

쉬운 경우부터 생각해 보자. 칼질을 하지 않는다면 케이크 전체가 1개의 조각이 된다. 동서, 남북 방향으로 한 번씩 칼질을 하는 경우를 생각하면, 한 번 칼질로 2개의 조각을, 두 번 칼질로 4개의 조각을 만들 수 있다. 세 번 칼질을 하면? 동서, 남북 방향으로 나누고, 수평으로 한 번 더 나누면 8개를 만들 수 있다. 즉 케이크의 경우에는 세 번까지는 앞에서 나눈 조각을 모두 두 동강 낼 수 있다.

자, 그렇다면 네 번 칼질을 하면 어떻게 될까? 과연 앞에서 한 것처럼, 이전에 만든 조각을 모두 두 동강 내서 16개의 조각을 만들 수 있을까? 이는 불가능하다. 케이크를 3차원 좌표 공간에, 케이크의 중심이 원점이 되도록 놓았다고 생각하고, 앞선 세 번의 칼질이 xy, yz, zx 평면을 따라 케이크를 나누었다고 상상하자. 만일 네 번째 칼질이 앞의 세 평면과 한 번도 만나지 않는다면, 이 칼질은 한 조각의 귀퉁이만 살짝 잘라낸 것이니 단 하나의 조각만 더 만들어진다. 조각을 최대한 많이 만들려면, 네 번째 칼질이 앞선 세 번의 칼질로 만들어지는 각 조각의 경계를 최대한 많이 만날 수 있는 방법으로 배치해야 한다. 편의상 좌표 공간의 원점이 네 번째 칼질이 만드는 평면의 아래에 있다고 하자.

이때 이 평면을 기준으로, 평면 아래에는 이전 세 번의 칼질로 나뉜 조각만큼 남게 되며, 평면 위에는 네 번째 칼질로 늘어나는 조각의 개수만큼 남게 된다. 그리고 늘어나는 조각의 개수는 늘어난 조각의 밑면의 개수와 당연히 같아야 한다. 그렇다면 늘어난 조각의 밑면의 개수는 몇 개일까? 이 개수는 네 번째 평면에 있는 케이크의 단면이 기존의 세 평면으로 나뉘는 개수, 즉 하나의 평면에서 원반을 3개의 직선으로 나눌 때의 조각의 개수와 같다. 어디서 많이 들어 본 문제인데? 바로 「4월 11일의 수학」의 주제였던, 피자 나누기 문제이다! 비록 우리가 차원을 높여 문제를 만들었지만, 문제 해결은 더 낮은 차원에서 가능하다.

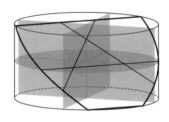

이를 일반화하면, n번의 칼질로 케이크를 나눈다면 n번째 칼질은 $n-1$번째 칼질로 나뉜 조각의 개수에서 피자를 $n-1$번 칼질해 나눈 개수만큼 늘어난다. 「4월 11일의 수학」 내용을 참고하면, n번의 칼질로 나뉘는 피자의 개수가 1, 2, 4, 7, 11이었음을 보았다면, n번의 칼질로 나뉘는 케이크 조각의 개수는

1, 2=1+1, 4=2+2, 8=4+4, 15=8+7, 26=15+11

임을 알 수 있다. 즉 여섯 번의 칼질로 나뉘는 케이크 조각의 수는 26개이다!

리 대수 E_6과 27

19세기 말 노르웨이 수학자 마리우스 소푸스 리(Marius Sophus Lie, 1842~1899년)는 공처럼 연속적인 대칭성을 가진 대상에 대한 연구에 착수했다. 정사각형에 대해 가능한 회전은 0도, 90도, 180도, 270도 4개뿐이어서 연속적이라 할 수 없지만, 공은 아주 조금씩만 연속적으로 회전하는 것이 가능하다. 이런 의미에서 공은 연속적 대칭성을 갖는다. 이후 리의 연구로부터 현대 수학의 중심부에 위치하게 되는 리 군과 리 대수라 불리는 새로운 수학적 대상이 출현하게 된다. 오늘날 이 연속적 대칭의 개념은 수학뿐만 아니라 입자물리학과 같은 다른 과학 분야에서도 핵심적인 역할을 하고 있다.

19세기 말 리 대수의 분류 문제를 고민하던 빌헬름 킬링(Wilhelm Killing, 1847~1923년)은 19세기 대수학의 이정표와 같은 발견을 한다. 킬링이 도달한 놀라운 결론은 가장 근본적인 형태의 리 대수가 A_n, B_n, C_n, D_n(여기서 n은 자연수)이라 불리는 네 가지의 고전적 유형과 여기에 속하지 않는 예외적인 다섯 가지 유형 E_6, E_7, E_8, F_4, G_2로 구분된다는 것이다.

기존의 수학에서도 이미 다양한 방식으로 연구되어 왔던 네 가지 고전적 유형과 달리 이 5개의 예외적 유형은 수학에서 완전히 새롭게 발견된 대상이었다. 다음은 콕서터 평면(Coxeter plane)이라는 도구를 이용해 E_6을 그림으로 나타낸 것이다.

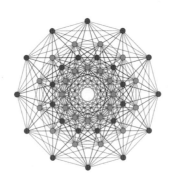

리 군 또는 리 대수를 이해하기 위한 유용한 방법의 하나는 이들의 원소를 행렬로 나타내는 것이다. 그렇게 하면 다소 추상적으로 보이는 대수적 구조를 행렬이라는 구체적인 대상으로 나타낼 수 있고, 행렬의 곱을 이용해서 연산을 수행할 수도 있게 된다. 이러한 질문을 체계적으로 다루는 분야를 수학에서 표현론이라 한다.

킬링의 리 대수 분류에서 등장한 예외적 유형의 하나인 E_6을 행렬로 표현하려면, 행렬의 크기가 27은 되어야 한다. 다시 말해 27×27 행렬을 이용하면 E_6이라 불리는 수학적 대상을 우리의 손에 쥐고 다룰 수 있는 것이다. 일상적으로 경험하는 세계만을 가지고 사유할 때, 우리는 E_6과 같은 수학적 대상과 그들이 살고 있는 27차원 공간이 도대체 어디에 있다는 것인지 이해하기 쉽지 않다. 하지만 연속적 대칭이라는 경험 가능하면서도 직관적인 개념에서 시작해 끈기 있게 사색을 계속한 수학자들은 그러한 것들이 존재한다는 놀라우면서도 분명한 결론을 우리에게 전하고 있다.

타우 데이

3월 14일은 '파이(π) 데이', 즉 '원주율의 날'이라 부르는 날이다. 이는 원주율의 근삿값이 3.14라는 사실을 기념하기 위해 만들어졌는데, $2\pi \approx 6.28$임에 착안해 6월 28일을 '타우(τ) 데이'라고 부르고 이를 기념하는 사람들이 있다. 이들은 '타우 선언(tau manifesto)'라는 것도 내걸고 "원주율은 옳지 않다."라며 적극적인 행동에 나서기도 했는데, 왜 하필 원주율의 2배를 걸고넘어지는 걸까?

먼저 원주율의 정의부터 살펴보자. 원주율은 '원의 둘레'를 '원의 지름'으로 나눈 값을 가리킨다. 사실 수학을 공부할수록 이 정의가 이상하다는 느낌을 받곤 한다. 원이나 구 등, 둥근 것에 대해 이야기할 때는 항상 '반지름'을 기준으로 삼아 모든 것을 설명한다. 예를 들어 반지름이 r인 원의 둘레, 반지름이 r인 원의 넓이, 반지름이 r인 공의 부피 등등이 그렇다. 지름을 기준으로 하는 경우는 거의 없다고 해도 과언이 아닌데, 유독 원주율만큼은 '지름'을 기준으로 정의한다. 딱히 그럴 이유가 없음에도 말이다. 그런 의미에서

$$\frac{\text{원의 둘레}}{\text{원의 반지름}}$$

을 기본 상수로 정의해야 한다는 것이 '타우 선언'이 나온 배경이다.

예를 들어 각을 잴 때 라디안(radian) 단위를 쓸 때도 타우가 파이보다 더 자연스럽다. 예를 들어 반지름이 1인 원의 둘레를 따라 한 바퀴 돌면 길이가 2π이므로 $360° = 2\pi\,(\mathrm{rad})$라는 관계가 성립한다. 그러므로 $180° = \pi\,(\mathrm{rad})$와 같은 관계가 성립하는 것이다. 하지만 원에 대한 기본 상수 π가 반원을 나타내는 각 180도와 결부되는 건 어딘가 부자연스럽다. 타우 파의 관점에서 보자면, 파이 데이는 둥근 것이 아니라 반달 모양의 것을 먹어야 하는 날이다.

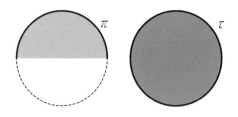

만약 원주율 대신 타우를 사용했다면 $360° = \tau\,(\mathrm{rad})$였을 것이고, 예를 들어 $90° = \frac{\tau}{4}\,(\mathrm{rad})$가 성립했을 것이다. 한눈에도 90도가 원을 사등분한 것임을 알 수 있다는 점에서 타우가 파이보다 낫다는 것이다.

또한 기본 삼각 함수 sin, cos의 주기도 τ라는 자연스러운 값으로 바뀔 것이다. 한편 조금 고급 수학에는 2π가 등장하는 수학식이 꽤 많은데, '불필요한 2'가 없는 τ를 쓰면 식들이 훨씬 단순해지는 경우가 많다는 점도 타우 선언이 솔깃하게 들리는 이유다.

그건 그렇고… 그리스 문자 τ를 좌우 대칭해 둘을 붙이면, 원주율 기호 π 모양이 된다. 글자 모양만 보면 τ는 π의 2배가 아니라 절반인 것 같다. 그런 의미에서 현재 사용하는 원주율 기호를 τ로 바꾸고, 그것의 2배를 π로 재정의하는 것이 맞지 않겠느냐는 실없는 생각이 들 때가 있다. 하지만 백만 가지 이유를 댄다고 해도, 오일러 시대 이후 정착된 기호를 이제 와서 바꾸기란 때늦은 감이 있다.

오일러 벽돌

서로 수직으로 만나는 세 모서리의 길이가 12, 16, 21인 직육면체에서 반대쪽의 꼭짓점 사이의 거리, 즉 공간 대각선의 길이는

$$\sqrt{12^2 + 16^2 + 21^2} = 29$$

이므로 역시 정수이다.

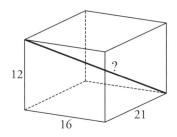

이럴 때 (12, 16, 21, 29)를 피타고라스 네 쌍이라 부른다. 사실 피타고라스 네 쌍은 무한히 많은데, 예를 들어

(1, 2, 2, 3)이나 (2, 3, 6, 7)이 그런 예다. 모든 피타고라스 네 쌍을 구하는 식이 알려져 있으며, 이들 네 쌍의 곱은 항상 12의 배수라는 사실도 알려져 있다.

이번에는 이와는 조금 다른 직육면체를 찾아보자. 직육면체의 세 모서리의 길이가 각각 정수이면서, 이 직육면체의 면을 이루는 직사각형의 대각선의 길이가 모두 정수인 것은 있을까?

이런 것을 피타고라스 직육면체라 부르는데, 식을 세워 보면 기본적으로 6개의 변수에 식이 3개인 부정방정식이 나온다. 세 변이 (44, 117, 240)인 직육면체의 면 대각선의 길이가 각각 (125, 244, 267)이므로 그런 예인데, 한꺼번에 무수히 많은 해를 찾아낸 사람이 있으니 바로 오일러이다. 따라서 요즘은 '오일러 벽돌'이라 부르는 추세인 것 같다.

어쨌거나 이 둘을 조합하면 어떨까? 다시 말해서 모서리의 길이, 면의 대각선의 길이, 공간 대각선의 길이가 모두 정수인 직육면체가 존재할까? 아직까지 아무도 모른다. 누구도 발견하지 못했으며, 존재하지 않는다는 것을 증명한 사람도 없다. 존재한다면 매우 큰 직육면체여야 한다는 것만 알려져 있는 정도이다.

직육면체 조건을 평행육면체로 바꾸었을 때는 해를 찾을 수 있었지만, 아직 '완벽한 피타고라스 직육면체'는 나오지 않았다.

지수귀문도

조선 숙종 시대에 영의정을 역임했던 최석정은 당대 최고위직 관료이면서 또 당대 최고 수준에 이른 수학자이기도 했다. 소론의 영수이었던 최석정은 성리학이 지배하던 시대에 수학의 가치를 꿰뚫어 본 선각자이기도 했다. 그는 『구수략』이라는 책에서 그 당시 조선의 수학을 정리하고 새로운 수학을 제시했다. 특히, 그가 9차 마방진을 구성하면서 사용한 직교 라틴 방진 개념은 오일러가 똑같은 방법으로 마방진을 만든 것에 비해 60년 이상 앞선 놀라운 업적이었다.

『구수략』에는 독특한 마방진 종류가 많이 소개되어 있는데, 최석정의 독창적인 작품이 많아서 그의 수학적 상상력과 수학 실력을 잘 드러내고 있다. 그 가운데 가장 유명한 것으로 지수귀문도(地數龜文圖)를 들 수 있다. 이것은 육각형 9개를 배열해 거북등 모양을 만들고, 꼭짓점에 1부터 30까지 수를 배열해 육각형마다 합이 같게 만드는 것으로, 최석정 자신이 발견한 다음 배열은 육각형의 합이 93이 된다.

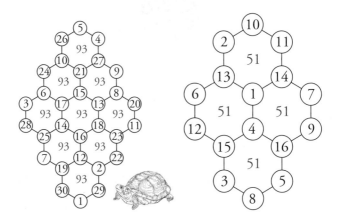

　신기하게도 지수귀문도에서는 1부터 30까지의 수를 다르게 배열해 다른 합을 만들 수도 있다. 이 합은 어떤 값들이 가능할까? 최근에야 이 값이 77부터 109까지 가능하다는 사실이 밝혀졌다. 이 두 값은 서로 대칭적이어서, 예컨대 합이 77인 배열을 만들면 합이 109인 배열도 바로 만들어 낼 수 있다. 최석정이 자신의 책에 합이 93인 지수귀문도를 실었던 것을 보면, 93이 이러한 대칭성의 한가운데에 있는 값이라는 사실을 의식하고 있었던 것 같다.

　지수귀문도는 모두 몇 가지나 가능할까? 아직 어느 누구도 지수귀문도가 몇 가지나 존재하는지 알아내지 못한 것은 물론, 대략 어느 정도 범위에 있는지조차 알아내지 못했다. 대신에 육각형 4개를 배열해 만든 조금 작은 지수귀문도 모양을 생각해 보자. 이것을 2차 지수귀문도라 부르기로 하면,

원래의 지수귀문도는 3차 지수귀문도가 된다.

2차 지수귀문도의 경우 정확히 687851136개가 존재함이 알려져 있다. 2차 지수귀문도에 1부터 16까지를 무작위로 배열하는 방법의 수가 16!이므로, 비율로 따지면 무작위로 배열해서 2차 지수귀문도를 발견할 확률이 0.03퍼센트 밖에 되지 않는다. 아마도 3차 지수귀문도의 경우 이 비율이 훨씬 더 낮을 것으로 보인다. 과연 3차 지수귀문도는 몇 가지나 존재할까?

7월의
수학

삼등분점을 연결해 만든 삼각형의 넓이

주어진 삼각형의 각 변을 삼등분한 다음, 각 꼭짓점에서 마주
보는 변의 삼등분점 가운데 오른쪽에 있는 점을 연결하는 직
선을 그어 보자. 그러면 다음 그림처럼 가운데에 작은 삼각형
이 하나 생긴다. 이 삼각형의 넓이는 원래 삼각형의 몇 분의
몇일까?

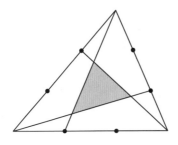

이 문제는 폴란드 수학자인 후고 스타인하우스(Hugo
Steinhaus, 1887~1972년)의 책 『수학의 스냅 사진(*Mathematical
Snapshots*)』에 실린 것으로, 아기자기하면서 그 결과도 깔끔한
재미있는 문제이다. 물리학자 리처드 파인만(Richard Feynman,

1918~1988년)도 어느 저녁 식사 자리에서 이 문제를 들었다는데, 보기보다 풀기 어려워 저녁 내내 생각을 하고서야 문제를 풀 수 있었다고 한다.

작은 삼각형의 각 변의 길이를 구하거나 하는 방식은 계산을 꽤 많이 해야 하지만, 넓이의 비율은 다음 그림처럼 생각하면 간단히 구할 수 있다. 작은 삼각형을 뒤집어서 붙인 다음, 원래 삼각형 바깥으로 삐져 나가 있는 부분을 번호에 따라 잘라 넣는다고 생각하면 회색 삼각형 하나와 검은색 삼각형 6개로 원래 삼각형을 덮을 수 있다. 따라서 작은 삼각형의 넓이는 원래 삼각형 넓이의 $\frac{1}{7}$ 이다.

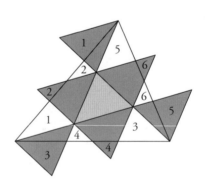

이 문제는 각 변을 삼등분하는 대신 다른 비율로 분할하는 방식으로 일반화할 수 있다. 물론 그 결과는 꽤 복잡한 수식인데, 도전해 볼 사람이 있을까?

72의 법칙

'복리의 마법'이라는 말이 있다. 복리로 이자를 주는 예금이나 적금 등의 상품에 가입하면, 처음에 발생하는 이자는 단리로 이자를 주는 상품과 비슷하지만 시간이 지날수록 눈덩이처럼 빠르게 이자가 늘어나는 현상을 표현할 때 쓰는 말이다.

예를 들어 연이율이 3퍼센트인 복리 상품에 가입했을 때 몇 년이 지나면 원금의 2배가 될까? 처음 원금이 A원이었을 때, n년 후 원금과 이자의 합계가 $2A$여야 하므로

$$A(1+0.03)^n = 2A$$

여야 한다. 따라서 $1.03^n = 2$인 n을 찾으면 된다. 상용 로그의 응용으로 자주 언급되는 문제인데

$$n = \frac{\log 2}{\log 1.03} \approx \frac{0.3010}{0.0128} \approx 23.45$$

이다. 따라서 23~24년 후에 원금의 2배가 된다.

그런데 로그 값을 몰라도 손쉽게 계산할 방법이 있다. 연이율 3으로 72를 나눈 값, 즉 72/3=24년 후에 복리 상품의 원리합계가 두 배가 된다는 '72의 법칙'이 있기 때문이다. 실제로 로그표를 이용한 경우와, 72의 법칙을 이용한 결과를 비교해 놓았다.

r	로그표로 계산한 값	$72/r$
1	69.66	72
2	35.00	36
3	23.45	24
4	17.67	18
5	14.21	14.4
6	11.89	12
7	10.24	10.29
8	9.01	9
9	8.04	8

연이율이 낮은 경우 사실은 72보다는 70 정도가 더 적합해 보이기는 하지만, 어쨌든 72의 법칙으로 계산해도 충분해 보인다. 그런데 이 법칙은 왜 성립하는 걸까? 이는 복식부기의 개발자 루카 파촐리(Lucas Pacioli, 1447~1517년)의 저술 『산술, 기하, 비율에 관한 모든 것(Summa de arithmetica, geometrica, propotioni, et proportionalita)』에 처음 나타나는데, 법칙이 성립하는 이유는 나와 있지 않다. 아마도 몇 차례 계산해 보다가 얻

어진 경험 법칙이었을 텐데, 수학적으로 설명할 수는 없을까?

앞서 보았듯이 연이율이 r 퍼센트일 때 원리합계가 두 배가 되는 햇수 n은 $(1+r/100)^n=2$를 만족해야 한다. r이 비교적 작은 값일 경우 $(1+r/100)^n \approx e^{rn/100}$이므로,

$$n \approx \frac{100\ln 2}{r} = \frac{69.3}{r}$$

이어야 한다. 실은 $(1+r/100)^n$이 $e^{rn/100}$보다는 조금 작은 값이므로 69.3보다 조금 큰 값을 분자로 사용하는 편이 바람직하다. 70도 괜찮지만 72가 나눗셈에 용이하기 때문에

$$n \approx \frac{72}{r}$$

이라 할 수 있고, 이로부터 72의 법칙을 설명할 수 있다.

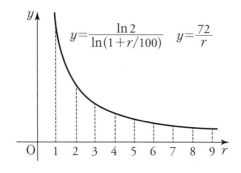

자연 상수가 등장하는 게 처음에는 이상해 보일 수도 있겠지만, 원금과 이자에 대한 논의로부터 e가 역사의 전면에 등장했다는 것을 알면 수긍할 수 있을 것이다. 또한 로그와 자연 상수가 태어나지 않은 시대였던 만큼 파촐리로서는 이 법칙을 설명할 도리가 없었다는 사실도 알 수 있을 것이다. 뒤집어 말하면 이 법칙을 그냥 받아들이는 대신 성립하는 이유를 연구했더라면, e는 파촐리의 수로 불리고 있지 않았을까?

외적이 정의될 때

뭔가 사극에 나올 법한 문장으로 시작하게 되었다. 외부의 적이 정의로워 항복하고 싶다는 말이 아니고, 외적(cross product)이 정의되는(defined) 공간이 몇 차원인가 하는 점이다.

벡터의 외적은 고등학교 기하와 벡터에서 다루지 않으므로 이에 대해 먼저 소개해 보자. 3차원

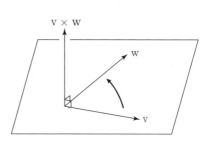

벡터 공간에서 두 벡터 **v**, **w**가 주어졌을 때, **v**와 **w**의 외적 **v** × **w**는 **v**, **w**에 동시에 수직이고, 크기가 **v**, **w**로 만들어지는 평행사변형의 넓이와 같은 벡터로 정의된다. 사실 이런 조건을 만족하는 벡터는 서로 방향이 반대인 2개의 벡터가 있는데, 둘 중 어느 것을 택하는지는 '오른손 법칙'에 따라 결정된다.

공간 도형에서 외적은 두 벡터로 이루어지는 평행사변형의 넓이 계산, 혹은 주어진 평면에 수직인 방향 계산 등에 사용할 수 있는 매우 편리한 도구 중 하나이다. 특히 최근 강조되고 있는 VR 등에서 3차원 대상의 움직임을 구현할 때, 이를 편리하게 표현할 수 있는 이동좌표계(moving frame)의 구현에 있어 외적은 정말 요긴한 도구이다.

위의 정의대로라면, 외적은 3차원에서만 정의되어야 한다. 4차원에서 두 벡터에 동시에 수직이라는 조건은, 두 벡터 (a_1, a_2, a_3, a_4), (b_1, b_2, b_3, b_4)와의 내적이 0이라는 일차식 2개를 만족하는 조건이므로, 크기 조건을 더하더라도 변수가 너무 많다.

$$a_1 x_1 + a_2 x_2 + a_3 x_3 + a_4 x_4 = 0$$
$$b_1 x_1 + b_2 x_2 + b_3 x_3 + b_4 x_4 = 0$$
$$x_1^2 + x_2^2 + x_3^2 + x_4^2 = A^2$$

그렇다면 외적을 다른 차원에서도 정의할 방법은 없을까? 일단 3차원 벡터를 다루는 다른 도구를 생각해 보자. 혹시 「3월 4일의 수학」에서 3차원 회전과 사원수에 대해 읽은 기억이 나는가? 3차원에서의 회전을 다루기 위해, 우리는 3차원 벡터를 사원수로 표현한 적이 있었다. 이전 내용에서는 3차원 벡터 (a, b, c)를 $ai + bj + ck$로 표현하고, x, y,

z축 기준 회전을 사원수의 곱으로 표현했다. 외적의 경우에
도 3차원 벡터를 사원수로 표현해 정의할 수 있다. 두 벡터를
사원수로

$$(a_1, a_2, a_3) = a_1 i + a_2 j + a_3 k,$$
$$(b_1, b_2, b_3) = b_1 i + b_2 j + b_3 k$$

라 하면, 두 사원수의 곱 $-c_0 + c_1 i + c_2 j + c_3 k$는 두 벡터의
내적 c_0과 외적 (c_1, c_2, c_3)을 구해 준다.

이러한 관찰은, 사원수와 비슷한 수 체계로 표현 가능한
공간에서는 비슷한 방법으로 외적을 정의할 수 있게 해 준다.
팔원수로 7차원 벡터를 표현하면, 사원수와 동일한 방법으
로 외적을 계산할 수 있다. 한 가지 주의할 부분은, 사원수에
서는 좌표 i, j, k의 순서를 바꾸더라도 외적 계산 방법이 유
일하지만, 팔원수에서는 좌표의 순서를 바꾸면 7차원 벡터
를 표현하는 방법에 따라 달라진다는 점이다.

그렇다면 십육원수로 15차원 벡터를 표현하면 어떨까?
이를 이용해 외적을 정의할 수는 있다. 하지만 십육원수부터
는 수 체계라고 부르기 힘들다. 예를 들어, 제곱수 항등식이
성립하지 않아 두 십육원수의 곱의 크기가 두 십육원수의 크
기의 곱과 같지 않다. 이러한 점을 감안해 벡터의 외적은 7차
원과 3차원에서만 정의한다.

오류 정정 부호

0과 1을 이용해 표기된 중요한 문서를 통신을 통해 주고받으려고 하는데, 통신 오류가 한 번쯤은 날 수 있다고 해보자. 그냥 문서만 보내면 오류가 생길 경우 대책이 없다. 이럴 때 문서에 여분의 정보를 더해 보낸 뒤 이 여분의 정보를 이용해 오류를 자동으로 정정할 수 있게 하는 방법을 쓰는데, 가능하면 여분의 정보가 적어야 효율적일 것이다.

그런 방법으로 최초로 등장한 것이 '해밍 부호'라 부르는 오류 정정 부호다. 리처드 해밍(Richard Hamming, 1915~1998년)이 2진법의 원리를 이용해 만든 부호로, 네 자리 정보를 올바로 보내기 위해서 여분의 정보를 세 자리 더 보태 도합 일곱 자리로 만들기 때문에 [7, 4] 부호 혹은 [7, 4, 3] 부호라 부르기도 한다.

구체적인 방법은 다음과 같다. 보내고 싶은 네 자리 이진수를 ABCD라 할 때, 다음 규칙에 따라 결정한 세 자리 이진수 EFG를 여분의 정보로 담아 ABCDEFG를 보낸다.

$$E=A+B+D, \quad F=A+C+D, \quad G=B+C+D.$$

다만 여기에서 두 이진수의 덧셈은 보통의 덧셈과 같지만, $1+1=0$으로 정의함에 유의해야 한다.

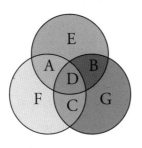

예를 들어 우리가 보내고 싶은 이진수가 0110인 경우 $E=0+1+0=1$, $F=0+1+0=1$, $G=1+1+0=0$이므로, 실제로 보낼 정보는 0110110이다. 0000부터 1111까지의 네 자리 이진수 16개를 이런 식으로 변형한 것을 '부호어(code-word)'라 부르는데, 실제로 계산하면 표와 같다.

A	B	C	D	E	F	G	부호어
0	0	0	0	0+0+0	0+0+0	0+0+0	0000000
0	0	0	1	0+0+1	0+0+1	0+0+1	0001111
0	0	1	0	0+0+0	0+1+0	0+1+0	0010011
0	0	1	1	0+0+1	0+1+1	0+1+1	0011100
0	1	0	0	0+1+0	0+0+0	0+1+0	0100101
0	1	0	1	0+1+1	0+0+1	0+1+1	0101010
0	1	1	0	0+1+0	0+1+0	0+1+0	0110110
0	1	1	1	0+1+1	0+1+1	0+1+1	0111001
1	0	0	0	1+0+0	1+0+0	0+0+0	1000110
1	0	0	1	1+0+1	1+0+1	0+0+1	1001001
1	0	1	0	1+0+0	1+1+0	0+1+0	1010101
1	0	1	1	1+0+1	1+1+1	0+1+1	1011010
1	1	0	0	1+1+0	1+0+0	1+0+0	1100011
1	1	0	1	1+1+1	1+0+1	1+0+1	1101100
1	1	1	0	1+1+0	1+1+0	1+1+0	1110000
1	1	1	1	1+1+1	1+1+1	1+1+1	1111111

자, 이제 전송 도중 한 자리쯤 오류가 날 수 있다고 하자. 그렇게 해서 수신한 문서가 0101100이었다면, 앞의 네 자리 0101이 옳은 정보일까? 아니다. 그랬다면 수신한 문서가 0101010이었어야 하므로, E와 F로 2개나 어긋나게 된다. 옳은 정보는 무엇일까? E, F에만 영향을 주는 자리는 A이므로 원래 정보는 A를 바꾼 1101이었어야 한다. 이 경우 전송되어야 할 부호어는 1101010인데, 오류로 인해 첫 번째 자리가 바뀌어서 전송됐던 것이다.

일곱 자리 이진수는 모두 2^7개인데, 이는 부호어 16개 중 하나이거나 부호어를 딱 한 자리만 바꾸어서 얻을 수 있다는 것을 확인하는 일도 흥미로운 연습 문제가 될 것이다.

$7k+5$의 분할수는 항상 7의 배수

「4월 5일의 수학」에서 분할수를 소개한 적이 있지만, 혹시 잊어버렸을지도 모르니 다시 한번 소개해 보자. n을 자연수의 합으로 분할하는 방법의 수를 'n의 분할수'라 부르고, $p(n)$이라 쓴다. 예를 들어 $n=5$를 자연수의 합으로 분할하는 방법은

$$5, \; 4+1, \; 3+2, \; 3+1+1,$$
$$2+2+1, \; 2+1+1+1, \; 1+1+1+1+1$$

과 같이 모두 일곱 가지 방법이 있으므로 $p(5)=7$이라 쓸 수 있다.

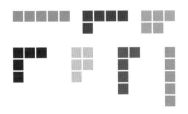

수가 조금만 커져도 분할하는 방법의 수가 매우 커지기 때문에 일일이 세기는 대단히 힘들다. 예를 들어 당장 $p(10)=42$만 돼도 빠트리지 않고 직접 세기가 힘든 것이다. 이런 분할수는 수학의 곳곳에서 등장하므로 수학자들의 관심을 많이 끌었는데, 레온하르트 오일러나 스리니바사 라마누잔도 분할수 연구에 많은 기여를 했다. 특히 라마누잔은 분할수의 합동식에 대해 흥미로운 결과를 낸 바 있는데, 잠깐 설명해 보기로 하자. 이미 알려진 분할수 $p(0)$부터 5개씩 끊어서 쓰면 다음과 같다. ($p(0)=1$이라 두는 것이 관례다.)

0	1	2	3	4
1	1	2	3	5
7	11	15	22	30
42	56	77	101	135
176	231	297	385	490
627	792	1002	1255	1575
1958	2436	3010	3718	4565
5604	6842	8349	10143	12310

규칙이 보이는가? $p(4)$, $p(9)$, $p(14)$, $p(19)$, $p(24)$, … 등등이 모두 5의 배수인 듯 보일 텐데, 사실도 그렇다. 마찬가지로 7개 단위로 끊어 쓰면 다음과 같다.

0	1	2	3	4	5	6
1	1	2	3	5	7	11
15	22	30	42	56	77	101
135	176	231	297	385	490	627
792	1002	1255	1575	1958	2436	3010
3718	4565	5604	6842	8349	10143	12310

이번에는 규칙이 조금 덜 보이겠지만, $p(5)$, $p(12)$, $p(19)$, $p(26)$, $p(33)$, …이 모두 7의 배수다.

하지만 다른 소수에도 이런 종류의 규칙이 항상 있는 것은 아니다. 예를 들어 3개 단위로 끊어 보아도 그런 규칙은 찾기 힘들 것이다.

이런 종류의 질문을 포함해 분할수에 대해서는 아직 우리가 잘 모르는 것이 많다. 예를 들어 지극히 간단해 보이는 다음과 같은 질문에 대해서도 답을 알지 못한다.

n이 클 때 $p(1)$, $p(2)$, …, $p(n)$ 중에서 짝수와 홀수의 개수는 비슷해질까?

그럴 것으로 추측하고는 있지만, 아직까지는 짐작일 뿐이다.

골롬의 자

오늘은 뜬금없지만 식당 디자인 문제를 언급해 보자. 예전에
는 귀한 손님에게 집에서 음식을 해서 대접하는 일이 많았지
만, 요즘은 귀한 손님이 오시면 좋은 식당에서 음식을 대접하
는 경우가 더 많다. 특히 귀한 손님일 경우는 별실이 있는 식
당을 찾는 경우도 많다.

　이번에는 우리가 식당을 개업한다고 가정하고, 별실을
만드는 문제를 생각해 보자. 식당을 차릴 공간 한편에 6개의
테이블을 일렬로 배치할 수 있는 공간이 있어, 여기에 별실을
만들려고 한다. 커플이 많이 찾을 것 같다면 테이블 한 개짜
리 별실을 많이 만들면 되고, 가족 단위 손님이 많이 오실 것
같다면 테이블 두세 개짜리 별실을 많이 만들면 된다. 20명
정도의 단체 모임을 위한 별실이 필요하다면, 전체를 하나의
별실로 만들어야 한다.

　만일 벽을 열고 닫을 수 있게 설계한다면, 벽을 열고 닫
아 위 조건에 맞는 적당한 크기의 별실을 만들면 된다. 자, 이
제 수학적으로 생각해 보자. 테이블 1개부터 6개까지 들어갈

수 있는 별실을 모두 갖추려면, 열고 닫을 수 있는 벽을 최소 몇 개를 만들어야 할까?

이를 수학적으로 표현한 것이 '골롬의 자(Golomb's ruler)'이다. 골롬의 자는 수학자이자 공학자인 솔로몬 골롬(Solomon Golomb, 1932~2016년)의 이름을 딴 것으로, 자연수로 이루어진 유한수열 $a_1, \cdots, a_n$이

$$a_i - a_j = a_r \text{이면 } i = r, \ j = s$$

를 만족하는 것을 뜻한다. 이해하기 쉽게 설명하면, 길이가 a_n인 자가 있다. 이 자에는 눈금이 오직 $a_1, \cdots, a_n$에만 표시되어 있다. 이때, 이 자로 잴 수 있는 길이가 있다면, 그 길이를 잴 수 있는 방법이 딱 한 가지뿐이라는 의미이다.

이러한 골롬의 자 중에서 1부터 a_n까지 모든 자연수 길이를 잴 수 있는 골롬의 자를 '최적화된 골롬의 자'라고 부른다.

앞의 문제는 길이가 6인 '최적화된 골롬의 자'를 만들 수 있는지를 생각해 보면 된다. 길이가 6인 '최적화된 골롬의 자'는 다음과 같이 생겼다.

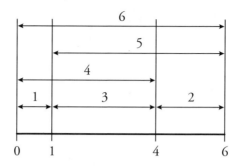

즉 열고 닫을 수 있는 벽 2개를 이용해 한 쪽에는 테이블 1개만 들어갈 수 있는 별실을, 다른 쪽에는 테이블 2개가 들어갈 수 있는 별실을 만들고 가운데에는 테이블 3개가 들어가는 별실을 만든다면, 위 그림과 같이 모든 크기의 별실을 제공할 수 있다.

보드게임 도블의 수학적 원리

도블(Dobble)은 프랑스의 보드게임이다. 이 게임은 쉽고 다양한 방법으로 즐길 수 있어 세계 각국에서 큰 인기를 누리고 있다. 미국의 'Spot it!', 우리나라의 '짝꿍을 찾아라'도 이와 비슷한 게임이다.

이 게임은 틀린 그림 찾기가 아니라 같은 그림 찾기이다. 8개의 작은 그림이 그려져 있는 카드 2장을 놓고, 그중에서 일치하는 그림을 찾는 것이다. 이 게임의 절묘한 점은 어떤 2장의 카드를 가져 와도 정확히 1개의 그림이 일치한다는 것이다.

이 게임에 사용되는 카드를 준비하려면, 얼마나 많은 종류의 그림이 필요하며, 얼마나 많은 카드를 만들어야 할까? 이 문제는 파노 평면(Fano plane)을 이용하면 쉽게 이해할 수 있다. 독자의 이해를 돕기 위해 가장 간단한 경우를 살펴보자.

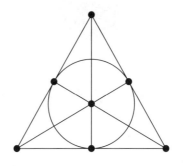

위 그림에서 각 점은 카드를 의미하며, 곡선(직선 및 원)은 카드에 그려진 그림을 의미한다. 즉, 같은 직선 혹은 원 위에 있는 점은 같은 그림이 그려진 카드를 의미한다. 이러한 의미에서 하나의 카드(점)는 3개의 직선 혹은 원이 이어져 있으므로, 하나의 카드에는 각 3개의 그림이 그려진다.

이제 임의의 두 점을 고르면, 우리는 위 그림에서 우리가 고른 두 점을 지나는 곡선은 단 하나밖에 없음을 알 수 있으며 바로 그 직선 또는 원이 의미하는 그림이 2장의 카드에 공통으로 그려진 그림이 된다. 위의 그림은 7개의 점과 7개의 곡선으로 이루어져 있다. 즉, 3개의 그림이 그려진 카드로 게임을 하려면, 7종류의 그림이 있으면 되고, 7장의 카드를 준비하면 된다. 이 경우는 가짓수가 적으니 게임이 단순할 것이다. 만일 각 카드에 k개의 그림을 넣는다면, $1+(k-1)+(k-1)^2=k^2-k+1$개의 그림과 카드가 필요하다.

도블은 카드 하나에 8개의 그림이 있으므로 $k=8$에 해당한다. 따라서 57개의 그림과 카드가 필요하다. 실제로는 카드 2장이 빠진 55장으로 구성되어 있는데, 어떤 2장이 빠졌는지 찾아보는 일도 재미있을 것이다.

매듭도 소인수 분해한다

공간 속에 들어 있는 원을 매듭, 매듭을 평면에 그릴 때 매듭
이 겹쳐 보이는 점을 교차점이라 부른다. 매듭을 연속적으로
변형해 교차점의 개수가 가장 적도록 만들었을 때 이를 이 매
듭의 '교차수(crossing number)'라 한다.

꼬이지 않은 매듭, 즉 동그라미 매듭의 교차수는 당연히
0이다. 교차수가 1인 매듭이나 교차수가 2인 매듭이 없다는
사실은 조금만 따져 보면 쉽게 알 수 있다. 교차수가 3인 매
듭으로 누구나 쉽게 발견할 수 있는 세잎 매듭이라는 것이 있
는데, 교차수가 3인 것 중 첫 번째라고 하여 3_1이라는 기호를
쓴다. 그런데 사실 거울상을 제외하면 이것밖에는 없다는 사
실도 알려져 있다. 교차수가 4인 경우도 마찬가지여서 4_1밖
에는 없는데, 교차수가 5인 것은 2개다.

하지만 교차수가 커질수록 서로 다른 매듭을 빠트리지 않
고 구하는 일은 점차 힘들어진다. 그런데 매듭 이론을 다룬 책
이나 문서를 보면 다음 쪽과 같은 그림을 흔히 발견할 수 있다.

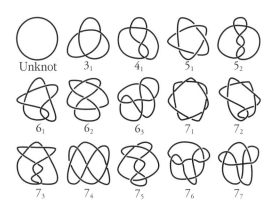

이런 그림을 보면 누구나 '교차수가 7인 매듭은 7개'라는 착각을 할 수 있을 것 같다. 하지만 실제로는 아래 그림과 같은 매듭은 앞서 나열한 7개나, 7개의 거울상과는 다르다.

대체 이 매듭은 왜 빠진 걸까? 실제로 교차수가 7개인 매듭은 거울상을 제외할 경우 앞선 7개와, 위 그림의 '빠진 매듭'을 포함한 8개뿐임이 알려져 있는데, 왜 이것만 뺐을까? 실수일까? 사실대로 말하면, 이 매듭은 소매듭(prime knot)이 아니어서 빠진 것이다. 약수가 2개뿐인 수인 소수를 뜻하는 영어 단어 prime과 같은 것은 우연일까? 매듭을 '소인수 분해'라도 하는 거냐고 물어본다면, 의외로 정확한 질문이다. 매듭도 소매듭으로 '소인수 분해'할 수 있기 때문이다.

예를 들어 앞 쪽의 '빠진 매듭'은 3_1 매듭과 4_1 매듭에서 각각 조그만 토막을 잘라 낸 후, 잘린 부분의 끝을 상대방 매듭의 끝과 서로 이어 주면 만들 수 있다. 이런 식으로 매듭을 이어 주는 것을 연결합(connected sum)이라 하는데, 즉 이 '빠진 매듭' 그림은 3_1 매듭과 4_1 매듭의 연결합이다.

매듭의 소인수 분해는 자연수의 소인수 분해와 많은 점에서 닮아 있다. 먼저, 보통의 동그라미가 연결합의 항등원 역할을 하며, 연결합은 교환 법칙이 성립한다. 그리고 모든 매듭은 소매듭의 연결합으로 유일하게 분해할 수 있다는 중요한 성질도 성립한다.

사각형 부수기

미국의 과학 잡지 《사이언티픽 아메리칸》에 25년 동안 '수학 게임(Mathematical Games)'이라는 칼럼을 기고한 마틴 가드너. 그의 칼럼은 많은 사람들에게 수학이라는 학문의 매력을 어필했고, 그중 다수의 사람이 수학자의 길을 걷게 되었다. 필자도 가드너와 같이 철학을 배웠다면 좀 더 감동적인 책을 쓸 수 있지 않았을까 생각해 본다.

오늘은 마틴 가드너의 저서 『수학 축제(*Mathematical Carnival*)』에 등장하는 퍼즐 하나를 소개해 볼까 한다.

40개의 성냥개비를 이용해 만든 4×4 격자 모양이 있다. 최소한의 성냥개비를 빼서 어떤 정사각형 모양도 남지 않게 해라.

누구나 적절한 시간과 노력을 기울인다면, 9개만 빼면 된다는 사실을 찾을 수 있다. 그렇다면, 일반적인 경우는 어떨까? $n \times n$ 격자에서 몇 개를 제거하면 좋을까?

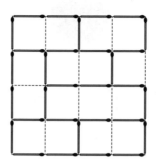

　　일단 간단한 사실을 통해 최소한 몇 개를 없애야 하는지
는 추측할 수 있다. 총 n^2개의 작은 정사각형이 있으므로, 이
들을 모두 없애야 한다. 이때 하나의 성냥개비를 빼면 그 성
냥개비를 변으로 공유하는 2개의 작은 정사각형이 없어지므
로, 가장 효율적인 방법은 n이 짝수이면 $n^2/2$개를, n이 홀
수라면 $(n^2-1)/2+1$개를 제거해 작은 정사각형을 모두 없
애는 것이다. 두 정사각형이 공유하는 성냥개비를 뺐다는 것
은 가장 외곽에 위치하는 성냥개비를 건드리지 않았다는 의
미이다. 따라서 가장 큰, 변의 길이가 n인 정사각형이 그대로
남으므로 이를 깨기 위해서는 가장 외곽의 성냥개비 하나를
반드시 빼야 한다.

　　$n=4$인 경우는 최소 숫자가 9이고, 실제로 9개를 빼서
모든 정사각형을 없앨 수 있으므로 9개가 최소임을 확인할
수 있다.

　　재미있는 것은 마틴 가드너의 업적을 기념하는 'Gathering 4 Gardner' 2015년 행사에서 이 문제의 차원을 높이는 문제의 해법이 제시되었는데, 이 해법은 정확히 최소 개수를 제안하고 있다. 이것이야말로 청출어람이라 할 수 있지 않을까?

방사능과 7-10 법칙

냉전 시대에 세계는 핵전쟁으로 지구가 멸망할 것이라는 공포에 사로잡혀 있었다. 인류는 원자 폭탄의 어마어마한 위력에 전율하면서도 원자 폭탄보다 더 위력적인 수소 폭탄을 개발하고, 지구를 여러 번 멸망시킬 수 있을 정도로 수많은 핵폭탄을 만들어 냈다. 생각해 보면, 핵전쟁으로 인한 지구 종말의 날을 걱정하지 않게 된 지금이 기적 같기도 하다.

핵폭탄은 폭발력도 엄청나지만, 폭발 이후에 떨어지는 방사능 낙진 또한 치명적이다. 운 좋게 폭발에서 살아남은 사람도 방사능 낙진에서 방출되는 방사선에 피폭되어 암을 비롯한 각종 질병으로 죽어 간다.

냉전 시대에는 핵전쟁이 벌어졌을 때 살아남는 방법을 알려 주는 책들도 나왔다. 핵미사일이 날아온다는 경고에 대피소로 피했던 사람들이 핵폭발 후 다시 밖으로 나가려면 얼마나 시간이 지나야 할까? 이때 필요한 것이 7-10 법칙이다.

과학자들은 핵폭발로부터 t 시간이 지난 후 낙진으로 인한 방사선량을 $I(t)$라 하면, $I(t) = I(1) t^{-k}$가 됨을 알아냈다. 여기서 지수 부분에 있는 k는 핵폭탄의 종류, 폭발 고도 등등에 따라 결정되는 상수이다. 낙진 피해는 수십 가지의 방사능 물질로 생기므로 k의 값을 이론적으로 정확히 정하기는 어렵지만, 과학자들은 핵폭발 실험으로 대강 $k=1.2$ 정도로 정했다. 그러면, $7^{-1.2}$의 값이 약 $\frac{1}{10}$이므로, 7시간이 지나면 낙진의 방사선량이 $\frac{1}{10}$로 줄어들고, $7^2=49$시간이 지나면 방사선량이 $\frac{1}{10^2}=\frac{1}{100}$로 줄어든다.

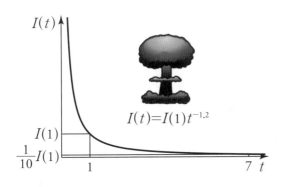

$$I(t)=I(1)t^{-1.2}$$

이와 같이 시간이 7배씩 늘어날 때마다 방사선량이 $\frac{1}{10}$배씩 줄어드는 것을 7-10 법칙이라 한다. 이 법칙을 알고 있으면, 더 안전한 대피소로 가려면 대피소에서 얼마나 기다려야 하는지 계산할 수 있다. 물론 상수 $k=1.2$부터 정확하게 결정된 값은 아니므로, 이 법칙은 주먹구구에 가까운 근사적인 계산이다. 그렇지만 생존을 위해서는 아무 계산 법칙도 없는 것보다는 낫다. 애초에 핵전쟁이 나지 않는 편이 백배 천배 더 낫지만.

하트비거-넬슨의 문제

지난 4월, 생물학자 오브리 드 그레이(Aubrey de Grey, 1963년~)가 60년 된 수학의 미해결 문제에 중요한 진척을 이루는 발견을 해 화제가 되었다. 그를 수식하는 '생물학자'란 단어는 '수학자'의 오기가 아니다. 드 그레이는 인간이 늙지 않는 방법을 알아냈다며 인간이 1000살을 넘게 살 수 있다고 주장하는 괴짜 생물학자이다. 본업이 생물학자이니, 그의 수학적 발견은 아마추어가 이룬 놀라운 성취라 할 만하다.

드 그레이가 발견한 것은 수학의 조합론(combinatorics) 분야에서 '하트비거-넬슨의 문제(Hadwiger-Nelson problem)'로 불리는 난제의 한 단계를 해결한 것이다. 이 문제는 유명한 '4색 문제'처럼, 점과 선분으로 이루어진 도형인 그래프를 색칠하는 문제이다. 평면 위에 세 점이 서로 거리 1만큼 떨어져 있다고 하자. 그러면 이 세 점은 정삼각형 모양을 이룰 것이다. 이 세 점을 연결한 다음, 연결된 점마다 서로 다른 색을 칠한다면 꼭 3개의 색이 필요하다.

평면 위에 네 점이 한 변의 길이가 1인 정사각형 모양으로 놓여 있다면 어떨까? 이때는 2개의 색이면 충분하다. 이 제 더 일반적인 상황을 생각해 보자. 평면에 아주 많은 점이 놓여 있고, 그 점들 가운데 거리가 1인 점들을 모두 연결했다고 하자. 연결된 점마다 서로 다른 색을 칠한다면 몇 개의 색이 필요할까? 당연히 점이 놓여 있는 방법에 따라 다를 텐데, '점들이 어떻게 놓여 있더라도 n개의 색이면 충분하다.'라는 명제가 참이 되게 하는 최소의 n을 구하는 것은 어떨까? 이것이 바로 수학자 후고 하트비거(Hugo Hadwiger, 1908~1981년)와 에드워드 넬슨(Edward Nelson, 1932~2014년)이 1950년에 제기한 문제였다.

이 문제의 답이 7을 넘지 못한다는 사실은 금방 발견되었다. 그러니까 7색이면 충분하다는 이야기다. 그러나 더 적은 개수로는 안 될까? 이 문제의 답이 4보다 작지 않다는 것은 수학자 레오 모저(Leo Moser, 1921~1970년)가 발견해 '모저의 방추(Moser's spindle)'로 불리는 다음 그래프를 관찰하면 분명하다. 이 그래프는 점이 7개이고, 이중 11쌍의 거리가 같다. 즉 이 그래프는 7개의 점과 11개의 선분으로 이루어져 있다.

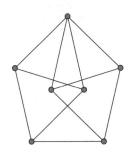

그러나 그 이후로 아무런 진전이 없었다. 7에서 내려오지도, 4에서 올라가지도 못했다. 그러다가 드 그레이가 4개의 색으로는 충분하지 않은 점의 배치를 발견해 이 문제의 작은 쪽 한계를 하나 올린 것이다. 따라서 하트비거-넬슨 문제의 답은 5, 6, 7 가운데 하나이다.

드 그레이의 해법은 모저의 방추 여러 개를 배열하는 방식으로, 그가 만든 그래프는 자그마치 1581개의 점으로 이루어진 거대한 그래프였다. 이후 여러 수학자가 이 드 그레이의 그래프를 개량해 현재 가장 작은 그래프는 553개의 점으로 이루어져 있다.

12는 유사완전수

자연수 중 자신보다 작은 모든 약수의 합으로 표현되는 수를 완전수라고 한다. 예를 들어 6의 약수는 1, 2, 3, 6인데 1＋2＋3＝6이므로 완전수이다. 어떤 수가 완전수가 될 확률은 아주 낮다. 9999보다 작은 완전수가 단 4개뿐임을 보아도 이를 알 수 있다. 완전수까지는 아니더라도 완전수가 될 조건보다 조금 약한 조건을 만족하는 수를 생각해 보면 어떨까?

1965년 폴란드 수학자 바츠와프 시에르핀스키(Wacław Sierpiński, 1882~1969년)는 어떤 자연수가 자신보다 작은 모든 약수 중 몇 개의 합과 같아지는 경우를 유사완전수(pseudo-perfect number)라고 불렀다. 12의 약수는 1, 2, 3, 4, 6, 12인데 2＋4＋6＝12이므로 12는 유사완전수이다.

유사완전수는 완전수보다 자연수 중에서 빈도가 훨씬 높다. 가령 모든 6의 배수는 유사완전수이다. 왜냐하면 $6k＝k＋2k＋3k$이기 때문이다. 유사완전수의 경우 약수의 합으로 표현하는 방식이 유일하지 않을 수 있다. 가령 12의 경우 12=2+4+6=1+2+3+6임을 확인 할 수 있다.

유사완전수 중 흥미로운 경우는 자신보다 작은 약수 중에서 하나를 제외하고 나머지 약수를 다 더했을 때 자기 자신이 되는 경우이다. 그러한 유사완전수를 준완전수(near-perfect number)라고 부른다. 12는 가장 작은 준완전수이다.

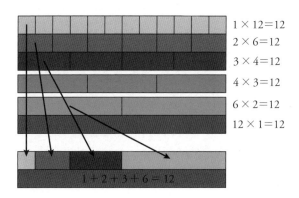

$1 \times 12 = 12$

$2 \times 6 = 12$

$3 \times 4 = 12$

$4 \times 3 = 12$

$6 \times 2 = 12$

$12 \times 1 = 12$

$1 + 2 + 3 + 6 = 12$

폴 폴락(Paul Pollack)과 블라디미르 셰벨레프(Vladmir Shevelev)는 어떤 수가 준완전수가 될 충분 조건을 제시했는데 이는 어떤 수가 완전수가 되는지에 대한 유클리드의 충분 조건과 상당히 유사하다. 유클리드의 정리는 다음과 같다.

정리(유클리드의 정리): 만약 $2^p - 1$이 소수이면, $n = 2^{p-1}(2^p - 1)$
은 완전수이다.

폴락과 셰벨레프의 정리는 다음과 같다.

정리(폴락, 셰벨레프의 정리): 만약 2^p-1이 소수이면, $n=2^{p-1}(2^p-1)^2$은 준완전수이다. 여기서 n을 표현하는 약수의 합에서 제외되는 수는 2^p-1이다.

완전수와 준완전수 사이에 다음과 같은 흥미로운 관계가 있다. 만약 m이 짝수 완전수이면 $n=2^j m$이 준완전수가 될 필요 충분 조건은 $j=1$이거나 $j=p$이다. (여기서 p는 2^{p-1}이 m의 최대 약수가 되는 소수) 이를 이용하면 짝수의 완전수 $n=2^{p-1}(2^p-1)$가 준완전수 $2^p m$과 준완전수 $(2^p-1)m$의 차이로 주어짐을 알 수 있다.

페르마-카탈랑 추측:
$7^3 + 13^2 = 2^9$

「7월 13일의 수학」의 제목은 7과 13의 어떤 거듭제곱의 합이 거듭제곱이 됨을 보여주고 있다. 거듭제곱 2개의 합이 이렇게 또 다른 거듭제곱이 되는 경우가 흔하지 않다고 말하는 정수론의 미해결 문제가 페르마-카탈랑 추측이다. 방정식 $a^m + b^n = c^k$의 양의 정수해 (a, b, c, m, n, k)를 생각하자. 이때, a, b, c가 서로소이고 m, n, k는 $\frac{1}{m} + \frac{1}{n} + \frac{1}{k} < 1$의 조건을 만족한다고 하자. 이 추측은 이러한 방식으로 얻어지는 거듭제곱의 세 쌍 (a^m, b^n, c^k)이 유한개뿐임을 주장한다.

문제에 덧붙여진 조건은 문제를 자명하게 하는 몇 가지 단순한 경우를 제외하기 위한 것이다. 먼저 a, b, c가 서로소라는 조건이 없으면, $2^n + 2^n = 2^{n+1}$처럼 무한히 많은 해를 갖는 경우를 손쉽게 찾을 수 있다. 지수에 대한 조건 $\frac{1}{m} + \frac{1}{n} + \frac{1}{k} < 1$은 방정식 $a^2 + b^2 = c^2$처럼 역시 무한히 많은 해를 갖는다는 사실을 이미 잘 알고 있는 경우를 이 문제에서 배제하도록 만든다.

지수 (m, n, k)가 고정된 경우 방정식의 해가 되도록 하는 (a, b, c)의 개수가 유한함은 이미 알려져 있으나, 이것만으로 우리가 원하는 답을 얻지는 못한다. 고려해야 하는 (m, n, k)가 무한히 많기 때문이다. 지금까지 알려진 해는 10개뿐이며, 그 목록은 다음과 같다.

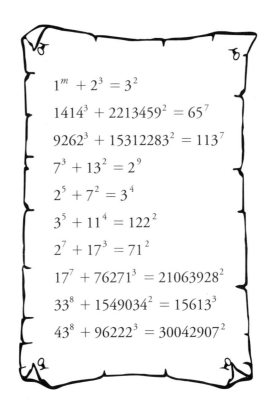

$$1^m + 2^3 = 3^2$$
$$1414^3 + 2213459^2 = 65^7$$
$$9262^3 + 15312283^2 = 113^7$$
$$7^3 + 13^2 = 2^9$$
$$2^5 + 7^2 = 3^4$$
$$3^5 + 11^4 = 122^2$$
$$2^7 + 17^3 = 71^2$$
$$17^7 + 76271^3 = 21063928^2$$
$$33^8 + 1549034^2 = 15613^3$$
$$43^8 + 96222^3 = 30042907^2$$

365 수학

정수론의 악명 높은 난제로 abc 추측이라 불리는 것이 있다. 만약 abc 추측이 참이라면, 그로부터 페르마-카탈랑 추측도 역시 참이 된다는 것은 알려져 있다. 2012년에 일본 수학자 모치즈키 신이치(望月新一, 1969년~)가 abc 추측을 증명했다고 주장했지만, 증명이 너무도 난해해 올바른지 알기가 어려웠다. 최근 2018년 필즈 메달 수상자인 페터 숄체(Peter Scholze, 1987년~)와 야코프 스틱스(Jakob Stix, 1974년~)가 모치즈키의 증명에서 오류를 발견했다고 하니, 아무래도 abc 추측의 진위가 밝혀지려면 아직도 한참을 더 기다려야 할 것 같다.

루스-에런 수

'세이버매트릭스(sabermetrics)'라는 용어를 들어본 적이 있는가? 세이버매트릭스는 야구에 통계학과 게임 이론을 접목해 선수의 가치를 유명세가 아닌 객관적 결과로 분석하려는 시도이다. 소극적인 팬의 입장에서는 야구 중계를 볼 때 너무 많은 용어가 난무해서 '선수가 잘한다.'라는 표현을 참 다양하게 하는구나 하는 느낌뿐이지만.

이런 소극적인 팬의 입장에서, 가장 명쾌하게 즐길 수 있는 야구의 볼거리는 홈런이 아닐까 한다. 홈런은 유일하게 (좋은 의미에서) 경기를 중단하고, 홈런을 친 선수는 그라운드를 돌며 축하의 시간을 갖는다.

홈런에 대해 말할 때 가장 먼저 언급되는 선수 중 하나가 베이브 루스(Babe Ruth, 1895~1948년)이다. 베이브 루스는 22년간 메이저리그에서 714개의 홈런을 쳤는데, 그 당시 2등이 353개의 홈런을 쳤고 루스의 기록이 깨지기까지 40년이 걸린 것을 생각하면 얼마나 대단한 기록인지 알 수 있다. 루스 다음에 거론되는 인물이 행크 에런(Hank Aaron, 1934년

~)이다. 루스가 은퇴한 뒤 20년 후 데뷔한 이 흑인 야구선수는 1974년 베이브 루스의 기록을 넘었고, 은퇴할 때까지 통산 755개의 홈런을 만들어 냈다. 에런이 루스의 기록을 깬 날은 좋은 의미에서, 그리고 나쁜 의미에서 정말 큰 주목을 받았다. 새로운 기록의 장이 열리는 시점이기도 했지만, 백인인 루스의 기록이 흑인의 손으로 깨지는 것을 원치 않는 인종 차별주의자도 많았다. 에런 스스로도 정말 많은 협박을 받아 힘든 시기였다고 회상했다.

이러한 시점에서 이 상황을 중립적으로 바라본 사람은 수학자들이었던 것 같다. 1974년 4월 8일, 에런이 루스의 기록을 넘어서는 그 순간을 텔레비전으로 보고 있던 조지아 대학교 수학 교수 칼 포머런스(Carl Pomerance, 1944년~)는 루스의 기록인 714, 에런의 기록인 715를 보면서 이들의 인수 분해를 생각했다.

$$714 = 2 \times 3 \times 7 \times 17, \quad 715 = 5 \times 11 \times 13.$$

714와 715는 서로 다른 소수의 곱으로 이루어지며, 두 수를 이루는 소수는 2부터 13 사이의 모든 소수이다. 이를 들은 동료 교수인 데이비드 페니(David Penny)는 자신의 수업 시간에 이를 학생들에게 소개했고, 그 중 한 학생이 두 수의 소수의 합이 같음을 발견했다.

$$2+3+7+17=5+11+13.$$

포머런스와 페니, 그리고 학생 캐롤 넬슨(Carol Nelson)은 이를 기념하기 위해 이러한 성질을 갖는 수를 '루스-에런 수'라 이름 짓고, 이에 대한 논문을 발표했다. 이를 읽은 에르되시 팔은 논문에서 제기한, 루스-에런 수가 무한히 많으리라는 가설을 증명했다. 추후 이를 기념하기 위해 조지아 대학교에서는 에런과 에르되시에게 명예 박사 학위를 주었는데, 이때 두 사람이 같은 야구공에 사인을 해, 에런은 졸지에 수학자와 같이 글을 쓴 공저자(?)가 되었다.

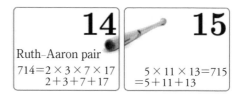

커크먼의 여학생 문제

한 기숙학교에서 15명의 여학생들이 7일 연속 산책을 나선다. 산책을 나설 때마다 3명이 한 줄씩 총 다섯 줄을 이루어서 산책을 한다. 어떤 두 학생도 한 번 이상 같은 줄에 서지 않게 배열할 수 있겠는가? 15명을 3명씩 다섯 줄을 배열하는 경우의 수는 15!이며 이는 아주 큰 수이다. 모든 가능한 경우에서 문제의 조건을 만족하는 7종류의 배열을 찾기란 특별한 아이디어가 없으면 상당히 어려운 문제이다. 이 문제는 수학자 토머스 커크먼(Thomas Kirkman, 1806~1895년)이 출제해 '커크먼의 여학생 문제'라고 불린다.

일단 7일 중 첫 번째 날을 배열하고 시작하자. 각 학생에게 1부터 15까지 숫자를 부여해 학생을 구분해 보자. 첫 번째 날의 배열은 숫자의 순서대로 줄을 세우는 것이다.

01 02 03 / 04 05 06 / 07 08 09 / 10 11 12 / 13 14 15

이제 나머지 6일에 대한 배열을 생각해 보자. 위의 배열을 보면 각 줄에서 순서를 바꾸는 경우, 임의의 두 줄을 바꾸는 경우도 근본적으로 같은 배열을 준다는 것을 알 수 있다. 따라서 첫째 날의 배열을 변형할 때 다음과 같은 규칙은 문제 해결에 도움이 될 것이다.

(1) 각 행에서 왼쪽에서 오른쪽으로 갈수록 숫자가 커진다.

(2) 각 행의 첫 번째 숫자는 위의 줄에서 아래로 내려가면서 커진다.

(3) 첫째 날에서 날수가 이동하면서 첫째 행의 가운데 학생의 숫자는 증가한다.

(4) 위의 세 규칙의 결과로 학생 13은 맨 오른쪽 열에만 등장할 수 있다.

(5) 둘째 날부터 처음 3개 행의 맨 왼쪽의 학생은 각각 1, 2, 3으로 한다.

편의상 첫째 날을 일요일이라고 하자. 위의 규칙을 따라 일요일부터 토요일까지 15명의 학생들을 배열해 보면 다음과 같다.

```
Sun : 01 02 03 / 04 05 06 / 07 08 09 / 10 11 12 / 13 14 15
Mon: 01 04 07 / 02 05 08 / 03 10 13 / 06 11 14 / 09 12 15
Tue : 01 05 15 / 02 09 10 / 03 04 14 / 06 08 12 / 07 11 13
Wed: 01 06 10 / 02 11 15 / 03 07 12 / 04 08 13 / 05 09 14
Thu : 01 08 11 / 02 07 14 / 03 06 09 / 04 10 15 / 05 12 13
Fri : 01 09 13 / 02 04 12 / 03 05 11 / 06 07 15 / 08 10 14
Sat : 01 12 14 / 02 06 13 / 03 08 15 / 04 09 11 / 05 07 10
```

위 배열을 보면 첫째 행의 가운데 숫자가 4, 5, 6, 8, 9, 12 순으로 증가하는 것을 볼 수 있다. 월요일의 경우를 보면 기본적으로 열을 따라 내려가면서 증가하는 순으로 숫자를 배열한 것을 볼 수 있다. 4, 5는 일요일에 같은 행에 있었기 때문에 5를 4 아래 행에 두는 것이 바람직하다.

16은 공손하지 않다

자연수 중에서 2개 이상의 연속하는 수의 합으로 표현되는 수를 '공손한 수(polite number)'라고 한다. 예를 들면

$$6 = 1 + 2 + 3, \qquad 22 = 4 + 5 + 6 + 7$$

이 공손한 수이다. 그러나 4는 공손한 수가 아니다. 공손하지 않은 수를 다 찾을 수 있을까?

공손한 수가 될 필요 조건을 생각해 보자. 자연수 N이 공손한 수라면 1보다 큰 어떤 자연수 a와 2보다 큰 자연수 n이 있어서 $N = a + (a+1) + \cdots + (a+n-1)$이 되어야 한다. 앞의 식에서 우변은

$$na + 1 + 2 + \cdots + (n-1) = na + \frac{(n-1)n}{2}$$
$$= \frac{n(2a+n-1)}{2}$$

이 된다. 여기서 n이 만약 짝수라면 $2a+n-1$은 홀수가 되며 이 수는 N의 약수다. n이 홀수라면 n은 N의 약수가 된다. 따라서 N은 항상 홀수의 약수를 가져야 한다. 그렇다면 2의 거듭제곱수들은 공손한 수가 될 수 없다. $16=2^4$이므로 공손한 수가 아니다.

그렇다면 2의 거듭제곱수들만이 공손하지 않은 수인가? 즉 홀수의 약수를 가지면 반드시 공손한 수인가? 답은 "그렇다."이다. 왜 그런지 살펴보자. 홀수의 약수를 가지는 수 N을 $N=2^n(2k+1)$이라고 쓸 수 있다. 여기서 $n \geq 0$이고 $k \geq 1$이다. 이제 $m=\min\{2^{n+1},\ 2k+1\}$이고 $M=\max\{2^{n+1},\ 2k+1\}$라 하면, $mM=2N$이다. 그러면 아래 그림으로부터

$$N=\left(\frac{M-m+1}{2}\right)+\left(\frac{M-m+1}{2}+1\right)+\cdots+\left(\frac{M+m-1}{2}\right)$$

이 됨을 알 수 있다.

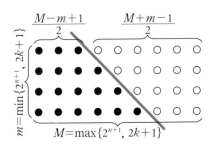

17 아니면 꽝

자연수 k가 주어질 때 $k \cdot 2^n + 1$ 꼴의 소수는 비교적 쉽게(?) 찾을 수 있다. 예를 들어 $k=7$인 경우 $7 \cdot 2^2 + 1 = 29$가 소수이다. 실제로 $k \leq 100$일 때 구해 보면, $k=47$, 94일 때를 제외하면 항상 8 이하의 n에 대해 소수가 나온다. $k=47$일 때는 $n=583$일 때, 즉 $47 \cdot 2^{583} + 1$이 가장 작은 소수이다. $k=94$일 때는 $n=582$라는 건 두말할 필요도 없을 텐데, 아무튼 다음과 같은 질문은 자연스러워 보인다.

> 자연수 k에 대해 항상 $k \cdot 2^n + 1$ 꼴의 소수가 존재할까?

바츠와프 시에르핀스키는 이 문제의 반례가 되는 k가 무한히 많음을 증명했다. 다시 말해 모든 n에 대해 $k \cdot 2^n + 1$이 합성수인 k가 무한히 많다는 것을 보였다. 1962년 존 셀프리지(John Selfridge, 1927~2010년)는 구체적으로 $k=78557$이 시에르핀스키 수임을, 더 정확히 말하면 다음을 증명했다.

따라서 다음 질문이 떠오를 것이다. 78557보다 작은 시에르핀스키 수가 있을까?

17 아니면 꽝

☑ $4847 \times 2^{3321063} + 1$은 소수

☑ $5359 \times 2^{5054502} + 1$은 소수

☑ $10223 \times 2^{31172165} + 1$은 소수

☑ $19249 \times 2^{13018586} + 1$은 소수

☐ $21181 \times 2^{(\quad ?\quad)} + 1$

☐ $22699 \times 2^{(\quad ?\quad)} + 1$

☐ $24737 \times 2^{(\quad ?\quad)} + 1$

☑ $27653 \times 2^{9167433} + 1$은 소수

☑ $28433 \times 2^{7830457} + 1$은 소수

☑ $33661 \times 2^{7031232} + 1$은 소수

☑ $44131 \times 2^{995972} + 1$은 소수

☑ $46157 \times 2^{698207} + 1$은 소수

☑ $54767 \times 2^{1337287} + 1$은 소수

☐ $55459 \times 2^{(\quad ?\quad)} + 1$

☑ $65567 \times 2^{1013803} + 1$은 소수

☐ $67607 \times 2^{(\quad ?\quad)} + 1$

☑ $69109 \times 2^{1157446} + 1$은 소수

셀프리지의 증명 이후 40년이 지난 2002년, 분산 컴퓨팅을 이용해 이 문제를 공략하려는 계획이 추진되었다. 당시 78557보다 작으면서 시에르핀스키 수의 후보가 될 만한 것은 모두 17개였다. 이 때문에 이 계획에는 '17 아니면 꽝(seventeen or bust)'이라는 제목이 붙었다. 후보가 될 만한 k에 대해 n을 키워 나가면서 $k \cdot 2^n + 1$ 꼴의 소수인 것을 찾아내면 다행이지만, 못 찾아내면 끝없이 시도해 봐야 하는 운명이기 때문에 모 아니면 도 식의 무모한 계획인 건 분명했다.

그래도 초기 성과는 비교적 양호했다. 첫 해였던 2002년에 5개의 후보를 제외할 수 있었고, 2007년까지는 모두 11개를 후보에서 제외할 수 있었기 때문이다. 그러던 2016년, 당시까지 알려진 소수 중에서 일곱 번째로 큰 소수

$$10223 \cdot 2^{31172165} + 1$$

를 찾아내는 개가까지 올리면서 10223이 시에르핀스키 수가 아님을 알아내기도 했다. 하지만 같은 해 서버 컴퓨터의 손상으로 이 계획은 중단되고 만다. 아직 남아 있는 5개의 수

$$21181, 22699, 24737, 55459, 67607$$

중에서 시에르핀스키 수가 있을 가능성은 여전히 남아 있는

데, 아니면 매우 큰 소수의 발견으로 이어질 가능성이 높다.

　이런 것을 알면 무슨 쓸모가 있느냐는 질문에 일일이 답하기도 이제는 지겹지만, $k \cdot 2^n + 1$ 꼴의 소수는 컴퓨터에서 큰 자릿수의 수를 곱하는 데 도움이 될 수 있다는 설명만 덧붙이기로 한다.

수소 쌍의 차이

두 자리 소수 11, 13, 17을 거꾸로 쓴 11, 31, 71은 모두 소수
이다. 그러나 19를 거꾸로 쓴 91은 91＝7 × 13으로 소인수
분해되므로 소수가 아니다. 11처럼 거꾸로 써도 자기 자신과
같은 소수는 '회문 소수(palindromic prime)'라고 부른다. 한편
13이나 17처럼 거꾸로 쓰면 다른 소수가 되는 소수는 'emirp'
라고 부른다. 이 이름은 소수(prime)의 철자를 뒤집어 쓴 것으
로, 우리말로 흉내 내면 '소수'를 거꾸로 쓴 '수소' 정도가 되
겠다. 1000보다 작은 수소는 다음과 같다.

13, 17, 31, 37, 71, 73, 79, 97,

107, 113, 149, 157, 167, 179, 199,

311, 337, 347, 359, 389,

701, 709, 733, 739, 743, 751, 761, 769,

907, 937, 941, 953, 967, 971, 983, 991.

수소와 관련해 먼저 생각해 볼 수 있는 문제는 수소가 얼마나 많은가일 것이다. 소수가 무한히 많은 것처럼, 수소도 무한히 많을 것으로 생각되나 아직 증명은 되어 있지 않다.

13과 31, 17과 71처럼 수소를 이루는 짝들을 보면, 그 차이가 18, 54가 되어 둘 다 18의 배수이다. 수소를 이루는 짝들의 차이는 항상 18의 배수일까? 간단한 계산으로 그렇다는 것을 증명할 수 있다.

어떤 수를 9로 나눈 나머지와 그 수의 각 자리 숫자를 모두 더한 합을 9로 나눈 나머지는 같다. 따라서 수소를 이루는 짝들을 9로 나눈 나머지는 같으므로, 수소 짝들의 차이는 항상 9의 배수가 된다. 그리고 수소 짝들은 모두 소수이므로 둘 다 홀수이다. 따라서 그 차이는 항상 2의 배수가 된다. 9의 배수이면서 동시에 2의 배수인 수는 18의 배수이므로, 수소 짝의 차이는 항상 18의 배수이다.

메톤 주기

머나먼 옛날, 시간의 흐름과 계절의 순환을 보면서 인류는 정밀한 달력을 만들기 위해 오래 동안 수많은 노력을 기울여 왔다. 시간의 주기성을 관찰한 손쉬운 대상은 달이었지만, 달의 주기는 태양의 주기와 달라 계절을 정확히 반영하지 못하는 문제가 있었다. 계절은 태양으로부터 오는 에너지의 증감에 따른 변화이므로 지구가 태양 주위를 도는 365일을 주기로 하지만, 달이 지구를 도는 29일 주기로는 365일이 열두 달로는 부족하고 열세 달로는 남아서 살짝 오차가 있기 때문이었다. 달의 모양을 따르는 음력은 보통 1년을 열두 달로 하고 29일인 달과 30일인 달을 번갈아 배치해 구성되는데, 이렇게 하면 $6 \times 29 + 6 \times 30 = 354$일이 되어 365일과 11일 정도 차이가 난다. 그러면 3년 정도만 지나도 음력으로 한 달가량 차이가 나 버린다.

　오랜 시간에 걸쳐 천문 현상을 관찰해 인류는 태양의 주기인 1년의 길이는 약 365.24일이고 달이 차고 이지러지는 주기인 음력 한 달의 길이는 약 29.53일임을 알게 되었다. 즉 지구가 태양 주위를 정확히 100번 도는 날짜를 세어 보면 36500일이 아니라 36524일이고, 보름달이 뜬 날로부터 세어 101번째 보름달이 뜰 때까지 날짜를 세어 보면 2953일이 된다는 뜻이다. 이 두 주기가 조화를 이루게 하려면 어떻게 해야 할까? 태양의 주기와 달의 주기가 맞아떨어지려면 365.24를 여러 번 더한 값이 29.53의 배수가 되는 경우를 찾으면 된다.

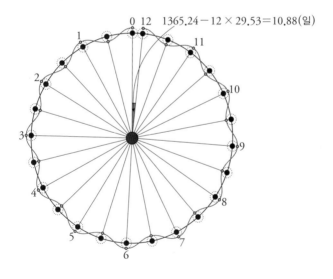

$$0 \quad 12 \quad 1365.24 - 12 \times 29.53 = 10.88(일)$$

정말로 딱 맞는 값은 2953년인 1078553.72일로 달의 주기로는 36524개월이 되지만, 너무 긴 주기여서 실용적으로도 의미가 없고, 앞서 본 태양과 달의 주기도 겨우 100년 정도 단위여서 이론적으로도 별 의미가 없다. 의외로 그리 길지 않은 주기로도 오차를 극적으로 줄일 수 있는데, 19년인 6939.56일이 그 예로 달의 주기로는 235.0003386…개월이 되어서 235개월과 거의 같다. 그러면 $235 - 12 \times 19 = 7$이 되어서, 19년 동안 12번은 열두 달, 7번은 열세 달이 되도록 음력 달력을 구성하면 태양의 주기와 잘 맞는다. 이와 같이 태양의 주기와 달의 주기가 맞아떨어지는 19년을 '메톤 주기(Metonic cycle)'라 한다. 이 이름은 이 현상을 발견했던 기원전 400년경의 그리스 천문학자 메톤(Meton, ?~기원전 460년)의 이름을 딴 것이다. 동양에서는 기원전 600년경 춘추 전국 시대의 중국 천문학자들이 같은 현상을 발견해 19년 동안 일곱 번의 윤달을 두는 규칙을 장법(章法)이라 불렀다.

신의 알고리듬

루빅스 큐브는 헝가리의 건축가였던 루비크 에르뇌(Rubik Ernő, 1944년~)가 교수로 재직하던 중 대학교 학생들이 공간 감각을 기를 수 있도록 발명했다. 첫 시제품은 1974년에 나왔고, 특허를 받은 후 1980년대에 그야말로 세계적으로 선풍적인 인기를 끌었다. 지금도 루빅스 큐브를 얼마나 빨리 맞추는지를 겨루는 세계 대회가 많으며, 눈 가리고 맞추기, 발로 맞추기, 저글링하며 맞추기 등등 묘기에 가까운 솜씨도 많다.

큐브를 만져 본 사람들은 알겠지만, 마구 헝클어진 큐브를 원래대로 맞추기란 간단치 않다. 몇 가지 공식이 알려져 있지만 모두 상당히 많은 단계를 거쳐야 해서, 끈기가 부족한 사람은 완전히 분해했다 다시 조립하기도 한다. 큐브를 초고속으로 맞추는 전문가들은 각 상황에 적절한 공식들을 이용해 재빠른 손놀림으로 큐브를 맞추는데, 옆에서 보고 있으면 감탄이 절로 나올 정도다.

큐브는 각 조각을 움직이는 방법이 다른 조각의 위치에 영향을 주므로, 큐브를 맞추는 최선의 방법을 인간이 한 번에 파악하기란 불가능에 가까운 일이다. 그렇지만 유한한 단계에 큐브를 맞출 수 있는 것은 분명하므로, 큐브를 어떻게 뒤섞어도 가장 적은 단계를 거쳐 큐브를 맞추는 알고리듬이 존재하는 것은 분명하다. 인간이 이것을 외워서 적용하기가 불가능할 뿐이다.

그렇다면 가장 완벽한 알고리듬을 따른다면 큐브를 몇 번 돌려서 원래대로 맞출 수 있을까? 이런 알고리듬을 장난스럽게 '신의 알고리듬'이라고 한다. 최근에 컴퓨터를 이용한 연구 결과, 신의 알고리듬에 필요한 단계가 20회라는 것이 증명되었다. 그러니까 큐브를 어떻게 뒤섞어도 20번만 돌리면 원래대로 맞출 수 있다는 뜻이다. 이것은 조각들이 뒤섞이는 방법을 유한한 길이의 치환들을 합성하는 것으로 변환한 다음, 그 수학적 구조를 분석해 얻어졌다.

7월 1일의 삼각형

「7월 1일의 수학」에서 다루었던 내용은 다음 그림에서 가운데 회색 삼각형과 큰 삼각형의 넓이의 비가 1:7이라는 것이었다. 그러면 이 그림에서 작은 삼각형인 검은색 삼각형의 넓이는 어떻게 될까?

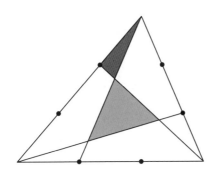

검은색 삼각형의 넓이를 알려면 다음 그림에서 선분 PQ와 선분 BP의 비를 알아야 한다. 복잡한 계산으로 그 비를 구할 수도 있지만, 물리학적인 아이디어를 이용하면 비교적 간단히 비를 알 수 있다.

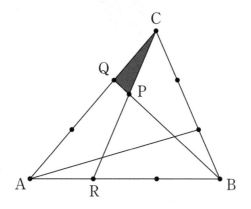

　위 그림과 같은 삼각형을 만들어서 점 P를 바늘 위에 올려놓았더니 어느 쪽으로도 기울지 않았다고 하자. 그러면 선분 CR 아래에 줄을 받쳐도 삼각형이 어느 쪽으로 기울지 않으므로, 지렛대의 원리에 의해 점 A에는 질량 2만큼, 점 B에는 질량 1만큼이 있다고 생각할 수 있다. 이번에는 선분 BQ 아래에 줄을 받쳤다고 생각하면, 점 C의 질량은 점 A 질량의 2배가 되므로, 결국 점 C에는 질량 4만큼이 있다고 생각할 수 있다.

　이제 다시 선분 BQ를 보면, 점 B에는 질량 1만큼이 있고 점 Q에는 2+4=6만큼의 질량이 있으므로, 삼각형이 기울지 않으려면 $\overline{PQ} : \overline{BP} = 1:6$이 되어야 한다. 삼각형 BCQ의 넓이가 큰 삼각형의 $\frac{1}{3}$이므로 삼각형 CPQ의 넓이는 큰 삼각형의 $\frac{1}{3} \times \frac{1}{1+6} = \frac{1}{21}$임을 알 수 있다.

같은 식으로 검은색 삼각형처럼 세 귀퉁이에 있는 뾰족한 삼각형의 넓이는 모두 큰 삼각형의 $\frac{1}{21}$이고, 검은색 삼각형과 회색 삼각형으로 둘러싸인 사각형의 넓이는 모두 큰 삼각형의 $\frac{5}{21}$가 된다.

원주율은 22/7 보다 작다

분수 22/7의 대략적인 값은 3.142857이다. 22/7는 오래전부터 원주율의 좋은 근삿값으로 알려져 왔다. '3월 14일의 수학'에서 아르키메데스가 22/7의 값이 원주율보다 더 큼을 보였다는 사실을 소개한 적이 있다. 그의 증명은 단위원에 외접하는 적당한 정다각형의 둘레 길이보다 22/7가 더 크다는 것을 보이는 방식으로 진행된다.

오늘 소개하는 이야기는 아르키메데스의 방식과는 매우 다른 것으로, 미적분학의 기초적인 사실만을 이용한다. 아래 식은 1944년에 도널드 퍼시 달젤(Donald Percy Dalzell, 1898~1988년)이라는 영국의 공학자가 발견한 것이다.

$$0 < \int_0^1 \frac{x^4(1-x)^4}{1+x^2} dx = \frac{22}{7} - \pi.$$

적분 함수는 구간 [0, 1]에서 음이 아니므로 오른쪽의 등식이 옳다면 이는 원주율보다 22/7가 더 크다는 사실을 곧바로 의미한다. 계산이 다소 요구되기는 하지만, 이를 이해하기 위해 필요한 지식이 본질적으로 아주 많은 것은 아니므로 직접 증명해 보도록 하자. 다항 함수의 적분을 할 수 있고

$$\int_0^1 \frac{1}{1+x^2}dx = \frac{\pi}{4}$$

라는 사실을 아는 것으로 충분하다.

이 경우, 다음과 같이 계산을 진행할 수 있다.

$$
\begin{aligned}
0 < \int_0^1 \frac{x^4(1-x)^4}{1+x^2}dx \\
= \int_0^1 \frac{x^4 - 4x^5 + 6x^6 - 4x^7 + x^8}{1+x^2}dx \\
= \int_0^1 \frac{(4 - 4x^2 + 5x^4 - 4x^5 + x^6)(1+x^2) - 4}{1+x^2}dx \\
= \int_0^1 \left(4 - 4x^2 + 5x^4 - 4x^5 + x^6 - \frac{4}{1+x^2}\right)dx \\
= \int_0^1 (4 - 4x^2 + 5x^4 - 4x^5 + x^6)dx - 4\int_0^1 \frac{1}{1+x^2}dx \\
= \left(4x - \frac{4x^3}{3} + x^5 - \frac{2x^6}{3} + \frac{x^7}{7}\right)\Big|_0^1 - \pi \\
= \left(4 - \frac{4}{3} + 1 - \frac{2}{3} + \frac{1}{7}\right) - \pi \\
= \frac{22}{7} - \pi.
\end{aligned}
$$

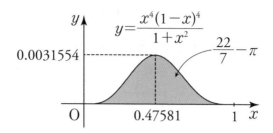

원에 대해 수천 년 전부터 알려진 사실을 현대 수학을 이용해서 기하학적인 요소를 완전히 숨기고 접근할 수 있다는 것이 흥미롭다. 오늘날의 수학에서는 원주율처럼 간단한 형태의 함수만 사용해 정적분으로 얻어낼 수 있는 수들을 중요한 연구 주제로 삼고 있다.

힐베르트의 23문제

19세기 말과 20세기 초에 전 세계에서 가장 영향력 있는 위대한 수학자를 꼽으라면 독일의 다비트 힐베르트(David Hilbert, 1862~1943년)를 빼놓을 수 없다. 힐베르트는 수학의 수많은 분야에서 업적을 남겼지만, 그중에서도 수학이 어떤 학문이며 어떠해야 하는지를 체계적으로 논한 것은 힐베르트의 이름을 수학사에 영원히 남게 한 위대한 업적이었다. 수학이란 학문이 공리에서 출발해 실질적 내용과 무관하게 형식적인 논리에 따라 결론을 이끌어 내는 일종의 '놀이' 같은 것이라는 그의 사상은 '형식주의(formalism)'라는 이름으로 불린다. 형식주의와 철학적 관점이 다른 논리주의, 직관주의 등의 다양한 사상이 한 시대를 풍미했지만, 20세기 이후의 현대 수학은 형식주의에 따라 발전해 왔다고 해도 과언이 아니다. 이런 점에서 힐베르트는 수학을 '계산하는 학문'이 아니라 '논리 구조를 파악하는 학문'으로 재정립한 인물이라 할 수 있다.

19세기가 저물고 20세기가 시작되려는 1900년. 힐베르트는 제2회 세계 수학자 대회에 기조 강연자로 초청을 받았다. 개별적인 수학 분과의 발전상보다는 수학의 전체적인 모습, 20세기 수학이 나아가야 할 방향을 고민하던 힐베르트는 강연에서 23개의 문제를 발표했다. 그야말로 힐베르트만이 할 수 있는, 힐베르트다운 강연이었다. 23개의 문제는 수리논리, 정수론, 대수학, 기하학 등의 여러 수학 분야뿐만 아니라, 물리학을 수학처럼 공리화하는 문제에 이르기까지 19세기까지 수학이 이룩하고 영향을 미쳤던 모든 분야에 대해 중요한 문제들을 제시했다. 유명한 리만 가설도 그 가운데 하나였다.

교과서와 문제집에 실려 있는 수학 문제만 풀어 본 학생들로서는 힐베르트가 제시한 문제의 답을 그가 알 것이라고 생각할 수도 있겠는데, 이런 문제들은 정답을 구하는 문제가 아니라 '이런 걸 한번 연구해 보라.'는 과제를 뜻한다. 예를 들어, 힐베르트가 제시한 23개의 문제 가운데 7번 문제는 '주어진 수가 대수적 수인지 초월수인지 판별할 수 있는 방법을 제시하라.'이고 그 한 예로 $2^{\sqrt{2}}$가 대수적 수인지 판별할 것을 요구하고 있다.

대수적 수란 유리수 계수 다항식의 근이 되는 수로, $x^2 - 2 = 0$의 한 근인 $\sqrt{2}$가 대수적 수의 예이다. 한편 원주율 π는 어떤 유리수 계수 다항식의 근도 될 수 없음이 증명되어 있어서, π는 대수적이지 않은 수, 즉 초월수이다.

당연히 힐베르트는 $2^{\sqrt{2}}$가 대수적 수인지 초월수인지 알수 없었다. 그러나 이런 수가 대수적 수인지 아닌지 판정하려면 수들이 가지는 대수학적인 성질을 매우 많이 알아야 하므로, 이런 판정법을 개발하는 과정에서 수학이 크게 발전할 것이라는 생각에서 문제로 출제한 것이었다.

이 문제는 30년 정도 지나 (구)소련의 알렉산드르 겔폰트(Alexandr Gelfond, 1906~1968년)와 독일의 테오도어 슈나이더(Theodor Schneider, 1911~1988년)가 해결했다. 그들이 증명한 겔폰드-슈나이더 정리에 따르면, a가 0, 1이 아닌 대수적 수이고 b가 유리수가 아닌 대수적 수일 때 a^b는 초월수가 된다. 따라서 힐베르트가 제시한 $2^{\sqrt{2}}$는 초월수이다.

불 밝힐 수 없는 방

모든 벽이 거울인 방에서 촛불을 밝히면 방안이 모두 밝아질 수 있을까? 이 질문은 독일계 미국 수학자인 에른스트 슈트라우스(Ernst Straus, 1922~1983)가 1950년대 초에 제기한 문제였다. 좀 더 이상적인 상황으로 문제를 정확히 기술하자면, 평면 위의 어떤 영역이 주어져서, 이 영역의 모든 경계에서 에너지 손실 없이 완벽하게 빛이 반사된다고 할 때, 영역 안의 한 지점에서 점광원을 밝히면 영역 안의 모든 지점에 빛이 도달할 수 있겠냐는 문제이다.

영역이 원이나 정사각형 모양처럼 생겼다면 영역 안의 어느 두 점도 모두 선분으로 연결 가능하므로, 이런 영역에서는 점광원 하나로 영역 전체를 환하게 할 수 있다. 영역이 여기저기 구불구불하게 꺾여 있다면 점광원에서 출발한 빛이 모든 지점에 바로 도달하지 못하겠지만, 영역의 경계에서 빛이 반사되다 보면 모든 지점을 다 지나갈 수 있을 것 같기도 하다. 과연 이 문제의 답은 무엇일까?

생각보다 답은 금방 나왔다. 1958년 영국의 물리학자 로

저 펜로즈가 슈트라우스의 문제에 부정적인 답을 주는 도형을 찾았다. 타원의 반쪽을 아래 위로 놓아 만든 아래 그림이 그 답으로, 양쪽에 만들어져 있는 버섯 모양(?)의 뾰족한 부분이 타원의 초점을 살짝 가리고 있다. 이제 이 도형 안쪽의 어느 지점에 점광원을 놓아도 색칠된 네 영역 가운데 적어도 두 군데에는 빛이 닿지 않는다.

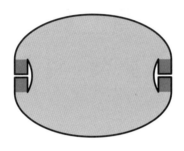

펜로즈의 답은 타원에서 한 초점을 지나는 빛이 다른 한 초점을 지나게 된다는 사실을 교묘하게 이용한 것인데, 곡선이 아닌 선분으로만 이루어진 다각형으로는 어떨까? 이 문제는 시간이 오래 걸려서, 1995년에 조지 토카스키(George Tokarsky)가 26개의 선분으로 이루어진 도형을 구성하면서 비로소 해결되었다. 이 도형에서는 특정한 한 점에서 출발한 빛이 절대 지나가지 못하는 점이 존재한다. 펜로즈의 도형과 달리, '어두운 영역'이 아니라 '어두운 지점'이어서 어떤 의미에서는 방안이 모두 밝아진다고 할 수도 있지만, 아무튼 이런 지점이 생긴다는 사실은 꽤나 신기하다. 토카스키의 이십육각형은 2년 후 데이비드 캐스트로(David Castro)라는 대학생이 발견한 다음 그림과 같은 이십사각형에게 최고 기록의 자리를 내 주었다. 이 그림에서 왼쪽의 점에서 출발한 빛은 오른쪽 X 표시된 점을 지나가지 않는다.

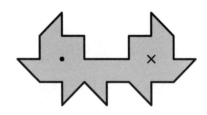

기둥이 4개인 하노이 탑

기둥 하나에 크기가 다른 원반들이 큰 원반이 아래에 놓이도록 꽂혀 있다. 그 옆에는 2개의 빈 기둥이 있는데, 원반을 하나씩 이동하되 큰 원반을 작은 원반 위에 놓는 일이 없도록 하면서, 원래 기둥이 아닌 다른 기둥으로 원반을 모두 옮기는 놀이인 '하노이 탑'은 꽤 유명하다. 원반의 개수가 n일 때 목적을 달성하는데 필요한 최소 이동 횟수는 $2^n - 1$이며, 조금만 연구해 보면 어떤 식으로 옮겨야 하는지 전략이 분명해지기 때문에 비결을 알고 나면 김빠질 수도 있는 놀이다.

이제 하노이 탑 놀이에서 기둥의 개수를 넷으로 늘려 보자. 이용할 수 있는 기둥이 늘어났기 때문에, 최소 이동 횟수를 줄일 수 있다는 것쯤은 명백할 것이다. 예를 들어 원반의 개수가 3개였다면, 다섯 번만 이동하면 목적을 달성할 수 있으니 막대기가 3개일 때의 일곱 번보다는 줄었다.

원반의 개수가 4개라면 어떨까? 기둥이 3개일 때의 전략을 따르면, 일단 작은 원반 3개를 한곳에 쌓는다. 이때 다섯 번이 소요되고, 가장 큰 것을 옮긴 후 다시 그 위에 3개를 옮겨 오면 되니까 열한 번이 답일까? 그렇지 않다! 위쪽 원반 2개를 한 곳에 쌓는 데 세 번, 남은 원반을 각각 빈 곳에 하나씩 옮기는 데 두 번, 가장 큰 원반 위로 3개의 원반을 옮겨 오는 데 세 번이 소모되므로 아홉 번이면 충분하다. 이쯤 되면 원반의 개수가 늘어날 경우 어떤 전략을 취하는 편이 현명한지 고민이 필요하다는 사실을 깨달았을 것이다.

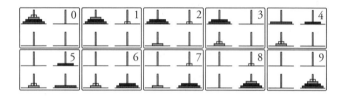

기둥의 개수가 많을 때 최선의 전략을 찾으려는 노력은 계속되었는데, 그중에서 매우 효과적인 것으로 보이는 (아직 입증되지는 않았다.) 프레임-스튜어트 알고리듬(Frame-Stewart algorithm)이란 이름의 귀납적 알고리듬이 있다. 기둥이 4개이고 1번 기둥에 꽂혀 있는 원반의 개수가 n일 때 다음과 같이 진행한다.

1단계: 4개의 기둥을 이용해 위쪽 $n-k$개의 원반을 최적 알고리듬을 이용해 2번 기둥에 쌓는다. (k값을 정하는 방법은 곧 나온다.)

2단계: 남은 k개의 원반을 1, 3, 4번 기둥만 이용해 4번 기둥에 쌓는다. (보통의 하노이 탑의 이동과 같다.)

3단계: 2번 기둥에 쌓여 있는 원반을, 네 기둥을 모두 이용해 4번 기둥에 쌓는다.

이 알고리듬의 이동 횟수를 $T(n)$이라 둘 경우, 위의 단계를 밟았을 때 $2 \cdot T(n-k)+(2^k-1)$의 값이 최소가 되는 k값을 고르면 된다. 즉

$$T(n)= \min_{1 \le k \le n-1} (2 \cdot T(n-k)+2^k-1)$$

이다. 이를 이용해 7개의 원반을 옮기려고 할 때 k값이 얼마인지 한 번 구해 보고, 전체 이동 횟수가 25회라는 것을 확인해 보는 것은 어떨까?

랭포드의 문제

자연수 n에 대해서 1부터 n까지 모든 수를 각각 두 번씩 사용해 만들어진 수를 가정하자. 가령 n이 3이면 112233 같은 수를 의미한다. 이제 이 수의 배열을 바꿈으로써 만들 수 있는 모든 수를 생각해 보자. 이들 수 중 1과 1 사이에는 한 자리 수, 2와 2 사이에는 두 자리 수, 3과 3 사이에는 세 자리 수가 있는 수가 존재할까? $n=3$인 경우는 231213이 바로 그런 수이다. 이와 같은 수를 모든 자연수 n에 대해서 만들 수 있을까? 처음 이 문제를 제시한 찰스 더들리 랭포드(Charles Dudley Langford, 1905~1969년)의 이름을 따서 이 문제를 보통 '랭포드의 문제'라고 부르는데 답은 n이 4의 배수이거나 4로 나누었을 때 나머지가 3인 수이어야 한다는 것이다.

왜 그렇게 되는지 아이디어를 살펴보자. $1, 1, 2, 2, \cdots, n, n$의 배열에서 숫자 k가 먼저 나오는 위치를 $p(k)$라고 하자. 만약 랭포드 배열을 얻었다면 k의 다음 위치는 $p(k)+k+1$이다. 이제 모든 수의 위치를 더해 보면

$$S_n = \sum_{k=1}^{n} p(k) + \sum_{k=1}^{n} (p(k)+k+1)$$

인데, 한편으로

$$S_n = 1 + 2 + \cdots + 2n = \frac{2n(2n+1)}{2}$$

이 된다. S_n에 대한 두 가지 다른 표현으로부터 $\sum_{k=1}^{n} p(k) = \frac{3n^2 - n}{4}$ 을 얻을 수 있다. 이 식에서 좌변은 자연수의 합이므로 자연수이다. 따라서 $3n^2 - n = n(3n-1)$은 4의 배수가 되어야 한다. 그렇게 되기 위해서는 n이 4의 배수이거나 또는 $3n-1$이 4의 배수여야 한다. $3n-1$이 4의 배수가 되는 조건을 살펴보기 위해 $n=4m+j$, $j=0, 1, 2, 3$으로 표현해 보자. 이를 이용하면 $3(4m+j)-1=12m+3j-1$인데 $3j-1$이 4의 배수가 되는 것은 $j=3$이 되는 경우뿐이다.

언제 랭포드 배열이 가능한지 알게 되었다면, 우리는 자연스럽게 랭포드 배열이 가능한 n에 대해 가능한 랭포드 배열의 서로 다른 경우의 수가 몇 가지인지 묻게 된다. $n=7$의

경우 26개의 서로 다른 랭포드 배열이 존재함이 알려져 있다. 그중 몇 가지를 써 보면 다음과 같다.

14156742352637, 14167345236275, 15146735423627, 15163745326427, 15167245236473, 15173465324726.

일반적인 경우는 컴퓨터를 사용해서 계산하는 알고리듬이 알려져 있다. 비교적 최근의 계산 결과에 의하면 $n=32$인 경우 서로 다른 랭포드 배열의 개수는 26자리의 수라고 한다.

순환 소수와 마방진

고등학교 때 분수의 순환 소수 표현에 대해 배운 바 있다. 그 중에서 분모가 7인 경우를 생각해 보면,

$$\frac{1}{7} = \frac{142857}{999999}$$

이다. 따라서 $\frac{n}{7}$ 은 다음과 같이 순환 주기가 6인 순환 소수로 표현된다.

$$\frac{1}{7} = 0.142857\cdots, \quad \frac{2}{7} = 0.285714\cdots,$$
$$\frac{3}{7} = 0.428571\cdots, \quad \frac{4}{7} = 0.571428\cdots,$$
$$\frac{5}{7} = 0.714285\cdots, \quad \frac{6}{7} = 0.857142\cdots.$$

이제 위 여섯 순환 소수의 순환 마디를 다음과 같이 6×6 격자에 차례대로 늘어놓자. 그러면 $\frac{1}{7} + \frac{6}{7} = \frac{7}{7} = \frac{999999}{999999}$ 이라는 사실로부터 대응하는 검은색 숫자들의 합이 9가 된다. 이렇게 생각하면 6개의 세로 줄을 더하면 모두 3×9=27로

같은 값이다. 또, 같은 식으로 6개의 가로 줄을 더한 값도 모두 27이 되어 마방진을 이룬다.

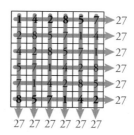

안타깝게도 이 배열에서는 두 대각선의 합은 27이 되지 않는데, 몇 개의 행을 바꾸어 대각선의 합까지 27이 되게 만들면 다음과 같은 두 가지 마방진을 만들 수 있다.

4	2	8	5	7	1
1	4	2	8	5	7
2	8	5	7	1	4
7	1	4	2	8	5
8	5	7	1	4	2
5	7	1	4	2	8

2	8	5	7	1	4
1	4	2	8	5	7
4	2	8	5	7	1
5	7	1	4	2	8
8	5	7	1	4	2
7	1	4	2	8	5

이국적인 7차원 구

앙리 푸앵카레가 제시한 푸앵카레 추측은 위상 수학이라는 새로운 분야의 탄생을 알리는 놀라운 문제였다. 위상 수학은 어떤 대상을 연속적으로 변형해도 바뀌지 않는 성질을 연구하는 학문으로, 흔히 커피잔과 도넛을 구별하지 못하는 수학이라 불린다.

푸앵카레 추측은 3차원 구 S^3이 가지는 성질에 대한 것이었고, 3차원 구란 4차원 공간에서 $x^2+y^2+z^2+w^2=1$을 만족하는 점 (x, y, z, w)의 집합을 뜻한다. 우리가 보통 '구'라고 부르는 것은 3차원 공간에서 $x^2+y^2+z^2=1$을 만족하는 점 (x, y, z)의 집합 S^2이고 이 구 위의 임의의 점 주변이 2차원인 평면처럼 생겼다는 사실에서 '구'는 2차원 도형으로 간주된다. 3차원 구는 이러한 2차원 구를 한 차원 높여서 생각하는 것이라 할 수 있다.

당연히 푸앵카레의 추측은 차원을 높여서, 4차원, 5차원, 6차원 등 더 높은 차원으로 일반화할 수 있다. 수학자들은 푸앵카레가 제시한 추측뿐만 아니라, 더 일반화된 추측 또한 해결하기 위해 고심하고 있었다. 그러던 어느 날, 1956년에 미국 수학자 존 밀너(John Milnor, 1931년~)는 이상한 현상을 발견했다. 7차원 구 S^7과 기본적인 성질이 같으면서 위상적으로는 달라 보이는 7차원 구조가 존재한다는 것이었다.

처음에는 푸앵카레 추측의 반례를 7차원에서 찾은 것이라고 생각했으나, 상세히 연구한 결과 밀너가 발견한 새로운 도형은 7차원 S^7과 위상적으로는 같은 도형이었다. 즉 두 도형을 연속적으로 변형하면 다른 도형을 만들 수 있어서 푸앵카레 추측의 반례가 되지는 않았다. 그런데 이 변형이 가진 성질을 면밀히 연구해 보니, 이 변형은 미분 가능한 함수가 아니었다. 그러니까 한 도형을 다른 도형으로 바꾸는 도중에 어딘가 도형이 겹치는 부분이 생기거나 뾰족한 부분이 생기는 것이었다. 수학적인 표현으로는, 두 도형이 위상동형(homeomorphic)이지만 미분동형(diffeomorphic)은 아니라고 표현할 수 있다.

밀너의 발견 이후 미분 동형이 아닌 7차원 구조가 여러 개 더 발견되어, 7차원 구 S^7과 기본 성질이 같은 도형은 모두 28종류가 존재함이 증명되었다. 여기서 S^7 자신을 제외한 나머지 도형

을 '이국적인 7차원 구(exotic sphere)'라고 부른다. 다른 차원에서는 어떨까?

1, 2, 3차원에서는 한 종류의 구밖에 없다. 즉, S^n과 위상동형인 도형은 S^n과 미분위상동형이기도 하다. 이국적인 4차원 구에 대해서는 아직 아무것도 알려져 있지 않고, 이국적인 5차원 구와 6차원 구도 존재하지 않는다. 그런데 갑자기 7차원 도형에서 28개나 나타나니 신기하다.

밀너는 이 업적을 비롯해 미분 위상 수학에 공헌한 업적으로 31세에 필즈 메달을 받았고, 58세에 울프상을, 80세에 아벨상을 받아서 수학 분야에서 최고 권위의 상 3개를 모두 받았다.

$\dfrac{28!+1}{29}$ 은 29자리 소수

자연수 n에 대해 $(n-1)!+1$이 1을 제외하면 n보다 작은 약수를 가지지 않는다는 건 당연하다. 그렇다면 $(n-1)!+1$이 가질 수 있는 가장 작은 약수는 n이어야 할 것이다.

실제로 $n \geq 2$일 때, n이 $(n-1)!+1$의 약수라는 것과 n이 소수라는 것이 똑같은 이야기임을 존 윌슨(John Wilson, 1741~1793년)의 정리가 말해 준다. 예를 들어 $n=5$는 소수이므로 $4!+1=25$가 5의 배수임을 확인할 수 있다.

> 정리(윌슨의 정리): p가 소수이면 $(p-1)!+1$은 p의 배수이다.
> 또, $p \geq 2$이고 $(p-1)!+1$이 p의 배수이면 p는 소수이다.

그렇다면 p가 소수일 때 $a_p = \dfrac{(p-1)!+1}{p}$ 은 자연수일 것이다. 이 수의 소인수 또한 p 이상이어야 할 것이다. 연습 삼아 $p=5, 7, 11$ 등을 대입하면 a_p가 아예 소수이다. 혹시 a_p는 모두 소수일까? 그렇지만 기대는 금방 무너진다. 그

이후로 $p=13, 17, 19, \cdots$ 등을 대입하다 보면 소수가 아니기 때문이다. 예를 들어

$$\frac{12!+1}{13}=13 \times 2834329$$

이므로 소수가 아니다. 그러다가 $p=29$에 가서야 다음의 29자리 소수가 나오고 그 이후 한참 동안 소수는 나오지 않는다.

$$\frac{28!+1}{29}=10513391193507374500051862069$$

　실제로 조사해 보면 $p=5, 7, 11, 29, 773, 1321, 2621$인 경우 $\frac{(p-1)!+1}{p}$는 소수이며, 현재까지 알려진 것은 이 일곱 가지밖에 없다.

30!의 끝에는 몇 개의 0이?

수학 경시 대회의 단골 문제 가운데 하나가 큰 수의 계승 마지막에 몇 개의 0이 연속해서 나타나는지 묻는 문제이다. 예를 들어 5!=5×4×3×2×1=120이므로 마지막에 1개의 0이 나타나고, 10!=3628800이므로 마지막에 2개의 0이 나타난다.

그러면 30!은 어떨까? 1부터 30까지 곱한 결과를 쓰면 마지막에 몇 개의 0이 연속해서 나타날까? 중간에 0이 섞여 있을 수도 있지만, 이런 것은 무시하고 마지막에 연속해서 나타나는 0만 센다.

30개의 수를 직접 곱하기란 무리이니 다른 접근 방법이 필요할 것이다. 우선 마지막에 0이 연속해서 몇 개 나타나는지는 10이 몇 번 곱해지는지와 같은 뜻이다. 그리고 10=2×5이므로, 1부터 30까지 30개의 수에 소인수 2와 소인수 5가 몇 개 있는지를 알면 10이 몇 번 곱해지는지 알 수 있다. 소인수 2가 소인수 5보다 훨씬 많다는 것은 분명하므로, 결국 소인수 5가 몇 개인지를 세면 30!의 마지막에 0이 연속해서 몇 개 나타나는지 알 수 있다.

1부터 30까지 30개의 수 가운데 5의 배수인 것이 $\frac{30}{5}=6$개 있으므로, 30!에는 소인수 5가 6개 있을 것 같다. 그러면 마지막에 연속해서 나타나는 0의 개수도 6개가 답일 터이다. 그런데 여기서 하나 빼먹은 것이 있다. 5의 배수가 6개인 것은 맞지만, 그렇다고 해서 소인수로 5가 6개 나타난다는 뜻은 아니다. $25=5^2$이므로 여기서 소인수 5가 하나 더 나타나고, 따라서 30!의 마지막에는 7개의 0이 연속해서 나타난다.

실제로 계산해 보면, 다음 쪽에서처럼 5의 배수가 될 때마다 0이 하나씩 늘다가 25에서 0이 2개 늘어나는 모습을 볼 수 있다.

이런 원리를 이해하지 못하고 무작정 계산만 하다가 이상한 억지를 부리는 사람들이 가끔 있다. 예전에 어느 시험에 100!의 마지막에 몇 개의 0이 연속해서 나타나는지를 묻는 문제가 출제되었다고 한다. 1부터 100까지 100개의 수 가운데 5의 배수가 $\frac{100}{5}=20$개, 25의 배수가 $\frac{100}{25}=4$개이고, 125의 배수부터는 생각할 필요 없으므로, 마지막에 연속해서 나타나는 0의 개수는 $20+4=24$개가 정답이다. 그런데 엑셀 프로그램을 이용해서 1부터 100까지 곱한 결과인 9.33262E+157을 가지고 이의를 제기한 사람이 있었다고 한다. 엑셀의 결과는 9.33262×10^{157}을 뜻하므로 0이 나타나는 개수는 157 − 5 = 152가 되어야 한다는 말도 안 되는 주장이었다.

$1! = 1$
$2! = 2$
$3! = 6$
$4! = 24$
$5! = 120$
$6! = 720$
$7! = 5040$
$8! = 40320$
$9! = 362880$
$10! = 3628800$

$11! = 39916800$
$12! = 479001600$
$13! = 6227020800$
$14! = 87178291200$
$15! = 1307674368000$
$16! = 20922789888000$
$17! = 2355687428096000$
$18! = 6402373705728000$
$19! = 121645100408832000$
$20! = 2432902008176640000$

$21! = 51090942171709440000$
$22! = 1124000727777607680000$
$23! = 25852016738884976640000$
$24! = 620448401733239439360000$
$25! = 15511210043330985984000000$
$26! = 403291461126605635584000000$
$27! = 10888869450418352160768000000$
$28! = 304888344611713860501504000000$
$29! = 8841761993739701954543616000000$
$30! = 265252859812191058636308480000000$

호르마흐티흐의 추측

손가락이 10개인 인간에게는 10을 단위로 하는 10진법이 자연스럽지만, 생각해 보면 10진법이 다른 진법에 비해 우월하거나 특별히 더 편리한 것은 아니다. 그러니 수가 가지는 성질이 진법과 무관한 것이라면 그 수의 본질적인 성질이라고 할 수 있을 것이다. 예를 들어 짝수는 수의 특별한 성질이지만, 마지막 자리가 0, 2, 4, 6, 8이라는 것은 짝수가 10진법에서 가지는 성질이다. 9를 단위로 하는 9진법에서는 짝수의 마지막 자리로 0부터 8까지 모두 가능하다.

기수법에서 기본 숫자인 1을 나열해 만든 수를 생각해 보자. 이런 수를 렙유니트 수라 부른다. 1을 2개 나열해 만든 수는 10진법으로는 11이지만, 2진법으로는 $1 \times 2 + 1 = 3$이고, 3진법으로는 $1 \times 3 + 1 = 4$이다. 렙유니트 수가 두 가지 진법에서 같은 수를 나타내는 경우가 있을까? 그냥 1 하나만 쓰면 어느 진법에서든 모두 같은 1이 되지만, 이런 경우를 제외하면 한 가지 예로 31을 생각할 수 있다. 5진법과 2진법으로 나타내면 각각

$$31 = 111_{(5)} = 1 \times 5^2 + 1 \times 5 + 1$$
$$= 11111_{(2)} = 1 \times 2^4 + 1 \times 2^3 + 1 \times 2^2 + 1 \times 2 + 1$$

이다. 31 이외에 또 이런 성질을 만족하는 수가 있을까? 현재까지 딱 하나가 더 알려져 있다. 90진법으로 3개의 1을 나열하고, 2진법으로 14개의 1을 나열해 만들 수 있는 수인 8191이다.

두 수 31과 8191 외에도 조건을 만족하는 수가 없을까? 이것은 벨기에 공학자 르네 호르마흐티흐(René Goormaghtigh, 1893~1960년)가 1917년에 생각한 문제였다. 2008년에 수학자 허보(He Bo)와 알랭 토그베(Alain Togbé)가 두 진법이 정해지면 조건을 만족하는 수가 많아야 하나뿐임을 증명해, 5진법과 2진법으로 같은 렙유니트 수는 31이 유일하고 90진법과 2진법으로 같은 렙유니트수는 8191이 유일하다는 것은 알 수 있지만 다른 두 진법에서 같은 렙유니트 수가 나올 수 있는지는 전혀 알 수 없다. 정말 간단해 보이는 문제지만, 100년 넘은 호르마흐티흐의 추측은 여전히 미해결 상태로 남아 있다.

8월의 수학

베지에 곡선

두 점 A, B에 '조절점(control point)'이라 부르는 점 C를 주면, 곡선을 하나 그릴 수 있다. 두 점 A, B를 지나면서 두 직선 AC, BC에 접하는 간단한 곡선을 생각할 수 있는데, 이를 '베지에 곡선(Bézier curve)'이라 한다.

세 점을 이용해 결정되는 가장 간단한 곡선은 2차식, 즉 포물선인데 다음 식으로 주어진다는 것을 쉽게 알 수 있다.

$$X(t) = (1-t)^2 A + 2t(1-t)C + t^2 B, \ (0 \le t \le 1).$$

$A = X(0)$을 출발해 $B = X(1)$에 도착하는 곡선인데, 예를 들어 A에서의 접벡터 $X'(0) = 2(-A+C)$는 $\overrightarrow{AC}$와 나란함을 확인할 수 있다.

베지에 곡선은 전체의 정보를 세 점의 정보만으로 만들어 낼 수 있어 매우 유용하다. 또한 조절점의 개수를 늘리면 훨씬 다양한 곡선을 만들 수 있기 때문에, 글꼴 제작이나 컴퓨터 그래픽 등에서 기본으로 익히는 곡선이다.

그런데 이런 베지에 곡선은 사실 오랜 옛날 아르키메데스가 전혀 다른 맥락에서 사용하던 곡선이라는 점이 흥미롭다.

아르키메데스는 포물선 위의 두 점 A, B를 지나는 직선과, 포물선으로 둘러싸인 영역의 넓이를 (적분을 이용하지 않고) 최초로 구한 사람이다. 아르키메데스는 A, B에서 포물선에 대해 접선을 그린 뒤 교점을 C라 둘 때, 구하는 영역의 넓이가 삼각형 ABC의 넓이의 2/3임을 보일 수 있었다. 이런 이유에서 이 삼각형을 '아르키메데스 삼각형'이라 부른다.

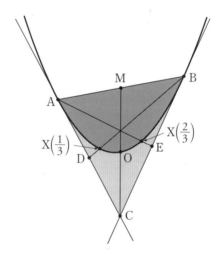

구체적인 과정은 생략하겠지만, 선분 AB의 중점 M과 C를 이은 중선과 포물선의 교점을 O라 할 때, O가 CM의 중점임을 보이는 것이 첫 번째 단계였다. (베지에 곡선의 식을 이

용하면, 이 점이 $X(1/2)$임을 이용해 아주 쉽게 증명할 수 있다.)

아르키메데스의 삼각형과 이에 내접하는 포물선, 즉 베지에 곡선 사이에는 흥미로운 성질이 많이 성립하는데 하나만 소개하자.

이 곡선과 다른 중선과의 교점은 이 중선을 8∶1로 내분한다는 성질이 성립한다. 물론 이 사실도 순수 기하학적으로 증명할 수도 있으나, 이 교점이 $X(1/3)$ 및 $X(2/3)$임을 알면 한결 수월하게 증명할 수 있다. 이런 교점을 구할 때는 '벡터' 개념을 이용하면 계산을 줄일 수 있는데, 크기를 바꿔도 모양을 유지하는 글꼴을 '벡터 글꼴'이라 부르는 데서도 어렴풋이 짐작할 수 있을 것이다.

$\sqrt{2}$ 를 계속 거듭제곱하면

$\sqrt{2}$ 를 계속 거듭제곱하면 다음과 같은 수열을 얻을 수 있다.

$$\sqrt{2},\ \sqrt{2}^{\sqrt{2}},\ \sqrt{2}^{\sqrt{2}^{\sqrt{2}}},\ \cdots.$$

조금 더 우아하게는 점화식 $a_{n+1}=\sqrt{2}^{a_n}$, $a_1=\sqrt{2}$ 로 주어진 수열을 생각하는 것이다. 이 수들의 근삿값을 계산해 보면,

$$1.414213\cdots,\ 1.632526\cdots,\ 1.840910\cdots,$$
$$1.926999\cdots,\ 1.950034\cdots.$$

등을 계산할 수 있다. 증가하는 추세가 점점 둔화되면서 어떤 값으로 다가간다는 느낌이 들 것이다.

이 수열이 뭔가로 수렴한다고 가정해 보면, 수렴값을 a 라 할 때 $a=\sqrt{2}^a$ 가 성립해야 할 것이고, 제곱하면 $a^2=2^a$ 임을 알 수 있다. 이 방정식의 양수 해가 $a=2$, 4임은 직관적(?)으로 알 수 있는데, 사실 이 둘밖에 없음을 그다지 어렵지 않

게 증명할 수 있다. 그런데 수렴값이 둘일 수는 없으므로 하나만 골라야 한다. 느낌상 $a=2$가 답 같은데……

실제로 수렴한다는 사실과 수렴값이 2여야 하는 이유는 다음 그림으로 설명할 수 있으니 참고하기 바란다.

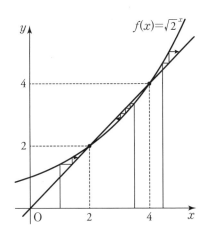

만일 $\sqrt{2}$ 대신에 다른 값을 택하면 어떻게 될까? 즉,

$$x,\ x^x,\ x^{x^x},\ \cdots$$

가 언제 수렴하느냐는 질문을 해 보자는 이야기다. (수렴값을 구하는 문제는 고등 수학의 영역이니 수학자에게 맡기자.) 예를 들어 $4,\ 4^4,\ 4^{4^4},\ \cdots$라면 무한히 커진다는 것이 명약관화하므로 x가 너무 큰 값이면 안 된다는 사실을 쉽게 알 수 있다.

이 수열이 수렴할 조건을 맨 처음 밝힌 사람은 레온하르트 오일러인데 $e^{-e} \leq x \leq e^{1/e}$ 여야 함을 입증했다. 특히 $e^{-e} \leq \sqrt{2} \leq e^{1/e}$ 인데, $e^{-2e^2} \leq 2^e \leq e^2$ 정도로 정리할 수 있다.

이 부등식을 소리 내어 읽다 보면 어째 조금 혀가 꼬이는 기분이다.

이항 계수의 역수의 합:

$$\frac{1}{1} + \frac{1}{3} + \frac{1}{3} + \frac{1}{1} = \frac{1}{1} + \frac{1}{4} + \frac{1}{6} + \frac{1}{4} + \frac{1}{1} = \frac{8}{3}$$

이항 계수 $\binom{n}{k}$에 대해서는 많은 사실이 알려져 있는데 이들의 역수의 합에 대해서는 많이 모르는 듯하다. $a_n = \sum_{k=0}^{n} \dfrac{1}{\binom{n}{k}}$라 하자. 연습 삼아 몇 개 계산해 보면

$$a_1 = \frac{1}{1} + \frac{1}{1} = 2,$$
$$a_2 = \frac{1}{1} + \frac{1}{2} + \frac{1}{1} = \frac{5}{2},$$
$$a_3 = \frac{1}{1} + \frac{1}{3} + \frac{1}{3} + \frac{1}{1} = \frac{8}{3},$$
$$a_4 = \frac{1}{1} + \frac{1}{4} + \frac{1}{6} + \frac{1}{4} + \frac{1}{1} = \frac{8}{3},$$
$$a_5 = \frac{1}{1} + \frac{1}{5} + \frac{1}{10} + \frac{1}{10} + \frac{1}{5} + \frac{1}{1} = \frac{13}{5}.$$

를 알 수 있다. 계속 증가하다가 증가세가 둔화되더니 급기야 줄어드는 모습을 보이는데, 이후로는 어떨까? 몇 항 더 계산하다 보면 줄어든다는 확신이 들기 시작하는데, 어떻게 입증할까?

$b_n=\sum\limits_{k=0}^{n}k!\,(n-k)!$을 구하면 $a_n=\dfrac{b_n}{n!}$에서 a_n을 알 수 있다.

$$2b_n=n!+\sum\limits_{k=0}^{n-1}(k!\,(n-k)!+(k+1)!\,(n-k-1)!)+n!$$

으로 변형하는 등의 방법으로 $a_n=\dfrac{n+1}{2n}a_{n-1}+1$임을 입증할 수 있다. 따라서 $a_n<a_{n-1}$인 것과 $a_{n-1}>2+\dfrac{2}{n-1}$인 것이 동치이다. 그런데 $n\geq5$이면

$$a_{n-1}>\dfrac{1}{\binom{n-1}{0}}+\dfrac{1}{\binom{n-1}{1}}+\dfrac{1}{\binom{n-1}{n-2}}+\dfrac{1}{\binom{n-1}{n-1}}=2+\dfrac{2}{n-1}$$

이므로 a_4 이후로는 감소하는 수열임을 알 수 있다.

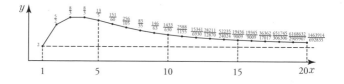

사실 점화식을 풀면 $a_n=\dfrac{n+1}{2^n}\sum\limits_{k=0}^{n}\dfrac{2^k}{k+1}$임을 보일 수 있는데, (수학적 귀납법으로 확인할 수 있다.) 이를 이용해서 감소함을 보이는 것도 괜찮은 연습 문제다.

한편 a_n은 감소하는 양수 수열로 2로 수렴한다는 사실

도 어렵지 않게 알 수 있다. 궁금한 독자는 $\lim_{n \to \infty}(a_n - 1)^n = e$ 에도 도전해 볼 만하다. 이항 계수는 자연 상수 e와 밀접한 관련을 가지고 있는데 이 극한도 그런 예가 아닐까 한다.

체비쇼프 다항식

삼각 함수의 덧셈 정리로부터 코사인 함수에 대해 다음 사실이 성립한다.

$$\cos(2t) = 2\cos^2 t - 1,$$
$$\cos(3t) = 4\cos^3 t - 3\cos t,$$
$$\cos(4t) = 8\cos^4 t - 8\cos^2 t + 1.$$

가만히 관찰해 보면, $\cos(nt)$는 $\cos t$에 대한 n차 다항식이다. 즉 $\cos(nt) = T_n(\cos t)$인 n차 다항식 $T_n(x)$가 있다는 뜻이다. 예를 들어

$$T_2(x) = 2x^2 - 1, \quad T_3(x) = 4x^3 - 3x,$$
$$T_4(x) = 8x^4 - 8x^2 + 1, \cdots$$

등이 성립하는데 이를 제1종 체비쇼프 다항식이라 부른다.

이 체비쇼프 다항식에 대해

$$T_m(T_n(\cos t)) = T_m(\cos(nt)) = \cos(mnt) = T_{mn}(\cos t)$$

이기 때문에 $T_m \circ T_n = T_{mn}$이 성립하며, 특히 $T_m \circ T_n = T_n \circ T_m$, 즉 교환 법칙이 성립한다!

n차 다항식 $f_n(x) = x^n$도 그런 성질을 가지는데, 실은 이 2종류의 다항식들의 변종 $\dfrac{(ax+b)^n - b}{a}$, $\dfrac{T_n(ax+b) - b}{a}$ 꼴만이 그런 성질을 가진다는 것이 알려져 있다.

여기서는 간단한 성질 한 가지만을 소개했으나, 체비쇼프 다항식은 다양한 수학 분야에서 등장한다. '드 무아브르의 공식(de Moivre's formula)'이라 부르는 공식도 이 다항식에 대한 관찰로부터 알려진 것이다.

체비쇼프 다항식은 유용하고 재미있는 성질이 많아 지금도 수학자들의 관심 대상이다. 예를 들어 $m \geq n$일 때

$$2T_m(x)T_n(x) = T_{m+n}(x) + T_{m-n}(x)$$

와 같은 항등식도 성립하는데, 이는 양자군(quantum group)의 표현과 관련되어 있기도 하다.

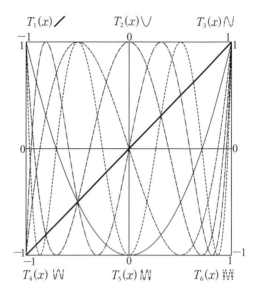

$T_1(x)$ $T_2(x)$ $T_3(x)$

$T_4(x)$ $T_5(x)$ $T_6(x)$

365 수학

5개 원의 결합 정리

유클리드 기하학에서 특정하게 구성되는 선분이 한 점에서 만나는 신기한 경우가 있다. 몇 가지 예를 들어 보자. 삼각형에서 각 꼭짓점과 대변의 중점을 연결한 중선은 한 점에서 만난다. 짝수 개의 변을 가지는 정다각형에서 서로 마주 보는 꼭짓점을 연결한 대각선들은 모두 한 점에서 만난다. 오각형에서도 이와 같은 상황이 생길 수 있을까?

2014년 크리스 피셔(Chris Fisher), 래리 호엔(Larry Hoehn), 에버하르트 슈뢰더(Eberhard Schröder)는 오각형에서 매우 흥미로운 정리를 발견했다. 평면상에 5개의 점 A_1, A_2, A_3, A_4, A_5이 있다. 이들 중 어떤 세 점도 한 직선 위에 있지 않다. 또한 선분 A_iA_{i+2}와 $A_{i-1}A_{i+1}$은 평행하지 않다. 여기서 첨자들은 5로 나눈 나머지로 이해한다. 예를 들면 $A_5A_7=A_5A_2$로 이해한다.

이제 A_iA_{i+2}와 $A_{i-1}A_{i+1}$의 교점으로 B_i를 정의한다. 이제 각 i에 대해 세 점 A_i, B_i, A_{i+1}을 지나는 원을 생각하자. 그러면 총 5개의 원을 얻는다. 이때 $i-1$번째 원과 i번째

원의 공통 현, 또는 공통 접선을 g_i라고 하면 다음의 정리가
성립한다.

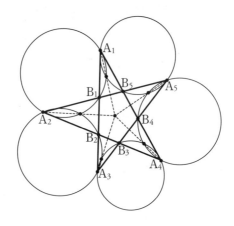

증명의 아이디어를 설명하기는 쉽지 않아서, '체바의 정
리(Ceva's theorem)'와 '메넬라오스의 정리(Menelaos' theorem)'라
는 기본적인 두 정리를 이용했다는 것만 밝혀 둔다. 첫 번째
는 조반니 체바(Giovanni Ceva, 1647~1734)가 발견했다고 알려
진 것이다.

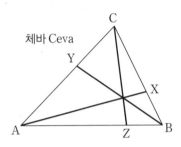

체바 Ceva

두 번째는 그리스 수학자인 알렉산드리아의 메넬라오스(Menelaus of Alexandria, 70~140년)가 발견한 정리이다.

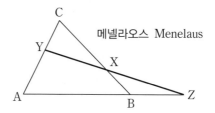

메넬라오스 Menelaus

여기서 선분의 길이는 방향성을 가진다. 즉 $BX = -XB$ 이다. 따라서 X가 B와 C 사이에 있으면 $\dfrac{BX}{XC}$는 양수이지만, 그렇지 않으면 음수로 취급한다.

피셔, 슈뢰더, 얀 스티븐스(Jan Stevens)는 1년 후 5개 원의 결합 정리가 n개의 점에 대해서도 성립함을 보였다.

정사각형 안의 팔각형

정사각형의 각 꼭짓점에서 각 변의 중점을 잇는 선분을 그리면, 다음과 같이 한가운데에 팔각형이 생긴다. 정사각형의 넓이와 비교하면, 안쪽에 생긴 팔각형의 넓이는 얼마일까?

중학교 기하 문제 정도 정도의 수준인데, 일일이 각 변의 길이를 구하거나 각의 크기를 구해서 팔각형의 넓이를 알아낼 수도 있지만 꽤 번거롭다. 이 문제는 다음과 같이 $\frac{1}{6}$ 간격으로 격자를 그려 보면 한눈에 해결할 수 있다. 물론 꼭짓점과 변의 중점을 잇는 두 선분의 교점이 정말로 저 격자의 눈금과 일치하는지 확인해야 하지만, 그 정도는 중학교 수학으로 충분히 해결 가능하다. 아무튼 이렇게 격자를 그려 보면 팔각형의 넓이는 정사각형 넓이의 $\frac{1}{6}$임을 알 수 있다.

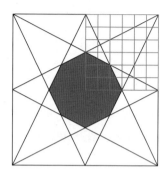

이 그림은 여러 가지 흥미로운 기하학적 성질을 많이 가지고 있는데, 예를 들어 선분들의 교점을 지나면서 정사각형의 변과 평행한 직선들을 생각해 보자. 여러 개의 직선을 생각할 수 있는데, 희한하게도 그 가운데 정사각형을 이등분하는 직선, 삼등분하는 직선, 사등분하는 직선, 오등분하는 직선을 모두 찾을 수 있다. 무엇인지 알겠는가?

정다각형 외접 상수는 약 8.7

반지름이 1인 원을 하나 그리자. 그에 외접하는 정삼각형을 그리고, 그에 외접하는 원을 또 하나 그리자. 이제 이 원에 외접하는 정사각형을 그리고, 그에 외접하는 원을 또 하나 그리자. 이제는 외접 정오각형을 그리고, 외접하는 원을 그리자. 이런 식으로 점점 변의 개수를 하나씩 늘려 가면서 계속 반복하면 점점 반지름이 늘어나는 원들이 생겨난다. '정다각형 외접 상수'라 부를 만한 이들 반지름의 극한값은 얼마일까?

반지름이 r_{n-1}인 원에 외접하는 정 n각형에 다시 외접하는 원의 반지름을 r_n이라 하자. 사잇각이 180도/n인 직각삼각형의 밑변과 빗변이 각각 r_{n-1}, r_n이기 때문에 r_{n-1} $= r_n \cos(180°/n)$임을 알 수 있다. 따라서 우리가 구하는 상수는

$$\cos\left(\frac{180°}{3}\right)\cos\left(\frac{180°}{4}\right)\cos\left(\frac{180°}{5}\right)\cdots$$

의 역수다.

컴퓨터로 계산하면 근삿값을 구할 수 있는데 8.7000 36625…이며 유리수는 아닌 것 같다. 우리가 잘 아는 다른 상수들과의 관계는 알려져 있지 않은데, 희한하게도 이 값이 정확히 12라고 잘못 알려졌을 때가 있었고 비교적 오래된 교양 수학 책에도 그렇게 나온 사례가 있다.

한편 외접 대신 내접하는 것으로 바꾸면, 다각형 내접 상수의 역수가 된다는 것쯤은 어렵지 않게 알 수 있다.

북의 모양을 들을 수 있을까?

사람들은 대개 악기를 보지 않고 소리만으로 악기가 같은지 다른 것인지 구분할 수 있다. 악기는 저마다 다른 음색을 갖기 때문이다. 물론 악기 종류가 비슷해지면 구분의 난이도가 올라간다. 바이올린과 피아노 소리를 구분하기란 바이올린과 비올라 소리를 구분하는 것보다는 아무래도 쉽다. 다소 이상하게 들릴 수도 있지만, 수학자들도 이러한 질문에 관심이 많다.

수학자가 이론적으로 다루기에 적합한 형태로 문제 범위를 좁히고 단순화하기 위해, 한쪽 면만 있는 북과 같은 악기만 생각하려고 한다. 북의 소리만으로 북이 둥근지, 혹은 네모난지 알아낼 수 있을까?

이 '북의 모양을 들을 수 있을까?'는 바로 1966년에 수학자 마크 카츠(Mark Kac, 1914~1984년)가 던진 질문이었다. 이런 비유적 표현에서 더 나아가 수학적으로 이 문제를 설명하려면 '디리클레 고윳값'이라는 개념이 등장하게 되는데, 이는 사물의 고유 진동수라는 개념의 수학적 표현이기도 하다.

학창 시절 우리는 주어진 도형의 둘레의 길이, 넓이를 구하는 문제로 고민해 본 경험이 있다. 그러한 수들은 그 도형을 잘 알고 있다고 말하기 위해 중요한 요소다. 이와 같이 디리클레 고윳값도 도형이 갖는 근본적인 속성에 해당하는 수이다. 이는 2차원 평면상의 영역 D에서 다음과 같은 방정식을 통해 정의된다.

$$\begin{cases} \Delta u + \lambda u = 0 \\ u|_{\partial D} = 0 \end{cases}$$

실수 λ에 대해 0이 아닌 함수 $u(x, y)$가 존재해 위 방정식을 만족하는 경우, λ를 영역 D의 디리클레 고윳값이라 한다. 여기서 Δ는 '라플라시안(Laplacian)'이라 하는 것으로 일종의 미분을 뜻한다. 디리클레 고윳값을 크기 순서로 나열할 수도 있는데, 그러면 수열

$$\lambda_1 \leq \lambda_2 \leq \lambda_3 \leq \cdots \leq \lambda_n \to \infty$$

을 얻게 된다. 도형의 넓이를 안다고 해서 그것만으로 그 도형이 무엇인지 온전히 알 수 없음을 우리는 이미 알고 있다. 카츠의 질문은 이와 유사하게 도형의 디리클레 고윳값 수열만으로 그 도형이 무엇인지 알 수 있는지를 묻는 것이었다.

질문이 나온 지 약 25년이 지난 1992년, 캐롤린 고든

(Carolyn Gordon, 1950년~), 데이비드 웹(David Webb), 스콧 월퍼트(Scott Wolpert)는 동일한 고윳값을 갖지만 모양이 서로 다른 두 도형을 찾아내는 데 성공했다. 이 두 도형은 7개의 직각이등변삼각형을 서로 다른 방식으로 붙여서 얻는 팔각형이다.

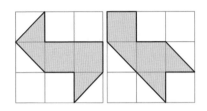

이들의 존재로 '북의 모양을 들을 수 있을까?'라는 질문의 답이 "아니오."임이 증명되었다. 물론 이야기는 여기서 끝이 아니다. 삼각형의 넓이가 2가 되도록 두면, 이 두 영역의 디리클레 고윳값은 2.5379, 3.6555, 5.1756, …과 같은 수열을 이루게 된다. 일반적으로 디리클레 고윳값이 이루는 수열의 패턴을 이해하기란 매우 어려운 일로, 이러한 문제에 대한 탐구는 앞으로도 오랫동안 수학자에게 많은 일거리를 가져올 것이다.

홀수 개의 면을 가진 다면체

정다면체인 정사면체, 정육면체, 정팔면체, 정십이면체, 정이
십면체는 모두 면의 개수가 짝수 개이다. 면의 개수가 홀수 개
인 다면체를 만드는 것은 어렵지 않은 일이어서, 예를 들어 사
각뿔은 모두 5개의 면을 가진다. 육각뿔, 팔각뿔 등도 모두 홀
수 개의 면을 가진다. 그런데 이런 각뿔들은 밑면을 이루는
다각형과 옆면을 이루는 삼각형이 서로 완전히 다른 도형이
다. 이제 이런 질문을 생각해 보자. 모든 면의 변의 수가 같으
면서, 면의 개수가 홀수인 다면체가 존재할까?

　　모든 면이 정다각형인 다면체는 모두 분류되어 있고, 이
경우 모든 다면체가 짝수 개의 면을 가진다. 따라서 조건을
충족하는 다면체의 각 면은 정다각형일 필요는 없고 그냥 변
의 개수만 같으면 된다. 생각보다 찾기가 어려운데, 다음 쪽의
도형이 지금까지 알려진 것 중에서 면의 개수가 가장 작은 다
면체이다. 면의 크기와 모양이 제각각이지만 아무튼 모두 사
각형이고 면의 개수는 9개이다.

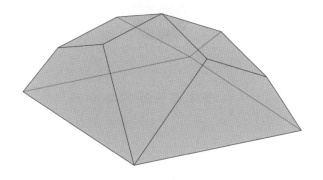

이 다면체는 특이한 성질이 하나 더 있다. 한 꼭짓점에서 출발해, 한 번 지나간 모서리는 두 번 지나가지 않으면서 모든 꼭짓점을 지나는 경로를 해밀턴 경로라 한다. 예를 들어 정십이면체의 꼭짓점과 모서리는 해밀턴 경로를 가진다. 그런데 위의 다면체는 해밀턴 경로가 존재하지 않고, 이런 비해밀턴 다면체 가운데 가장 작은 다면체이다. 이 다면체의 꼭짓점과 모서리로 이루어진 그래프는 특별히 '허셜 그래프(Herschel graph)'라고 불린다. 이 이름은 해밀턴 경로를 연구했던 영국의 천문학자 알렉산더 허셜(Alexander Herschel, 1836~1907년)의 이름을 딴 것으로, 그는 천왕성 발견으로 유명한 독일 태생 영국 천문학자 윌리엄 허셜(William Herschel, 1738~1822년)의 손자이다.

격자 경로의 개수

가로 세 칸, 세로 두 칸인 격자 모양의 직사각형을 생각하자. 이 격자의 왼쪽 아래 꼭짓점에서 출발해 오른쪽 위 꼭짓점에 도착하는 경로는 몇 가지나 있을까? 단, 진행 방향은 항상 오른쪽이나 위쪽으로 한다.

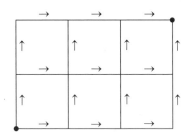

이와 같이 경로의 개수 세기는 경우의 수를 다루는 단원에서 볼 수 있는 전형적인 문제이다. 오른쪽으로 진행하는 것을 →로 나타내고, 위로 진행하는 것을 ↑로 나타내면, 위 문제에서 묻는 경로는 → 3개와 ↑ 2개를 나열하는 경우의 수세기와 같다. 따라서 총 5개의 화살표를 나열하면서 그 가운데 3개가 →이므로, 구하는 경로의 개수는 $\binom{5}{3} = \frac{5!}{3!2!} = 10$ 개이다.

이런 문제를 풀 때 순열이나 조합의 공식을 이용하지 않고 일일이 세어서 답을 구할 수도 있다. 물론 열 가지 경우를 하나하나 그려 가며 세기란 번거롭기도 하고 자칫 잘못하기도 쉽다. 그래서 경로 전체를 일일이 세는 대신, 격자의 각 교차점마다 도달할 수 있는 경우의 수를 세어 계산으로 구한다.

먼저 출발점의 오른쪽에 있는 각 격자점에 도달하는 방법은 오른쪽으로 계속 움직이는 것뿐이므로 모두 한 가지뿐이다. 같은 식으로 출발점의 위쪽에 있는 격자점에 도달하는 방법도 한 가지뿐이다. 각 지점에 1을 써 넣었다고 생각하자.

이제 출발점에서 오른쪽으로 한 칸, 위로 한 칸 이동한 지점을 A라 하자. A 지점에 도달하는 방법은 먼저 오른쪽으로 갔다가 위로 올라가는 것과, 위로 올라갔다가 오른쪽으로 가는 두 가지가 가능하다. 이것은 출발점의 오른쪽 지점에 있는 1과 출발점의 위쪽 지점에 있는 1을 더한 값이라 할 수 있다. A 지점에 2를 써 넣자.

이제 A 바로 위 지점에 도달하는 방법은 몇 가지일까? A 지점에서 출발하는 방법이 두 가지, 출발점에서 위로 두 칸 올라간 다음 오른쪽으로 가는 한 가지. 도합 세 가지 방법이 가능하다. 이제 이 지점에 3을 써 넣자. 이런 식으로 각 지점마다 그 이전 두 지점에 적힌 수를 더하면 최종적으로 도착

점에는 6＋4＝10이 적혀, 경로의 개수를 알 수 있다.

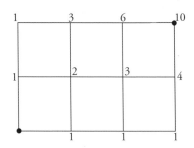

물론 규모가 훨씬 큰 격자에서는 이런 방식은 시간이 너무 오래 걸려 별 쓸모가 없지만, 격자가 복잡하게 생겨서 조합 공식만으로는 풀기 어려울 때 이 방식을 적절히 적용하면 비교적 쉽게 문제가 해결되는 경우가 많다. 이런 부분은 수학이 무작정 공식만 외워서 빠르게 계산하는 과목이 아니라 체계적으로 생각하도록 훈련하는 과목임을 보여 주는 예라 할 수 있겠다.

고른 타일링의 개수

정다각형으로 평면을 빈틈없이 덮는 방법을 찾아보면, 정삼각형으로 덮는 방법, 정사각형으로 덮는 방법, 정육각형으로 덮는 방법이 있다. 이 도형 이외의 정다각형으로는 평면을 덮을 수 없다.

이제 변의 길이가 같은 정다각형을 2종류 이상 사용한다면 어떨까? 이때 단순히 정다각형들로 평면을 빈틈없이 덮는 경우만 센다면, 정삼각형으로 모두 덮은 다음, 한 점에 모여 있는 6개를 정육각형으로 바꾸는 방법으로 무한히 많은 방법을 생각할 수 있다. 이렇게 하는 대신, 꼭짓점마다 같은 정다각형이 모이는 방식이 같은 경우로 제한해 생각해 보자. 이런 타일링은 '고른 타일링(uniform tiling)'이라 한다. 이

제한 조건은 정다면체의 조건 가운데 하나인 '꼭짓점마다 면이 모이는 방식이 같다.'와도 비슷해서 '아르키메데스 타일링(Archimedean tiling)'이라 부르기도 한다. 다면체 중에 2종류 이상의 정다각형으로 만들어지고 꼭짓점마다 면이 모이는 방식이 같은 입체를 '아르키메데스 다면체(Archimedean solid)'라고 부르는 것과 짝을 맞춘 이름이다.

다음이 2종류 이상의 정다각형을 이용해 평면을 빈틈없이 덮을 수 있는 모든 경우다. 앞서 한 종류의 정다각형으로 덮는 방법이 세 가지였으므로, 정다각형을 이용해 평면을 덮는 고른 타일링의 개수는 3＋8＝11이 된다.

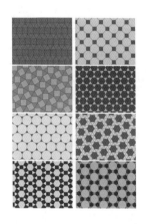

여덟 퀸 문제

체스판은 가로 8줄, 세로 8줄로 해서 총 64칸으로 구성되어 있다. 퀸은 앞뒤, 좌우, 대각선으로 움직일 수 있다. 체스판에 서로 공격하지 않도록 퀸을 둘 수 있는 최대의 퀸의 수는 얼마인가? 또 그렇게 퀸을 둘 수 있는 방법의 가짓수는 몇 가지인가? 이는 '여덟 퀸의 문제'라고 알려진 문제의 내용이다.

더 일반적으로는 $n \times n$ 체스판에 서로 공격하지 않도록 둘 수 있는 퀸의 수는 최대 몇 개인지, 그리고 그때 퀸을 두

는 방법은 몇 가지인지 물을 수 있다. 첫 번째 질문에 대한 답은 $n=2$, 3일 때 최대 $n-1$개의 퀸을, $n \geq 4$일 때 최대 n개의 퀸을 둘 수 있다는 것이다.

서로 공격할 수 없는 위치에 퀸을 두는 방법은 가령 4×4 경우를 보면 감을 잡을 수 있다. p번째 행, q번째 열의 위치를 (p, q)로 표시하자. $(1, 1)$에 퀸이 있으면 $p=1$ 또는 $q=1$ 또는 $p=q$에 다른 퀸을 둘 수 없다. 그러면 1행, 1열, 그리고 대각선을 제외하고 남은 칸 6개에 3개의 퀸을 두어야 한다. 이 6개의 칸에 서로 공격하지 못하도록 3개의 퀸을 놓기란 불가능하다. 이로부터 일단 $(1, 1)$에 퀸을 두는 일을 피해야 함을 알 수 있다. $(1, 2)$에 퀸을 두면 어떨까? $(2, 4)$, $(3, 1)$, $(4, 3)$에 퀸을 두면 4개의 퀸은 서로 공격할 수 없게 된다. 이 해는 체스판을 90도 회전했을 때 변하지 않는 대칭성을 가지고 있다. 따라서 회전을 계속해도 같은 해를 얻는다. 이번에는 대각선$(p=q)$에 대해 '대칭 이동(reflection)'시켜 보자. 새로운 해를 얻음을 알 수 있다. 4×4 체스판에서는 4개의 퀸을 두는 방법이 이렇게 두 가지밖에 없다.

체스판은 정사각형이기 때문에 회전과 대칭 이동으로 이루어진 총 8개의 변환이 있다. 이런 변환으로 일치하는 배열이라면 본질적으로는 같은 배열로 생각할 수 있다. 8×8 체스판에 8개의 퀸을 배열하는 서로 다른 방법은 열두 가지가 있다. 이것을 12개의 근본해라 한다.

근본해만 세는 대신 가능한 모든 배열을 다 구하면 어떻게 될까? 열두 가지 근본해 가운데 열한 가지는 정사각형을 변환하는 여덟 가지 방법을 모두 적용해 각각 8개의 배열을 만들 수 있지만, 마지막 하나는 대칭적인 배열이어서 여덟 가지 변환을 적용해도 서로 다른 배열은 네 가지가 나온다. 따라서 퀸을 배열하는 전체 경우의 수는 $8 \times 11 + 4 \times 1 = 92$이다.

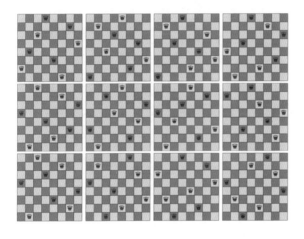

넥타이를 매는 방법

정장을 갖춰 입어야 하는 직장인에게 넥타이는 참으로 귀찮은 존재이다. 게다가 매는 방법은 뭐가 그리 많은지!

넥타이를 매는 여러 방법 가운데 하나인 포인핸드 노트(four-in-hand knot)는 19세기 후반 영국에서 개발되어 널리 알려졌고, 인기 있는 윈저 노트(Windsor knot)는 사랑하는 여인을 위해 왕위를 버렸던 영국의 에드워드 8세(Edward VIII, 1894~1972년)가 즐겨 매어서 유명해졌다. 윈저 노트라는 이름은 에드워드 8세가 퇴위해 윈저 공작의 칭호를 받은 데서 유래했다.

넥타이를 매는 새로운 방법이 있을까? 처음에 넥타이를 뒤집어서 목에 두르고 시작하는 프랫 노트(Pratt knot)는 윈저 노트가 나온 지 50년이 더 지난 1989년에야 알려졌으니, 사람들이 생각하지 못한, 완전히 새로운 방법이 더 있을 것 같기도 하다.

넥타이를 매는 새로운 방법이 등장할 때까지 다시 50년을 기다릴 수는 없는 일이어서, 물리학자 토머스 핑크(Thomas

Fink)와 마오용(Mao Yong)은 매듭을 만드는 방법을 세 가지 방향으로 움직이는 경로를 세는 문제로 바꾸어 분석했다. 넥타이를 맬 때 넥타이의 끝이 위치하는 곳을 L, R, C로 나누고 넥타이 끝이 매듭을 덮고 그림 뒤로 들어가는 경우를 i, 매듭 뒤를 돌아 그림 앞으로 튀어나오는 경우를 o로 나타내면, 넥타이를 매는 과정은 Li, Lo, Ri, Ro, Ci, Co를 적절히 나열한 다음 마지막으로 매듭 안으로 넥타이 끝을 통과시키는 것이라고 할 수 있다. 이때 L, R, C가 연속해서 중복되지 않게 나와야 하고, i와 o가 교대로 나와야 한다.

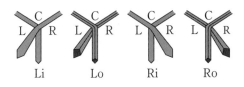

넥타이를 여러 번 감으면, 즉 Li−Ro−Li−Ro−Li−Ro−⋯을 반복하면 무한히 많은 방법이 가능하지만, 별 의미 없으므로 감는 횟수를 두 번 정도로 제한할 수 있다. 이렇게 생각하면 다음 그림처럼 한가운데 점에서 출발해 정삼각형 모양의 격자를 따라 움직이는 경로가 넥타이 매는 방법에 대응한다고 할 수 있다.

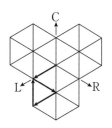

　핑크와 마오는 《네이처(*Nature*)》에 실은 논문에서 이런 방법으로 넥타이를 매는 방법이 85가지임을 보였고, 이중에서 대칭성과 좌우 균형 등을 고려해 넥타이를 매는 미학적인 방법 13가지를 제시했다. 아쉽게도 13가지 방법 가운데 처음 발견된 것은 없었지만, 새로운 방법이 나올지를 50년 동안 기다릴 필요가 없다는 사실은 확인되었다.

오일러의 피 함수

'오일러의 피 함수(Euler's phi function)'는 n보다 작은 자연수 중에서 n과 서로소인 수의 개수로 정의되며, 이 값을 $\varphi(n)$라 쓴다. 가령, 1부터 8까지의 자연수 중에서 8과 서로소인 수는 1, 3, 5, 7로 모두 4개가 있으므로 $\varphi(8)=4$이다. 24보다 작으며 24와 서로소인 수는 1, 5, 7, 11, 13, 17, 19, 23의 8개가 있으므로 $\varphi(24)=8$이 된다. 처음 몇 개의 $\varphi(n)$값은 다음과 같이 진행된다.

1, 1, 2, 2, 4, 2, 6, 4, 6, 4, 10, 4, 12, 6, 8, 8, 16, 6, 18, 8, 12, 10, 22, 8, ⋯.

이 함수는 $\varphi(1)=\varphi(2)=1$을 제외하고는 모두 짝수이며, m과 n이 서로소일 때, $\varphi(mn)=\varphi(m)\varphi(n)$의 성질을 갖는다. 곱셈에 대해 이러한 성질을 갖는 함수는 정수론에서 중요하게 취급된다. 18세기에 레온하르트 오일러가 처음 연구한 이 함수는, 오늘날 정수론을 처음 공부하는 학생이라면 누구나 배울 정도로 수학에서 중요한 위치를 차지하고 있다.

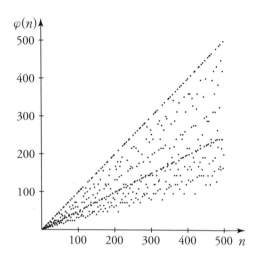

오일러 피 함수의 값이 14가 되도록 하는 수, 다시 말해 $\varphi(n)=14$가 되는 자연수 n은 존재하지 않는다. 14는 이러한 성질을 갖는 가장 작은 짝수인데, 이러한 수들의 모임은 14, 26, 34, 38, 50, 62, 68, 74, …로 시작된다. 일반적으로 소수 p에 대해 $\varphi(n)=2p$를 만족하는 n이 존재하지 않을 필요 충분 조건은 $2p+1$이 합성수가 되는 것이다.

쓸모라고는 전혀 없을 것 같은 이 함수는 흥미롭게도 20세기 후반에 로널드 리베스트(Ronald Rivest, 1947년~), 아디 샤미르(Adi Shamir, 1952년~), 레너드 애들먼(Leonard Adleman, 1945년~) 세 사람이 자신의 성을 따서 명명한 RSA 암호 체계에서 중요한 역할을 맡게 되었다. 가령 인터넷으로 신용 카드 번호와 같은 중요한 개인 정보가 전송될 때, 어떤 사람도 이를 훔쳐보지 못하도록 할 방법을 고민하는 사람이라면 이러한 함수의 성질을 공부해야만 한다. (물론 오일러는 자신의 정수론 연구가 훗날 이러한 곳에서 사용되리라고는 전혀 기대하지 않았다.)

더해서 제곱수

1부터 시작하는 연속한 자연수를 한 줄로 배열해, 인접한 두 수의 합이 제곱수가 되게 할 수 있을까? 시행착오를 거쳐 가며 써 보면 어렵지 않게 답을 구할 수 있지만, 무작정 수를 늘어놓는 대신 체계적인 접근 방법을 생각해 보자.

1과 연결해 제곱수가 될 수 있는 수는 3, 8, 15, 24, … 가 있고, 2와 연결해 제곱수가 될 수 있는 수는 7, 14, 23, … 이 있다. 이런 식으로 각 수마다 연결 가능한 수들을 찾아 늘어놓으면 다음과 같은 그래프를 만들 수 있다. 여기서 그래프란 점과 선으로만 이루어진 도형을 뜻한다.

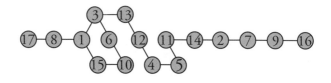

이 그림에서 한 번 지나간 선은 다시 지나지 않으면서 선을 따라 수들을 연결하면 문제의 조건을 충족하게 된다. 이런

경로를 해밀턴 경로라 한다. 위 그림에서 해밀턴 경로를 찾아 보면, 다음과 같이 1부터 15까지 15개의 수를 나열해 만들 수 있다.

$$8 — 1 — 15 — 10 — 6 — 3 — 13 — 12 — 4$$
$$— 5 — 11 — 14 — 2 — 7 — 9$$

15보다 작은 수로는 이런 경로를 만들 수 없고, 15보다 큰 수로는 9 다음에 16을 붙이고 8 앞에 17을 붙여서 확장할 수 있다. 그러나 1부터 18까지로는 해밀턴 경로를 만들 수 없고 19, 20, 21, 22도 역시 불가능하다. 23에서 다시 가능하지만, 24는 불가능하고 25부터는 모든 수가 가능하다. 심지어 32부터는 한 바퀴 돌아 출발점으로 돌아오는 배열을 만들 수 있다는 사실이 2018년 1월에 증명되었다.

나이트 바꾸기

정해진 말을 규칙에 따라 움직이는 체스는 유럽에서 오랫동안 사랑받은 우아한 게임이다. 체스를 이용한 수학 퍼즐이 매우 많은데, 그 가운데 1512년에 과리니 디 포를리(Guarini di Forli)가 출제한 다음 문제는 가장 오래된 체스 퍼즐로 알려져 있다. 그림과 같이 3 × 3 모양의 체스판 귀퉁이에 검은 나이트와 흰 나이트가 2개씩 놓여 있다. 체스의 나이트는 우리나라 장기의 마(馬)와 마찬가지로 두 칸 전진한 후 오른쪽 또는 왼쪽으로 한 칸 이동하는 방식으로 움직인다.

포를리가 제시한 문제는 그림의 나이트를 움직여 검은 나이트와 흰 나이트의 자리를 바꾸는 것이다. 즉 윗줄에 있는 검은 나이트를 아랫줄로, 아랫줄의 흰 나이트를 윗줄로 보내면 된다.

이리저리 움직이다 보면 나이트의 자리를 바꾸는 것은 크게 어렵지 않은데, 나이트를 최소 몇 번 움직여야 하는지 묻는다면 조금은 까다로운 문제가 된다. 나이트를 움직이는 모든 방법을 일일이 다 따져 볼 수는 없기 때문이다. 영국의 유명한 퍼즐 작가 헨리 듀드니는 나이트가 움직일 수 있는 지점들을 연결한 다음 이 선들을 펼쳐서 새로운 그림을 그리는 방법으로 문제를 해결했다. 듀드니는 이런 해법을 '단추와 실 방법(method of buttons and strings)'이라 불렀다.

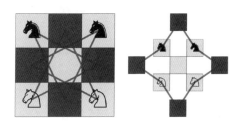

위 그림을 보면, 검은 나이트와 흰 나이트의 자리를 바꾸려면 같은 방향으로 한 칸씩 나이트를 움직여 전체적으로 반 바퀴를 돌면 된다. 따라서 각 나이트마다 네 칸을 움직이는 16번이 최소 횟수가 된다.

소용돌이 속의 수열

0부터 시작해 한 칸 내려간 다음 1, 오른쪽으로 2와 3 두 수를, 위로 4, 5, 6 세 수를 배열하는 식으로 사각형 소용돌이 모양으로 수를 배열하자. 이렇게 하면 삼각수(1, 3, 6, 10, …)가 될 때마다 방향이 바뀐다. 이때 0 아래위로 나타나는 수를 써 보면 다음과 같은 수열이 된다.

1, 8, 17, 32, 49, 72, 97, …

```
78-77-76-75-74-73-72-71-70-69-68-67-66
79                                    65
80   36-35-34-33-32-31-30-29-28       64
81   37                     27        63
82   38   10-9-8-7-6         26        62
83   39   11         5       25        61
84   40   12    0    4       24        60
85   41   13    1-2-3        23        59
86   42   14                22         58
87   43   15-16-17-18-19-20-21        57
88   44                               56
89   45-46-47-48-49-50-51-52-53-54-55
90
91-92-93-94-95-96-97-98-99-100-
```

이 수열은 전혀 다른 방식으로 해석할 수도 있다. 다음 그림처럼 정사각형 모양으로 빛이 나는 광원을 배열하면서, 앞 단계에 켜졌던 광원은 끄고, 꺼졌던 광원은 켜면서 바깥쪽으로 광원을 계속 확장해 나간다고 생각하면 광원의 개수가 앞서 구한 수열과 일치한다.

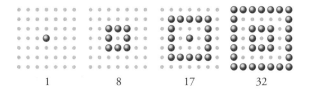

이 과정은 세포 자동 장치로 설명할 수도 있다. 처음에 한 광원이 켜진 상태에서 출발해, 광원이 꺼질 때마다 그 광원의 주변 8곳의 광원이 켜지는 규칙을 반복하면 위 그림과 같이 변화한다.

이 수열의 일반항을 하나의 식으로 나타낼 수 있을까? 답은 보기보다(?) 간단한 $2n^2 + \dfrac{(-1)^n - 1}{2}$ 이다. $n=1, 2, 3,$ …을 대입하면 차례대로 1, 8, 17, …이 된다. 괜찮은 연습 문제일 것 같으니 어떻게 이런 식이 나오는지는 독자 여러분께 풀이를 맡긴다.

주기율표

원소를 원자 번호와 속한 족에 따라 늘어놓은 주기율표는 화학계의 '소수표'라 부를 만하다.

우리가 보통 사용하는 주기율표의 1주기에는 수소와 헬륨 2개의 원소가 있고, 2주기에는 리튬부터 네온까지 8개, 3주기도 소듐부터 아르곤까지 8개의 원소가 배치되어 있다. 4, 5주기에는 각각 18개의 원소가 배치되어 있으며 6, 7주기에는 란타넘족과 악티늄족을 포함해 모두 32개씩 배치되어 있다. 8주기 이후의 주기율표는 완성되지 않았으니 논외로 하고, 현재까지 알려진 각 주기별 원소의 개수를 나열해 보자.

$$2, 8, 8, 18, 18, 32, 32$$

이 숫자의 규칙(?)을 알 수 있을까? 모두 짝수라는 건 쉽게 보이는데, 2로 나누고 나면 규칙이 더 선명하게 나타날 것이다. 맞다. 2로 나누면 1, 4, 4, 9, 9, 16, 16이 되어 제곱수다!

각 주기에 속한 원소의 개수가 제곱수의 2배인 것은 우연이 아니라, 원소를 결정하는 4개의 '양자수(quantum number)'와 이들을 결정하는 여러 가지 규칙을 적용하다 보면 나오는 필연이다.

따라서 단순한 산수만으로 본다면, 8주기의 원소는 모두 50개임을 짐작할 수 있을 것이다.

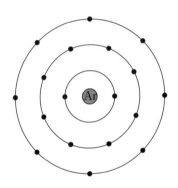

한편 멘델레예프식 주기율표 이외에도 다른 주기율표도 있다. 예를 들어 프랑스의 공학자 샤를 자네(Charles Janet, 1849~1932년)의 주기율표가 있는데, 여기에서는 1주기와 2주기가 2개씩, 3주기와 4주기가 8개씩, 5주기와 6주기가 18개씩…… 등으로 배열한다. 비록 방식은 조금 다르지만, 여전히 제곱수의 2배가 나온다는 점은 같다.

구공탄과 원 채우기

일정한 도형으로 공간을 채우기는 기하 분야에서 간단하면 서도 오래된 문제이다. 원으로 평면을 조밀하게 채우는 문제 는 비교적 어렵지 않으나, 구로 공간을 조밀하게 채우는 문제 는 '케플러의 추측(Kepler's conjecture)'으로 알려져 있으며 최 근에야 해결될 정도로 어려운 문제였다.

합동인 원들로 평면 전체 대신 원을 채우는 문제를 생각 해 보자. 원 하나로 원을 채우는 것이야 그 원 자체로 해결되 니, 원의 개수가 2개 이상인 경우를 생각해 보자. 원 2개로 원 을 채우려면, 반지름이 절반인 원을 이용해야 한다. 이런 식 으로 원을 원으로 채워 보면, 원이 3개, 4개, 5개, 6개일 때는 각각 정삼각형, 정사각형, 정오각형, 정육각형 배열을 이룰 때 가 가장 조밀하다. 원이 7개일 때는 원 6개를 정육각형 모양 으로 채운 다음 가운데에 나머지 원 하나를 집어넣으면 된다.

원의 개수가 더 늘면 어떻게 될까? 아주 작은 원을 가득 채운다고 생각해 보면, 개수가 늘수록 원의 크기는 작아지고 조밀도는 대체로 증가하지만, 원이 8개, 9개, 10개일 때는 오히려 조밀도가 감소한다. 즉 원의 개수가 는다고 해서 조밀도가 반드시 커지는 것은 아니다.

원의 개수가 아주 많지 않으면서 가장 조밀한 경우를 찾아보면, 원 19개를 다음과 같이 채우는 것으로 밀도는

$$\frac{19}{(1+\sqrt{2}+\sqrt{6})^2}=0.803\cdots$$ 이 된다.

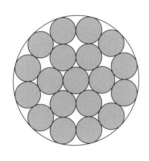

이 구조는 난방과 취사 연료로 오랫동안 사랑받아 온 연탄에서도 찾을 수 있다. 우리나라의 연탄은 석탄을 가루 내 구멍이 여러 개 뚫린 원기둥 모양으로 빚은 것이다. 구멍을 너무 많이 뚫으면 연료의 양이 적어지고, 구멍이 너무 적으면 불이 잘 붙지 않는 문제가 있다. 때문에 적당한 양의 구멍을 대칭으로 뚫을 필요가 있었다. 여기에 딱 맞는 구조가 위 그림에서 작은 원의 중심에 19개의 구멍을 뚫는 것이었고, 이렇게 만든 연탄을 '십구공탄'이라고 불렀다. 그런데 이 단어의 어감이 별로 좋지 않아서, 이후 '구공탄'이라는 이름을 가지게 되었다.

8월
20일

윌킨슨 다항식

컴퓨터 시대가 되면서 수학 문제가 모두 컴퓨터로 해결된다고 생각하는 사람이 많다. 그래서 현대는 수학에 더 이상 연구꺼리가 없다고 생각하는 사람도 있다. 자고로 학문은 그 발전 과정에서 이전에는 생각하지 못했던 문제가 새롭게 등장하면서 더욱 발전하게 되지만, 이론적으로 깊은 단계가 되면 일반인에게 수학의 발전을 이해시키기가 쉽지 않다.

컴퓨터 시대에 어울리면서 비교적 이해하기 쉬운, 새롭게 등장한 문제로 '윌킨슨 다항식(Wilkinson polynomial)'을 예로 들 수 있을 것 같다. 20세기 후반 컴퓨터가 개발되면서 이전 시대에는 풀기 어려웠던 많은 수학 문제를 컴퓨터로 풀 수 있게 되었다. 특히 방정식의 해를 구하는 기법이 개발되면서 수치 해석학이라는 새로운 분야가 크게 발전했다.

그러나 컴퓨터와 수치 해석학이 아무리 발전해도 다루기 어려운 현상이 나타날 수 있음을 보이기 위해 영국 수학자 제임스 하디 윌킨슨(James Hardy Wilkinson, 1919~1986년)은 다음과 같은 간단한 다항식을 예로 들었다.

$$(x-1)(x-2)(x-3)\cdots(x-20)$$

월킨슨의 이름을 따서 월킨슨 다항식으로 불리는 이 20차식은 명백히 $x=1, 2, 3, \cdots, 20$을 근으로 가진다. 그런데 다항식을 전개해 보면

$$x^{20} - 210x^{19} + 20615x^{18} + \cdots + 2432902008176640000$$

이 되고, 그래프를 그려 보면 다음과 같이 $x=1$과 $x=20$에 가까운 곳에서 함숫값이 너무 커서, 기존의 해법으로는 해를 구하기가 매우 어렵다.

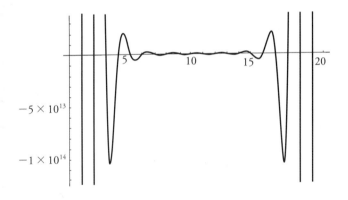

특히, x^{19}의 계수인 -210을 2^{-23} 정도 줄인 -210.0000001192로 바꾸면 방정식의 해가 극적으로 바뀌어, 9보

다 작은 9개의 실근, 20.84보다 조금 큰 실근, 그리고 실수가 아닌 복소수 근 10개가 나타난다. 여기서 2^{-23}은 당시 컴퓨터에서 실수를 저장하고 계산하는 방식인 부동 소수점(floating point)의 한계를 살짝 벗어나는 값이어서, 극단적으로 말하자면 컴퓨터는 -210과 -210.0000001192를 구별하지 못한다고 할 수 있다.

컴퓨터로 많은 방정식의 해를 원하는 정밀도로 구할 수 있게 되었지만, 윌킨슨의 다항식처럼 크게 복잡하지 않은 식의 계수가 아주 조금만 바뀌어도 해의 양상이 완전히 달라지니, 이런 방정식을 어떻게 풀어야 하는지를 연구하는 일은 컴퓨터 시대에 새롭게 등장한 문제라 할 수 있다.

뫼비우스의 띠 분할

「4월 21일의 수학」에서 정사각형을 서로 다른 정사각형으로 분할하는 문제를 다루었다. 이번에는 뫼비우스 띠를 정사각형으로 분할하는 문제를 생각해 보자.

뫼비우스 띠는 직사각형 모양의 종이를 반 바퀴 비틀어 마주보는 두 변을 맞붙여 만든다. 비틀지 않고 그냥 맞붙이면 원통 모양이 되지만, 반 바퀴 비튼 것만으로 신기한 성질이 많이 나타난다. 수학자들은 뫼비우스 띠를 연구할 때 그 모양을 직접 그리는 대신 직사각형을 그리고 마주보는 두 변을 반대 방향으로 동일시하는 것으로 나타내는 경우가 많다. 영화에서 환상적인 장면을 묘사할 때 한쪽 방문을 열었더니 반대쪽 문으로 들어오는 경우를 생각하면 되겠다. 이때 반대쪽 문으로 똑바로 들어오면 방이 원통 모양으로 연결되어 있는 것이고, 반대쪽 문으로 들어오면서 아래위가 뒤집히면 뫼비우스 띠라 할 수 있다.

뫼비우스 띠를 정사각형으로 분할하는 문제는 의외로 최근까지도 거의 연구가 되지 않아서 1991년에 로널드 브레이스웰(Ronald Bracewell, 1921~2007년)이 8개의 정사각형으로 분할한 것이 거의 처음이었다. 이후 1993년에 스티븐 채프먼 (Stephen Chapman)이 다음 그림과 같이 한 변의 길이가 1과 2 인 단 2개의 정사각형으로 분할할 수 있는 뫼비우스 띠를 발견했다.

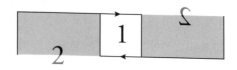

위 그림에서 화살표는 두 변의 방향을 뒤집어서 붙인다는 뜻이다. 사실 그림과 같은 비율로 만든 종이를 비틀어 붙일 수는 없지만, 오른쪽 위로 올라가면 왼쪽 아래에서 올라온다는 규칙을 따르면 위 그림을 뫼비우스 띠로 생각할 수 있다. 그래서 회색 두 직사각형은 맞붙어서 한 변의 길이가 2인 정사각형이 된다.

위 분할은 한 변을 지나는 직선을 따라 자르면 뫼비우스 띠가 직사각형 둘로 나누어진다. 이렇게 두 직사각형으로 나누어지지 않는 분할은 어떤 것이 있을까? 채프먼은 8×21인 직사각형을 5개의 정사각형으로 분할하는 방법을 발견했고, 이 분할은 직사각형 2개로 나누어지지 않는 가장 작은 경우이다.

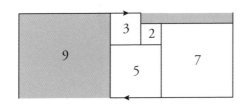

　채프먼은 두 직사각형으로 분할되지 않으면서 3개나 4개의 정사각형으로 분할할 수 있는 경우는 없음을 확인했고, 5개의 정사각형으로 분할할 수 있는 경우는 위 그림과 같은 경우밖에 없음을 보였다. 이후 제프리 몰리(Geoffrey Morley, 1944년~)는 직사각형 2개로 나누어지지 않으면서 10개의 정사각형으로 분할할 수 있는 뫼비우스 띠를 3종류 발견했다. 아마 이보다 적은 개수로 분할할 수 있는 뫼비우스 띠는 더 이상 없으리라 예상되나, 아직 밝혀지지 않았다.

8월

22일

만칼라 수

인류 역사상 가장 오래된 보드 게임의 하나가 바로 '만칼라 (mancala)'이다. 나란히 구덩이 몇 개를 파고 돌멩이 몇 개만 주워 모으면 할 수 있기 때문에, 세계 각지에서 매우 오래전 부터 행했던 증거가 남아 있다.

지역마다 이름과 규칙이 조금씩 다르며, 대개는 2명이 겨루는 전략 게임이지만, 오늘은 만칼라의 특징만 반영해 혼 자서도 할 수 있는 '1인 게임(solitaire)'을 다루기로 한다.

0번 구덩이부터 1번, 2번, 3번…… 등으로 구덩이가 패여 있고, 0번 구덩이가 내 '집'인데 여기에 돌멩이를 모두 모으는 것이 목표다. 게임 방식은 다음과 같다. 아무 구덩이든 선택해 그 구덩이에 있는 돌멩이를 더 낮은 번호의 구덩이로 하나씩 배분한다. 예를 들어 5번 구덩이를 택했는데 거기에 돌멩이가 3개 있었다면, 이 구덩이의 돌멩이를 4번, 3번, 2번 구덩이에 하나씩 더해 준다는 뜻이다.

이때 0번 구덩이에 마지막 돌이 떨어질 때만, '공짜로 한 번 더' 할 자격을 준다고 하자. 예를 들어 5번 구덩이를 택했다면 거기에 돌멩이가 5개였을 때만 공짜로 한 번 더 할 수 있다.

만약 돌멩이가 4개 있고, '공짜로 한 번 더 권리'만을 이용해 모든 돌을 내 집으로 모으려면 돌멩이가 어떻게 배분되어 있어야 할까?

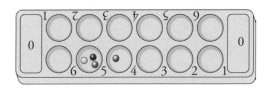

2번 구덩이에 1개, 3번 구덩이에 3개를 배분한 뒤 3번 구덩이를 선택하자. 그러면 집에 1개, 1번 구덩이에 1개, 2번 구덩이에 2개의 돌멩이가 남으며, 공짜로 한 번 더 할 권리를 얻게 된다. 이제 1번 구덩이의 돌을 집으로 옮기고 공짜 권리를 얻는다. 마찬가지 방식으로 2번 구덩이를 선택한 뒤, 다시 1번 구덩이를 선택하면 깔끔하게 모두 정리할 수 있다!

놀랍게도(!) 돌멩이의 개수가 어떻게 주어지든, 반드시 한 번 만에 성공시킬 수 있게 배분하는 방법은 단 하나뿐이며, 그 조합으로부터 성공하는 수순도 딱 하나뿐이라는 사실을 입증할 수 있다.

돌멩이가 22개 있는 경우에는 8번 구덩이까지 필요한데 그런 수 중에서 22가 최솟값이다. 일반적으로 n번 구덩이를 이용해야 하는 최소의 돌멩이 개수를 n의 '만칼라 수'라고

부르는데, 값을 구해 보면

$$1, 2, 4, 6, 10, 12, 18, 22, 30, 34, 42, \cdots$$

등으로 결정된다. 여기서 소개하지는 않지만 이 수열을 구하는 색다른 방법이 있으며, 전혀 다른 맥락에서도 나오는 수열이기 때문에 에르되시 등도 연구한 적이 있다고 한다.

한편 제곱수를 이 수열로 나누어 주면 (느리지만) 점차 원주율에 가까워진다는 성질은 눈여겨볼 만하다. 만칼라 게임이 원과 관련이 있을 이유가 없어 보이기 때문에 하는 말이다.

중국인의 나머지 정리

고대 문명 발생지에서 일찍부터 수학이 발전한 사실은 잘 알려져 있다. 중국도 예외가 아니어서 고대 문헌 중 흥미로운 수학 문제를 발견할 수 있는 경우가 많다. 5세기경 손자(孫子)가 쓴 『손자산경(孫子算經)』이라는 책에 다음과 같은 문제가 있다.

> 어떤 수를 3으로 나누었을 때 2가 남고, 5로 나누었을 때 3이 남고, 7로 나누었을 때 2가 남는다면 이 수는 어떤 수인가?

먼저 관찰할 수 있는 것은 그런 수가 만약 있다면 유일하지 않다는 것이다. 그 수에 $3 \times 5 \times 7 = 105$의 배수를 더한 수도 해가 되기 때문이다. 약간의 노력을 하면 가장 작은 양수의 해가 23임을 알 수 있다. 이 문제와 관련해 '중국인의 나머지 정리(Chinese remainder theorem)'라는 일반적인 정리가 성립한다.

정리(중국인의 나머지 정리): 만약 자연수 p, q, r가 서로소이면 자연수 a, b, c에 대해 p로 나누면 a가 남고, q로 나누면 b가 남고, r로 나누면 c가 남게 되는 수는 존재하며 그 수에 pqr의 배수를 더한 수도 해가 된다.

여기서는 세 수에 대해서 정리를 소개했지만, 일반적으로 개수에 상관없이 서로소의 조건만 만족하면 나머지 정리가 성립한다. 이제 문제에 대해 해를 찾는 방법을 『손자산경』에 소개된 문제를 가지고 간단히 설명해 보겠다. 이 해법의 어려운 점은 세 조건을 동시에 만족하는 수를 찾는 데 있다. 즉 방정식이 3개인 연립 방정식을 풀어야 한다. 핵심 아이디어는 이 3개의 연립 방정식을 독립적인 3개의 방정식을 푸는 문제로 변환해 각각 해결하는 것이다. 먼저 5와 7의 공배수 중 3으로 나누면 1이 남는 수 w_1, 3과 7의 공배수 중 5로 나누면 1이 남는 수 w_2, 3과 5의 공배수 중 7로 나누면 1이 남는 수 w_3이 각각 존재하면 $2w_1 + 3w_2 + 2w_3$이 문제의 해가 됨을 알 수 있다. 각각의 w_1, w_2, w_3을 찾는 방법은 다음과 같다.

$z_1 = 5 \times 7 = 35$, $z_2 = 3 \times 7 = 21$, $z_3 = 3 \times 5 = 15$를 생각하자. 여기에 대해 z_1의 배수 중 3으로 나누었을 때 나머지가 1인 수, z_2의 배수 중 5로 나누었을 때 나머지가 1인 수, z_3의 배수 중 7로 나누었을 때 나머지가 1인 수를 하나씩 찾자. 그

런 수로 70, 21, 15를 찾을 수 있다. 이에 대해 105로 나누었을 때 나머지가 70, 21, 15가 되는 수를 각각 w_1, w_2, w_3으로 놓으면 된다. 특별히 $w_1=175$, $w_2=-189$, $w_3=120$을 선택하면 $2w_1+3w_2+2w_3=23$을 얻을 수 있다.

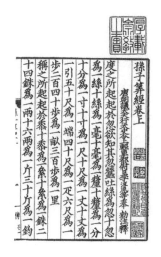

초입방체

평면에서 기본이 되는 도형은 정사각형이라 할 수 있다. 넓이를 계산하는 기본 단위이기도 하고, 평면 좌표를 이루는 두 수직 성분으로 이루어지는 도형이기도 하다. 같은 식으로 공간에서 기본이 되는 도형은 정육면체다. 4차원에서는 어떨까? 평면의 정사각형을 공간의 정육면체로 확장한 것처럼 공간의 정육면체를 4차원으로 확장한 도형을 초입방체(hypercube)라 부른다.

1차원의 기본 도형은 선분이라 할 수 있으므로, 0차원 성분인 점이 양끝에 2개 있는 도형이라 할 수 있다. 정사각형은 0차원 성분인 점이 4개, 1차원 성분인 변이 4개인 도형이다. 정육면체는 0차원 성분인 점이 8개, 1차원 성분인 모서리가 12개, 2차원 성분인 면이 6개인 도형이다. 그러면 초입방체는 0차원 성분인 점은 16개, 1차원 성분인 변은 36개인 도형으로 생각할 수 있다. 초입방체의 2차원 성분인 면은 몇 개일까? 그리고 초입방체의 3차원 성분인 정육면체는 몇 개일까?

정사각형은 선분을 수직 방향으로 이동해 만들어진다

고 생각할 수 있다. 그러면 0차원 성분이던 점 2개가 이동하면서 1차원 성분이 2개 더 늘어난다. 정육면체는 정사각형을 수직 방향으로 이동해 만든다고 생각할 수 있으므로, 1차원 성분이던 변 4개가 이동하면서 2차원 성분인 면이 4개 늘어난다. 이렇게 생각하면 초입방체는 정육면체를 수직 방향으로 이동해 만든 것이어서, 1차원 성분이던 모서리 12개가 이동하면서 2차원 성분인 면이 12개 더 늘어나고, 원래 있던 정육면체의 면 6개와 도착 지점의 정육면체에 있는 면 6개를 더해 총 24개의 면이 만들어진다. 같은 식으로 정육면체의 면 6개를 이동하면서 3차원 성분인 정육면체가 6개 늘어나므로, 출발 지점과 도착 지점의 정육면체를 더하면 총 8개의 정육면체로 이루어진다고 할 수 있다.

4차원 공간의 입체를 평면에 그림으로 나타내기란 불가능하지만, 위에서 살펴본 상황을 토대로 다음 쪽과 같은 그림을 그릴 수도 있다. 초입방체가 8개의 점과 16개의 선분으로 이루어져 있으며, 24개의 정사각형을 가지고 있음을 알 수 있다. 단, 평면에 투영해서 그리다 보니 일부 정사각형은 사다리꼴처럼 그려져 있다.

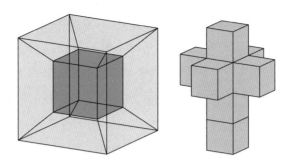

초입방체가 8개의 정육면체로 이루어져 있다는 데서, 3 차원 전개도 비슷한 그림을 생각할 수도 있다. 정육면체의 전 개도가 정사각형 6개를 붙여 만들어지는 것처럼 초입방체의 전개도는 정육면체 8개가 붙어 있는 모양이다.

초현실주의 화가 살바도르 달리(Salvador Dalí, 1904~1989 년)는 초입방체의 전개도에서 영감을 얻어 「십자가에 못박힌 예수, 초입방체(Crucifixión/Corpus Hypercubus)」라는 그림을 그 리기도 했다. 이 그림은 예수의 십자가 처형이라는 전통적인 주제를 초입방체 모양의 십자가를 이용해 나타내고 있다.

25는 정팔면체수

정육면체 모양의 블록으로 정팔면체를 만들어 보자. 평면에 다이아몬드 모양으로 블록을 깐다. 5개의 블록을 일렬로 놓고 앞뒤로 각각 3개의 블록, 이어서 1개의 블록을 놓으면 다이아몬드 모양을 얻을 수 있다. 이제 위와 아래에 4개의 블록을 십자 모양으로 놓고 마지막으로 다시 위와 아래에 1개의 블록을 놓는다. 우리가 얻게 되는 것은 블록으로 구현한 (한 블록의 길이를 1로 본다면) 한 변의 길이가 3인 정팔면체이다. 여기에 사용한 블록의 총 개수는 25개이다.

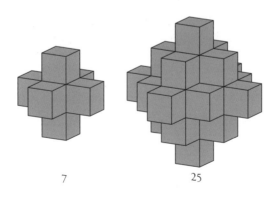

7   25

이와 같이 계속해서 정팔면체의 크기를 늘릴 때 사용되는 블록의 개수를 정팔면체수라고 한다. n번째 정팔면체수를 O_n이라 할 때 일반적인 공식을 구해 보자.

이 문제는 3차원 좌표 공간에서 원점을 중심으로 갖는 길이 n의 정팔면체 내부의 정수 좌표를 갖는 점들의 개수를 구하는 문제와 같다. 즉 O_n은 집합

$$\{(x, y, z) : |x| + |y| + |z| \leq n, \quad x, y, z \in \mathbb{Z}\}$$

의 원소 개수와 같다. 여기서 $\mathbb{Z}$는 모든 정수의 집합이다.

이때 집합 $\{(x, y, z) : |x| + |y| + |z| = n, \quad x, y, z \in \mathbb{Z}\}$의 원소 개수를 B_n이라고 한다면 정팔면체수에 대해 점화식 $O_n = O_{n-1} + B_n$을 얻을 수 있다. 집합 $\{(x, y, z) : |x| + |y| + |z| = n, \quad x, y, z \in \mathbb{Z}\}$의 원소는 정팔면체의 꼭짓점, 또는 모서리에 있거나 또는 면에 포함된다. 이때 각각의 크기를 V_n, E_n, F_n이라 하자.

꼭짓점의 총 개수는 6개이고 각 꼭짓점은 정수의 좌표를 갖기 때문에 $V_n = 6$이다. 모서리의 총 개수는 12개이고 각 모서리에 정수의 좌표를 갖는 점은 총 $n-1$개이므로 $E_n = 12(n-1)$이다. F_n은 집합

$$\{(x, y, z) : x + y + z = n, \quad x, y, z > 0\}$$

의 원소 개수에 8배한 것과 같다. 여기서 n이 3 이상일 때 $F_n > 0$이다.

집합 $\{(y, z) : y + z = n - k, \quad y, z \in \mathbb{Z}, y, z > 0\}$의 원소의 개수를 A_k라 하면

$$\{(x, y, z) : x + y + z = n, \ x, y, z > 0\}$$

의 원소 개수는 $A_1 + A_2 + \cdots + A_{n-2} = (n-2)(n-1)/2$이다. 따라서 $F_n = 4(n-2)(n-1)$이다. 결론적으로 $B_n = V_n + E_n + F_n = 4n^2 + 2$이다. 가령 $n = 3$인 경우는 $O_2 = 25$이므로 $O_3 = O_2 + 4(3)^2 + 2 = 25 + 38 = 63$이다.

26개의 산재 단순군

수학에서 군(group)이란 (대표적인 예로 설명하면) 변환들의 모임으로 합성에 대해 닫혀 있는 것을 말한다. 집합 $A=\{1, 2, 3\}$에서 자기 자신으로 가는 전단사 (또는 일대일 대응) 함수를 모두 모아 보자. 총 6개의 함수가 있음을 알 수 있다. 이들 함수의 모임을 S_3이라고 하자. 이중 2개를 합성하면 다시 S_3의 원소가 됨을 알 수 있다. 다음 그림은 S_3의 구조를 나타내는 '케일리 그래프(Cayley graph)'이다.

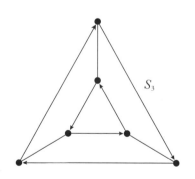

군 S_3의 원소인 6개의 함수는 두 부류로, 즉 항등 함수가 아니면서 고정점이 있는 함수와 그렇지 않은 함수로 나눌 수 있다. 각각 3개씩으로 6개의 함수가 양분된다. 이 현상을 다음과 같이 설명할 수 있다. 고정점이 없는 함수들과 항등 함수를 따로 모아 놓으면 이들은 그 자체로 군이 된다. 즉 합성에 대해 닫혀 있다. 이 군을 본래 군 G의 부분군(subgroup)이라고 한다. 이 부분군을 H라고 하면, G의 임의의 원소 g에 대해 $gHg^{-1}=H$가 성립한다. 즉 두 숫자만을 바꾸는 함수 g에다 모든 숫자가 바뀌는 변환 또는 항등원을 합성한 다음 g의 역원을 합성하면 다시 H의 원소가 된다. 이러한 부분군을 정규 부분군(normal subgroup)이라고 한다. 이제 G를 H와 gH로 나눌 수 있는데 이들 각각을 하나의 변환처럼 생각하면 원소가 2개인 군처럼 볼 수 있다. 일반적으로 군론에서 주어진 군의 정규 부분군을 생각하는 이유는 주어진 군이 너무 클 경우, 주어진 군의 원소의 핵심적 성질만을 설명하는 원소들로 구성되는 크기가 작은 군을 얻기 위해서이다.

유한군은 여러 문제에서 대칭성을 설명하기 위해 등장하기 때문에 가능한 구조들을 분류하는 것은 의미가 있는 작업이다. 그러나 직접 유한군을 분류하기보다는 유한군을 구성하는 기본 조각을 먼저 분류하는 편이 바람직할 것이다. 이는 자연수의 연구에서 소수를 정의하고 모든 자연수가 소인수 분해됨을 보이는 것과 같다. 군에서 소수에 해당하는 군이 단순군(simple group)인데, 이는 항등원만으로 이루어진 명백한 부분군 말고는 정규 부분군을 갖지 않는 군이다. 즉 더 이상 압축이 안 되는 군이다. 많은 수학자들이 유한 단순군의 유형을 분류하기 위해 노력을 했다. 최종 분류의 결과 총 18개 유형의 유한 단순군이 있다는 것이 밝혀졌다. 흥미로운 점은 이 18개의 유형에 포함되지 않는 26개의 예외적인 구조의 단순군들이 있다는 사실이다. 이들을 '산재 단순군(sporadic simple group)'이라고 부른다. 이중 크기가 가장 큰 산재 단순군은 몬스터 군이라고 하는데, 크기가 대략 8×10^{53} 정도 된다.

$$\left\lfloor \frac{27}{8} \right\rfloor = \left\lfloor \frac{27-1}{8-1} \right\rfloor$$

자연수 n에 대해 3^n을 2^n으로 나눈 몫과 나머지는 시간만 충분하면 계산할 수 있다. n을 바꿔 가며 몫과 나머지를 아래의 표에 정리했다.

n	3^n	2^n	몫	나머지	몫+나머지
1	3	2	1	1	2
2	9	4	2	1	3
3	27	8	3	3	6
4	81	16	5	1	6
5	243	32	7	19	26
6	729	64	11	25	36
7	2187	128	17	11	28
8	6561	256	25	161	186
9	19683	512	38	227	265
10	59049	1024	57	681	738
11	177147	2048	86	1019	1105
12	531441	4096	129	3057	3186
13	1594323	8192	194	5075	5269
14	4782969	16384	291	15225	15516
15	14348907	32768	437	29291	29728
16	43046721	65536	656	55105	55761
17	129140163	131072	985	34243	35228
18	387420489	262144	1477	233801	235278
19	1162261467	524288	2216	439259	441475
20	3486784401	1048576	3325	269201	272526

이때 다음 사실을 추측할 수 있다.

$n \geq 2$이면, 3^n을 2^n으로 나눈 몫과 나머지의 합은 2^n보다 작다. 즉, 3^n을 2^n으로 나눈 몫과 $3^n - 1$을 $2^n - 1$로 나눈 몫은 같다.

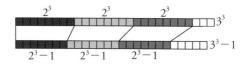

숫자 놀이에 불과하고 별 의미도 없는 추측처럼 보이지만, 실은 '웨어링의 문제(Waring's problem)'라고 부르는 정수론의 문제와 밀접히 관련된 추측이다. 다음 사실이 성립하기 때문이다.

정리: 3^n을 2^n으로 나눈 몫과 나머지의 합이 2^n보다 작은 경우, 임의의 자연수는 $2^n + \left\lfloor \dfrac{3^n}{2^n} \right\rfloor - 2$개의 n제곱수의 합으로 표현할 수 있으며, 이보다 적은 개수로는 표현할 수 없는 수가 존재한다.

예를 들어 모든 자연수는 $2^2 + \left\lfloor \dfrac{9}{4} \right\rfloor - 2 = 4 + 2 - 2 = 4$개의 제곱수의 합으로 쓸 수 있으며, $2^3 + \left\lfloor \dfrac{27}{8} \right\rfloor - 2 = 8 + 3 - 2 = 9$개의 세제곱수의 합으로 쓸 수 있다.

한편 위 추측에 어긋나는 n은 유한개라는 것은 증명되어
있으며, 4억 7천만 이하의 n에 대해서는 추측이 성립함이 확
인되어 있다. 누구나 이해할 수 있고 꽤 그럴듯해 보이는 추측
을 아직 아무도 해결하지 못했다니 알다가도 모를 일이다.

사다리타기의 수학

간단한 내기를 할 때 가위바위보와 더불어 애용되는 놀이 중 하나가 사다리타기이다. 특히 누군가에게 점심값을 덤터기 씌울 때, '나만 아니면 돼.'라는 심정으로 사다리를 타는 사례를 심심치 않게 볼 수 있다. 누구나 알듯이 사다리타기를 할 때 시작점이 다르면 도착하는 끝점이 다르다. 또한 모든 끝점은 어딘가의 시작점에서 온 것이어야 한다. 수학에서는 이런 것을 '일대일 대응' 또는 '치환'이라는 개념을 써서 표현하는데, 예를 들어 어떤 세로줄 세 줄짜리 사다리에서 시작점 1, 2, 3번에서 출발해 각각 2, 3, 1번 끝점에 도착한 경우

$$\sigma(1)=2, \ \sigma(2)=3, \ \sigma(3)=1$$

정도로 표현할 수 있다.

 사실 사다리타기로 배울(?) 수 있는 수학은 많다. 예를 들어 사다리 가로줄을 홀수 개 그으면, 절대로 항등 사다리가 될 수 없음이 알려져 있다. 즉 $\sigma(i) \neq i$인 i가 적어도 하나

(실은 적어도 둘) 존재해야 한다. 예를 들어 세로줄 세 줄짜리 사다리에서 1, 2, 3번 시작점이 1, 2, 3번 끝점으로 끝난다면, 가로줄이 반드시 짝수 개여야 한다는 뜻이다. 이는 수학적으로 꽤 중요한 결과라서, 여러 가지 증명법이 나와 있지만 여기에 싣기에는 조금 무리인 듯하다.

사다리를 그릴 때 가로줄을 위아래로 연속으로 긋는다든지 하는 경우는 비효율적인 사다리이다. 일반적으로 가로줄 수를 줄이면 대응이 달라지는 사다리를 효율적인 사다리라고 하는데, 사다리 좀 타 봤다 하는 사람들이라면 1번에서 출발한 효율적인 사다리는 좀처럼 1번에서 끝나는 경우가 드물다는 경험이 있을지 모르겠다.

1번에서 출발해서 1번에서 끝나는 사다리는 세로줄이 2개 이상의 사다리이거나, 가로줄을 많이 그어야 하는 경우가 대부분이라는 사실이 짐작될 것이다.

그건 그렇고 효율적인 사다리 중에서 가장 가로줄이 많이 필요한 것은 무엇일까? 예를 들어 세로줄 8줄짜리 사다리는 다음 쪽 그림처럼 28개의 가로줄을 그은 경우가 답인데, 일반적인 경우의 답도 어렵지 않게 유추할 수 있을 것이다.

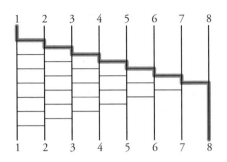

　사다리타기가 심심풀이처럼 보일지 몰라도, 효율적인 사다리에 대응하는 치환이 대칭군의 기하학에서 중요한 역할을 한다는 걸 알려줄 방법이 마땅치 않다는 게 유감이긴 하다.

290 정리

어떤 자연수라도 제곱수 4개의 합으로 나타낼 수 있다는 라그랑주의 정리는 후세 수학자에게 많은 영감을 주었다. 제곱수 대신 세제곱수를 사용한다면 몇 개가 필요할까? 네제곱수는 어떨까? 0보다 큰 제곱수만 허용한다면 어떻게 될까? 제곱수 4개로 나타내는 방법의 개수는 또 어떻게 될까? 이와 같이 다양한 문제를 연구하면서 정수가 가진 성질에 대한 이해가 더욱 깊어졌다.

인도 출신의 유명한 수학자 스리니바사 라마누잔은 제곱수 4개의 합을 문자 4개인 2차 동차 다항식 $x^2+y^2+z^2+w^2$ 으로 생각하고, 그 계수를 바꾸어 보았다. 예를 들어, $x^2+y^2+z^2+2w^2$ 도 모든 자연수를 나타낼 수 있다.

또한 $x^2+y^2+2z^2+2w^2$ 도 모든 자연수를 나타낼 수 있

다. 어떤 다항식들이 모든 자연수를 나타낼 수 있을까? 라마
누잔은 제곱수 4개에 적당한 계수를 붙인 꼴 가운데 모든 자
연수를 나타낼 수 있는 55개의 2차 동차 다항식을 모두 제시
했다. 과연 계산의 대가다운 결과였다. 그런데 이후 레너드
유진 딕슨(Leonard Eugene Dickson, 1874~1954년)은 라마누잔의
목록에서 $x^2 + 2y^2 + 5z^2 + 5w^2$이 15 하나만 나타내지 못한
다는 사실을 발견했다. 그리하여 라마누잔의 목록은 54개로
고쳐졌다.

2차 동차 다항식이라는 관점에서 보면 $x^2 + y^2 + 2z^2$
$+ 2zw + 2w^2$과 같은 다항식도 모든 자연수를 나타낼 수 있
다. 이런 다항식은 또 얼마나 많을까? 미국의 마가렛 윌러딩
(Margaret Willerding, 1919~2003년)은 1948년에 학위 논문에서
이런 다항식이 모두 174개임을 보였다. 단, 기술적인 문제로
$2zw$처럼 두 문자의 곱인 항은 계수가 모두 짝수인 경우만 다
루었다.

더 이상 진척이 없는 상태로 세월이 흘러 1993년. 존 콘
웨이와 윌리엄 슈니버거(William Schneeberger)는 2차 동차 다
항식이 1부터 15까지 나타낼 수 있다면, 그 다항식은 모든 자
연수를 나타낼 수 있음을 증명하는 데 성공했다. 이 경우도
역시 두 문자의 곱인 항은 계수가 모두 짝수인 경우만 다루었
다. 이 결과를 이용해 윌러딩의 목록을 조사해 본 결과 몇 개
는 틀렸고, 몇 개는 누락되었으며, 몇 개는 중복되어 실제로

는 204개가 존재했다.

슈니버거의 증명은 대단히 복잡하고 컴퓨터를 많이 써야 했는데, 7년 뒤인 2000년에 만줄 바르가바는 컴퓨터를 거의 쓰지 않으면서 훨씬 간결한 증명을 발견했다. 바르가바가 문제를 해결하는 솜씨는 너무나 우아해 감탄을 자아내게 했는데, 그는 이후에도 놀라운 업적을 쌓아 2014년 필즈 메달을 받았다.

이제 남은 문제는 두 문자의 곱이 홀수 계수를 허용하는 조건인데, 이 경우는 굉장히 어려워서 바르가바와 조너선 행크(Jonathan Hanke)는 몇 달 동안 컴퓨터를 이용해 계산을 해야 했다. 그 결과 1부터 290까지 나타낼 수 있는 2차 동차 다항식은 모든 자연수를 나타낼 수 있었다. 정확히는

1, 2, 3, 5, 6, 7, 10, 13, 14, 15, 17, 19, 21, 22, 23, 26, 29, 30, 31, 34, 35, 37, 42, 58, 93, 110, 145, 203, 290

의 29개를 나타낼 수 있으면 충분하다. 이것을 '290 정리'라 부른다.

몇 도일까?

다음 그림은 이등변삼각형 ABC를 그린 다음, 점 A에서 선분 AB에 수직인 선을 그려 점 C에 이르는 거리가 선분 AB의 길이가 같아지는 점 D를 찾아 선분 CD를 표시한 것이다. 이 그림에서 각 ADC는 몇 도일까?

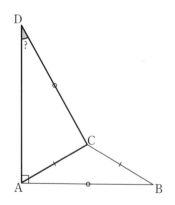

주어진 정보가 많지 않아서 한눈에 답이 잘 보일 것 같지는 않은데, 그래도 답만 구하는 일이라면 간단하다. 이등변삼각형 ABC에서 점 C의 위치가 정해져 있지 않으므로

이 문제는 점 C가 좀 더 위에 있거나 좀 더 아래에 있어도 각 ADC는 항상 똑같은 답이 될 것으로 짐작할 수 있다. 그러면 가장 극단적으로 점 C가 선분 AB 위에 있는 경우, 즉 점 C가 선분 AB의 중점인 경우를 생각하면, 직각삼각형 ADC에서 선분 CD의 길이가 선분 AC의 길이의 2배이므로 삼각형 ADC는 정삼각형의 반쪽임을 알 수 있다. 따라서 각 ADC의 크기는 30도이다.

이런 편법이 아니라 제대로 각 ADC의 크기를 구하는 방법은 무엇일까? 이리저리 복잡한 계산을 해서 구할 수도 있겠지만, 이 문제의 경우 대칭성을 생각해 오른쪽에도 똑같은 그림을 그리면 바로 답을 구할 수 있다. 아래 그림에서 삼각형 CDE가 정삼각형이므로 각 ADC의 크기는 $90° - 60°$ $= 30°$가 된다.

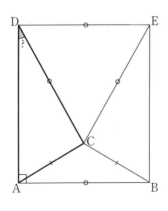

수학이 어려워서 싫어하는 학생이 많고, 기하 영역을 싫어하는 학생은 더 많은 것 같다. 많은 기하 문제가 보조선만 잘 그으면 쉽게 해결되지만, 어떤 보조선을 그어야 할지를 생각하는 게 힘든 일이니 어려워하는 것도 당연하겠다. 그러나 위 문제처럼 여러 방향에서 문제를 생각해 보다가 갑자기 답이 확연하게 드러나는 경험은 수학이 아니면 접하기 어려울 것 같다. 무조건 빠르게 답을 구하는 대신, 다양하게 생각해 보고 반짝이는 아이디어를 얻는 경험이야말로 수학을 공부하는 이유 중 하나가 아닐까?

우주 정거장에서의 하룻밤

『365 수학』의 저자들이 한국 최초의 우주 정거장에 방문했다. 그런데 하필 우주 정거장 각 구역에 있는 사람 수가 표시된 모니터를 본 것이 화근이었다.

> P: 오호. 각 구역의 사람 수를 2배 하면, 그 구역과 인접한 구역의 사람들 수와 같네요.
>
> K: 그러게요. 우리 구역의 사람 수를 2배 하니까, 우리 구역에 인접한 구역의 사람들 수와 같군요.
>
> H: B-31 구역에는 1명뿐인데, 거기와 인접한 구역의 사람 수는 2명 맞네요.
>
> J: 다른 나라 우주 정거장에서도 그런 일이 가능할까요?
>
> C: 이 우주 정거장의 구역 수와 전체 사람 수를 알 수 있겠군요.

문제를 풀지도 않고, 구역은 모두 8개이고 전체 사람 수가 31명일 거라고 생각하는 사람들은 꿈 깨시고 지금부터 차근차근 풀어 보길 바란다.

이 퍼즐은 박부성 교수가 유명 퍼즐 사이트에 게재해 해외에서도 호평을 받았던 퍼즐인데, 수학적으로 대단히 유명한 구조와 관련돼 있다는 점에서도 화제가 됐다.

이제 한 번쯤은 풀어 보았을 것으로 믿고 답을 공개한다.

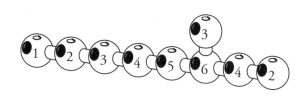

보다시피 구역의 수는 9개이고, 전체 사람 수는 30명임을 알 수 있다. 자세히 설명할 수는 없지만, 이 우주 정거장의 구조는 $E_8^{(1)}$이라고 하는 수학적 대상의 모든 것을 담고 있다.

이는 자연계에서 가장 풍부한 대칭 구조를 가지고 있다고 알려져 있으며 E_8이라는 이름으로 통용되는 수학적 구조와 관련돼 있다. 심지어 E_8이 물리학의 '만물 이론(Theory of Everything, ToE)'을 설명해 줄 구조라고 주장하는 물리학자도 있을 정도다.

몇 년 전 이 구조와 관련된 어떤 수학적 양을 계산한 것이 수학계에서 화제가 되었던 적도 있었고, 대한민국의 한 퀴즈 프로그램에서 '달인'문제로 출제되기도 했었다.

어쨌거나 이 E_8의 차원이 바로 $8 \times 31 = 248$차원이다.

여기서 8은 E_8의 아래 첨자 8과 관련돼 있으며 구역의 수에서 하나를 뺀 것이다. 31은 사람 수보다 하나 더 큰 수인데, 이렇게 하나씩 가감한 것은 꿰어 맞추기가 아니고 수학적으로 그래야만 하는 타당한 이유가 있다는 점만 언급하고자 한다.

9월의
수학

1에서 9까지 모두 써서 만든 등식:
$$\frac{9^{4^{7\cdot 6}}}{3^{2^{85}}}=1$$

「9월 1일의 수학」의 제목은 숫자 1부터 9까지를 딱 한 번씩만 써서 만든 식이다. 이 식이 성립하는 이유는 지수 법칙으로 간단히 설명할 수 있다.

$$9^{4^{7\cdot 6}}=(3^2)^{4^{42}}=3^{2\cdot 2^{2\cdot 42}}$$

이므로 $9^{4^{7\cdot 6}}=3^{2^{85}}$ 임을 어렵지 않게 알 수 있기 때문이다.

0이 빠져 있다고 아쉬워할 필요는 없다.

$$\frac{9^{4^{7\cdot 6}}}{3^{2^{85}}}-1=0$$

으로 바꾸면 그만인 데다, $23456789^0=1$ 같은 재미없는 경우가 아주 많기 때문이다.

어찌됐든 2004년에 리처드 사베이(Richard Sabey)가 발견한 이 식은 보통 다음 쪽과 같은 방식으로 소개되는 경우가 대부분이다.

$$\left(1 + 9^{-4^{7 \cdot 6}}\right)^{3^{2^{85}}} \approx 2.71828182845904523\cdots.$$

오른쪽의 값이 익숙한가? 맞다. 자연 상수다. 이유는 쉽게 설명할 수 있다. $N = 9^{4^{7 \cdot 6}} = 3^{2^{85}} \approx 1.8 \times 10^{25}$이 꽤 큰 수이므로 $(1 + N^{-1})^N$이 자연 상수 e에 가까운 것이다. 실제로 값을 구해 보면 소수점 이하

$$184577345253609014538735 70 \approx 1.8 \times 10^{24}$$

자리까지 e와 일치한다고 한다.

삼각형의 세 변과 외접원의 관계:
$a^2 + b^2 + c^2 \leq 9R^2$

삼각형의 각 꼭짓점으로부터 같은 거리에 있는 점이 딱 하나 존재하는데, 이를 삼각형의 '외심'이라 한다. 삼각형 ABC에서 외심을 O라고 쓰기로 하면, $\overline{OA}$, $\overline{OB}$, $\overline{OC}$가 같다는 이야기가 된다. 이 공통값을 R이라고 쓰자.

이때 O를 중심으로 하고 반지름이 R인 원을 그리면 삼각형의 세 꼭짓점을 모두 지날 텐데, 이 원을 이 삼각형의 '외접원'이라고 한다. 당연히 세 꼭짓점을 모두 지나는 원은 이 원 하나뿐이다.

외접원의 반지름, 즉 $R = \overline{OA} = \overline{OB} = \overline{OC}$는

$$a^2 + b^2 + c^2 \leq 9R^2$$

라는 부등식을 만족한다.

이 사실을 증명할 방법은 많은데, 가장 간편한 증명은 '벡터'를 이용하는 것이다.

$$\mathbf{a}=\overrightarrow{OA}, \ \mathbf{b}=\overrightarrow{OB}, \ \mathbf{c}=\overrightarrow{OC}$$

라고 할 때

$$a^2+b^2+c^2=|\mathbf{b}-\mathbf{c}|^2+|\mathbf{c}-\mathbf{a}|^2+|\mathbf{a}-\mathbf{b}|^2$$

이라는 사실로부터

$$a^2+b^2+c^2=6R^2-2(\mathbf{b}\cdot\mathbf{c}+\mathbf{c}\cdot\mathbf{a}+\mathbf{a}\cdot\mathbf{b})$$

임을 알 수 있다. 괄호 안의 값으로부터 다음 식을 계산할 필요를 느끼면 성공이다.

$$|\mathbf{a}+\mathbf{b}+\mathbf{c}|^2=3R^2+2(\mathbf{b}\cdot\mathbf{c}+\mathbf{c}\cdot\mathbf{a}+\mathbf{a}\cdot\mathbf{b})$$

증명을 보면 알겠지만, $a^2+b^2+c^2=9R^2$인 경우는 $\mathbf{a}+\mathbf{b}+\mathbf{c}$가 영 벡터인 경우다. 좌표로는 $\dfrac{A+B+C}{3}=O$일 때, 즉 무게 중심과 외심이 일치하는 경우다. 물론 이런 경우가 정삼각형뿐이라는 것은 조금만 더 생각해 보면 쉽게 알 수 있다.

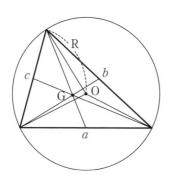

　여기서 벡터의 길이와 내적이라는 개념을 이용했는데, 사실 고전 기하학의 많은 문제가 벡터 개념을 쓰면 한결 명료하게 이해될 때가 많다. 물리학이나 공학에서 벡터 개념이 매우 중요하다는 사실은 잘 알려져 있고 기하학과 더불어 수학의 한 축을 이루는 대수학에서도 매우 중요하다. 기하학에 대수학을 사용할 수 있게 해 준 획기적인 발명인 벡터는 인류의 문화 자산이라 부르기에 부족함이 없다.

몰리의 정리

자와 컴퍼스만을 사용해 임의의 각을 삼등분할 수 없음은 잘 알려진 사실이다. 그러나 주어진 삼각형의 내각을 삼등분하게 되면 아주 흥미로운 일이 벌어진다. 삼각형 ABC가 주어져 있을 때 다음과 같은 정리가 성립한다.

> 정리: 각각의 각에 대한 삼등분선을 생각하자. 각 A와 각 B의 삼등분선의 교점을 E, 각 B와 각 C의 삼등분선 교점을 F, 각 C와 각 A의 삼등분선 교점을 D라고 하자. 이때 삼각형 DEF는 정삼각형이 된다.

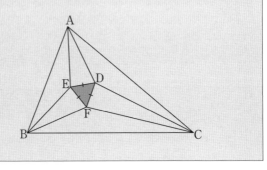

365 수학

이 정리는 발견자 프랭크 몰리(Frank Morley, 1860~1937년)의 이름을 따서 '몰리의 정리(Morley's trisector theorem)'라고 한다. 100년 가까운 역사를 자랑하는 몰리의 정리에는 다양한 증명이 존재한다. 삼각법을 이용한 증명이 잘 알려져 있는데, 기본 아이디어는 다음과 같다. 삼각형 ABC에 대한 각의 삼등분선은 삼각형 내부에 7개의 삼각형을 만든다. 삼각형에 대한 사인 정리(각 변과 대응각의 사인 값의 비율이 일정하다는 정리)를 이용하면 삼각형 ABC의 각 꼭지점과 가운데 있는 삼각형의 대응하는 변을 포함하는 삼각형(그림에서 그런 삼각형이 3개 있다.)의 내각을 구체적으로 결정할 수 있다. 이를 이용하면 가운데 있는 삼각형의 각 내각이 모두 60도임을 보일 수 있다.

몰리의 정리는 그 아름다움 때문에 많은 수학자와 과학자들이 자신만의 증명을 제시했다. 그 중에는 스티븐 호킹(Stephen Hawking, 1942~2018년)과의 공동 연구로 유명하며 2020년 노벨 물리학상 수상자이기도 한 수리 물리학자 로저 펜로즈와 필즈 메달 수상자인 프랑스 수학자 알랭 콘(Alain Connes, 1947년~)도 있다. 콘은 정삼각형이 갖는 대칭성, 즉 120도 회전에 주목했다. 120도 회전은 정삼각형의 모양을 보전하며 3번 회전시키면 본래의 자신으로 돌아온다. 콘은 이 성질을 특정한 아핀 군(affine group)에 속하는 변환과 연결시켜 얻은 정리를 이용해 자신만의 독특한 증명을 제시했다.

한편 저명한 수학자인 존 콘웨이는 정삼각형에서 시작해 각 변에 적당한 삼각형을 하나씩을 구성해 붙이고, 이웃하는 두 삼각형 쌍에 대해서 이들의 바깥쪽 각을 양끝 각으로 갖는 삼각형을 둘에 다시 붙임으로써 주어진 세 각을 갖는 삼각형을 역으로 만들 수 있음을 보였다. 이것은 통상적인 몰리 정리 증명법과 반대로 논리를 전개하는 방식이어서 많은 관심을 받기도 했다.

삼각형의 무게 중심

삼각형 ABC가 있을 때, 중선이라 부르는 선분은 3개 있다. 예를 들어 선분 BC의 중점과 꼭짓점 A를 잇는 선분이 중선이다. 이들 세 선분은 정확히 1개의 점에서 만나는데, 잘 알려진 증명을 보면 '넓이'를 이용한 비례 관계를 이용하는 경우가 대부분이다.

균일한 재질로 삼각형 모양을 만들고 이 점에 받침대를 잘 대면, 삼각형이 쓰러지지 않고 균형을 잡기 때문에 이 점을 무게 중심이라 부르고 G라고 쓰는 게 보통이다. (사실 '무게'와 '질량'이 다르듯 '질량 중심'이라 부르는 것이 더 정확한데, 그냥 '중심'이라 부르기도 한다.)

꼭짓점과 무게 중심을 잇는 선분, 즉 중선은 삼각형의 넓이를 정확히 이등분한다. 이 때문에 많은 이들이 착각을 하는 사실이 하나 있다. 무게 중심을 지나는 선분을 그으면 이 선분이 항상 삼각형의 넓이를 이등분한다고 생각하는 경우가 많다. 가장 간단한 경우만 생각해도 이는 사실이 아님을 금세 알 수 있다.

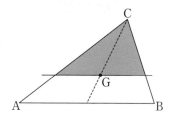

　무게 중심을 지나면서 삼각형의 한 변과 평행한 선분을
긋자. 그러면 작은 삼각형 하나와 사각형 하나를 얻을 수 있
다. 이때 작은 삼각형은 원래 삼각형과 닮은꼴임은 자명하
다. 한편 무게 중심은 중선을 2:1로 내분하기 때문에, 이 두 삼각
형의 닮음비는 2:3이다. 따라서 작은 삼각형과 원래 삼각형
의 넓이의 비는 4:9여야 한다. 따라서 이 선분에 의해 나뉘는
두 도형의 넓이의 비는 4:5이므로 같지 않다!

　사실 무게 중심을 지나는 선분으로 분할되는 두 도형의
넓이는 중선인 경우를 제외하면 항상 다르다는 사실도 입증
할 수 있는데, 왜 그럴지 한 번 생각해 보면 좋은 연습 문제가
될 것이다.

5차 방정식의 비가해성

다항식과 방정식은 아주 오래전부터 수학자들을 매료시킨 주제이다. 2차 방정식 $ax^2 + bx + c = 0$, $(a \neq 0)$의 근의 공식

$$x = \frac{-b \pm \sqrt{b^2 - 4ac}}{2a}$$

는 고대로부터 알려져 전해져 왔다. 오랜 세월 동안 사람들은 더 높은 차수의 방정식에서도 이와 비슷한 공식을 찾을 수 있는지 궁금해 했다. 방정식의 계수 (2차 방정식의 경우에는 a, b, c)와 덧셈, 뺄셈, 곱셈, 나눗셈 및 거듭제곱 근호만을 사용해 방정식의 해를 표현할 수 있는 방법 말이다.

16세기 이탈리아 수학자들은 3차와 4차 방정식의 근의 공식을 찾는 데 성공했지만, 5차 이상의 방정식에 대해서는 성공하지 못했다. 문제에 대한 의미 있는 진전을 얻는 데 실패한 채로 많은 시간이 흐르자, 수학자들은 문제의 접근에 대한 대담한 방향 전환을 시도한다. 1799년 파올로 루피니(Paolo Ruffini, 1765~1822년)는 5차 방정식에 대한 근의 공식

이 없다고 주장하고 이를 증명하려 했다. 이 주장에 대한 완전한 증명은 시간이 좀 더 지나 1824년 닐스 아벨(Niels Abel, 1802~1829년)이 얻게 된다.

근의 공식이 없다는 사실은 방정식에 아무런 해가 없다고 주장하는 것과는 다르다. 모든 복소수 계수를 갖는 다항방정식은 그 차수만큼 많은 복소수해를 가지며, 이러한 해는 원하는 자릿수만큼 정확한 소수점 전개를 찾을 수 있다. 가령 방정식 $x^5 - x - 1 = 0$은

$$x = 1.16730397826141868425604589985484218072056037152548903914\cdots$$

를 해로 가진다. 뒤에 오는 자릿수는 얼마든지 컴퓨터를 이용해 더 얻어낼 수 있다. 만약 이 수를 소수가 아닌 분수의 사칙연산과 거듭제곱 근호만을 사용해 표현하는 방법을 찾아낸 사람이 있다면, 꼭 알려 주시기를 바란다.

오른쪽 그림은 컴퓨터를 이용해서 복소수 z에 대해 정의되는 함수 $f(z) = z^5 - z - 1$의 절댓값을 나타낸 것으로 그림에서 오목하게 패여 있는 다섯 부분이 $f(z) = 0$이 되는 복소수를 나타낸다.

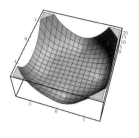

2, 3, 4차 방정식과 달리 5차 이상의 방정식에 대해 근의 공식이 없다는 것으로 이야기가 끝난 것은 아니다. 4와 5 사이에 놓인 심연을 이해하기 위한 깊은 고민으로부터 19세기 대수학의 거대한 도약이 일어난다. 이때 등장하는 사람이 바로 에바리스트 갈루아(Évariste Galois, 1811~1832년)다. 갈루아의 이론은 다항 방정식의 해가 가진 대칭성에 대한 연구라 할 수 있는데, 이는 근의 공식의 존재성과 비존재성에 대한 명쾌하고도 아름다운 대답을 제공한다. 수학자들은 다항식과 방정식으로부터 생겨나는 질문에 답하기 위해 오늘날에도 여전히 많은 노력을 하고 있다.

아스트로이드

직선 위에 원을 굴리면서 원 위의 한 점이 그리는 자취를 사이클로이드라 한다. 원이 직선 위를 구르는 대신 더 큰 원에 접하면서 구르면, 굴러가는 원 위의 점은 어떤 자취를 그리게 될까? 이때 작은 원이 큰 원 바깥에서 구르면서 생기는 자취를 에피사이클로이드(epicycloid), 작은 원이 큰 원 안쪽에서 구르면서 생기는 자취를 하이포사이클로이드(hypocycloid)라 한다.

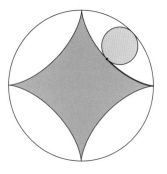

하이포사이클로이드 가운데 작은 원의 반지름과 큰 원의 반지름이 1 : 4의 비율을 이루는 도형을 특별히 아스트로이드라 한다. 이 이름은 별을 뜻하는 그리스 어에서 유래했는데, 이 도형은 다음 그림과 같이 뾰족한 지점이 네 군데 나타난다.

이 도형을 나타내는 방정식은 $x^{\frac{2}{3}} + y^{\frac{2}{3}} = a^{\frac{2}{3}}$ 으로 주어진다. 여기서 큰 원의 반지름이 a이고 작은 원의 반지름은 $a/4$

가 된다. 이 도형의 넓이는 얼마일까? 이 도형은 복잡한 식으로 주어지는 곡선으로 이루어져서, 적분과 같은 이론을 이용하지 않고는 그 넓이를 구하기가 매우 어렵다. 대학교에서 배우는 미적분학에서는 이와 같은 도형의 넓이를 구하는 문제를 많이 다루고 있다.

그런데 최근 이런 종류의 문제를 미적분학을 쓰지 않고 푸는 방법이 제시되었다. 아르메니아 출신 천체 물리학자인 마미콘 므나차카니안(Mamikon Mnatsakanian, 1942년~)은 '시각적 계산법(visual calculus)'이라는 기법을 이용해, 적분으로만 풀 수 있던 기하 문제들을 간단하게 해결했다. 그가 아스트로이드의 넓이를 구한 방법은 정n각형을 커다란 정$4n$각형 안에서 굴리는 것이었다. 원과 달리 데굴거리며(?) 굴러가는 정n각형의 한 꼭짓점이 그리는 자취를 다각형(polygon)이 그린 아스트로이드 비슷한 모양이라는 뜻에서 아스트로곤(astrogon)이라 부르자. 다음 그림은 정삼각형을 정십이각형 안에서, 또 정사각형을 정십육각형 안에서 굴려서 만들어지는 아스트로곤을 나타낸다.

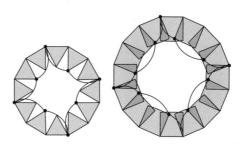

　위 그림을 보면 아스트로곤과 정$4n$각형으로 둘러싸인 4개의 영역이 나타난다. 이 한 영역의 넓이를 A라 하면, 몇 개의 부채꼴과 정n각형으로 분할해 A를 구할 수 있다. 실제로 계산해 보면 P_n을 정n각형의 넓이라 하고 C를 정n각형의 외접원의 넓이라 할 때 $A=P_n+\dfrac{3}{2}C$가 된다.

　그러면 n이 커짐에 따라 P_n은 C에 가까워지고, 정$4n$각형의 넓이는 $4^2C=16C$에 가까워지므로 아스트로곤의 넓이에 해당하는

$$16C-4A=16C-4P_n$$

은 $16C-4C-6C=6C$에 가까워진다. 따라서 아스트로이드의 넓이는 안에서 구르는 작은 원 넓이의 6배라는 사실을 알 수 있다.

정사각형과 직각이등변삼각형

정사각형 모양의 종이를 대각선을 따라 자르면 합동인 2개의 직각이등변삼각형이 된다. 정사각형을 분할하는 가장 기본적인 도형이라 할 수 있을 텐데, 정사각형을 분할하는 직각이등변삼각형의 크기를 모두 다르게 하는 방법은 없을까?

실제로 이리저리 그려 보면 생각보다 쉽지 않다. 다 되었다 싶어서 다시 보면 마지막 직각이등변삼각형이 중간에 그린 삼각형과 같은 경우가 허다하다. 이 분할 문제는 아서 스톤(Arthur Stone, 1916~2000년)이 다음과 같은 삼각형 7개짜리 답을 제시하면서 해결되었다. 스톤은 정사각형을 서로 다른 정사각형으로 분할하는 문제를 해결한 사람이기도 하다.

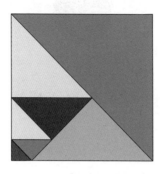

이 문제에는 위 그림과 다른 풀이도 하나 더 존재한다. 두 경우 모두 직각이등변삼각형 7개를 사용하는 풀이이고, 이것보다 더 적은 개수로 정사각형을 분할하기란 불가능해 보인다. 그리고 직각이등변삼각형 7개를 사용하는 풀이는 이 두 가지가 전부인 것으로 생각된다.

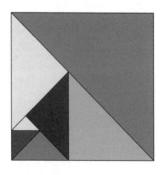

가장 작은 삼각형의 넓이가 정사각형의 몇 분의 몇인지 구해 보는 것도 재미있는 문제이니 한번 구해 보길 바란다.

$12345679 \times 9 = 111111111$

식을 잘 보자. 좌변의 수에는 8이 빠져 있음에 주의하길 바란다. 이런 식은 어쩌다 계산으로 나온 수식처럼 보이는데, 물론 처음에는 우연히 발견됐을 가능성이 크다. 하지만 잘 음미해 보면, 이렇게 되어야만 하는 '필연적'인 이유가 숨어 있다.

$$(1 \cdot 10^7 + 2 \cdot 10^6 + \cdots + 7 \cdot 10 + 9) \cdot 9$$

를 다음처럼 변형하면 이해에 도움이 될 것이다.

$$1 \cdot (10^8 - 10^7) + 2 \cdot (10^7 - 10^6)$$
$$+ \cdots + 7 \cdot (10^2 - 10) + 8 \cdot 10 + 1.$$

한편 이 식의 양변에 9를 곱한 뒤 변형해 다음처럼 바꿀 수 있다.

$$\frac{1}{9^2} = \frac{12345679}{999999999} = 0.\dot{0}12345679\dot{9}.$$

이 또한 다음 식을 이용해 설명할 수는 있지만, 생략하기로 한다.

$$\frac{1}{9^2} = \left(\frac{1}{10} + \frac{1}{100} + \frac{1}{1000} + \cdots \right)^2$$

$$= \frac{1}{100} + \frac{2}{1000} + \frac{3}{10000} + \cdots.$$

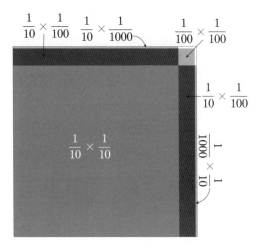

이쯤에서 여러분은

$$\frac{1}{99^2} = 0.\dot{0}0\ 01\ 02\ 03\ 04\ 05\ 06\ \cdots\ 96\ 97\ 9\dot{9}$$

이나

$$\frac{1}{999^2}=0.\dot{0}00\,001\,002\,003\,004\cdots996\,997\,99\dot{9}$$

임을 짐작했을 것이라 믿는다.

위와 같은 논법을 쓰면 9진법으로 다음 계산이 성립한다는 것도 확인할 수 있을 것이다.

$$1234568_{(9)}\times 8=11111111_{(9)}.$$

그리고 $\dfrac{1}{8^2}$ 을 9진법으로 표현하면 무엇일지 추측해 보는 것도 좋으리라 생각한다.

9, 99, 999, 9999, …의 약수들은?

9를 나열해 얻는 수의 약수는 무엇일까? 하나씩 찾아 보자. 9의 약수는 1, 3, 9뿐이다. 99의 약수로 새로 더해지는 것은 11, 33, 99다. 999의 약수로 새로 더해지는 것은 27, 37, 111, 333, 999다. 흠. 이런 식으로 모든 약수를 구한다는 일은 현실성이 떨어져 보이기 시작할 것 같다.

```
   9의 약수: 1, 3, 9
  99의 약수: 1, 3, 9, 11, 33, 99
 999의 약수: 1, 3, 9, 27, 37, 111, 333, 999
9999의 약수: 1, 3, 9, 11, 33, 99, 101, 301, 909, 1111, 3333, 9999
```

먼저 2나 5가 약수가 아님은 분명하다. 따라서 이들의 배수, 즉 2나 5를 소인수로 가지는 수들도 약수가 아닐 것이다. 다른 말로 하면 10과 서로소가 아닌 수들은 약수가 아니라는 점은 확실하다. 다행스럽게도 10과 서로소이면 약수라는 사실도 성립한다!

이제 n이 10과 서로소인 자연수라고 하자. 오일러의 정

리에 따르면

$$10^{\varphi(n)} - 1 \text{은 } n \text{의 배수}$$

이다. 여기에서 $\varphi(n)$이란 n 이하의 자연수 중에서 n과 서로소인 것의 개수를 가리킨다. 예를 들어 $n=7$이라면, 7 이하의 자연수 중에서 7과 서로소인 것은 1, 2, 3, 4, 5, 6으로 모두 6개이므로 $\varphi(7)=6$이다. 따라서 10^6-1은 7로 나누어떨어진다. 이 말은 7이 999999의 약수라는 말과 동일하다. $999999 = 7 \cdot 142857$이므로 사실임을 확인해 보길 바란다.

일반적으로 n이 10과 서로소이면, 9를 $\varphi(n)$개 늘어놓은 수가 n의 배수임도 알 수 있다. 예를 들어 21은 9를 몇 개 늘어놓은 것의 약수일지 예측할 수 있을까?

한편 $\dfrac{1}{7} = \dfrac{142857}{999999}$임을 알았다. 이로부터 $\dfrac{1}{7} = 0.\dot{1}4285\dot{7}$은 순환 마디가 6인 순순환 소수임을 알 수 있다. 같은 논리로 $n \neq 1$이 2나 5를 소인수로 가지지 않으면 $\dfrac{1}{n}$이 순순환 소수라는 것도 알 수 있다. 그렇다면 $\dfrac{1}{n}$의 순환 마디는 어떨까? $\varphi(n)$의 약수라는 것이 알려져 있는데, 이유가 궁금한 이들은 차근차근 연구해 보는 것도 좋겠다.

하디-라마누잔의 택시 수:
$9^3 + 10^3 = 12^3 + 1^3$

전설적인 인도의 수학자 라마누잔이 병원에 입원했을 때 함께 연구했던 영국 수학자 고드프리 하디(Godfrey Hardy, 1877~1947년)가 그를 방문했다. "병원에 오는 길에 탄 택시의 번호가 1729였는데 별 특징이 없는 숫자 같아."라고 하디가 말하자, 라마누잔은 "아니에요. 1729는 두 세제곱수의 합으로 표현되는 방식이 두 가지밖에 없는 수 중 제일 작은 수예요."라고 답했다고 한다. 즉 $1729 = 9^3 + 10^3 = 12^3 + 1^3$이다.

　이 흥미로운 사실에 질문을 더해 볼 수 있다. 세제곱수의 합으로 표현되는 방식이 세 가지밖에 없는 수 중 가장 작은 수는 무엇일까? 그 수는

$$87539319 = 167^3 + 436^3 = 228^3 + 423^3 = 255^3 + 414^3$$

로 알려져 있다. 네 가지, 다섯 가지, 여섯 가지밖에 없는 경우까지는 모두 알려져 있다. 크기가 아주 큰 이 수들은 컴퓨터

를 이용해서 찾았다고 한다. 현재 $n>6$에 대해 세 제곱수의 합으로 표시되는 방식이 n가지밖에 없는 가장 작은 수에 대해서는 알려져 있지 않다.

이 문제와 관련해 주어진 양의 정수 A에 대해서 평면 위에서 곡선 $x^3+y^3=A$를 연구하는 방법도 있다. 이 곡선상의 점 중 x, y 좌표가 모두 양의 정수인 것의 개수를 구하는 것이 문제이다. 곡선은 평면 위에서 1, 2, 4 사분면에 걸쳐 놓여 있는데 1사분면에 놓여 있는 부분이 특별히 복잡하게 꼬여 있거나 하지 않기 때문에 A가 상당히 커야만 x, y 좌표가 모두 양의 정수인 점들이 많을 가능성이 있다.

좀 더 일반적으로 곡선 $x^3+y^3=A$ 위에서 좌표가 모두 유리수인 문제를 생각해 볼 수 있다. 이런 연구에서 두 점 사이의 합을 생각할 수 있다. 두 점을 지나는 직선이 곡선과 만나는 점을 찾은 후 $y=x$에 대해 대칭시켜 얻는 점을 합으로 정의한다. 이렇게 해서 얻은 점은, 두 점이 모두 유리수 좌표를 가질 경우 마찬가지로 유리수 좌표를 가진다. 이와 같은 방법으로 방정식 $x^3+y^3=A$의 유리수 해를 하나 찾으면 다른 유리수 해들을 찾아낼 수 있다.

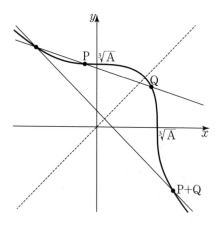

피보나치 수열의 합과 열한 번째 피보나치 수:

$$\sum_{k=1}^{\infty} \frac{F_k}{10^k} = \frac{10}{F_{11}}$$

첫째 항과 둘째 항을 1로 두고, 두 항의 합을 다음 항으로 주는 수열을 피보나치 수열이라 하는데, 많은 현상에서 등장하기도 하는 데다 흥미로운 성질도 많아서 수열을 다루다 보면 빼놓고 지나갈 수 없는 부분이다. 그러다 보니 『365 수학』에서 몇 번 나왔으며 앞으로도 나올 것 같다. 아무튼 이 수열은 다음과 같이 진행되는데

$$1, 1, 2, 3, 5, 8, 13, 21, 34, 55, 89, 144, \cdots$$

이 수열의 k번째 항을 F_k라 쓰기로 하자. 예를 들어 이 수열에서 열한 번째 항이 89이므로 $F_{11} = 89$라고 쓰자는 뜻이다.

이 수열은 무한히 커지므로 부분합도 당연히 무한히 커진다. 하지만 항이 커질 때마다 가중치를 낮게 부여해 더하면

수렴할 수도 있을 것이다. 특히 항이 하나 늘어날 때마다 가중치를 1/10배씩 부여한 합, 즉

$$S = \frac{1}{10} + \frac{1}{100} + \frac{2}{1000} + \frac{3}{10000} + \frac{5}{100000} + \cdots$$

를 생각해 보자. 이때 다음을 알 수 있다.

$$\frac{S}{10} = \frac{1}{100} + \frac{1}{1000} + \frac{2}{10000} + \frac{3}{100000} + \frac{5}{1000000} + \cdots$$

에서 두 값을 빼 주면,

$$S - \frac{S}{10} = \frac{1}{10} + \frac{1}{1000} + \frac{1}{10000} + \frac{2}{100000} + \frac{3}{1000000} + \cdots$$

임을 알 수 있는데 우변을 잘 살펴보면 눈에 띄는 점이 있을 것이다. $S - \frac{S}{10} = \frac{1}{10} + \frac{S}{100}$ 임을 관찰하면 $S = \frac{10}{89}$ 임을 어렵지 않게 구할 수 있다. 물론 정확하게 하자면 S값이 수렴하는지부터 따져야 하기 때문에, 무한합이 아니라 유한합을 구한 뒤 극한을 취해야 하는데 별로 어렵지 않으므로 그 부분은 독자 여러분이 해 보기를 바란다.

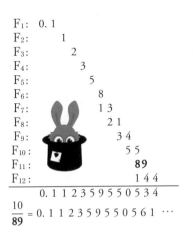

F_1: 0. 1
F_2:   1
F_3:   2
F_4:   3
F_5:   5
F_6:   8
F_7:   1 3
F_8:   2 1
F_9:   3 4
F_{10}:   5 5
F_{11}:   **89**
F_{12}:   1 4 4

0. 1 1 2 3 5 9 5 5 0 5 3 4

$$\frac{10}{89} = 0.\ 1\ 1\ 2\ 3\ 5\ 9\ 5\ 5\ 0\ 5\ 6\ 1\ \cdots$$

위 결과를 일반화하면 $S = F_1 x + F_2 x^2 + F_3 x^3 + F_4 x^4 +$ …가 수렴할 경우,

$$S = \frac{x}{1 - x - x^2}$$

임을 알 수 있다. 방금과 같은 급수를 '거듭제곱급수(멱급수)'라 부르는데 이 급수의 도입은 단순히 수열의 합을 다루는 고급 기법이 늘어났다는 정도가 아니다. 거듭제곱급수는 미적분 이론을 포함한 해석학은 물론, 조합론과 같은 대수학, 기하학과 위상 수학 등의 다양한 수학 분야에서 빼놓을 수 없는 방법론의 하나이다.

헤세의 배열

9개의 점이 있고 12개의 직선이 있다. 각 직선은 3개의 점을 정확히 포함하며, 각 점에서는 정확히 4개의 직선이 만난다. 이와 같은 배열을 독일의 수학자 루트비히 오토 헤세(Ludwig Otto Hesse, 1811~1874년)의 이름을 따라 '헤세의 배열(Hesse configuration)'이라고 한다. 유클리드 평면 위에서 이와 같은 배열을 실현하기란 불가능해 보통 다음과 같이 형식적으로 나타낸다.

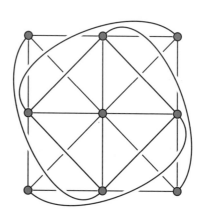

혜세의 배열을 얻기 위해서 복소수상에서 정의된 사영 평면상의 3차 곡선을 생각하자. 3차 곡선의 방정식은 $x^3+y^3+z^3+\lambda xyz=0$으로 주어진다. 3차 곡선은 9개의 변곡점을 가진다. 2개의 변곡점을 지나는 직선이 3차 곡선과 만나는 세 번째 점도 변곡점이 된다. 따라서 3개의 변곡점은 하나의 직선을 결정한다. 3차 곡선 위에서 하나의 변곡점을 고정시키면 4개의 서로 다른 변곡점을 선택해 각각 직선으로 연결하면 나머지 4개의 변곡점을 다 포함시킬 수 있다. 따라서 각 점에서 정확히 4개의 직선이 만난다. 위 3차 곡선의 식에 대해서 변곡점은 다음과 같이 주어진다.

$$(0, 1, -1), (0, 1, -a), \ (0, 1, -a^2),$$
$$(1, 0, -1), (1, 0, -a^2), (1, 0, -a),$$
$$(1, -1, 0), (1, -a, 0), \ (1, -a^2, 0).$$

여기서 a는 1이 아닌 복소수로 $a^3=1$이 되는 수이다.

흥미롭게도 혜세의 배열에서 한 점과 그 점을 지나는 4개의 직선을 제외하면 8개의 점과 8개의 직선으로 이루어진 배열을 얻는다. 이때 얻은 배열에서 각 점을 3개의 직선이 지나고, 각 직선은 3개의 점을 포함한다. 이 배열을 '뫼비우스-칸토어 배열(Möbius-Kantor configuration)'이라고 한다.

이와 같은 배열들은 유한 기하학과 관계가 있다. 유한 기하학은 유한개의 점과 유한개의 직선만으로 구성된 기하 시스템으로, 조합론의 다양한 문제를 해결하는 데 중요한 역할을 한다.

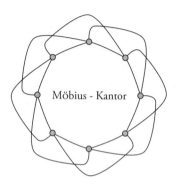

Möbius - Kantor

13은 들라노이 수

좌표 평면 1사분면에서 원점 $(0, 0)$에서 점 (m, n)까지 이동하는 경로를 생각하자. 그중에서 위로 (북쪽으로) 한 칸이나 오른쪽 (동쪽으로)으로 한 칸, 또는 대각선으로 한 칸의 이동만으로 이루어진 경로는 몇 가지가 있을까? 그 경로의 가짓수를 들라노이 수라고 부른다. 편의상 $D(m, n)$으로 표시하자. 이 수의 이름은 아마추어 수학자이자 군인이었던 앙리 들라노이(Henri Delannoy, 1833~1915년)에게서 왔다.

원점$(0, 0)$에서 점 (m, n)로 허용된 방법으로만 가려면 마지막 스텝은 점 $(m-1, n)$, $(m-1, n-1)$, $(m, n-1)$ 중 하나를 지나서 들어와야 한다.

따라서

$$D(m, n) = D(m-1, n) + D(m-1, n-1) + D(m, n-1)$$

이 성립한다. 이를 이용해서 $D(2, 2)$를 계산해 보자.

$$D(2, 2) = D(1, 2) + D(1, 1) + D(2, 1)$$

을 이용하자. $D(1, 1) = 3$임은 쉽게 확인할 수 있다. 그러면

$$D(1, 2) = D(0, 2) + D(0, 1) + D(1, 1) = 1 + 1 + 3 = 5$$

이고

$$D(2, 1) = D(1, 1) + D(1, 0) + D(2, 0) = 3 + 1 + 1 = 5$$

이므로 $D(2, 2) = 13$이다.

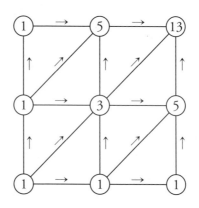

$D(n, n)$은 특별히 n번째 중앙 들라노이 수라고 하는데, 이 수는 여러 가지 경우의 수를 세는 상황 가운데 등장한

다. 예를 들면 알파벳 a, b, $\{a, b\}$로 구성되는 단어로 a와 b가 등장하는 개수가 각각 n인 단어의 가능한 개수는 정확히 n번째 중앙 들라노이 수이다. $n = 2$인 경우를 보면

$$\{a, b\} \{a, b\}, \{a, b\} ab, \{a, b\} ba, \tag{1}$$

$$a\{a, b\}b, b\{a, b\}a, ab\{a, b\}, ba\{a, b\}, \tag{2}$$

$$aabb, abab, abba, baab, baba, bbaa \tag{3}$$

로 총 열세 가지의 단어를 만들 수 있다.

중앙 들라노이 수와 유사한 수 중에 '슈뢰더 수(Schröder number)'가 있다. n번째 슈뢰더 수는 $(0, 0)$부터 (n, n)까지 이동할 때 들라노이 수와 같이 오른쪽으로 한 칸이나 위로 한 칸, 또는 대각선으로 한 칸의 스텝만으로 이루어진 경로의 수를 세는데 다만 대각선 $y = x$ 위로 솟아오르지 않는 경우만 허용한다. 가령 $n = 2$인 경우 슈뢰더 수는 6이다.

움직이는 다면체

정사면체의 각 면을 단단한 철판으로 만들었다고 생각해 보자. 그러면 이 정사면체는 각 면이 서로 맞물려서 어느 쪽으로도 움직이지 않고 고정된다. 정육면체, 정팔면체도 마찬가지이고, 정다면체뿐만 아니라 웬만한 다면체는 다 단단히 고정될 것처럼 보인다. 과연 모든 다면체는 각 면이 고정되어서 절대로 움직이지 않을까? 어쩌면 혹시 조금씩이라도 움직일 수 있는 다면체가 존재하지는 않을까?

첫 번째 결과는 1813년에 나왔다. 프랑스의 수학자 오귀스탱루이 코시는 오목한 부분이 없는 다면체는 모두 고정되어 움직이지 않음을 증명했다. 그러나 오목한 부분이 있는 다면체는 어떻게 될지 알 수가 없었다.

오목한 부분이 있는 다면체가 고정되지 않고 움직일 수 있는 예는 1897년에 프랑스의 라울 브리카르(Raoul Bricard, 1870~1943년)가 처음 발견했다. 다만 이 다면체는 면끼리 교차하는 부분이 있어서, 3차원 공간에서는 구현할 수 없는 것이었다. 그러니 이 다면체를 실제로 만들어서 움직여 보거나

758

하는 일은 불가능했다. 그러다 1978년 로버트 코넬리(Robert Connelly, 1942년~)는 18개의 삼각형으로 이루어진 움직이는 다면체를 구성하는 데 성공했다. 이후 여러 수학자가 개선해, 현재 면의 수가 가장 작은 움직이는 다면체는 클라우스 슈테펜(Klaus Steffen, 1945년~)이 발견한 십사면체로, 다음 그림은 그 전개도이다.

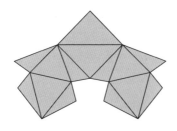

슈테펜의 다면체를 튼튼한 종이로 만들어 보면, 다면체가 펄럭펄럭 움직이는 정도는 아니고 조금 비틀어지는 정도이지만, 어쨌든 정다면체처럼 단단하게 고정되지 않는 것은 분명하게 알 수 있다.

움직이는 다면체가 실제로 존재한다는 사실이 확인되자 수학자들은 새로운 질문을 던졌다. 다면체가 움직일 때 그 부피가 변하겠냐는 것이었다. 아마도 그렇지 않을 것으로 생각했고, 이것을 '풀무 추측(bellows conjecture)'이라 불렀다. 이 추측은 1997년에 코넬리를 비롯한 여러 수학자가 협력해 참임이 증명되었다.

15 만들기 놀이

두 사람이 번갈아 가면서 1부터 9까지의 자연수 중에서 아직 선택되지 않은 수를 고르는데, 자신이 이미 골랐던 수들을 포함한 3개의 수를 더해 15를 만들면 이기는 놀이를 한다고 하자.

예를 들어 A, B, A가 차례대로 7, 4, 2를 골랐다고 하자. A에게 자기 차례가 올 때 6을 고르면 이기므로, B는 6을 골라야 할 것이다. 차례가 돌아온 A는 이번에는 B를 막기 위해 5를 골라야 할 것이고, 이때 B가 어떤 수를 고르더라도 A는 다음 차례에 8이나 3을 고르면 이기게 된다.

경우의 수가 그다지 많지 않으므로 몇 번 하다 보면 어느 정도 요령이 생기는데, 어쩐지 기시감이 들지 모르겠다. 사실 필승법을 따지다 보면, 이 놀이가 마방진과 3목 놀이(틱-택-토)의 결합임을 알게 된다.

1부터 9까지의 서로 다른 자연수 3개의 합으로 15를 만드는 방법이 마방진에서 나오는 조합 여덟 가지뿐임을 확인하면, 두 놀이가 같다는 사실을 확신할 수 있다.

6	1	8
⑦	5	3
②	9	✗

그러면 맨 처음에 시작하는 사람이 골라야 할 수가 무엇인지는 분명할 것이고, 상대방의 수에 응수하는 방법도 3목 놀이의 전략을 따르면 된다는 것도 분명해진다.

여기서는 간단한 예를 들었지만, 이처럼 어떤 놀이(게임)를 분석할 때 다른 게임의 결합으로 이해하거나 혹은 이와 동일한 다른 게임으로 바꾸는 방식은 꾸준히 연구되었다.

예를 들어 체스의 종반 상황을 '기본 게임'으로 분해해 이해하려는 시도도 있었으며, 많은 종류의 놀이를 님(nim)이라는 놀이로 분석할 수 있음이 증명되어 있다.

비단 이런 놀이뿐만 아니라 어떤 수학 문제가 주어졌을 때, 그와 동일하지만 구조가 명확히 드러나는 문제로 바꾸는 것이 때로는 문제 해결의 거의 전부일 때가 있다.

16:9의 화면 비율

가로 3.2미터, 세로 1.8미터, 깊이 2.4미터의 박스 안에서 한 밴드가 연주를 하고 있다. 서서 기타를 연주하는 연주자의 머리는 천장에 거의 닿을 정도다. 어째서 이렇게 보기에 답답한 상자 속에서 연주를 하는 것일까? 한 문화 재단이 기획한 이 공연의 동영상을 많은 사람이 자신의 스마트폰으로 보았다. 스마트폰의 화면 비율은 16:9, 그리고 밴드가 연주하는 박스의 가로 세로 비도 16:9이다. 공연 박스의 비율은 의도적인 것이었다.

　오늘날 일반적인 화면 비율 16:9의 컴퓨터 모니터가 본격적으로 생산된 것은 2008년부터이다. 16:9의 화면비는 1984년 고화질 영상을 연구하는 엔지니어였던 컨스 파워스 (Kerns Powers, 1925~2010년)가 제시했다. 파워스는 그때까지 사용되던 대표적인 화면비의 직사각형들을 중점에 중첩하도록 모아 놓고 이 사각형들을 포함하는 적당한 직사각형을 찾았는데, 그 비가 16:9였다고 한다.

　16:9의 화면비에서 우리는 흥미로운 숫자들을 발견할

수 있다. 화면을 왼쪽에서 오른쪽으로 같은 폭으로 사등분해 보자. 그리고 위에서 아래로 같은 폭으로 삼등분해 보자. 그때 본래의 사각형이 총 12개의 동일한 직사각형으로 나누어 진다. 이때 작은 사각형은 4：3의 비율을 갖는다. 오늘날 여러 채널을 한 화면에서 동시에 볼 때에 참 유용한 분할이 아닐 수 없다. 4：3의 사각형은 다시 같은 방식의 분할로 12개의 정사각형으로 분할된다. 그렇다면 본래의 16：9의 화면은 총 144(＝12 × 12)개의 정사각형으로 분할이 되는 것이다. 이것이 가능한 이유는 16과 9 모두 제곱수이기 때문이다.

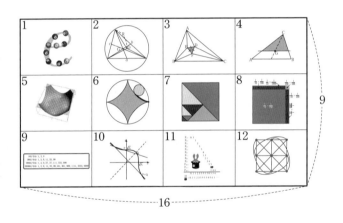

오늘날 16：9 비율의 모니터가 대세를 이루기 전 잠시 동안 16：10 비율의 모니터가 생산된 적이 있었다. 16：10에서 16：9로의 이전은 후자가 모니터 생산이 더 효율적이기 때문

이라고 한다. 고대로부터 이상적 직사각형으로 여겨지던 황금사각형의 황금 비율이 1.618:1 (더 정확한 값은 $(1+\sqrt{5})/2$)인 점을 감안하면 16:10이 황금사각형에 더 가깝다. 그렇다면 16:10의 직사각형을 더 선호할 이유도 있을 터인데 문서 작업이나 컴퓨터 게임을 하는 사람들 중에는 16:9 선호파가 더 많다고 한다.

스도쿠의 최소 단서 개수

가로 세로 9칸씩 81개의 칸에 1부터 9까지 규칙에 맞게 숫자를 채우는 스도쿠는 세계적인 인기를 자랑하는 놀이다. 스도쿠는 가로 세로, 그리고 9×9 격자를 분할한 9개의 3×3 격자에 1부터 9까지 수가 홀로 나타나야 한다는 뜻에서 지어진 수독(數獨)을 일본식으로 읽은 것으로, 9차 라틴 방진이라는 수학적 구조를 게임으로 옮긴 것이라 할 수 있다. 별로 어렵지 않은 규칙에, 별다른 지식이 필요하지 않으면서, 요리조리 머리를 써야 하는 스도쿠는 아마도 가장 성공한 수학 게임이 아닐까 싶다.

스도쿠는 처음에 주어진 몇 개의 숫자를 단서로 해 다른 칸들을 차례차례 채워 나간다. 이 과정에서 멀리 떨어져 있는 칸의 숫자가 결정에 영향을 미치는 일이 흔해서 이런 점이 스도쿠를 재미있게 한다. 스도쿠는 20개 정도의 숫자를 먼저 주고 시작하는데, 이렇게 처음에 주는 숫자가 많으면 대체로 풀기가 쉬운 편이다. 그렇다면 스도쿠에서 처음에 주는 숫자는 얼마나 적게 만들 수 있을까?

스도쿠에 숫자가 단 하나만 주어진다면, 당연히 나머지 80개의 칸을 채우는 방법이 아주 많다. 스도쿠의 답이 하나로 결정되려면 처음에 주어지는 숫자가 너무 적어도 안 된다. 그렇다면 스도쿠의 답을 하나로 결정할 수 있으면서, 처음에 주어지는 숫자가 가장 적은 경우는 언제일까?

수많은 사람들이 수많은 스도쿠 문제를 만들고 풀면서 그 한계가 17일 것이라고 추측했다. 처음에 숫자 17개가 주어져서 완벽하게 풀리는 스도쿠가 여럿 발견되어 이런 것들을 모아 두는 웹사이트까지 만들어질 정도였다. 그러나 어느 누구도 숫자 16개짜리 스도쿠를 만들지는 못했기에, 스도쿠를 풀 수 있는 최소 단서의 개수는 17개일 것으로 추측했다. 이것을 '최소 스도쿠 문제(minimal sudoku problem)'라 한다.

			8		1			
						4	3	
5								
			7		8			
					1			
	2		3					
6							7	5
			3	4				
			2		6			

단서가 16개인 모든 스도쿠는 답이 유일하게 결정되지 않는다는 사실을 보이면 이 문제는 해결되지만, 숫자 16개를

배치하는 경우의 수가 어마어마하게 커서 모든 경우를 조사하기란 당연히 불가능한 일이었다. 그러다 2012년 마침내 여러 수학자들의 공동 연구 끝에 최소 스도쿠 문제의 답이 17임이 밝혀졌다. 즉, 16개 이하의 단서로는 답을 유일하게 결정할 수 없음이 증명되었다. 이 증명은 복잡한 수학적 논증과 장시간에 걸친 컴퓨터 계산이 필요해, 같은 알고리듬을 다른 컴퓨터로 돌려보는 확인 절차를 거쳐 2013년에 최종적으로 문제가 종료되었다.

새장 그래프

점과 선으로 이루어진 도형인 그래프에는 신기하고 재미있는 개념이 많다. 그래프의 각 점에서 뻗어 나가는 선의 개수를 그 점의 차수(degree)라 하고, 모든 점의 차수가 같은 그래프를 정규 그래프(regular graph)라 한다. 예를 들어, 정삼각형 모양의 그래프는 모든 점의 차수가 2인 2-정규 그래프이다. 주어진 그래프에서 한 점을 출발해 다시 출발점으로 돌아올 때 거치는 선의 최소 개수를 그 그래프의 안둘레(girth)라 한다. 정삼각형 모양의 그래프는 안둘레 3이 된다.

이제 r-정규 그래프 가운데 안둘레가 g인 그래프를 생각해 보자. 이런 그래프는 무한히 많지만, 그중에 점의 개수가 가장 작은 것은 무엇일까? 예를 들어, 정삼각형 모양의 그래프는 2-정규 그래프이면서 안둘레가 3인 그래프이며, 이보다 작은 그래프는 조건을 충족하지 않는다. 이와 같이 모든 점의 차수가 r이고 안둘레가 g인 가장 작은 그래프를 (r, g)-새장 그래프(cage graph)라 부른다. 특별히 $(3, g)$-새장 그래프는 간단히 g-새장 그래프라 부르기도 한다.

3-새장 그래프는 정사면체 모양을, 4-새장 그래프는 정팔면체 모양을 생각하면 된다. 그리고 이것과 다른 3-새장 그래프와 4-새장 그래프는 존재하지 않는다.

5-새장 그래프는 어떨까? 이 그래프는 페테르센 그래프(Petersen graph)라 불리는 다음 그림과 같이 생겼다. 그리고 이것이 유일하다.

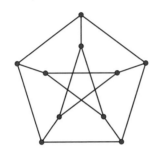

그러면 일반적으로 (r, g)-새장 그래프는 유일할까? $(3, 3)$-새장 그래프부터 $(3, 8)$-새장 그래프까지는 실제로 유일하다. 그런데 $(3, 9)$-새장 그래프는 갑자기 개수가 늘어서 18개나 존재한다. 이 그래프는 점이 58개나 존재하는 복잡한 모양이어서, 최근에야 정확한 개수가 구해졌다.

희미한 달빛 소수

수학자의 기본 소양 가운데 하나는 상상력이어서, 수학자는 별별 희한한 생각을 다 해 보는 사람들이다. 연산의 기본은 덧셈과 곱셈이라 할 수 있는데, 수학자들은 덧셈과 곱셈 연산의 정의를 바꾸면 어떤 일이 생기는지 연구해 보았다.

한 자리 수 a와 b가 주어질 때 덧셈 $a+b$는 두 숫자 a와 b 가운데 큰 수를 고르는 것으로 하고, 곱셈 $a \times b$는 두 숫자 a와 b 가운데 작은 수를 고르는 것으로 하자. 그러면 $2+3=3$이 되고 $2 \times 3=2$가 된다. 이 연산을 여러 자리 수로 확장하면, 덧셈은 각 자리 수마다 이 이상한 덧셈을 하고, 곱셈은 우리가 보통 여러 자리 수를 곱하는 것과 마찬가지로 자릿수를 맞춰 가면서 계산하되 각 단계의 계산은 이 이상한 곱셈과 덧셈을 한다. 예를 들어 $31+2=32$가 되고 $31 \times 2=21$이 된다.

$$
\begin{array}{r}
1\ 6\ 9 \\
+\ 2\ 4\ 8 \\
\hline
2\ 6\ 9
\end{array}
\qquad
\begin{array}{r}
1\ 6\ 9 \\
\times\ 2\ 4\ 8 \\
\hline
1\ 6\ 8 \\
1\ 4\ 4\ \ \\
1\ 2\ 2\ \ \ \ \\
\hline
1\ 2\ 4\ 6\ 8
\end{array}
$$

꽤나 이상해 보이는 연산인데, 수학자 데이비드 애플게이트(David Applegate), 마크 르브론(Marc LeBrun), 닐 슬론(Neil Sloane, 1939년~)은 이런 연산을 처음에 '서투른 연산(dismal arithmetic)'이라 이름 붙이고 그 성질을 연구했다. 이 연산이 마치 연산을 잘 못하는 사람의 행동 같다는 뜻에서 지어진 이름이었다. 그러다 'dismal'에는 음울하다는 뜻도 있어서 단어가 별로 마음에 들지 않았는지, 이들은 '달의 연산(lunar arithmetic)'으로 이름을 바꾸었다. 'lunar'에는 흐릿하다는 뜻도 있어서 dismal과 어느 정도 뜻이 통하기도 한다. 아마 '터무니없는', '제정신이 아닌'이라는 뜻의 lunatic을 연상시키려는 의도도 있었을 것 같다.

이 해괴한 연산에서 곱셈의 항등원, 즉 어떤 수에 곱해 그 수 자신이 되게 하는 수를 구해 보자. 기존 곱셈에서는 1이 곱셈의 항등원인데, 달의 곱셈에서는 9가 항등원이 된다. 즉 어떤 수에 9를 곱해도 결과는 그 수 자신이다. 그러면 항등원이 아닌 두 수의 곱으로 나타낼 수 없는 수는 무엇이 있을까? 즉 기존의 곱셈에서 소수에 해당하는 수는 무엇일까? 계산

해 보면 이런 수는 반드시 9를 포함하고 있어야 하고 실제로 찾아보면

19, 29, 39, 49, 59, 69, 79, 89, 90, 91, 92, 93, 94, 95, 96, 97, 98, 99, 109, 209, 219, 309, …

들이 '달의 소수'가 되어서, 가장 작은 달의 소수는 19임을 알 수 있다.

20도(＝π/9)는 작도할 수 없다

자와 컴퍼스를 이용한 각의 삼등분은 고대 기하학의 난제 중 하나로 많은 사람의 관심을 끌었던 문제이다. 일반적으로 이 것이 불가능하다는 사실은 1837년 피에르 방첼(Pierre Wantzel, 1814~1848년)이 증명했다. 그럼에도 몇 개의 특정한 각에 대해 서는 자와 컴퍼스를 이용한 삼등분이 가능하다. 대표적인 각이 직각의 삼등분이다. 그렇다면 60도는 어떨까? 60도는 정 삼각형의 한 내각이다. 정삼각형은 자와 컴퍼스로 작도할 수 있으니까 혹시 60도를 삼등분해 20도의 각을 얻는 일이 가능 하지 않을까?

각 20도의 작도 가능성을 알려면 한 내각이 20도인 직 각삼각형의 빗변과 밑변이 이루는 길이의 비, 즉 $\cos 20°$를 살펴보면 된다. $\cos 20°$가 유리수거나, 무리수이더라도 2차 방정식의 근이면 작도할 수 있다. 삼각 함수의 세배각에 대 한 공식을 사용하면 $\cos 20°$가 3차 방정식 $8x^3 - 6x - 1 = 0$ 의 근이 됨을 보일 수 있다. 그런데 이 3차 방정식은 유리수상 에서 인수 분해가 되지 않는다. 따라서 20도는 자와 컴퍼스로 작도가 불가능하다.

여담이지만 노벨 물리학상을 받은 리처드 파인만은 어린 시절 자신보다 조금 나이가 많았던 모리 제이콥스(Morrie Jacobs)에게서 $\cos 20°$에 대한 흥미로운 식을 배웠다고 한다.

$$\cos 20° \cos 40° \cos 80° = \frac{1}{8}.$$

$\cos 20°$가 무리수임을 생각하면 신기한 식이 아닐 수 없다. 파인만은 평생 이 식을 잊지 않았다고 한다.

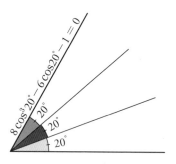

그렇다면 각의 삼등분이 가능한 경우는 언제일까? 만약 N이 3의 배수가 아니면 $360/N$도는 삼등분이 가능하다. 따라서 72도나 36도는 자와 컴퍼스로 삼등분할 수 있다.

블랙잭

서양 카드놀이 중에서 인기 있는 게임으로 블랙잭(blackjack)
이 있다. 주로 건전한 놀이보다는 도박으로 행해지는 일이 많
은 편인데, 한동안 수학자들과 카지노 양측은 이 게임을 두고
전쟁터를 방불케 하는 확률 싸움을 벌였다.

　4종류의 무늬마다 2부터 10까지의 숫자 카드 1장씩, 그
림 카드 3장, 에이스(A)라 부르는 카드가 1장씩 있어 모두
13 × 4＝52장의 카드로 게임을 한다. 숫자 카드는 각각의 숫
자에 해당하는 점수를 얻고, 그림 카드 3장은 모두 10점으로
계산하기 때문에 무늬마다 10점짜리 카드가 4장씩 있는 셈
이다. 에이스는 편의에 따라 1 또는 11로 간주할 수 있다.

　블랙잭은 기본적으로
는 플레이어와 딜러 사이의
대결이다.

　각자 가진 카드의 점수
를 합해 '21 이하이면서 가
능한 한 높은 수를 만드는 사

람'이 승리하기 때문에 그냥 21 게임이라 부르는 이들도 있다.

일단 플레이어와 딜러에게는 2장씩 카드가 배분된다. 플레이어와 딜러는 각자 받은 카드의 합을 계산하고, 카드를 더 받을지, 멈출지 결정해야 한다. 만약 더 받았는데 합이 21을 초과하면 바로 진다. 멈추기로 한 경우 딜러가 가진 카드의 합이 높으면 진다. 따라서 상당히 정교한 확률 계산과 감각이 필요한 게임이다.

물론 이런 규칙만 있었다면 플레이어가 질 확률이 더 높을 것이다. 하지만 딜러의 경우 합이 17 이상이 될 때까지는 무조건 더 받아야 한다는 규칙이 있기 때문에, 딜러가 운신할 폭이 줄어들어 플레이어에게는 이득으로 작용한다.

여러 가지 변형 규칙과 자잘한 규칙들을 반영하면 딜러 쪽이 3에서 4퍼센트 정도 유리하다고 한다. 얼핏 생각하면 그 정도 차이는 미세하므로 대체로 공정한 게임 같지만, 게임을 여러 차례 할수록 이 차이가 누적되기 때문에 억세게 운 좋은 경우가 아니면 플레이어의 파산은 기정사실이다.

하지만 플레이어에겐 유리한 점이 한 가지 있었다는 사실이 알려졌다. 바로 전에 사용했던 카드는 한동안 재사용하지 않는다는 점이다. 따라서 전에 사용했던 카드의 분포, 특히 10이나 에이스의 분포를 기억해 두고, 이를 확률 계산에 반영해 게임을 할 수 있는 것이다. 딜러는 17 규칙에 묶여 있어 자유가 별로 없다는 걸 최대한 활용하는 전략이다. 구체적인 기법은 생략하지만 카드 카운팅이라 부르는 이 방법을 활용하면, 미세하지만 이제는 플레이어가 조금 더 유리해진다!

실제로 이 방법을 실은 책이 출판되어 베스트셀러를 차지하면서, 라스베이거스의 카지노 도박장은 수익이 대폭 감소하거나 상당한 적자를 내기 시작했다. 메사추세츠 공과 대학교를 포함한 유수의 대학교에서 수학 좀 하는 학생들이 조직을 짜고 카드 카운팅 기법을 발전시켜 거액을 챙겼다는 건 영화화될 정도로 널리 알려진 사실이다. 다만 현재는 카지노 측에서 다양한 방법으로 카드 카운팅을 막고 있기 때문에 어려워졌지만 말이다.

52:48이나 50:50이나 확률에 별 차이가 없다고 여기며, 정확한 확률 계산보다는 자신의 감을 믿는 분들이 많은 줄 안다. 하지만 고작 몇 퍼센트의 차이로 큰 이득을 보던 카지노가 고작 몇 퍼센트의 차이로 적자로 돌아섰다는 걸 기억하기 바란다. 그 이점을 만회하기 위해 카지노 측에서는 각종 첨단 장비나 기법을 써야만 했다는 것이 시사하는 바가 적지 않다. 여전히 자신만은 딸 거라고 생각하며 도박을 하는 사람이 많다기에 하는 이야기다.

0 없는 거듭제곱

인류가 사용하고 있는 10진법은 수의 본질적인 성질은 아니지만, 어쨌든 수를 나타내는 효율적인 방법이기는 하다. 그래서 수학자들은 10진법으로 나타낸 수의 자릿수라든지 각 자리 수의 합 같은 것이 가진 성질을 연구하기도 한다.

오늘은 거듭제곱을 10진법으로 나타냈을 때 관찰할 수 있는 성질을 알아보려 한다. 1부터 시작해 각 수를 그 수만큼 곱한 수를 생각하자.

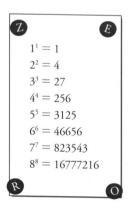

$$1^1 = 1$$
$$2^2 = 4$$
$$3^3 = 27$$
$$4^4 = 256$$
$$5^5 = 3125$$
$$6^6 = 46656$$
$$7^7 = 823543$$
$$8^8 = 16777216$$

그러면 1^1부터 8^8까지 8개의 거듭제곱수에는 0이 하나도 나타나지 않음을 알 수 있다. 더 큰 수에서는 어떨까?

일반적으로 n이 클수록 n^n도 커지면서, 0부터 9까지 모든 숫자가 다 나타날 가능성도 함께 커지므로 큰 수의 거듭제곱에 0이 나타나지 않는 일은 드물 것으로 생각된다. 8보다 큰 범위에서 이런 일이 생기는 다른 수가 있을지조차 의심스러운데, 놀랍게도(?)

$$22^{22} = 341427877364219557396646723584$$

에서 처음으로 0이 전혀 나타나지 않는다. 22보다 큰 수에서는 어떨까? 현재 컴퓨터로 조사한 결과로는 22보다 크면서 이런 성질을 갖는 수는 단 하나도 발견되지 않았다. 정말로 이런 성질을 갖는 수는 1, 2, 3, 4, 5, 6, 7, 8, 22의 9개가 전부일까? 그럴 것 같기는 하지만, 아직 아무도 증명하지 못한 결과이다.

켐프너의 급수

많은 사람들이 조화급수

$$1 + \frac{1}{2} + \frac{1}{3} + \cdots + \frac{1}{n} + \cdots$$

가 발산한다는 사실을 처음 접했을 때 의아해한다. 직관적으로는 0으로 수렴하는 항을 계속 더하면 유한한 값으로 접근할 것 같은데, 그렇지 않기 때문이다. 그렇다면 조화급수를 이루는 항을 다 취할 것이 아니라 이중 의미 있는 항만 부분적으로 취해도 발산할까라는 의문을 가질 수 있다. 가령 분모가 소수인 것만 취하면 어떨까? 레온하르트 오일러는

$$\frac{1}{2} + \frac{1}{3} + \frac{1}{5} + \frac{1}{7} + \frac{1}{11} + \cdots + \frac{1}{p} + \cdots$$

도 발산함을 보였다. 이야기는 여기서 끝나지 않는다. 1914년 오브리 켐프너(Aubrey Kempner, 1880~1973년)는 조화급수에서 분모가 9를 포함하는 수(예를 들면 1293)를 뺀 후 나머지를 더

했을 때 수렴한다는 것을 보였다. 왜 그럴까?

$$\sum_{\text{no }9}\frac{1}{n}=\frac{1}{1}+\frac{1}{2}+\frac{1}{3}+\frac{1}{4}+\frac{1}{5}$$
$$+\frac{1}{6}+\frac{1}{7}+\frac{1}{8}+\cancel{\frac{1}{9}}+\frac{1}{10}$$
$$+\frac{1}{11}+\frac{1}{12}+\frac{1}{13}+\frac{1}{14}+\frac{1}{15}$$
$$+\frac{1}{16}+\frac{1}{17}+\frac{1}{18}+\cancel{\frac{1}{19}}+\frac{1}{20}$$
$$+\cdots$$

9를 포함하지 않는 n자릿수를 모두 모아 보면 $8 \times 9^{n-1}$개 있다. 그리고 이들 수들은 각각 10^{n-1}보다 크다. 따라서 9를 포함하지 않는 n자릿수의 역수들을 다 더하면

$$\frac{8 \times 9^{n-1}}{10^{n-1}}=8\left(\frac{9}{10}\right)^{n-1}$$

보다 작다. 그런데 $\sum_{n=1}^{\infty}8\left(\frac{9}{10}\right)^{n-1}$ 은 수렴하는 등비급수이다. 따라서 이 급수보다 작은 켐프너의 급수는 수렴한다.

1916년 프랭크 어윈(Frank Irwin, 1868~1948년)은 켐프너 급수의 수렴값이 22.92067⋯로 23에 가깝다는 사실을 보였다. 어윈은 또한 켐프너의 급수를 일반화한 급수를 생각했는데 조화급수의 분모에서 특정한 자릿수가 정해진 빈도만큼 등장하는 수만 허용한 급수 역시 수렴함을 보였다. 가령 8이 두 번만 등장하는 급수 즉 $1/88+1/188+1/288+\cdots$

가 한 예이다. 특별히 9가 한번만 등장하는 급수 $1/9 + 1/19$ $+ 1/29 + \cdots$도 수렴하는데 신기하게도 수렴값이 23에 가까운 값, 즉 $23.04428\cdots$이라고 한다.

완전 순열

4년마다 열리는 세계 수학자 대회에서는 수학에서 큰 성취를 이룬 40세 이하의 수학자를 선정해 필즈 메달을 수여한다.

2018년 브라질 리우데자네이루에서는 시상식 직후 필즈 메달이 도난당하는 사건이 발생해 화제가 되었는데, 그에 앞서 2014년 서울에서도 필즈 메달을 둘러싼 소동이 있었다.

아르키메데스의 초상화가 새겨져 있는 필즈 메달의 수상자가 4명이었고, 각각 하나씩 메달을 수여했다. 그런데 메달의 테두리에는 수상자의 이름이 새겨져 있었고, 확인 결과 4명 모두 엉뚱한 메달을 받았음이 밝혀졌다.

이런 일이 발생할 가능성이 얼마나 되는지 계산해 보는 것은 수학자의 본능에 가깝다. 물론 답을 이미 알고 있던 사람도 부지기수였겠지만 말이다.

메달의 수가 넷밖에 되지 않기 때문에 나열하는 것이 가장 손쉬운 해결책이다.

4종류의 메달을 1, 2, 3, 4라 하고, 수상자 1, 2, 3, 4에게 무작위로 배분하는 방법의 수는 4의 차례곱인 $4 \cdot 3 \cdot 2 \cdot 1 = 24$가지이다. 이중에서 4명 모두 메달을 잘못 받는 경우는 다음과 같다.

$$2143, \ 2341, \ 2413,$$
$$3142, \ 3412, \ 3421,$$
$$4123, \ 4312, \ 4321.$$

따라서 구하는 확률은 $\dfrac{9}{24} = 0.375$이다.

하지만 메달의 개수가 많아진다면 이런 식으로 셀 수 없음은 분명하다. 이제 메달 수가 n개였다고 하자. k번째 사람이 자기 메달을 받는 사건을 A_k라 둘 때 사건 $A_1^c \cap A_2^c \cap \cdots \cap A_n^c$의 원소의 개수를 세는 문제인데, 이럴 때 사용하는 원리가 '포함-배제의 원리'라는 것이다. 예를 들어 $n=3$인 경우

$$|A_1 \cup A_2 \cup A_3|$$
$$= |A_1| + |A_2| + |A_3|$$
$$\quad - |A_1 \cap A_2| - |A_1 \cap A_3| - |A_2 \cap A_3| + |A_1 \cap A_2 \cap A_3|$$
$$= 3 \cdot 2! - 3 \cdot 1! + 1 \cdot 0!$$

이므로, 구하는 경우의 수는

$$\binom{3}{0} \cdot 3! - \binom{3}{1} \cdot 2! + \binom{3}{2} \cdot 1! - \binom{3}{3} \cdot 0!$$

임을 알 수 있다. 이를 일반화하면 n개의 메달을 무작위로 배분했을 때, 모든 사람이 엉뚱한 메달을 받을 확률은

$$1 - \frac{1}{1!} + \frac{1}{2!} - \frac{1}{3!} + \cdots + (-1)^n \frac{1}{n!}$$

임을 입증할 수 있다.

n이 커질 때 이 값은 자연 상수의 역수 $e^{-1} \approx 0.367879$ 로 수렴하는데, 많은 수의 메달을 무작위로 줄 경우 메달이 완전히 뒤바뀔 가능성이 무려 36.7879퍼센트나 된다는 이야기다.

야마베 문제와 25차원 다양체

일반적인 곡면 위에서 기하를 하기 위해서는 각과 길이를 재는 방법이 있어야 한다. 대표적인 방법이 리만 측도이다. 이는 간단히 말하면 두 점 사이의 거리를 두 점을 연결하는 곡선의 길이 중 가장 짧은 것으로 정하는데, 곡선의 길이는 각 점에서 속도의 크기를 곡선을 따라 적분함으로써 구할 수 있다. 리만 측도는 속도의 크기를 재는 규칙을 정해 주는 것이다. 리만 측도는 또한 각을 정의하는데 이는 곡면의 곡률 (가우스 곡률)을 결정한다. 곡률이란 곡면의 휘어짐을 측정한다. 구면의 경우는 모든 점에서 곡률이 같다. 콤팩트한 (유클리드 공간 안이라면 닫혀 있고 유계인) 리만 곡면이 있을 때 주어진 리만 측도에 등각이 되는 다른 리만 측도를 잘 잡으면 주어진 리만 곡면의 곡률이 상수가 되게 할 수 있다.

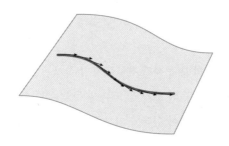

일반적인 차원으로 이야기를 확장해 보자. 먼저 리만 다양체를 생각하면 국소적으로 유클리드 공간처럼 보이는 공간 위에 리만 측도가 정의되어 있다. 콤팩트한 리만 다양체 위에 주어진 리만 측도에 등각이 되는 다른 리만 측도를 잘 잡으면 주어진 리만 다양체가 상수의 스칼라 곡률을 갖게 할 수 있을까?

일반적인 차원에서는 곡률을 정의하기 위해서 일단 두 방향을 선택해야 하고 그 두 방향이 만드는 평면에 대해 곡률을 정의할 수 있다. 스칼라 곡률은 각각의 가능한 방향들을 서로 수직이 되게 잡은 다음 가능한 두 방향에 대한 곡률들을 방향 쌍을 바꾸면서 다 더한 값이다.

1960년 일본 수학자 야마베 히데히코(山辺英彦, 1923~1960년)는 이 질문에 대해 그렇다는 예상과 함께 문제 해결의 아이디어를 제시했다. 아이디어는 주어진 리만 측도에 등각이 되는 리만 측도를 선택할 때 곱하는 등각 함수가 만족하는 편미분 방정식의 해를 연구하는 것이었다. 야마베의 문제는 여러 사람의 노력을 통해 1980년대 중반에 이르러 긍정적으로 해결되었다.

일단 야마베 문제가 해결되자 수학자들은 주어진 리만 측도에 대해 상수의 스칼라 곡률을 줄 수 있는 등각의 리만 측도가 얼마나 많이 있는지 질문했다. 일반적으로 그런 등각의 측도가 많을 수 있기 때문에, 해당하는 등각 함수들과 이계 미분까지 유계일 것이라는 예상을 했다. 수학자들은 리만 다양체의 차원이 24차원까지는 그 예상이 맞음을 확인했다. 그러나 2009년 시몬 브렌들(Simon Brendle, 1981년~)은 52차원 이상의 모든 차원에서 이 예상이 성립하지 않을 수 있음을 보였다. 그리고 그는 곧 페르난도 마르케스(Fernando Marques, 1979년~)와 함께 25차원 이상의 모든 차원에서 이 예상이 성립하지 않을 수 있음을 보였다.

마법의 육각별

1부터 연속한 자연수를 정사각형 모양으로 배열해 가로, 세로, 대각선의 합이 같게 만드는 것이 마방진이다. 예로부터 마방진에는 신비로운 힘이 있다고 믿어져 옛날 사람들은 일종의 부적처럼 사용하기도 했다. 수의 배열에 무슨 힘이 있을까마는, 아무렇게나는 만들지 못하니만큼 옛날이나 지금이나 신기해 보일 것 같기는 하다.

수를 배열해 합을 같게 만든다는 착상은 정사각형 모양에서 그치지 않아서, 다양한 모양으로 배열한 마방진이 많이 연구되었다. 마방진의 '방'은 네모라는 뜻이니, 사각형 모양이 아닌 경우는 마법진이라는 이름이 더 어울릴지도 모른다.

다각형 모양, 또 다각형을 반복한 모양 등을 생각할 수 있겠고, 흥미로운 형상으로는 별 모양도 있다. 이중에 정다각형의 변을 연장해 만들어지는 별 모양을 생각해 보자. 정오각형의 변을 연장한 오각별은 우리가 보통 별을 그릴 때 많이 쓴다. 이 모양에서 각 꼭짓점과 선분의 교차점에 1부터 연속한 수를 배열해 한 줄에 놓이는 수들의 합을 같게 만들 수 있을까? 이 경우 꼭짓점 5개, 교차점 5개이므로, 1부터 10까지 연속한 수를 배열해야 한다.

오각별에서 각 선분 위에 놓이는 4개 수의 합이 모두 S로 같았다고 하자. 그러면 오각별을 이루는 선분이 5개이고 각 수는 꼭 2개의 선분에 놓이게 되므로,

$$5S = (1+2+\cdots+10) \times 2$$

가 성립해야 한다. 그러면 $S=22$가 되어, 각 선분에 놓이는 네 수의 합은 22여야 한다. 특히 각 선분에 놓이는 홀수의 개수는 0개, 2개, 4개 중 어느 하나여야 한다. 어느 선분이 홀수만으로 이루어지거나, 짝수만으로 이루어질 수 없다는 것은 금세 보일 수 있다. 이제 1이 놓이는 두 선분을 생각하자. 1을 포함하고 더해서 22인 것 중에 홀수가 2개인 것은 모두 여섯 가지 조합뿐이다.

1, 2, 9, 10 / 1, 3, 8, 10 / 1, 4, 7, 10 /
1, 5, 6, 10 / 1, 4, 8, 9 / 1, 6, 7, 8

따라서 1이 놓인 두 선분은 각각 1, 4, 8, 9 / 1, 5, 6, 10 조합이거나 1, 6, 7, 8 / 1, 2, 9, 10 조합일 수밖에 없다. 1, 4, 8, 9 / 1, 5, 6, 10 조합인 경우 10을 지나고 1을 지나지 않는 선분

은 1, 4, 8, 9 조합의 선분과 만나야 한다. 따라서 이 선분은 10, 4를 포함하거나 10, 8을 포함하거나 10, 9를 포함해야 한다. 하지만 어느 경우든 불가능함을 금세 확인할 수 있고 1, 6, 7, 8 / 1, 2, 9, 10 조합 역시 불가능함을 보일 수 있으므로 마법의 오각별은 존재하지 않는다.

그러면 육각별은 어떨까? 이 경우는 다음과 같은 배열이 가능하며, 각 선분의 합인 마법합(magic sum)은 26이다. 이런 배열은 모두 몇 가지가 가능할까? 돌리거나 뒤집는 것을 제외하고 모두 80가지 방법이 가능하며, 1934년에 럿거스 대학교의 공과 대학 대학원생이었던 로런스 리즈(Lawrence Leeds)가 처음으로 모두 발견했다.

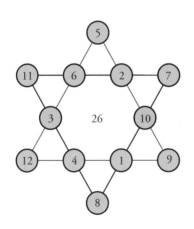

27 이하의 소수는 9개:
$\pi(27)=9$

$\pi(n)$이란 n 이하의 자연수 중에서 소수의 개수를 가리키며, 소수 세기 함수 혹은 소수 계량 함수라 부른다. 예를 들어 $n=11$이라면 1부터 11까지의 수 중에서 소수는 2, 3, 5, 7, 11로 모두 5개이므로 $\pi(11)=5$라고 쓰는 것이다.

이때 $\pi(2)=1$이므로, 2까지만 볼 때 소수의 비율은 $\frac{1}{2}$이다. 또한 27 이하의 자연수 중에서 소수는 9개이므로, 27까지만 볼 때 소수의 비율은 $\frac{1}{3}$이다. 또한 100 이하의 자연수 중에서 소수는 25개이므로, 100까지 소수의 비율은 $\frac{1}{4}$이다. 이걸 일반화할 수 있을까? 다시 말해 n 이하의 자연수 중에서 소수의 비율이 정확히 $\frac{1}{k}$인 경우가 반드시 있을까?

n 이하의 자연수 중에서 소수의 비율이 $\frac{1}{2}$인 경우는 $n=2, 4, 6, 8$로 모두 네 가지나 있고, $\frac{1}{3}$이나 $\frac{1}{4}$ 등의 비율에 대해서도 세 가지가 있고, $\frac{1}{5}$을 비율로 가지는 경우도 여섯 가지가 있다. 왠지 그럴 듯해 보인다. 그런가 하면 비율이 정확히 $\frac{1}{11}$인 경우는 $n=175197$일 때뿐이라는 것도 입증

할 수 있어 이 추측이 왠지 사실이 아닐 수도 있을 것 같다. 어느 쪽이 맞을까?

결론부터 말하자면 답은 "예."인데, 다음 두 가지 사실만 알면 생각보다 쉽게 증명할 수 있다.

1. $\pi(n)$은 줄어들지 않는 함수다.
2. 자연수 $k \geq 2$에 대해 $\dfrac{n-1}{\pi(n-1)} < k \leq \dfrac{n}{\pi(n)}$인 자연수 n이 적어도 하나는 존재한다.

2번 성질은 다음 부등식으로 쓸 수 있다.

$$k\pi(n) \leq n < k\pi(n-1) + 1$$

1번 성질 때문에 $k\pi(n) \leq n < k\pi(n) + 1$인데, $k\pi(n)$과 n이 모두 정수이므로 $k\pi(n) = n$일 수밖에 없게 된다.

방금 증명을 보면 알겠지만, 이것이 '소수 세기 함수'의 고유한 특성이라기보다는 위 두 성질을 가지는 함수의 특성에 불과하다는 사실을 알 수 있다. 하지만 2번 성질을 입증하는 일이 남아 있다.

물론 소수 정리로부터 $\dfrac{n}{\pi(n)}$이 대략 $\ln n$ 규모로 커진다는 사실이 알려져 있지만, 이 정리를 증명하려면 꽤나 고급 수학이 필요하며, 더 정교하게 증가 규모를 알려면 최고의 수학 난제인 '리만 가설'을 해결해야 하니 여기서는 무리일 것이다.

'$\dfrac{n}{\pi(n)}$이 무한대로 발산한다.'라는 정도의 사실은 비교적 어렵지 않게 입증할 수 있고, 이 성질로부터 2번 성질을 쉽게 이끌어낼 수 있지만, 이조차도 여기서 소개하기는 무리인 듯싶다.

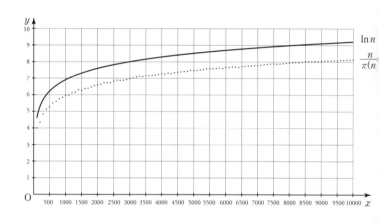

두 가지 색의 구슬로 이루어진
목걸이의 가짓수

검은색과 흰색의 구슬을 엮어 목걸이를 만들어 보자. 사용할 수 있는 구슬의 총 개수가 정해진다면 만들 수 있는 구슬의 종류는 몇 가지가 될까?

구슬의 총 개수가 4개일 때를 생각해 보자. 흰 구슬을 0으로, 검은 구슬을 1로 표현하면 0과 1로 이루어진 길이 4짜리 배열의 경우의 수를 세는 것과 같다. 가능한 배열은 $2^4=16$이지만 이중에 사실상 같은 배열이 있다. 가령 0001은 0010, 0100, 1000과 같다. 이는 한 목걸이를 회전해서 다 얻을 수 있는 것들이다. 즉 배열 $b_1 b_2 \cdots b_n$은 $b_k b_{k+1} \cdots b_n b_1 b_2 \cdots b_{k-1}$와 같은 것이다.

이것을 고려한다면 길이 4짜리 목걸이의 경우의 수를 헤아리기 위해 검은 구슬의 개수가 0, 1, 2, 3, 4개인 경우를 각각 세 보는 편이 좋겠다. 망라해 보면 0000, 0001, 0011, 0101, 0111, 1111 총 6개다. 검은 구슬의 개수를 고정했을 때 기본적으로 가장 작은 수를 택했다. 그렇지만 흥미로운 경우는 검은 구슬의 개수가 2개일 때인데 0101은 두 1 사이에 0이 하나 있는 경우이다. 0011을 회전해서 그것을 구현할 수가 없다.

구슬 목걸이에서 한 가지 더 고려할 부분은 목걸이를 책상에서 들어 올려 뒤집어 놓는 것을 허용하지 않는다는 점이다. 즉 구슬의 배열을 역으로 해서 얻어진 목걸이를 다른 것으로 보는 것이다. 길이 6의 목걸이를 보면 010110의 배열을 역으로 하면 011010인데 이 배열은 앞의 배열과 다르다. 즉 다른 목걸이인 것이다.

이제 몇 가지 조건을 더 주려고 한다. 첫 번째는 구슬의 색을 서로 바꾸었을 때 같아지는 배열을 같은 것으로 보는 것이다. 그러면 0000과 1111은 같은 배열로 간주된다. 두 번째는 주기적이지 않은 배열만 허용한다. 0101은 01을 반복하기 때문에 주기적이다. 이 두 조건을 더했을 때 길이 4의 가능한 배열은 0001, 0011 둘뿐이다. 이제 이런 조건을 만족하는 길이 n의 목걸이의 경우의 수를 $F(n)$이라 하자. 이 값들을 망라해 보면

$$F(1)=F(2)=F(3)=1, \ F(4)=2, \ F(5)=3,$$
$$F(6)=5, \ F(7)=9, \ F(8)=16, \ F(9)=28$$

이 된다.

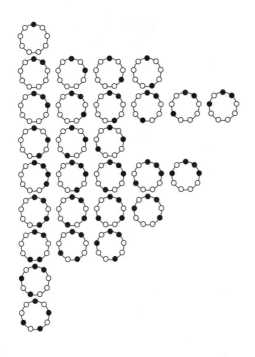

소수의 역수를 모두 더하기

29까지 소수 10개의 역수를 모두 더하면

$$\frac{1}{2} + \frac{1}{3} + \frac{1}{5} + \frac{1}{7} + \cdots + \frac{1}{29} = 1.5334 > 1.5$$

로 1.5를 살짝 넘는다. 오늘의 이야기는 소수의 역수를 순서대로 계속 더해 나갈 때 생기는 일에 대한 것이다.

277까지 59개의 소수를 모두 더하면 그 값은 이제 2를 살짝 넘게 된다. 이런 일을 소수 10만 개에 해 보면, 그 값은 여전히 3을 넘지 않는다. 대략 36만 개의 소수를 더해야 그 값이 가까스로 3을 넘긴다. 그러니 우리가 29까지 더해서 합을 1.5를 넘게 한 것이 얼마나 큰일인지 다시 한번 생각해 보게 된다.

4보다 크게 만들기도 가능하지만, 이를 위해서는 실로 엄청난 노력이 필요하다. 이런 실험적 사실을 마주했을 때, 우리는 두 가지 가능한 시나리오 중에 어느 쪽을 택해야 할지 곤란을 겪는다. 다시 말해, 이러한 합이 어딘가로 수렴하거나 또는 계속 커진다는 선택지 중에 무엇이 옳은지 판단하기 어렵다. 그런데 그보다 먼저 우리는 이러한 작업을 실제로 계속해 나갈 수 있는지 아닌지부터를 먼저 알아야 한다. 소수가 가령 1억 개 정도뿐이라면 끝까지 굳이 더해 보지 않아도 값이 수렴함을 알게 되기 때문이다.

기원전 300년경 유클리드는 무한히 많은 소수가 있음을 증명했다. 그는 소수의 집합을 유한하다고 가정하면 모순이 발생한다는 사실을 보였다. 이는 그 결과가 심오할 뿐만 아니라, 증명 자체도 매우 우아하고 매력적이다. 유클리드의 증명은 많은 배경 지식을 필요로 하지 않으며, 만약 모든 지성인이 갖춰야 할 '수학의 교양'이 있다면 그 목록에 꼭 들어갈 만한 것이다. 이는 우리의 선택지 2개가 아직 모두 가능한 시나리오임을 의미한다.

시간이 흘러 1737년에 레온하르트 오일러는 소수의 역수를 모두 더하면 발산함을 증명했다. 이것은 유클리드가 증명한 소수의 무한성을 함축한다. 그뿐만 아니라 오일러는 실제로 그 합이 대략 어느 정도로 빨리 커지는지도 알아냈다. 큰 수 x보다 작은 소수를 모두 더하면, 그 값은 대략

$$\sum_{p \text{ prime} \leq x} \frac{1}{p} \sim \log\log x$$

정도가 된다.

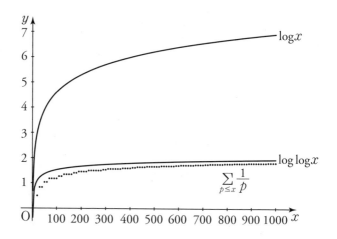

이는 우리가 처음에 하던 덧셈이 왜 그리 더디게 커졌는지도 이해하게 해 준다. 어떤 수의 로그는 대략 어떤 수의 자릿수에 비례한다. 그러니 어떤 수의 로그의 로그, 즉 자릿수의 자릿수는 그 수를 매우 작게 만들 수밖에 없다. 소수를 잘 이해하기 위해 급수라는 도구를 끌어들인 오일러의 놀라운 시도는 훗날 미적분학을 통해 자연수의 성질을 연구하는 수학 분야, 해석적 수론의 탄생으로 이어지게 된다.

랭글리의 우연한 각도

다음 그림은 꼭지각의 크기가 20도인 이등변삼각형 ABC
에 선분 BD와 선분 CE를 그려, 각 CBD는 60도이고 각
BCE는 50도가 되게 한 것이다. 이때 각 BDE의 크기는 얼
마일까?

1922년 수학 잡지 《매스매티컬 가제
트(*Mathematical Gazette*)》에 수학자 에드워
드 랭글리(Edward Langley, 1851~1933년)가
출제한 이 문제는 '랭글리의 우연한 각도
문제(Langley's adventitious angle problem)'라
고 불리며, 이리저리 각을 계산해 가는 방
식으로는 잘 풀리지 않는 대표적인 문제
로 유명하다. 언뜻 보기에는 주어진 정보
로부터 다른 각을 몇 개 계산하다 보면 각

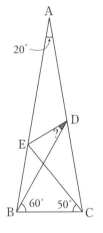

BDE도 금방 나올 것 같지만, 전혀 그렇지 않다.

이 문제는 삼각비의 여러 공식을 이용하면 답이 30도임
을 알 수 있지만, 계산이 너무 복잡한 반면에 답은 아주 깔끔

해서 삼각비나 좌표를 이용하는 대신 유클리드 기하의 성질만을 이용한 풀이가 가능할 것처럼 보인다. 실제로 그렇기는 한데 그 방법이 대단히 교묘해서 생각해 내기는 쉽지 않다. 현재는 이 문제의 다양한 풀이가 개발되어 있는데, 원주각의 성질을 이용하는 것이 표준적인 풀이라 할 수 있다. 여기서는 문제의 이등변삼각형을 반복해서 돌려 붙여 정십팔각형을 만드는 풀이를 소개한다.

다음 그림과 같이 정십팔각형을 그린 다음, 선분 CE를 연장하면 정십팔각형의 꼭짓점을 연결한 회색 이등변삼각형을 만들 수 있다. 이때 DE의 연장선은 선분 AB를 축으로 해서 정십팔각형의 꼭짓점과 만나 또 다른 회색 이등변삼각형을 만든다. 이제 BD의 연장선으로 검은색 이등변삼각형을 만든 다음, 각 부분의 각도를 구하면 각 BDE의 크기가 30도임을 알 수 있다.

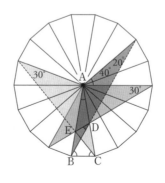

10월의
수학

길브레스의 추측

소수 사이의 간격을 한번 살펴보자. 소수는 2, 3, 5, 7, 11, 13, 17, 19, 23, 29, …와 같이 순서대로 나열되는데 차이를 나열해 보면 1, 2, 2, 4, 2, 4, 2, 4, 6, …과 같다. 이제 다시 이 수열의 차이의 절댓값을 나열해 보면 1, 0, 2, 2, 2, 2, 2, 2, 4, …이고, 이 수열에 대해 차이의 절댓값을 다시 나열하면 1, 2, 0, 0, 0, 0, 0, 2, …이다. 이런 과정을 계속 반복할 때 매번 얻는 수열의 첫 번째 값은 항상 1인 듯 보인다.

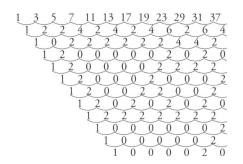

1958년 노먼 길브레스(Norman Gilbreath, 1936년~)는 실제

로 그렇다는 추측을 내놓았다. 실은 1878년 프랑수아 프로트 (François Proth, 1852~1879년)도 같은 추측을 했고 증명까지 제시했으나 오류가 있었다.

길브레스의 추측을 증명하는 과정에서 난관은 이웃하는 소수들 사이의 차이에 대한 정확한 분포를 알지 못한다는 점이다. 이와 관련해 하랄드 크라메르(Harald Cramér, 1893~1985년)의 추측이 있는데, 이에 따르면 x 근처의 이웃하는 두 소수의 차이는 x가 충분히 클 때 대략 $(\log x)^2$이라는 것이다. 실제로 최근까지 알려진 것 중 가장 좋은 결과에 따르면 x 근처의 이웃하는 두 소수의 차이는 x가 충분히 클 때 대략 $x^{0.525}$를 넘지 않는다. 이것은 크라메르의 추측보다는 너무 큰 값이어서 소수가 커질수록 이 관계식으로는 이웃하는 두 소수 사이의 차이를 다루기가 곤란해진다.

사실 이웃하는 두 소수의 차이는 무작위적인 것처럼 보인다. 어쩌면 $n-1$번째 소수와 n번째 소수의 차이는 아주 크면서 $n-1$번째 이하의 이웃하는 소수들끼리의 차이는 크지 않을 수도 있다. 만약 이렇게 된다면, 차이의 절댓값을 취하는 과정을 아래로 아래로 계속 반복한다면, 소수 수열의 차이를 취한 단계를 첫 번째 단계라 할 때, 두 번째 단계의 $n-1$번째 수, 세 번째 단계의 $n-2$번째 수 같은 식으로 n번째 단계의 첫 번째 수가 모두 큰 수일 수 있다. 길브레스의 추측은 이 n번째 단계의 첫 번째 수가 1이라는 것이다.

길브레스 추측의 신빙성은 컴퓨터를 이용해 확인하고 있다. 1993년 앤드루 오들리즈코(Andrew Odlyzko, 1949년~)는 10^{13}보다 작은 소수들에 대해 길브레스 추측이 참임을 확인했다.

세상에는 10종류의 사람이 있다

'세상에는 10종류의 사람이 있다. 이진수를 아는 사람과, 이진수를 모르는 사람.'

이 오래된 농담에 등장하는 이진수는 0과 1이라는 2개의 수만으로 이루어진 체계다. 이진수가 현대 컴퓨터 체계의 바탕을 이루는 수 체계라는 것은 잘 알려져 있는데, 왜 인류에게 편한 십진수를 쓰지 않고, 이진수를 쓰게 된 것일까?

먼저 이진수는 전자기 현상을 이용해 구현하기 쉽다. 즉 자석의 N, S극이라든지, 전기의 on/off 등을 이용해 구현하기 편리하다. 하지만 단순히 표현하기 편하다는 정도를 넘어서, 이진수를 쓰면 컴퓨터에게 바라는 논리적이고 수학적인 조작이 간단하다는 점도 크게 작용했다.

예를 들어 십진수로 구현된 컴퓨터에서 덧셈을 하려면 10개의 숫자 쌍, 모두 백 가지 경우에 대한 덧셈을 미리 알려 줘야 한다. 하지만 이진수의 경우 네 쌍의 덧셈만 알려 주면 충분하다. 구구단을 외우기는 복잡할 수 있지만, 일일단은 매우 쉽기 때문에 곱셈도 상당히 쉽다.

또한 컴퓨터에서 흔히 쓰게 마련인 '조건문'도 이진수를 이용하면 매우 쉽게 다룰 수 있다. 수학적 문장이 논리적으로 참인지 거짓인지에 따라 각각 1과 0에 대응하고, 이들 문장을 논리적으로 연결하는 과정을 마치 수학 연산처럼 다룰 수 있다. 예를 들어 수리 논리에서의 논리합(and) 연산은 이진수의 곱셈으로 바뀌고, 부정(not)은 1에서 빼 주는 연산, 즉 0을 1로, 1을 0으로 바꾸는 연산에 해당한다.

일반적으로 n자리 이하의 이진수에서 모든 0을 1로, 모든 1을 0으로 바꾸는 연산은 $11\cdots1_{(2)}$에서 빼 주는 것과 동일한데, 이를 이용하면 두 수의 뺄셈도 쉽게 처리할 수 있다.

예를 들어 b가 n자리 이하의 이진수라면, $a-b=a+(2^n-b)-2^n$으로 이해한 뒤 가운데 2^n-b 부분은 $11\cdots1_{(2)}-b+1$이므로, 0과 1을 모두 바꿔치기한 뒤 1을 더하는 연산이다. 이를 a에 더해 준 뒤, 마지막으로 2^n을 빼 주는 방식으로 처리한다.

이처럼 이진수를 이용하면 컴퓨터에게 미리 알려 줘야 할 정보를 최소화하면서도 원하는 작업을 하기에 부족함이 없다.

```
    0 0 0 0 1 0 1 0 = 10
  − 0 0 0 0 0 0 1 0 = 2
  ─────────────────

    0 0 0 0 1 0 1 0
  + 1 1 1 1 1 1 0 1
  ─────────────────

    0 0 0 0 1 0 1 0
  + 1 1 1 1 1 1 0 1 + 1
  ─────────────────

    0 0 0 0 1 0 1 0
  + 1 1 1 1 1 1 1 0
  ─────────────────

    0 0 0 0 1 0 1 0
  + 1 1 1 1 1 1 1 0
  ─────────────────
  1 0 0 0 0 1 0 0 0

    0 0 0 0 1 0 1 0
  + 1 1 1 1 1 1 1 0
  ─────────────────
  ✗ 0 0 0 0 1 0 0 0

    0 0 0 0 1 0 1 0 = 10
  − 0 0 0 0 0 0 1 0 = 2
  ─────────────────
    0 0 0 0 1 0 0 0 = 8
```

103은 정규 소수가 아니다

세상에서 가장 유명한 수학 문제 중 하나인 피에르 드 페르마의 마지막 정리는 다음과 같다.

> 정리(페르마의 마지막 정리): 3 이상의 모든 양의 정수 n에 대해서 방정식 $x^n + y^n = z^n$은 양의 정수로만 이루어진 해를 갖지 않는다.

1850년 에른스트 쿠머는 n이 정규 소수(regular prime)인 경우에 페르마의 마지막 정리가 성립함을 증명해 이 문제에서 획기적인 진전을 이루었다. 쿠머는 이 결과로 프랑스 과학 아카데미로부터 3000프랑의 상금을 받았다. 과학 아카데미는 조금만 더 기다리면 쿠머가 페르마의 마지막 정리를 일반적으로 해결할지도 모른다는 기대에 상금 수여를 잠시 미루었다고 한다.

$$x^n + y^n = z^n$$

3000프랑

소수 p가 두 번째에서 $p-3$번째까지 짝수 번째 베르누이 수의 곱의 약수가 아닐 때 p를 정규 소수라 부른다. m번째 베르누이 수 B_m은 $1^m + 2^m + \cdots + (n-1)^m$을 n에 대한 다항식으로 볼 때 이 다항식의 일차항의 계수를 지칭한다. 이 항은 m이 3 이상의 홀수일 때는 나타나지 않으며 m이 짝수일 때 최저차의 항이다. 가령 13은 정규 소수인데 베르누이 수

$$B_2 = \frac{1}{6},\ B_4 = -\frac{1}{30},\ B_6 = \frac{1}{42},\ B_8 = -\frac{1}{30},\ B_{10} = \frac{5}{66}$$

에서 분자들의 곱이 5이며 13이 5의 약수가 아님을 확인할 수 있다.

쿠머의 결과로부터 수학자들은 자연스럽게 정규 소수가 아닌 소수들에 페르마의 정리가 성립하는지 살펴보게 되었다. 일단 정규 소수가 아닌 것을 찾기가 만만치 않다. 첫 번째 비정규 소수는 37인데 이는 $B_{32} = -7709321041217/510$의 분자가 37을 약수로 갖기 때문이다. 비정규 소수 103은

$B_{24} = -236364091/2730$의 분자가 103을 약수로 갖는다.

비정규 소수가 무한히 많이 있음이 알려져 있지만, 소수 중에는 정규 소수가 더 많은 것처럼 보인다. 가령 두 자리의 비정규 소수는 37, 59, 67로 3개뿐이다. 실제로 수학자들은 전체 소수에서 비정규 소수의 비율이 40퍼센트를 넘지 않으리라고 예상하고 있다. 즉 훨씬 많으리라 예상되는 정규 소수가 정말로 무한히 많은지는 여전히 모르면서, 훨씬 적을 것으로 예상되는 비정규 소수가 무한히 많다는 사실만 알고 있는 상태이다.

생명 게임의 주기 4 글라이더

『365 수학』에 자주 등장한 영국의 존 콘웨이는 일류 수학자이면서 동시에 많은 수학 게임을 창안하고 수학 퍼즐을 비롯한 각종 유희에도 조예가 깊었던 특이한 인물이다. 그의 이름이 수학계 밖에 널리 알려진 계기는 바로 세포 자동 장치의 초창기 걸작 가운데 하나인 생명 게임(Game of Life)이라 할 수 있다.

생명 게임은 무한히 넓은 바둑판 모양의 격자에 '생명'을 배치하고 그 변화를 관찰하는 놀이(?)다. 격자의 칸 하나에는 생명 하나가 들어갈 수 있다. 격자의 각 칸은 주위에 8개의 칸이 있는데, 이 칸에 몇 개의 생명이 존재하는지에 따라 현재 칸의 다음 상황이 결정된다.

생존: 만약 현재 칸에 생명이 있고, 주위 8개 칸에 2개 또는 3개의 생명이 있다면 현재 칸의 생명은 다음 단계에 살아남는다.

고독: 만약 현재 칸에 생명이 있고, 주위 8개 칸에 생명

이 없거나 생명이 하나뿐이라면 현재 칸의 생명은
외로워서 죽는다.

과밀: 만약 현재 칸에 생명이 있고, 주위 8개 칸에 생명
이 3개보다 많다면 현재 칸의 생명은 과밀로 죽는
다.

탄생: 만약 현재 칸에 생명이 없고, 주위 8개 칸에 꼭 3
개의 생명이 있다면 다음 단계에서 현재 칸에 생명
이 생긴다.

처음에 생명을 어떻게 배치하는지에 따라 이 네 가지 규
칙만으로 온갖 무궁무진한 변화가 일어난다. 미국의 과학 잡
지 《사이언티픽 아메리칸》에 마틴 가드너가 콘웨이의 생명
게임을 소개하면서, 이 게임은 미국 전역에 널리 퍼졌다. 당
시는 컴퓨터가 개발되던 초창기여서, 수많은 해커들이 컴퓨
터에 생명 게임을 구현해 즐기곤 했다. 지금이야 화려한 그래
픽을 자랑하는 고성능 컴퓨터가 많지만, 당시는 성능도 지금
에 비해 보잘것없고 고화질 모니터도 별로 없던 때여서, 생명
게임처럼 구현하기 간단하면서도 예측불허의 변화를 보이는
놀이는 해커들의 입맛에 딱 맞는 것이었다.

몇 개의 생명으로 생명 게임을 진행해 보면, 몇 단계 지
나지 않아 모든 생명이 사멸하거나, 무한히 반복되는 패턴으
로 끝나는 경우가 많다. 이를 너무 단순하게 여긴 콘웨이는

색다른 패턴을 찾고 있었는데, 1970년에 수학자 리처드 가이 (Richard Guy, 1916~2020년)가 자리를 바꾸면서 무한히 움직이는 패턴을 발견했다.

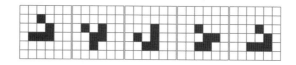

위 그림에서 5개의 생명은 4단계마다 다시 처음과 같은 모양을 이룬다. 이 패턴은 그 모양이 비행기와 비슷하면서 마치 오른쪽 아래 방향으로 날아가는 것처럼 보여서 '글라이더(glider)'라는 이름을 얻었다. 나중에 이런 글라이더를 주기적으로 발사하는 '글라이더 총'이라는 패턴도 발견되는데, 이것은 생명 게임에서 무한히 커지는 패턴이라 할 수 있다.

생명 게임의 생존과 사멸과 탄생의 규칙은 놀랍게도 이 게임이 튜링 기계(Turing machine)라 부르는 추상화된 컴퓨터와 같은 기능을 할 수 있음이 알려져 있다. 원리적으로는, 생명 게임에 생명을 배치하고 규칙을 적용하는 것으로 컴퓨터를 만들 수 있는 셈이다. 물론 생명 게임을 이용해 실제 작동하는 컴퓨터를 만드는 것은 실용적인 의미가 없지만, 이런 식으로 튜링 기계의 원리를 구현하는 다양한 방법을 연구하면서 지금의 실리콘 기반 컴퓨터와 완전히 다른 새로운 컴퓨터를 구상할 수 있게 되었다.

유클리드 알고리듬

두 자연수 a, b의 최대 공약수를 구하려면 어떻게 해야 할까? 물론 수가 작다면 각각 인수 분해한 뒤 구하면 되지만, 큰 수를 인수 분해하기란 만만치 않은 작업이다. 인수 분해를 전혀 하지 않고도 최대 공약수를 구하는 방법 중에 유클리드 알고리듬이라 부르는 것이 있는데, 다음 원리대로 작동한다.

> 정리: a, b가 자연수일 때 $a = bq + r$이라 하자. 그러면 'a와 b의 최대 공약수'는 'b와 r의 최대 공약수'와 같다. 단 b, 0의 최대 공약수는 b로 해석한다.

한 가지 예로 32, 14의 최대 공약수를 구해 보자. $32 = 14 \cdot 2 + 4$이므로 14, 4의 최대 공약수와 같다. 또한 $14 = 4 \cdot 3 + 2$이므로 4, 2의 최대 공약수와 같아야 하고, $4 = 2 \cdot 2$이므로 2, 0의 최대 공약수, 즉 2와 같다는 것을 알 수 있다. 따라서 나눗셈을 세 번 해서 최대 공약수를 구할 수 있다. 32나

14를 인수 분해하지 않고도 구한 것이다.

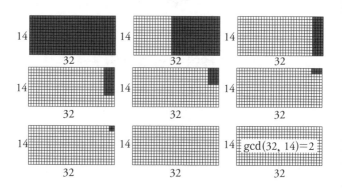

그런데 이 알고리듬은 얼마나 효율적일까? 나눗셈을 너무 많이 해야 한다면, 좀 무리를 해서라도 애초에 인수 분해하는 편이 낫지 않을까? 이제 $F_1 = F_2 = 1$, $F_{n+1} = F_n + F_{n-1}$로 정의되는 피보나치 수열을 생각하자. 그러면 $a > b$에서 시작해 최대 공약수를 구하는데 n번의 나눗셈이 필요한 경우, $b \geq F_{n+1}$임을 수학적 귀납법으로 보일 수 있다.

황금비 $\phi = (1+\sqrt{5})/2$에 대해 $F_{n+1} > \phi^n$이라는 것을 이용하면, $b > \phi^n$임을 알 수 있다. 한편 b가 k자리의 수라면, $\phi^5 = 11.09\cdots > 10$이라는 사실로부터

$$10^k > b > 10^{n/5}$$

이다. 따라서 나눗셈 횟수 n은 k의 5배를 넘지 못하는데, 이

정도면 대단히 빠른 알고리듬이다. 위에서 보면 알겠지만 실제 나눗셈 횟수는 이보다 훨씬 적기 마련이고, 인접한 피보나치 수열의 최대 공약수를 구할 때 나눗셈이 가장 많이 필요하다는 것도 알 수 있다.

기원전에 발견되었음에도 여전히 두 수의 최대 공약수를 구하는 데 유클리드 알고리듬이 애용되는 이유는 빠른 속도 때문이다. 인류 역사상 가장 중요한 알고리듬을 20개 정도 꼽는다면 거의 틀림없이 들어가는 알고리듬이기도 하다. 아쉽게도 수학이 발달한 요즘 10대 알고리듬을 선정할 때는 대부분 빠지는 경우가 많지만 말이다.

6주는 10!초

6주라는 시간을 초로 환산하면 얼마나 될까? 한 주는 7일이고 하루는 24시간, 한 시간은 3600초이므로 6주=6×7×24×3600초이다. 흥미로운 것은 여기 등장하는 수의 재배열이다. 즉

$$6 \times 7 \times 24 \times 3600$$
$$= 6 \times 7 \times (3 \times 8) \times (4 \times 9) \times (2 \times 5 \times 10)$$

과 같이 쓸 수 있고 이는 다름 아닌 10의 계승, 즉 $10! = 1 \cdot 2 \cdot 3 \cdots 9 \cdot 10$이다.

자연수 n의 계승 $n! = 1 \cdot 2 \cdots (n-1) \cdot n$은 n이 커질수록 빠르게 커지는 수이다. $10! = 3628800$ 정도는 손으로 금방 계산할 수 있지만, $20!$만 되어도 벌써 19자리의 수이다. 보통 큰 수에 대한 계승은 컴퓨터로 계산하게 되는데 수학자들은 가급적 연산 비용이 적게 드는 계산 알고리듬을 연구해 왔다. 순차적으로 $n!$을 계산한다면

$$x_1 = 1, \ x_2 = 2x_1, \ x_3 = 3x_2, \ \cdots, \ x_n = nx_{n-1}$$

의 과정을 따라야 할 것이다. 이 경우 총 연산 비용은 n값이 클 때 대략 $n^2 \ln n$에 비례한다. 이보다 연산 비용을 줄이는 방법으로 제안된 것 중 하나가 '양분법(binary splitting)'이다. 두 정수 $m < n$에 대해 $P(m, n) = (m+1)(m+2) \cdots (n-1) n$이라 표기하면

$$n! = P(0, n) = P\left(0, \frac{n}{2}\right) P\left(\frac{n}{2}, n\right)$$

과 같이 두 수의 곱으로 표현할 수 있다. 이때 우변의 두 수는 각각

$$P\left(0, \frac{n}{2}\right) = P\left(0, \frac{n}{4}\right) P\left(\frac{n}{4}, \frac{n}{2}\right),$$
$$P\left(\frac{n}{2}, n\right) = P\left(\frac{n}{2}, \frac{3n}{4}\right) P\left(\frac{3n}{4}, n\right)$$

로 양분할 수 있다. 이 과정을 계속 반복해 $n!$을 계산하게 되면 연산 비용은 n값이 클 때 대략 $n(\ln n)^3$에 비례한다. 이는 순차적인 계산 알고리듬보다 확실히 적은 비용이 드는 알고리듬이다. 양분법 외에도 $n!$의 계산 속도를 높이기 위해 현재까지 제안된 알고리듬은 20가지가 넘는다고 한다.

픽의 정리

모눈종이를 한 장 펼쳐 놓고 모눈종이의 격자점들을 적당히 연결해 다각형을 그려 보자. 이때 다각형의 내부에 있는 격자점들의 개수 I와 다각형의 경계선 위에 있는 격자점들의 개수 B를 알면 다각형의 넓이 A를 알 수 있다. 오스트리아 수학자 게오르그 알렉산더 픽(Georg Alexander Pick, 1859~1942)이 발견해 '픽의 정리(Pick's theorem)'로 알려져 있는 공식에 따르면

$$A = I + \frac{B}{2} - 1$$

이다. 여기서 가정이 하나 필요한데, 다각형은 단순 다각형, 즉 내부에 구멍이 없는 다각형이어야 한다.

　　다음 쪽 그림과 같은 다각형으로 픽의 정리를 시험해 보자. 내부의 격자점은 7개이고, 경계선 위의 격자점은 8개이다. 따라서 다각형의 넓이는 $A = 7 + \frac{8}{2} - 1 = 10$이다. 실제로 다각형 내부의 정사각형과 삼각형, 사다리꼴의 넓이를 다 더하면 10을 얻는다.

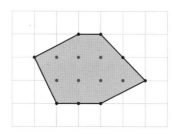

만약 다각형 내부에 구멍이 있다면 어떻게 될까? 다각형 내부의 구멍의 개수를 N이라 하면 일반화된 픽의 정리는

$$A = I + \frac{B}{2} - 1 + N$$

이다. 한 변이 4개의 격자점으로 이루어진 정사각형의 내부에서 한 변이 2개의 격자점으로 이루어진 정사각형을 뺀 다각형을 생각해 보자. 이는 구멍이 1개 있는 다각형이다. 이 도형은 넓이가 1인 정사각형 8개로 분할되므로 전체 넓이는 8이다. $I=0$, $B=16$, $N=1$이므로 $A=0+8-1+1=8$과 같이 일반화된 픽의 정리를 만족한다.

3차원에서도 픽의 정리가 성립할까? 리브(J. E. Reeve)의 사면체라고 알려진 예가 있다. 3차원 공간에서

$$(0, 0, 0), (1, 0, 0), (0, 1, 0), (1, 1, m)$$

를 꼭짓점으로 갖는 사면체를 생각해 보자. 여기서 m은 자연수이다. m값이 변함에 따라 부피는 변하지만, m값에 관계없이 사면체의 경계면의 격자점은 항상 4개이고, 내부에는 격자점이 없다. 따라서 픽의 정리와 같은 식을 기대하기는 어렵다.

987654321을 123456789로 나누면

10진법에 쓰이는 10개의 숫자 중에 0을 제외한 나머지 아홉 숫자를 큰 순서로, 또 작은 순서로 나열해 만든 987654321과 123456789의 비를 구하면 얼마일까? 실제로 계산해 보면

$$987654321 \div 123456789 = 8.00000007\cdots$$

이 되어 놀라울 정도로 8에 가까운 값이 나온다. 그저 단순한 우연의 일치일까? 123456789와 987654321을 더하면 1111111110이 되고, 잘 알려진 수학 마술(?) 가운데 하나인 8 빠진 등식

$$12345679 \times 9 = 111111111$$

을 이용하면 (「9월 8일의 수학」 참조.)

$$123456789 + 987654321$$
$$= 12345679 \times 10 \times 9$$
$$= (123456789 + 1) \times 9$$

이 되므로,

$$\frac{987654321}{123456789} = 8 + \frac{9}{123456789}$$

임을 알 수 있다. 즉 두 수의 비가 8에 가까운 정도가 아니라, 그 비가 8보다 겨우 $\frac{9}{123456789}$ 만큼 더 클 뿐이다.

식을 조금 더 변형하면,

$$(123456789+1)+(987654321-1)$$
$$=12345679 \times 10 \times 9$$
$$=(123456789+1) \times 9$$

로부터

$$\frac{987654321-1}{123456789+1}=8$$

이라는 딱 떨어지는 결과도 얻을 수 있다.

이 결과를 일반화할 수 없을까? 9개의 숫자를 쓰는 대신 1234와 4321처럼 처음 몇 개의 숫자만 사용해서 계산해 봐도 그리 깔끔한 결과는 나오지 않는다. 그렇다면 진법을 바꾸면 어떻게 될까? 예를 들어 16진법에 쓰이는 16개의 숫자 가운데 0을 제외하고 나머지 15개로 만든 두 수 FEDCBA987654321과 123456789ABCDEF의 비를 구해 보면 14에 아주 가까운 수가 된다.

이 결과를 보면, 일반적으로 n진법에서 0을 제외한 $n-1$개의 수를 큰 순서로 나열해 만든 수 M과 작은 순서로 나열해 만든 수 m의 비는 $n-2$에 가까우리라고 짐작할 수 있다. 실제로 식을 세워 계산해 보면, M/m은 $n-2$에 아주 가까우며, $(M-1)/(m+1)=n-2$가 된다는 것까지 확인할 수 있다.

베른시테인의 문제

철사를 이용해 폐곡선을 만든 다음 비눗물 속에 담갔다 꺼내면 폐곡선을 경계로 갖는 비눗방울 곡면을 얻을 수 있다. 이곡면은 주어진 폐곡선을 경계로 갖는 곡면 중 넓이를 최소로 하는 곡면이며 '극소 곡면(minimal surface)'이라 부른다. 극소곡면은 각 점에서 평균 곡률이 0이 되는 곡면이다.

곡면 위에서 각 방향으로 단면을 취할 때 생기는 곡선의 곡률, 즉 곡선의 휘어진 정도를 측정하는 양들의 평균값을 평균 곡률이라 보면 된다. 예를 들면 말안장의 가운데 점(saddle point)을 보면 한 방향으로 단면을 취해 얻는 곡선은 위로 휘어진 포물선이고 이와 수직인 방향의 단면을 취해 얻은 곡선은 정반대 방향의 아래로 휘어진 포물선이다. 따라서 이 점에서 평균 곡률은 0이 된다.

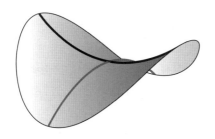

　1914년 러시아의 수학자 세르게이 베른시테인(Sergei Bernstein, 1880~1968년)은 3차원 유클리드 공간 안의 극소 곡면 중 함수 $f:\mathbb{R}^2\to\mathbb{R}$의 그래프로 표현될 수 있는 것은 평면밖에 없음을 증명했다. 이후 수학자들은 베른시테인의 정리가 일반 차원에서도 성립하는지 질문했다. 즉 함수 $f:\mathbb{R}^{n-1}\to\mathbb{R}$의 그래프 중 n차원 유클리드 공간의 극소 곡면이 되는 경우는 초평면(hyperplane)밖에 없는가라는 질문이다. 여기서 n차원 유클리드 공간의 극소 곡면은 $n-1$차원의 초곡면(hypersurface)이며 평균 곡률이 0인 곡면을 뜻한다. 평균 곡률이 0이라는 조건을 만족하기 위해서는 함수 f가 어떤 편미분 방정식을 만족해야 한다.

　베른시테인 문제의 실마리는 1962년 웬델 플레밍(Wendel Fleming, 1928년~)이 유클리드 공간의 차원에 의존하지 않는 접근법을 제시함으로써 풀리기 시작했다. 1968년에 이르러 8차원 유클리드 공간까지는 베른시테인의 정리가 확장될 수 있음을 알게 되었다. 그러나 놀랍게도 1969년 이탈리아 수학자 엔리코 봄비에리(Enrico Bombieri, 1940년~), 엔니오 드 조르지(Ennio De Giorgi, 1928~1996년), 엔리코 주스티(Enrico Giusti) 세 사람은 9차원 이상의 유클리드 공간에는 그래프로 주어지는 극소 곡면 중 초평면이 아닌 예가 있음을 보였다.

마름모로 분할하기

주어진 도형을 특정한 조건에 따라 분할하는 문제는 대개 아주 심오한 수학이 필요하지는 않아서 아마추어 수학자들에게 인기 있는 주제 가운데 하나이다. 한 가지 방법이 발견된 뒤 전혀 다른 새로운 방법이 발견되는 사례도 드물지 않다.

정다각형을 분할하는 문제를 생각해 보자. 정다각형을 이등변삼각형으로 분할하는 문제는 어떨까? 이때 각 정다각형의 중심과 꼭짓점들을 이으면 이등변삼각형 n개로 정 n각형을 분할할 수 있다. 이런 문제는 너무 쉬우니 정다각형을 정사각형으로 분할하는 문제는 어떨까? 직관적으로 봐도 이런 분할이 가능할 것 같지는 않다. 그러면 정다각형을 마름모로 분할하는 것은 어떨까? 정다각형의 이웃하는 두 변을 이용해 마름모를 만들 수 있기 때문에 정다각형을 마름모로 분할하는 것은 꽤 자연스러운 문제라 할 수 있다.

사실 이런 문제도 이미 여러 수학자들이 연구했다. 기하의 왕이라 불렸던 영국 수학자 해럴드 스콧 맥도널드 콕세터(Harold Scott MacDonald Coxeter, 1907~2003년)는 조노곤

(zonogon)이라는 다각형의 변의 개수가 $2n$일 때, 이 도형을 $\frac{n(n-1)}{2}$개의 마름모로 분할할 수 있음을 보였다. 조노곤이란 오목한 부분이 없으면서 마주보는 변이 서로 평행하고 길이가 같은 도형을 뜻한다. 변의 개수가 짝수인 정다각형은 모두 조노곤이 된다.

콕세터의 결과에 따르면, 정사각형은 그 자체로 마름모이므로 하나의 마름모, 정육각형은 3개의 마름모, 정팔각형은 6개의 마름모로 분할되며, 정십각형은 10개의 마름모로 분할 가능하다.

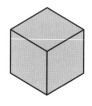

마름모를 더 분할하면 개수를 늘일 수 있지만, 이보다 더 적은 개수의 마름모로 분할할 수는 없다. 정십각형을 마름모 10개로 분할하는 방법은 모두 62가지이며, 정십각형을 돌리고 뒤집는 경우를 생각하면 서로 다른 분할 방법은 6가지밖에 없다.

290점을 만드는 방법

큰직한 공을 굴려 10개의 핀을 넘어뜨리는 볼링은 남녀노소 누구나 즐길 수 있는 인기 스포츠 중 하나다. 볼링은 점수 계산 방법이 특이해 초보자들에게는 쉽지 않은 편이다.

볼링은 기본적으로 10개의 프레임(frame)으로 진행되며, 각 프레임마다 두 번의 투구 기회가 주어진다. 그리고 한 프레임에서 모든 핀을 넘어뜨리면 이를 스페어(spare)라 하고, 이 프레임의 점수는 그 프레임에서 넘어뜨린 핀의 개수인 10점에 다음 프레임의 첫 투구에 넘어뜨린 핀의 개수를 더한다.

볼링에서 최고 점수를 얻으려면 프레임마다 단 한 번의 투구로 모든 핀을 넘어뜨리면 된다. 한 번의 투구로 10개의 핀을 넘어뜨리는 것을 볼링에서는 스트라이크(strike)라 한다. 만약 모든 투구에서 스트라이크를 기록하면, 첫 프레임에 얻을 수 있는 점수는 일단 10점에 다음 두 투구에서 넘어뜨린 핀의 개수를 더한 30점이 된다. 마지막 10번 프레임에 스트라이크를 기록하면, 원래 프레임마다 주어지는 두 번의 투구 가운데 남은 한 번을 더 던질 수 있고, 이 투구까지 스트라이크가 되면 마지막 보너스 투구를 한 번 더 준다. 따라서 모든 투구가 스트라이크라면, 프레임마다 30점이 되므로 볼링의 최고 점수는 300점이다. 당연히 볼링의 최저 점수는 열 프레임 동안 단 하나의 핀도 넘어뜨리지 못한 0점이다.

점수가 300점이 되는 경우는 모든 투구에서 스트라이크가 나오는 한 가지밖에 없다. 이때 투구 횟수는 열두 번이다. 그러면 만점에서 1점 적은 299점이 되는 경우의 수는 몇 가지일까? 볼링의 점수 계산법을 생각해 보면, 299점이 되는 유일한 방법은 열한 번을 연속해 스트라이크를 잡고, 마지막 보너스 투구에서 핀 하나가 남는 안타까운 경우뿐이다. 따라서 볼링 점수가 299가 되는 경우는 한 가지뿐이다. 같은 식으로 생각하면 볼링 점수 298, 297, …, 291점을 기록하는 방법도 연속해 11개의 스트라이크를 기록하고, 보너스 투구에서 8개, 7개… 1개의 핀을 넘어뜨리는 경우밖에 없다.

그러면 볼링 점수가 290점이 되는 경우는 몇 가지일까? 우선 11개의 스트라이크로 처음 아홉 프레임은 30점씩, 그리고 10번 프레임째에 스트라이크 두 번으로 20점, 마지막 보너스 투구에서 핀을 하나도 넘어뜨리지 못하면 $9 \times 30 + 20 + 0 = 290$점이 된다. 다른 방법도 가능하다. 먼저 첫 프레임에서 스페어를 기록하고 이후 스트라이크를 연속으로 열한 번 기록하면, 첫 프레임의 점수는 10점에 세 번째 투구로 얻은 보너스 10점을 더한 20점이 되고 이후 프레임은 모두

30점이므로 20＋9 × 30＝290이 된다.

　스페어를 기록하는 경우가 첫 투구에 한 핀도 넘어뜨리지 못하고 두 번째 투구에 열 핀을 모두 넘어뜨리는 경우부터, 첫 투구에 아홉 핀, 두 번째 투구에 한 핀을 넘어뜨리는 경우까지 총 열 가지가 가능하므로, 볼링에서 만점에 10점 모자란 290점을 얻는 방법은 모두 열한 가지다.

1	2	3	4	5	6	7	8	9	10
0									
20	50	80	110	140	170	200	230	260	290

열두 번 찍어 안 넘어가는 수는 없는가

어떤 수가 주어졌을 때 모든 자릿수를 더해 보는 건 누구나 해볼 만한 계산인 데다, 주어진 수가 9의 배수인지 판정하는 데도 보탬이 된다. 이렇게 자릿수를 더하는 일을 계속 반복해서 한 자리 숫자가 나올 때까지 하면 마지막에 나온 숫자는 주어진 수를 9로 나눈 나머지가 된다. (물론 마지막에 나온 숫자가 9인 경우, 주어진 수를 9로 나눈 나머지는 0이다.)

이번에는 주어진 수의 모든 자릿수를 곱해 한 자릿수가 나올 때까지 지속해 보기로 하자. 예를 들어 98이 주어질 경우 $9 \cdot 8 = 72$가 나오는데, $7 \cdot 2 = 14$이고, $1 \cdot 4 = 4$가 되어 끝난다. 즉 $98 \to 72 \to 14 \to 4$라는 과정을 거쳐 계산이 끝난다. 98이 세 번만에 한 자리 숫자가 나왔음을 알 수 있는데, 이때 98의 '버팀값(multiplicative persistence)'이 3이라고 말한다.

아무리 큰 수라 해도 어느 자리에든 0이 끼어 있으면 버팀값은 1이다. 또한 5가 있는데 짝수가 하나라도 끼어 있는 경우, 자릿수의 곱이 0으로 끝나기 때문에 그다음 계산에서 0이 되어 버리므로, 버팀값은 2를 넘지 못한다.

큰 수를 아무거나 가져온 다음 계산해 보면 금방 알겠지만, 자릿수를 곱한 결과에 짝수가 하나도 없기는 힘들다. 한 자리라도 짝수가 있으면 다음부터는 항상 끝자리 수가 짝수이기 때문이다. 설령 모두 홀수로 이루어져 있더라도 곱한 수에는 대개 짝수가 들어 있기 마련인데, 예를 들어 7777777 같은 경우 짝수는 없지만 자릿수의 곱을 계산하면 823543이 되어 짝수가 나온다.

더구나 일반적으로 n자리의 수에서 0이나 5가 포함되지 않는 경우도 드물다. n자리의 수는 모두 $9 \cdot 10^{n-1}$ 개인데, 0과 5를 하나도 포함하지 않는 수는 8^n개여서 n이 커질수록 비율은 0에 수렴한다. 예를 들어 98764321의 경우 5가 없지만, 자릿수의 곱을 계산하면 72576이 되어 5가 들어 있다.

따라서 대충 무작위로 수를 고르면 머지않아 자릿수의 곱이 0으로 끝나는 게 대부분이다. 현재까지 계산한 바로는 버팀값이 12 이상인 경우는 단 하나도 나오지 않았는데, 그런 수가 존재한다면 아무리 작아도 233 자리 이상이어야 한다는 사실이 알려져 있다. 참고로 버팀값이 11인 수 중에 가장 작은 것은 열다섯 자리의 수 277777788888899이다.

277777788888899	→ 2×7×7×7×7×7×7×8×8×8×8×8×8×9×9
4×9×9×6×2×3×8×6×7×1×8×7×2 ←	4996238671872
438939648	→ 4×3×8×9×3×9×6×4×8
4×4×7×8×9×7×6 ←	4478976
338688	→ 3×3×8×6×8×8
2×7×6×4×8 ←	27648
2688	→ 2×6×8×8
7×6×8 ←	768
336	→ 3×3×6
5×4 ←	54
20	→ 2×0
	0

$$\arctan(1/8) - \arctan(1/21) = \arctan(1/13)$$

서 있는 로봇 한 대를 21미터 떨어진 곳에서 작은 로봇이 바라보고 있다. 큰 로봇의 키는 작은 로봇의 카메라 높이보다 1미터가 더 크며, 이때 작은 로봇의 시선의 각을 α라고 하자. 작은 로봇은 큰 로봇을 향해 13미터를 이동했다. 이제 작은 로봇은 큰 로봇으로부터 8미터 떨어져 있는데, 이때 시선의 각을 β라고 하자. 작은 로봇은 그동안 시선의 각이 얼마나 증가했는지 알고 싶었다.

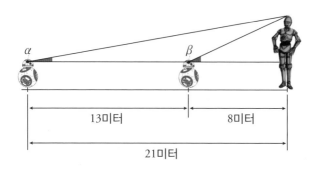

작은 로봇이 주장하기를 자신이 13미터를 움직였고 큰

로봇과 카메라의 높이 차이가 1미터이니까 밑변의 길이가 13이고 높이가 1인 직각삼각형의 각, 즉 $\arctan(1/13)$만큼 각이 증가했다고 했다. 로봇이 주장하는 바는 즉

$$\beta - \alpha = \arctan(1/8) - \arctan(1/21) = \arctan(1/13)$$

이다. 언뜻 보기에는 마구잡이 계산 같은데, 로봇의 주장이 사실일까?

좀 더 일반적으로 높이 1의 막대에서 a만큼 떨어진 곳에서의 시선의 각을 α라 하고, c만큼 이동해서 막대로부터 b만큼 떨어진 곳에서의 시선의 각을 β라 하면 시선의 각은 $\gamma = \arctan(1/c)$만큼 증가하는가? 이를 다시 식으로 써 보면

$$\arctan(1/b) - \arctan(1/a) = \arctan(1/c)$$

가 성립하는지를 묻고 있다.

이 식은 $\beta - \alpha = \gamma$이므로 $\tan\beta = \tan(\alpha + \gamma)$가 된다. 탄젠트 함수에 대한 덧셈 공식을 적용하면 $\dfrac{1}{b} = \dfrac{a+c}{ac-1}$의 방정식을 얻는다. $c = a - b$이므로 방정식 $ab + 1 = (a-b)^2$을 얻는다. 즉, 로봇의 주장이 일반적으로 성립하는지에 답하기 위해서는 방정식을 만족하는 두 자연수 $a > b$가 있는지 알아봐야 한다.

로봇이 질문했던 경우인 $a=21$, $b=8$은 방정식을 만족한다. 즉 로봇의 주장은 참인 것이다. 방정식을 만족하는 다른 두 자연수 $a>b$가 존재할까? 답은 독자에게 맡겨 두기로 하자.

키스 넘버

14는 두 자리의 수로서 각 자리에 등장하는 수는 1과 4이다. 1과 4를 더해 보면 5가 된다. 4와 5를 더해 보면 9가 되고, 5와 9를 더하면 다시 14를 얻는다. 여기서 일련의 수열 1, 4, 5, 9, 14를 이루는 방식은 피보나치 수열을 연상케 한다. 즉 수열 상의 각 수가 이전 두 수의 합으로 얻어지는 것이다.

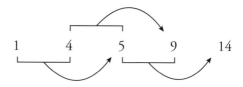

이런 식으로 얻어지는 수가 또 있을까? 197을 생각해 보자. 3자리 수이고 각 자리에 등장하는 수를 순서대로 나열하면 1, 9, 7이다. 이를 다 더하면 $1+9+7=17$이다. 새로운 수를 얻기 위해 앞선 일련의 세 수를 계속 더할 것이다. 따라서 다음 수는 $9+7+17=33$이다. 이 과정을 계속 반복하면 $7+17+33=57$, $17+33+57=107$, $33+57+107=197$이다. 드디어 197을 얻었다. 이와 같은 수를 최초 제안자인 마이크 키스(Mike Keith, 1955년~)의 이름을 따라 키스 넘버라 부른다. 키스 넘버는 그저 우연히 몇 개 존재하는 것일까?

키스 넘버에 대해 알려진 사실은 많지 않다. 아직 키스 넘버를 찾아내는 방법도 피보나치 수열과 같은 것을 생성해서 하나하나 확인하는 것 외에는 효과적인 알고리듬을 모른다. 키스 넘버가 무한히 많이 존재하는지 여부도 알려져 있지 않다. x보다 작은 키스 넘버의 개수를 $K(x)$라고 할 때 키스는 아주 큰 x에 대해 $K(x) \geq A \ln x$일 것이라는 예상을 제시했다. (여기서 A는 어떤 적당한 양의 상수이다.) 이것이 참이라면 키스 넘버가 무한히 많이 있다는 것을 증명하는 셈이다.

26자리 이하의 키스 넘버의 개수는 84개뿐이라고 하니, 키스 넘버의 분포는 상당히 희박하다고 할 수 있다. 흥미로운 점은 10자리의 키스 넘버는 존재하지 않는다는 것이다. 다른 N자리의 수 중 키스 넘버가 존재하지 않는 N이 있는지는 아직 알려져 있지 않다.

10은 F_{15}의 약수

$F_1 = F_2 = 1$ 및 $F_{n+2} = F_{n+1} + F_n$ 으로 정의되는 피보나치 수열의 처음 몇 항은

$$1, 1, 2, 3, 5, 8, 13, 21, 34, 55, 89, 144, 233, 377, 610, \cdots$$

으로 주어진다. 이중 0으로 끝나는 항, 즉 10의 배수는 열다섯 번째에 가서야 나온다. 혹시 00으로 끝나는 항, 즉 100의 배수는 나올까? 더 일반적으로 임의의 m에 대해 m의 배수가 항상 나올까? 예를 들어 97531의 배수도 항상 들어 있을까? 답부터 말하자. 그렇다!

이제 F_n을 m으로 나눈 나머지를 f_n이라 쓰기로 하자. 특히 $0 \leq f_n < m$이 성립한다. 인접한 나머지들의 쌍

$$(f_1, f_2), (f_2, f_3), (f_3, f_4), \cdots$$

을 생각하자. 나머지의 쌍 중에서 서로 다른 것은 고작해야

m^2쌍뿐이므로,

$$f_i = f_j, \quad f_{i+1} = f_{j+1}$$

인 $i < j$를 찾을 수 있다.

둘을 더하면 $f_{i+2} = f_{j+2}$를 알 수 있고, 귀납적으로 $f_{i+n} = f_{j+n}$ 등도 알 수 있다. 이번에는 둘을 빼 보면, 귀납적으로 $f_{i-n} = f_{j-n}$을 알 수 있다. 일반적으로 $k = j - i$라 두면

$$모든\ n에\ 대해\ f_n = f_{n+k}$$

가 항상 성립한다. 즉 피보나치 수열의 항들을 m으로 나눈 나머지는 주기(period)를 가지고 반복되는데, 이를 피보나치의 본명이었던 레오나르도 피사노(Leonardo Pisano)를 따서 '피사노 주기(Pisano period)'라 부른다. 한편

$$f_k = f_{k+2} - f_{k+1} = f_2 - f_1 = 0$$

이므로 F_k는 m의 배수임을 알 수 있어 원하는 증명이 끝난다.

실제로 $m = 10$인 경우 피사노 주기는 60이다.

한편 $L_1=2$, $L_2=1$ 및 $L_{n+2}=L_{n+1}+L_n$으로 정의되는 뤼카 수열은 이런 성질을 만족하지 않음에 유의하길 바란다. 뤼카 수열에도 피사노 주기는 있지만, m으로 나눈 나머지 중에는 0이 없을 수도 있다. 예를 들어 뤼카 수열을 5로 나눈 나머지는 2, 1, 3, 4로 반복되므로 5의 배수는 없다. 사실 피보나치 수열 중에서 1, 2, 3을 제외한 항은 절대 뤼카 수열의 약수가 아니라는 사실이 알려져 있다! 위 증명에서 어느 부분이 통하지 않는지는 이제 알 수 있을 것이다.

언제나 포함되는 2의 거듭제곱

변화하는 양상에서 일정한 패턴을 발견하는 것은 수학의 기본 착상 가운데 하나라 할 수 있다. 특히 컴퓨터 시대가 되면서, 간단한 규칙에 따라 복잡한 패턴이 드러나는 상황을 연구하는 자동 장치 이론 같은 새로운 수학이 크게 발전하고 있다.

캐나다 워털루 대학교의 제프리 섈릿(Jeffrey Shallit, 1957년 ~)은 소수들이 가지고 있는 특이한 패턴을 발견했다. 어떤 소수가 주어질 때, 숫자 몇 개를 지워서 더 작은 소수를 만들 수 있다. 예를 들어, 소수인 2017에서 2와 0을 지우면 소수 17이 되고, 뒤의 세 숫자 0, 1, 7을 모두 지우면 2가 된다. 앞쪽 세 숫자 2, 0, 1을 지워 7을 만들 수도 있다. 섈릿의 질문은 이런 것이었다. 유한개의 소수로 이루어진 집합이 있어서, 어떤 소수가 주어지더라도 숫자 몇 개를 지워 이 집합에 속하는 소수를 만들 수 있을까?

우선 이 집합에는 한 자리 소수인 2, 3, 5, 7은 반드시 들어 있어야 한다. 11은 더 이상 줄일 수 없으므로 11도 이 집합에 속한다. 13은 1을 지워 3을 만들 수 있으므로, 이 집합에 넣지 않아도 된다. 이런 식으로 소수의 집합을 구성한다면 과연 유한개의 소수로 끝이 날까? 그리고 유한개의 소수로 집합을 만들 수 있다면, 집합의 크기가 가장 작을 때는 언제일까?

샬릿은 26개의 소수가 조건을 만족함을 보이고, 이 소수들을 '최소 소수들'이라고 불렀다. 같은 질문을 합성수에 대해 묻는다면 어떻게 될까? 샬릿은 32개의 합성수로 '최소 합성수'를 구성할 수 있음을 보였다. 그렇다면 2의 거듭제곱은 어떨까?

우선 $1 = 2^0$이므로 '최소 2의 거듭제곱'에는 1이 속해야 한다. 한 자리 수인 $2 = 2^1$, $4 = 2^2$, $8 = 2^3$도 여기에 속한다. $16 = 2^4$은 6을 지워 1을 만들 수 있으므로 제외하고, $32 = 2^5$도 3을 지워 2를 만들 수 있으므로 제외한다.

이렇게 생각하면 더 이상 새로운 2의 거듭제곱을 생각할 필요가 없을 것 같은데, $65536 = 2^{16}$에서 문제가 생긴다. 이 수는 1, 2, 4, 8 가운데 어느 것도 포함하지 않는다. 그 다음은 어떨까? 2를 계속 곱해도 매번 1, 2, 4, 8 가운데 하나는 반드시 나타난다. 그러면 2의 거듭제곱에 언제나 포함되는 2의 거듭제곱은 1, 2, 4, 8, 65536의 5개뿐일까? 이런 일이 유한개의 수로 가능하다는 것은 알려져 있지만, 정확히 이 5개의 수로 충분한지는 아직 아무도 증명하지 못했다.

아마도 2의 거듭제곱 가운데 어느 자리의 숫자도 2의

거듭제곱이 아닌 수는 65536이 유일할 것 같다. 그러나 이런 사실을 증명하려면 2를 곱할 때마다 숫자들이 바뀌는 양상을 알아내는 과정이 필요한데, 의외로 이것이 굉장히 어렵다. 어떤 의미에서는 2를 곱하는 간단한 연산에 대해서도 인류가 모르는 부분이 아직 많다고 할 수 있겠다.

1

2

4

8

16

65536

밥 딜런의 매미

2016년도 노벨 문학상 수상자인 밥 딜런(Bob Dylan, 1941년~)은 선약이 있다며 시상식장에 나가지 않았다. 이처럼 워낙에 형식적인 자리를 그다지 좋아하지 않았던 그이지만, 1970년 6월 9일에는 프린스턴 대학교에서 수여하는 명예 음악 박사 학위를 받기 위해 내키지 않는 발걸음을 해야 했다. 학위복도 계속 고사하다가 결국에는 입었지만, 모자는 쓰지 않은 채였다. 그날따라 날씨는 무더웠고, 그를 소개하는 사회자의 말은 시끄러운 매미 소리에 묻힐 지경이었다.

간신히 시상식을 끝낸 밥 딜런은 훗날 "학위복을 내려놓고 학위증만 든 채 아내의 손을 잡고 차를 몰았다. 다코타의 검은 언덕으로 직행하며 살아서 빠져 나온 것이 너무 기뻤다."라며 이때의 경험을 담아 「메뚜기의 날(Day of the locust)」이라는 곡을 쓰기도 했다. 매미(cicada)를 메뚜기(locust)라고 부르는 경우도 있는 데다, 성경이나 소설에 나오는 메뚜기 떼에 빗대서 지은 제목이기도 하다.

당시 시상식장을 시끄럽게 했던 매미는 주기매미(Magicicada)라 부르는 속으로 분류하는데, 북아메리카 대륙에서 17년 주기로 창궐하는 종류이다. 북아메리카 대륙에는 13년 또는 17년 주기의 매미가 여러 종류다. 우리나라 보통 매미들의 5년 혹은 7년 주기에 비하면 꽤 긴 편인데 하필 이런 생명 주기를 가지는 이유는 무엇일까? 이들 매미의 주기는 특이하게도 '소수'인 경우가 많기 때문에 이 점에 착안해서 만들어진 가설이 하나 있다.

주기가 짧은 천적이나 기생충과 만날 가능성을 줄이기 위해 주기가 늘어났으며, 주기가 소수일 경우 천적의 주기와의 공배수가 커지기 때문에 천적을 만나는 일이 줄어들어 생존에 유리하다는 것이다.

수학적 모형을 세워 분석해 보면 꽤 일리 있는 가설임이 드러나고 있으며, 현재로서는 이에 필적할 만한 가설이 없다. 물론 그렇다고 해서 이 가설만이 옳다고 보기에는 아직 모자란데, 특히 DNA 수준에서의 증거를 찾지 못했기 때문에 아직 정설은 아닌 것 같다.

하지만 혹시라도 훗날 19년 주기의 매미 떼가 나타난다면, 이런 가설이 더욱 힘을 받을 가능성이 있다 하겠다.

10은 고독한 수인가?

자연수 n이 주어질 때 이 수의 약수들을 모두 더한 합을 $\sigma(n)$이라 쓰기로 하자. 예를 들어 10의 약수는 1, 2, 5, 10이다. 이들을 모두 더하면 18이므로 $\sigma(10)=18$이라고 쓸 수 있다.

이때 약수의 합과 원래 수의 비 $\dfrac{\sigma(n)}{n}$을 생각하는데, 이 값이 같은 수를 서로 친구라 부르기로 하자.

예를 들어 n이 완전수라는 것은 $\dfrac{\sigma(n)}{n}=2$라는 것과 마찬가지다. 따라서 완전수끼리는 서로 친구다. 완전수는 꽤 드물게 발견되고 있지만, 이렇게 생각해 보면 친구가 많은 수인 셈이다. 다만 친구가 무한히 많은지 그렇지 않은지, 혹은 홀수를 친구로 두고 있는지는 아직 모른다.

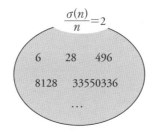

$$\frac{\sigma(n)}{n}=2$$

6   28   496

8128   33550336

...

다른 수는 어떨까? 보통 n과 $\sigma(n)$이 서로소이면 친구가 없는 수, 즉 '고독한 수(solitary number)'이다. $\frac{\sigma(n)}{n}$이 기약분수이므로 $\frac{\sigma(n)}{n} = \frac{\sigma(m)}{m}$이려면 $m = nk$ 꼴이어야만 한다.

그런데 사실 $\frac{\sigma(n)}{n}$은 n의 약수의 역수를 더한 값이다. 따라서 $\frac{\sigma(nk)}{nk}$는 nk의 약수의 역수를 더한 값일 텐데, 여기에는 이미 n의 약수의 역수를 더한 값이 포함돼 있어야 하므로 $\frac{\sigma(nk)}{nk} > \frac{\sigma(n)}{n}$일 수밖에 없게 되어 모순이기 때문이다. 특히 소수 p에 대해 $\sigma(p^k) = 1 + p + \cdots + p^k$이 p^k와 서로소이므로 소수의 거듭제곱은 고독한 수다.

$\sigma(n)$과 n이 서로소가 아니면서도 고독한 수는 있다. 예를 들어 18이 그러한 수다. 18의 약수의 합 39는 18과 서로소가 아니지만, 18은 친구가 없는 고독한 수임을 보일 수 있다.

2부터 차례로 따져 보면, 2, 3, 4, 5, 7, 8, 9, 11, 13, 16, 17, 18, 19, …는 고독한 수라는 사실을 알 수 있다. 여기서 빠진 6은 완전수이므로 친구가 많은 수다. 그렇다면 10은 어떨까? 다시 말해 $\frac{\sigma(n)}{n} = \frac{18}{10} = \frac{9}{5}$인 자연수 n은 10뿐일까? 작은 수 중에서는 10의 친구가 없다는 사실은 컴퓨터로 확인할 수 있기 때문에 10을 고독한 수로 추측하는 게 자연스러워 보일지도 모르겠다. 하지만 24처럼 91963648이라는 멀리 사는 친구를 둔 경우도 있으므로 섣불리 판단할 수는 없을 듯하다. 현재 10이 고독한 수인지의 여부는 아무도 모른다. 14, 15,

20 역시 고독한지 그렇지 않은지 아직 모른다.

이 책에서 여러 차례 언급했지만, 이처럼 인류는 약수의 합에 대해 의외로 모르는 부분이 많다. $\sigma(n)$이 '리만 제타 함수'와도 얽혀 있다는 사실을 알고 나면 어쩌면 당연하다는 느낌마저 들지 모르겠는데, 예를 들어 다음 사실이 성립한다.

$$\sum_{n=1}^{\infty} \frac{\sigma(n)}{n^s} = \zeta(s)\,\zeta(s-1).$$

실제로 우변을 전개해 보면 고개를 끄덕일 수 있을지 모르겠다.

모든 숫자가 나타나는 거듭제곱

곱셈은 한 자리씩 계산해 나가면 아무리 큰 수라도 원리적으로는 초등학생도 할 수 있다. 그러나 곱셈에 나타나는 숫자가 어떻게 분포하는지를 파악하기란 매우 어려운 일이다. 「4월 29일의 수학」에서 수학자 존 폰 노이만이 컴퓨터와 2의 거듭제곱을 구하는 대결을 펼쳤다고 했는데, 이 대결이 성사된 까닭도 이런 계산에 따른 변화 양상이 꽤 불규칙하기 때문이다.

「4월 29일의 수학」에서 2의 거듭제곱 가운데 0부터 9까지 10개의 숫자가 처음으로 모두 나타나는 수가 무엇일지 물었는데, 정답은 68이다. 즉

$$2^{68} = 295147905179352825856$$

에 처음으로 0, 1, 2, ⋯, 9가 모두 나타난다.

이번에는 자연수 n을 n번 곱하는 경우를 생각해 보자. 즉 n^n을 계산했을 때, 0부터 9까지 10개의 숫자가 처음으로

모두 나타나는 경우는 언제일까? 이런 계산은 매번 새로 계산을 해야 하니, 2를 차례대로 곱하는 것보다 훨씬 어려운 셈이다. 폰 노이만과 컴퓨터를 대결시키려면 이런 문제를 물었어야 하지 않을까?

아무튼 정답은

$$19^{19} = 1978419655660313589123979$$

이고, 23^{23}, 24^{24}, 25^{25}, 26^{26}에도 0부터 9까지가 모두 나타난다. 수가 커질수록 0부터 9까지 모두 나타날 가능성이 커지므로, 어느 단계 이후로는 모든 n^n에 10개의 숫자가 모두 나타날 것 같기도 하다. 컴퓨터로 계산해 보면, 100^{100}과 같이 0과 1만 나타나는 당연한 경우들을 제외하면 41^{41}부터는 모두 그런 것처럼 보인다. 과연 어떨까?

마야의 20진법

인류 역사에서 수학이 획기적으로 발전한 계기 가운데 하나는 0의 발견이었다. 0이 발견되기 전에는 큰 수마다 이름을 지어야 했기에, 이름 있는 수보다 더 큰 수를 다룰 수가 없었다. 그러나 0이 있으면 0을 덧붙이는 것만으로도 얼마든지 큰 수를 만들 수 있고, 큰 수의 계산도 자릿수를 맞추는 것으로 간단하게 해낼 수 있다. 이런 점에서 0의 발견은 0 자체보다는 0을 이용한 기수법을 가능하게 했다는 점에서 가치가 크다고 할 수 있다.

우리가 지금 사용하는 0은 인도에서 처음으로 발명되었다. 이후 이슬람 문명을 통해 유럽에 전해지면서 이 기수법에 사용된 숫자는 인도-아라비아 숫자로 불리게 되었다. 그런데 최근 연구에서 인도에 앞서 아메리카 대륙의 마야 문명이 먼저 0을 발견하였음이 밝혀졌다. 물론 마야 문명은 아시아와 유럽 문명과는 교류가 없었기에 이런 위대한 발견이 다른 문명에 영향을 주지는 못했다.

마야 문명에서 사용한 숫자는 0을 나타내는 조개 모양

과 1을 나타내는 점, 5를 나타내는 줄을 이용해 0부터 19까지를 하나의 숫자처럼 나타냈다. 그리고 이 숫자들을 나열해 수를 표기했다.

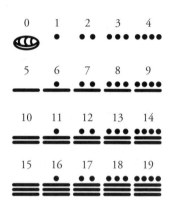

현재 우리가 사용하는 기수법이 0부터 9까지 10개의 숫자를 나열하는 10진법인데 비해, 마야 기수법은 0부터 19까지 20개의 숫자를 나열하는 20진법이었다. 인류 멸망 시점을 예언한 것으로 유명한 유명한 마야 달력은 상당히 큰 수를 다루는데, 어떤 면에서는 10법보다 20진법이 큰 수를 다루기에는 더 편리하기도 하다.

타원의 둘레 구하기

장축의 길이가 $2a$, 단축의 길이가 $2b$인 타원의 둘레는 어떻게 구할까? a와 b가 같다면 물론 원이 되고 원의 둘레는 원주율 곱하기 원의 지름이다. 타원의 둘레도 비슷한 공식으로 주어지면 얼마나 좋을까?

타원에서 지름을 대체할 수 있는 것으로 가장 긴 폭과 가장 짧은 폭의 평균을 생각하고, 여기에다 원주율을 곱하면 어떨까? 즉 $\pi(2a+2b)/2=\pi(a+b)$라고 추정해 보는 것이다. 이 추측이 아주 틀린 것은 아니라는 이야기를 해 보고 싶다. 타원의 둘레는 타원을 매개화한 다음 매개화한 곡선의 길이를 적분을 이용해 구하는 방법을 따른다. 타원의 매개변수식은 $x=a\cos\theta$, $y=b\sin\theta$, $0\le\theta\le2\pi$로 주어진다. 그러면 곡선의 길이는

$$4\int_0^{\pi/2}\sqrt{a^2\sin^2\theta+b^2\cos^2\theta}\,d\theta=4a\int_0^{\pi/2}\sqrt{1-k^2\sin^2\theta}\,d\theta$$

로 주어진다. 여기서 $k=\sqrt{1-(b^2/a^2)}$는 타원의 이심률이다.

여기 등장하는 제2종 타원 적분이라고 불리는 적분은 수학사에서 아주 유명한 적분이다. 이 적분의 값은 적절한 근사식을 이용해서 계산할 수밖에 없다. 함수 $\sqrt{1-x}$에 대한 거듭제곱급수 전개를 이용하면 적분값은 다음과 같이 k에 대한 거듭제곱급수로 주어진다.

$$(\pi/2)\left[1-\left(\frac{1}{2}\right)^2 k^2-\left(\frac{1\cdot 3}{2\cdot 4}\right)^2\frac{k^4}{3}-\cdots\right].$$

이것을 이용해 타원의 둘레를 구할 수도 있지만, 이 급수는 천천히 수렴하기 때문에 정확한 근사를 얻기 위해서는 많은 항이 필요하다. 가우스-쿠머의 급수로 알려진 것을 사용하면 훨씬 빠른 근사를 얻을 수 있다. 위의 거듭제곱급수는 항들을 재조정하면 초기하급수(hypergeometric series)라는 것으로 표현할 수 있는데 이것을 이용해서 다음의 가우스-쿠머 급수를 이용한 타원의 둘레 길이에 대한 급수 표현을 얻을 수 있다.

$$\pi(a+b)\left[1+\left(\frac{1}{2}\right)^2 h^2+\left(\frac{1}{2\cdot 4}\right)^2 h^4+\left(\frac{1\cdot 3}{2\cdot 4\cdot 6}\right)^2 h^6+\cdots\right].$$

여기서 $h=(a-b)/(a+b)$이다. 만약 타원의 장축의 길이가 10이고 단축의 길이가 2이면 가우스-쿠머의 식을 이용해 구한 타원의 둘레 길이는 21.0100445…이다. 이 경우 소수점 아래 8자리까지 정확히 근사하기 위해서는 처음 제시한 거듭제곱급수 전개를 사용할 때 42개 항이 필요한데 가우스-쿠머의 식을 사용하면 9개 항이면 충분하니 그 수렴 속도 차이가 정말로 크다.

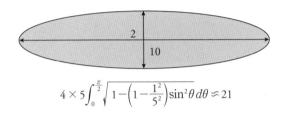

$$4 \times 5 \int_0^{\frac{\pi}{2}} \sqrt{1 - \left(1 - \frac{1^2}{5^2}\right)\sin^2\theta}\, d\theta \approx 21$$

뒤바뀜수

자료를 원하는 순서대로 정렬하는 일은 매우 흔하면서도 시간을 잡아먹는 대표적인 작업이다. 수학자 도널드 커누스는 명저 『컴퓨터 프로그래밍의 기술(*The Art of Computer Programming*)』의 맨 첫 장에서 '정렬' 알고리듬을 다루고 있다.

예를 들어 5개의 자료 1, 2, 3, 4, 5가 제멋대로 나열돼 있다고 하자. 이런 식으로 나열한 것을 '치환' 또는 '순열'이라고 부른다. 이렇게 주어진 순열이 원하는 순서와 다를수록 아무래도 정렬에 많은 시간이 들 것이다.

원하는 순서와 다른 정도를 재는 척도로 '뒤바뀜수'라는 것이 있다. 예를 들어 4, 1, 2, 5, 3이라는 자료를 보면 12, 13, 15, 24, 25, 35 쌍의 순서는 유지되지만, 14, 23, 34, 45 쌍의 순서는 바뀌어 있다. 이럴 때 뒤바뀜수는 4라고 말하는데, 아래 그림에서처럼 선분이 만나는 횟수이므로 '교차수'라 부르기도 한다.

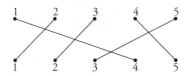

  5개의 자료가 있으면 뒤바뀜수가 가장 클 때는 물론 5, 4, 3, 2, 1로 뒤집힌 경우인데 당연히 $4+3+2+1=10$이 최대 뒤바뀜수일 것이다. 당연하지만 대개의 정렬 알고리듬에서는 이렇게 완전히 뒤집힌 것의 순서를 바꿀 때 가장 시간이 많이 걸린다.

  하지만 이렇게 배열되는 경우는 대체로 드물고, 뒤바뀜수가 0인 것, 1인 것, 2인 것 등등이 얼마나 많이 있는지 알아야 정렬에 소요되는 평균 시간을 가늠할 수 있으므로 중요하다.

  예상했다시피(?) 뒤바뀜수가 다섯 번인 경우가 가장 많은데, 참을성 있게 세어 보면 그런 순열은 모두 22개 있음을 알 수 있다. 다음 다항식

$$(1+x)(1+x+x^2)(1+x+x^2+x^3)(1+x+x^2+x^3+x^4)$$

을 전개해서 x^5의 계수를 계산해 보면 답이 나온다는 것도 재미있는 대목이다.

10의 자연 로그 값:
10ln10＝23.025850…

우리는 보통 자연 로그의 값을 얻기 위해 계산기의 도움을 받는다. 계산기는 자연 로그의 값을 어떻게 계산할까? 자연 로그의 값을 계산하는 여러 알고리듬이 있지만, 가장 초보적인 계산법을 생각해 보자.

양의 실수 a에 대한 자연 로그 $\ln a$는 구간 $1 \leq x \leq a$에서 곡선 $y=1/x$과 x축 사이의 넓이이다. 특별히 함수 $\dfrac{1}{x+1}$의 원시 함수는 $\ln(1+x)$가 된다.

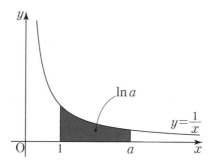

함수 $\dfrac{1}{x+1}$ 가 기하급수 $1-x+x^2-x^3+\cdots$ $(|x|<1)$ 의 수렴값임을 이용하면 $\ln(1+x)=x-\dfrac{x^2}{2}+\dfrac{x^3}{3}-\cdots$ 의 거듭제곱급수 표현을 얻는다. 만약 $x=-1/2$을 대입하면

$$\ln 2 = \frac{1}{2} + \frac{1}{2\cdot 2^2} + \frac{1}{3\cdot 2^3} + \cdots$$

의 급수 표현을 얻는다. 우변의 급수는 비교적 빠르게 수렴하므로 $\ln 2$에 대한 괜찮은 근사법이라고 할 수 있겠다. 일반적으로 $x=1/n$을 대입하면

$$\ln(n+1)-\ln n = \frac{1}{n} - \frac{1}{2n^2} + \frac{1}{3n^3} + \cdots$$

의 점화식을 얻는다. 이를 이용하면 $\ln 2$에서 시작해서 $\ln 10$을 구할 수 있다. 하지만 우변의 급수는 수렴 속도가 느리기 때문에 $\ln 10$에 대한 좋은 근사법은 아니다.

특별히 $\ln 10$만 생각해 보면 더 빠르게 수렴하는 무한급수에 의한 표현들이 있다. 원주율이나 로그의 값과 같이 수학의 주요 상수이면서 그 근삿값을 구하는 문제가 상당한 도전이 되는 수들에 대해 「3월 24일의 수학」에서 언급된 '베일리-보웨인-플루프 공식'(또는 BBP 공식)이라는 표현이 있다. 이 공식은 이런 중요한 상수들을 $\sum\limits_{k=0}^{\infty} \dfrac{p(k)}{b^k q(k)}$ 형태의 급수로 표현하는 것이다. 여기서 $p(k)$, $q(k)$는 계수가 정수인 k에 대

한 다항식이다. 이는 기하급수의 형태이기에 빠르게 수렴하는 급수이다. 로그 값에 대한 BBP 유형의 표현식 중 하나는 다음과 같다.

$$\ln 10 = \sum_{k=0}^{\infty} \frac{1}{16^{k+1}} \left(\frac{24}{4k+1} + \frac{20}{4k+2} + \frac{6}{4k+3} + \frac{1}{4k+4} \right).$$

이는 앞에 소개한 급수보다 훨씬 빠른 속도로 수렴하기에 더 좋은 근사법을 제공한다.

$2^{10}=1024$와 벤포드의 법칙

2의 거듭제곱 중에서 $2^{10}=1024$는 $10^3=1000$에 가까운 수다. 2진법을 쓰는 컴퓨터 세상에서 흔히 나오기 마련인 2의 거듭제곱과, 인류가 사용하는 10진법의 단위수 사이의 이런 유사점은 유용하다. 예를 들어 $2^{10}=1024$바이트짜리 문서를 그냥 1킬로바이트, 즉 1000바이트를 가리키는 용어와 혼용하며, $2^{20}=1024^2=1048576$바이트짜리 파일은 100만 바이트, 즉 메가바이트짜리 파일이라고 부르곤 한다.

$2^{10}=1024$라는 사실 때문에 2^n 꼴의 수는 대체로 10개마다 맨 앞자리 수가 거의 같을 거라는 짐작도 가능하다. 실제로 2^0, 2^1, 2^2, $\cdots$, 2^{39}에서 맨 앞자리 수를 써 보면

$$1, 2, 4, 8, 1, 3, 6, 1, 2, 5$$

가 계속 반복됨을 알 수 있다. 이후로도 같은 규칙대로 나갈까? 2의 거듭제곱의 맨 앞자리 수가 7이나 9인 경우는 없는 걸까?

하지만 수학에서는 몇 개 계산한 결과를 가지고 섣불리 결론을 내리면 안 된다. 실제로 $2^{46}=70368744177664$부터는 7로 시작하는 수가 나와 반복성이 깨지기 시작하며 2^{53}부터는 9로 시작하는 수도 나오기 시작한다. 따라서 2^{56}, 2^{63}등도 7과 9로 시작한다는 것을 짐작할 수 있을 것이다.

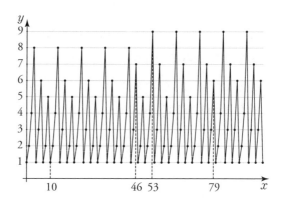

실제로 맨 앞자리 수가 k인 것의 비율이 $\log_{10}(k+1)$ $-\log_{10}k$임을 그다지 어렵지 않게 보일 수 있는데 '벤포드 법칙(Benford's law)'이라 부르는 것을 따르는 예다. (관심 있는 독자를 위해 이야기하자면 $\log_{10}2$가 무리수라는 사실과 관련 있다.)

예를 들어 맨 앞자리 수가 1인 것은 $\log_{10}2 \approx 0.301$만큼 나온다. 즉, 2의 거듭제곱 중 맨 앞자리가 1인 것이 30퍼센트 이상이라는 뜻이다.

고본 삼각형

직선 3개로 삼각형 하나를 만들 수 있다. 직선 4개로는 삼각형 몇 개를 만들 수 있을까? 직선 3개로 삼각형을 하나 만들고 이 삼각형을 반으로 나누면 작은 삼각형 2개에 큰 삼각형까지 3개가 된다. 여기에 겹치지 않는 삼각형만 세는 것으로 제한하면 어떨까? 이 경우, 직선 4개로 만들 수 있는 삼각형의 최대 개수는 2개가 된다. 직선 5개로 겹치지 않는 삼각형을 가장 많게 만들면, 별 모양으로 만들어 5개가 가능하다. 비슷하게 직선 6개로는 7개의 겹치지 않는 삼각형을 만들 수 있다.

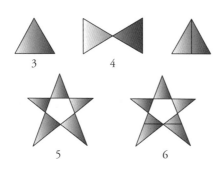

이처럼 직선을 배치해 만든 겹치지 않는 삼각형을 '고본 삼각형(Kobon triangle)'이라 하며, 고본 삼각형의 최대 개수를 '고본 수(Kobon number)'라 한다. 이 이름은 일본의 퍼즐 작가 후지무라 고자부로(藤村幸三郞)의 별명을 딴 것이다.

당연하게도 직선의 개수가 늘수록 정확한 고본 수를 구하기가 더 어려워진다. 이 정도면 최대로 많이 만들었다 싶었다가, 완전히 다른 배치로 삼각형의 개수가 더 늘기도 한다. 일본의 퍼즐 작가 다무라 사부로(田村三郞, 1917~2015년)는 직선 n개를 배열할 때 고본 수 $K(n)$이 다음 부등식을 충족함을 보였다.

$$K(n) \leq \left\lfloor \frac{n(n-2)}{3} \right\rfloor.$$

'다무라의 상계(upper bound)'는 정확한 고본 수를 알려 주는 값은 아니지만, 알려져 있는 고본 수와 같거나 1 정도 차이가 나서 꽤 좋은 값이라 할 수 있다. 2007년에는 수학자 질 클레망(Gilles Clement)과 요하네스 바더(Johannes Bader)가 다무라의 상계를 개선한 새로운 상계를 제시했다. 이 역시 모든 경우에 정확한 고본 수를 알려 주는 것은 아니지만, 이 부등식 덕분에 그동안 알려져 있던 많은 최고 기록들이 실제로 고본 수임을 알게 되었다.

현재 $n=3, 4, \cdots, 9$에 대한 고본 수가 얼마인지는 알려져 있지만, 직선 10개에 대한 고본 수 $K(10)$의 정확한 값은 아무도 모르는 상태이다. 직선 10개로 다음과 같이 고본 삼각형 25개를 만들 수 있음이 알려져 있으나, 다무라의 상계와 클레망-바더의 상계가 똑같이 26이어서 25가 고본 수인지, 아니면 삼각형 26개를 만드는 다른 방법이 있는지 알 수 없다. 과연 $K(10)=25$일까?

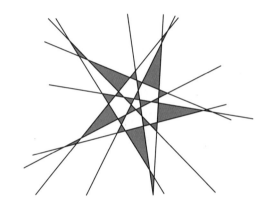

A10 용지의 크기는 26 × 37 밀리미터

다양한 크기의 종이 규격이 있지만, 그래도 가장 많이 이용되는 것은 A 시리즈와 B 시리즈이다. 두 규격 모두 같은 원리로 만들어진다.

전지라고 부르는 A0 및 B0의 용지 규격을 정한 다음, 긴 변을 절반으로 자른 것을 A1 및 B1 규격 용지라 부른다. 마찬가지로 긴 변을 절반으로 자를 때마다 A나 B 뒤에 붙는 숫자가 하나씩 커진다. 따라서 우리가 가장 많이 쓰는 A4 용지는 A0 전지를 절반으로 자르는 일을 네 번 반복해서 얻는 종이라는 뜻이다.

이때 A1 규격의 용지는 A0 규격의 용지보다 넓이는 절반으로 줄어들지만, 가로 세로의 비는 유지되도록 한다. (B 시리즈 역시 마찬가지다.) 비례식을 세우면, A0이나 B0 용지의 짧은 변과 긴 변의 길이를 $1 : \sqrt{2}$ 로 해야 한다는 사실을 쉽게 알 수 있다.

실제로 우리가 사용하는 A0 규격 용지의 크기는 841 × 1189밀리미터인데, 이는 짧은 변의 길이가 841밀리미터이고,

긴 변의 길이가 1189밀리미터라는 뜻이다. 1189/841＝1.4 1379⋯여서 $\sqrt{2}=1.41421\cdots$과 비슷하게 맞춰져 있음을 알 수 있다.

　　이때 A1 규격은 594.5 × 841밀리미터여야 할 텐데 재단하면서 손실되는 부분이 있기 때문에 밀리미터 이하는 버리고, 594 × 841밀리미터를 규격으로 정한다. 이하 A2, A3 등의 규격은 긴 변을 절반으로 나누고 밀리미터 이하를 버리는 방식으로 구한다. 예를 들어 A 시리즈에서 가장 작은 A10 용지는 A0 전지의 가로 세로를 각각 다섯 번씩 자른 것이므로 841과 1189를 각각 32로 나눈 뒤 밀리미터 이하를 절사한 길이여야 한다. 이를 계산해 보면 26 × 37밀리미터가 나온다.

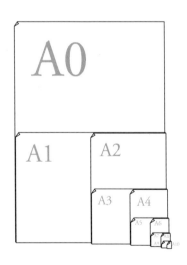

그건 그렇고 왜 하필 841과 1189라는 괴상해 보이는 수를 A0 전지의 규격으로 택했을까? 지극히 자연스러워 보이는 1000 × 1414밀리미터짜리 B0 규격을 두고, 굳이 이렇게 정한 이유는 무엇일까? 이 수치로 정한 데에는 산업적이고 수학적인 배려가 숨어 있다는 것은 그다지 잘 알려져 있지 않은 듯하다.

감을 잡기 위해, 841과 1189를 정말 곱해 보자. 999949가 나온다. 이 수가 10^6과 매우 가까운 건 우연이 아니다. A0 용지의 긴 변과 짧은 변을 곱하면 10^6, 나누면 $\sqrt{2}$가 되도록 선택했던 것이다. 즉 긴 변은 $\sqrt[4]{2} \cdot 10^3 \approx 1189.2$, 짧은 변은 $10^3/\sqrt[4]{2} \approx 840.9$이도록 선택한 것인데, 이 값에 가장 가까운 정수가 각각 1189와 841이었던 것이다.

그런데 왜 곱한 값을 10^6으로 맞춘 걸까? 두 변의 길이를 곱한 것은 용지의 넓이다. 즉 A0 한 장의 넓이가 10^6(제곱밀리미터), 즉 1제곱미터가 되도록 정한 것이다. 지금이라도 A4 용지의 포장지를 유심히 살펴보자. 혹시 gsm이나 g/m^2과 같은 정체 모를 기호가 보이는가? gsm이라는 것은 제곱미터당 그램(gram per square meter)을 가리킨다. 예를 들어 80 gsm은 A0 용지 한 장의 무게가 80그램이라는 뜻이다. 대형 마트 같은 곳에서 'A4 용지 70g'처럼 써 있는 경우가 있는데, A4 한 장이 아니라 16장에 70그램이라는 것을 의미한다.

1/27＝0.037037…

1을 27로 나누면 037이 반복되는 순환 소수가 된다. 한편 1을 37로 나누면 이번에는 027이 반복되는 순환 소수가 된다. 두 순환 소수가

$$\frac{1}{27}=37 \times 0.001001001\cdots$$
$$\frac{1}{37}=27 \times 0.001001001\cdots$$

이니 일견 당연해 보이기도 한다. $1/a$는 b가 반복되는 순환 소수이고, $1/b$는 a가 반복되는 순환 소수가 되는 다른 경우가 있을까?

　예를 들어 $1/3=0.333\cdots$이니, $a=b=3$인 경우가 가능하다. 그러나 두 수가 같으니 너무 당연해 보인다. $1/9=0.111\cdots$의 경우, $b=11$이라 두면 조건이 충족되기는 하지만, 순환 소수의 순환 마디로는 $b=1$이므로 $1/b$를 계산하면 유한 소수가 되어 버린다.

　이런 관찰을 하다 보면, 이 문제는 a와 b의 곱이 9가 반

복된 수가 되는 경우를 찾아야 함을 알 수 있다. 27 × 37＝9
99가 바로 그런 예이다.

　9가 2개인 99의 경우, 99＝3 × 33＝9 × 11인데 33이
나 11이 모두 같은 숫자 2개로 이루어져 있어서 답이 될 수
없다. 그냥 단순한 계산 문제 같은데, 생각보다는 복잡한 문
제인 셈이다. 이렇게 생각하면 문제의 조건을 충족하는 크지
않은 두 자연수 a와 b가 27과 37임을 알 수 있다.

　다른 답을 생각해 보면, 9999＝3^2 × 11 × 101이므로 이
경우에는 답을 찾을 수 없다. 9가 5개인 99999에 이르러서야

$$\frac{1}{41}＝0.0243902439\cdots$$
$$\frac{1}{2439}＝0.0004100041\cdots$$

와 같은 답을 찾을 수 있다.

도미노의 개수

도미노는 정사각형 2개를 맞붙인 모양의 놀이 도구로, 보통 정사각형 하나에 0개에서 6개까지 점이 그려져 있다. 원래는 정해진 규칙에 따라 도미노를 배열하는 방식으로 진행하는 게임에 쓰였지만, 지금은 도미노를 줄지어 세운 다음 넘어뜨리는 게임이 더 유명할 것 같다. 사실 이렇게 줄지어 세우는 데는 점도 없고 크기도 정사각형 2개를 합친 모양이 아닌, 그냥 얇은 직육면체 모양의 조각들이 쓰이지만, 이런 놀이는 여전히 '도미노 게임'으로 불리고 있다.

표준적인 도미노는 점이 0개에서 6개까지 찍혀 있는데, 이 경우 도미노는 모두 몇 가지가 가능할까? 점의 개수로 가능한 값이 0에서 6까지 7개이고, 두 정사각형에 점을 배치해야 한다. 왼쪽 정사각형에 점 a개, 오른쪽 정사각형에 점 b개를 배치한 것을 (a, b)로 나타내자. 만약 왼쪽 정사각형에 점 1개, 오른쪽 정사각형에 점 2개를 찍었다면, 도미노를 돌려 왼쪽 정사각형에 점 2개, 오른쪽 정사각형에 점 1개를 찍은 모양으로 바꿀 수 있으므로 $(1, 2)$와 $(2, 1)$은 하나로 세어야 한다. 그러면 왼쪽 정사각형에 점이 2개인 도미노의 개수는 오른쪽 정사각형에 점이 2개 이상인 경우만 세어도 된다.

이렇게 생각하면, 왼쪽 정사각형에 점이 0개인 도미노는 일곱 가지, 왼쪽 정사각형에 점이 1개인 도미노는 여섯 가지……, 왼쪽 정사각형에 점이 6개인 도미노는 한 가지가 되어, 도미노의 종류는 모두

$$7+6+\cdots+1=28(가지)$$

가 된다.

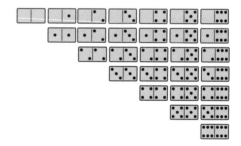

이 계산은 중복 조합을 이용해 구할 수도 있다. 일곱 가지 중에 중복을 허락해 두 수를 고르면 되고, 이렇게 고른 두 수를 크기순으로 나열한 다음 두 번째 수에 1을 더해 주면 여덟 가지 경우 가운데 중복 없이 2개를 고르는 것과 같다. 그래서

$$\left(\!\!\binom{7}{2}\!\!\right) = \binom{8}{2} = 28$$

이 된다. 우리나라 교과서에서 쓰는 표기로는

$$_7H_2 = {_8}C_2 = 28$$

이다.

쿠폰 수집가 문제

상품 속에 쿠폰을 넣어서 판매하는 회사가 있다. 이 쿠폰은
모두 10종류인데, 각 상품 속에 무작위로 보이지 않게 들어
있다고 한다. 이벤트 상품을 받기 위해 10종류의 쿠폰을 모
두 모아야 한다면, 보통 몇 개의 상품을 열어 봐야 할까? (대
략적으로 추정해 본 다음 아래 글을 읽으면 더 좋을 것 같다.)

일반적으로 일어날 확률이 p인 어떤 일을 계속 반복했
을 때, 정확히 k번 만에 그 일이 일어날 확률이 $q^{k-1}p$이므로,
(여기에서 $q=1-p$) 그 일이 실제로 일어나는 데 필요한 횟수
는 평균

$$1 \cdot p + 2 \cdot qp + 3 \cdot q^2p + \cdots = p(1+q+q^2+\cdots)^2 = \frac{1}{p}$$

이다.

이제 쿠폰 수집가 문제를 풀어 보자. 일단 상품 하나를
사면 쿠폰 1장이 모인다. 이제부터 사는 상품에서 이미 모으
지 않은 쿠폰이 들어 있을 확률은 당연히 $\frac{9}{10}$이므로 새로운

종류의 쿠폰을 얻을 때까지 열어 봐야 할 상품은 평균 $\frac{10}{9}$ 개이다.

2개를 모은 뒤에는 다른 쿠폰이 들어 있을 확률이 $\frac{8}{10}$ 로 떨어지므로 열어 봐야 할 상품의 개수는 $\frac{10}{8}$ 으로 늘어난다. 이런 식으로 생각해 보면, 10개를 모두 모으기 위해 열어 봐야 할 상품의 개수는 평균적으로

$$\frac{10}{10} + \frac{10}{9} + \frac{10}{8} + \cdots + \frac{10}{1}$$

임을 알 수 있다. 실제로 계산해 보면 근삿값이 29.29이므로, 대략 29개의 상품을 사야 한다! 9개를 모을 때까지는 대략 19개만 사도 좋지만, 마지막 하나를 더 모으기 위해 평균 10개를 더 사야 한다! 운이 따르지 않는 한 마지막 남은 것을 모으기가 가장 어렵다는 뜻이다.

일반적으로 n개의 쿠폰을 수집하는 상황이었다면, 쿠폰 개수의 $H_n = 1 + \frac{1}{2} + \cdots + \frac{1}{n}$배에 해당하는 상품을 사야 한다. 이 조화급수 H_n은 대략 $\ln n + \gamma$에 가까워진다는 사실이 알려져 있는데, 여기서 γ는 오일러-마스케로니 상수라고 부르는 것으로 대충 0.5772 정도에 달하는 값이다. 예를 들어 H_{100}은 5.1874 정도인데, $\ln 100 + \gamma \approx 5.1824$이므로 꽤 비슷하다는 걸 알 수 있다.

한편 이런 낭비를 줄이기 위해 2명이 협력하는 상황을 생각해 볼 수 있다. 예를 들어 2명이 공동으로 상품을 사서 쿠폰 두 세트를 모으는 경우였다면 어떨까? 혹은 자기에게 남는 쿠폰을 양도하거나 교환하는 전략을 쓰는 경우다. 이런 개수는 계산하기 어려워지는데, 답만 말하자면 대략 46.23 개를 사야 한다. 따라서 각자 평균 23개 정도 사면 되므로 조금은 낭비가 줄어든다.

작은 수의 강한 법칙

진화 과정에서 인간의 두뇌는 반복된 현상을 관찰해 규칙을 발견하는 쪽으로 크게 발전했다. 개별 사건을 다루는 귀납적인 사고 과정을 거쳐 법칙을 발견하고, 다시 이 법칙을 이용해 개별 사건을 파악하는 능력은 인간의 두뇌가 가진 특징 가운데 하나라 할 수 있다.

그런데 이런 귀납적 사고에 익숙하다 보니 인간은 가끔 오류를 범하기도 한다. 몇 가지 사안을 관찰해 규칙을 세웠는데, 그 규칙이 다른 사안에 대해서는 전혀 맞지 않을 수도 있는 것이다. 예를 들어, 소수가 2, 3, 5, 7이라는 사실로부터 '1보다 큰 모든 홀수는 소수'라는 주장을 이끌어낼 수도 있는데, 그 이후 9나 15 같은 반례가 나타난다. 물론 이 경우는 너무 단순해 이런 식으로 마구잡이 결론을 내리는 사람이 드물겠지만, 뭔가 복잡해 보이는 상황에서 규칙적인 현상을 발견하면 당연히 그것이 모든 경우에 대해 성립한다고 성급한 일반화의 오류를 범하는 일은 의외로 자주 일어난다.

원이 하나 주어지고, 원주 위에 같은 간격으로 점을 배치했다고 하자. 이때 각 점을 선분으로 연결하면 원은 몇 개의 영역으로 나누어질까? 우선 점을 하나 찍은 경우는 원을 분할하는 선분이 없으므로 하나의 영역이 된다. 점 2개를 찍은 경우는 반원이 되므로 영역이 2개가 된다. 점이 3개라면? 가운데 정삼각형이 하나 나타나고, 주변에 3개의 활꼴이 생기므로 총 4개의 영역이 된다. 점이 4개라면 어떨까? 가운데 정사각형을 대각선으로 분할한 모양이 나타나고 주변에 4개의 활꼴이 생기므로 총 8개의 영역이 된다. 규칙성이 보이는가?

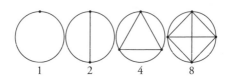

지금까지 구한 영역의 개수를 나열해 보면 1, 2, 4, 8이므로, 점 5개를 등간격으로 배치해서 그림을 그려 보면 16개의 영역이 만들어질 것 같다. 실제로 그려 보면 정확히 16개의 영역이 나타난다. 점이 6개라면 어떨까? 당연히 32개이지 않을까? 그러나 실제로 그려 보면, 이상하게도(?) 30개가 된다.

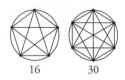

16   30

    수학자 리처드 가이는 이런 현상을 '작은 수의 강한 법칙(strong law of small numbers)'라 불렀다. 통계학에 나오는 '큰 수의 강한 법칙(strong law of large numbers)'을 패러디한 것인데, 적은 수의 데이터만으로 일반적인 규칙을 만들기란 거의 불가능함을 나타내는 통찰력 있는 주장이었다.

할로윈과 성탄절

가톨릭교의 축일 가운데 하나인 만성절은 모든 성인을 함께 기리는 날이다. 알기 쉽게 '모든 성인 대축일(All Saint's Day)'이라고도 한다. 아마도 가톨릭인이 아닌 사람들에게는 11월 1일의 만성절보다 그 전날인 만성절 전야가 더 유명할 것 같다. 바로 할로윈 데이(Halloween day)다. 요즘은 우리나라에도 미국의 풍습을 따라 이날 괴물이나 귀신 분장을 하는 사람들이 많다.

할로윈은 10월 31일이어서 영어권에서는 Oct. 31로 날짜를 나타내곤 하는데, 10월(October)의 접두어 oct-는 원래 8을 뜻한다. 로마 시대에 처음 역법을 정할 때는 1년이 10개월에 305일이었다. 한 해의 시작이 지금의 3월이었고, 차례대로 이름을 붙여서 여덟 번째 달을 'Mensis October'라고 불렀다. 이후 1월(Mensis Ianuarius)과 2월(Mensis Ferbruarius)이 더해지면서 두 달씩 밀리는 바람에 여덟 번째 달을 뜻하던 단어가 10월이 되어 버렸다. 11월(November)과 12월(December)도 마찬가지여서, 원래 nov-는 9를 뜻하고 dec-는 10을 뜻하는 접두어이다.

그런데 Oct. 31라고 쓰면 Oct.가 8진법을 뜻하는 'octal' 처럼 보여서, 10진법으로 바꾸면

$$31_{(8)} = 3 \times 8 + 1 = 25$$

로 해석할 수 있다. 10진법은 'decimal'이므로 10진법으로 25는 Dec. 25로 쓸 수 있다. 이 표기를 다시 날짜로 해석하면 12월 25일이 된다. 그러니까 할로윈과 성탄절은 사실 같은 날이었다. 역사의 우연이 수학과 만나 생긴 기묘한 상황이라고 하겠다.

Oct. 31   Dec. 25

11월의
수학

sin 1 < 1 < tan 1

고대 바빌로니아 인은 각을 다루기 위해 원을 360등분해 생기는 한 각의 크기를 1도라 했다. 이는 삼각법과 기하학을 함께 다룰 때 불편한 점이 있기 때문에, 근대에 와서 반지름이 1인 원에서 호의 길이가 1인 부채꼴에 대한 각을 1라디안이라 하여 호의 길이에 근거한 각의 단위를 도입했다. 반지름이 1인 원의 호의 길이 1과 1라디안에 대한 기본 삼각함숫값 사이에는 sin 1 < 1 < tan 1이라는 흥미로운 관계가 성립한다. 다음 그림과 같이 단위원에서 호의 길이가 1인 부채꼴 OAB를 생각해 보자.

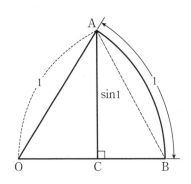

점 A에서 선분 OB에 내린 수선의 발을 C라고 하면 선분 AC의 길이가 sin 1이 된다. 이 값과 호 AB의 길이를 비교하기 위해 현 AB를 생각해 보자. 현 AB는 직각삼각형 ACB의 빗변의 길이이므로 AC보다 크다. 한편 현 AB는 호 AB의 길이보다 작다. 따라서 AC는 호 AB의 길이보다 작다. 즉 sin 1 < 1이다.

이제 B에서의 원의 접선과 OA의 연장선이 만나는 점을 D라고 하자. 이때 얻은 삼각형 OBD는 부채꼴 OAB를 포함하므로 삼각형 OBD의 넓이가 부채꼴 OAB의 넓이보다 크다.

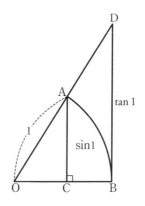

삼각형 OBD의 넓이는 $(1/2)\overline{OB} \times \overline{BD}$인데 $\overline{BD}$가 바로 tan 1이다. 반면에 부채꼴의 넓이는 호 AB의 길이에 원의 반지름을 곱한 값을 2로 나눈 것이다. 이 두 넓이를 비교함으로써 호 AB의 길이가 삼각형 OBD의 높이 $\overline{BD}$ 보다 작다는 것을 보일 수 있다. 이것이 의미하는 바가 $1 < \tan 1$ 이다.

$\sqrt{2}$와 자연수의 분할

자연수 n에 대해 $n\sqrt{2}$를 계산하고, 이들의 정수 부분을 구해 보자. $\sqrt{2}, 2\sqrt{2}=\sqrt{8}$, $3\sqrt{2}=\sqrt{18}$, …이므로 각각의 정수 부분은 1, 2, 4임을 알 수 있다. 그런 식으로 계산하면 다음과 같은 수열을 얻을 수 있다.

$$1, 2, 4, 5, 7, 8, 9, 11, \cdots.$$

계산은 많이 했는데, 별로 특별하지 않아 보이는 수열이 나왔다.

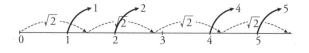

이제 이 수열에서 빠진 자연수들만 나열해 보자.

$$3, 6, 10, 13, 17, 20, 23, 27, \cdots.$$

두 수열을 위아래로 나란히 두고 곰곰이 들여다보면, 재미있는 현상을 발견할 수 있다. 위쪽 수열의 n번째 항에 $2n$을 더하면 아래쪽 수열이 나온다.

$$1+2, \ 2+4, \ 4+6, \ 5+8, \ 7+10, \ \cdots.$$

즉, 아래쪽 수열은 $n(2+\sqrt{2})$의 정수 부분을 구하라는 것과 마찬가지다. 이런 마법과도 같은 성질은 새뮤얼 비티(Samuel Beatty, 1881~1970년)가 증명했는데, 본질적으로 다음 관계식이 성립하기 때문이다.

$$\frac{1}{\sqrt{2}} + \frac{1}{2+\sqrt{2}} = 1.$$

일반적으로 1보다 큰 무리수 α에 대해 $\frac{1}{\alpha} + \frac{1}{\beta} = 1$인 무리수 β를 생각하면, $n\alpha$와 $n\beta$의 정수 부분들은 자연수 집합을 둘로 쪼갠다는 사실이 알려져 있다.

생각보다는 어렵지 않게 증명할 수 있으며 이를 더욱 일반화한 쌍대성도 알려져 있으나 여기서는 이 정도에 그치고, 여기서는 이런 성질을 이용해 거꾸로 $\sqrt{2}$를 계산해 보자.

두 수열 a_n, b_n을 다음 규칙으로 구성하자.

1. $a_1=1$이다.

2. a_n이 결정되면, $b_n=a_n+2n$으로 정한다.

3. a_{n+1}은 $a_1, \cdots, a_n, b_1, \cdots, b_n$ 중에 포함되지 않은 가장 작은 자연수로 정한다.

예를 들어 위쪽 수열 1, 2, 4, 5, 7, 8, 9, 11 다음에는 12, 14, 15, 16 등으로 이어지고, 따라서 아래쪽 수열 3, 6, 10, 13, 17, 20, 23, 27 뒤는 $12+18$, $14+20$ 등으로 결정한다는 이야기다.

예를 들어 $a_{10}=14$임을, 즉 $\sqrt{2}$는 1.4로 시작하는 수라는 것을 알아낼 수 있다! 수열 a_n, b_n을 계산하는 규칙은 매우 간단하며, 어떤 수를 2배 하는 것 이외의 곱셈 같은 것은 전혀 하지 않는 숫자 놀이에 가깝다. 그런데 이런 수열로부터 $\sqrt{2}$의 정보를 얻을 수 있다!

컴퓨터가 증명한 수학 명제

명제에 논리곱 ∧(and), 논리합 ∨(or), 부정 ～(not)을 결합해 합성 명제를 만들 수 있다. 이들 논리 연산 사이에 성립하는 규칙을 수학적으로 다룬 사람은 영국의 수학자 조지 불 (George Boole, 1815~1864년)인데, 예를 들어 교환 법칙 $p \wedge q = q \wedge p$이 성립하고, 드모르간 법칙 $\sim(p \vee q) = \sim p \wedge \sim q$이 성립하고, 흡수 법칙 $(p \wedge q) \vee q = q$이 성립한다는 등의 규칙이 있다.

이후 이런 규칙을 가지는 수학적 대상을 '불 대수(Boolean algebra)'라 부른다. 여기서 다 나열하지는 않았지만, 불 대수를 규정하는 규칙은 상당히 많다. 하지만 이 규칙 중에는 불필요한 것들이 있다. 예를 들어 드모르간 법칙 때문에 논리합 ∨과 부정 ～만 있으면 논리곱에 대한 규칙들이 필요하지는 않다. 따라서 다비트 힐베르트가 유클리드 기하학을 현대적으로 공리화하던 당시에, 불 대수의 규칙을 최대한 간단하게 줄여서 공리화할 방법이 있겠느냐는 질문을 던진 것은 당연하다고 하겠다.

1933년 에드워드 헌팅턴(Edward Huntington, 1874~1897년)은 다음 세 가지 공리만을 써서 불 대수의 규칙을 모두 입증할 수 있음을 보여서 힐베르트의 질문에 답했다.

1. [교환 법칙] $p \lor q = q \lor p$
2. [결합 법칙] $(p \lor q) \lor r = p \lor (q \lor r)$
3. [헌팅턴 공리] $\sim(\sim p \lor q) \lor \sim(\sim p \lor \sim q) = p$

예를 들어 이 세 공리만으로 $p \lor \sim p = \sim p \lor \sim(\sim p)$가 항상 성립한다는 것을 증명한 뒤, 이를 이용하면 $\sim(\sim p) = p$임을 입증할 수 있다. 헌팅턴의 발견 후 얼마 지나지 않아 허버트 로빈스(Herbert Robbins, 1915~2001년)는 세 번째 공리를 다음 공리로 대체할 수 있느냐는 질문을 던졌다.

$3'$. [로빈스 공리] $\sim(\sim(p \lor q) \lor \sim(p \lor \sim q)) = p$

즉 1, 2, $3'$ 공리로부터 불 대수의 모든 규칙이 나오느냐는 질문인 셈인데 이를 로빈스 추측이라 불렀다. 많은 수학자와 논리학자가 머리를 싸맸지만 좀처럼 해결되지 않다가 드디어 1996년에 증명이 나오는데 당시 그 분야 사람들에겐 충격과 공포를 선사하게 된다.

충격을 선사한 이유는 로빈스 추측의 증명자가 사람이

아니라 기계, 즉 컴퓨터 프로그램이었기 때문이었다! 윌리엄 맥큔(William McCune, 1953~2011년)이 개발한 '증명 프로그램'인 EQP(Equation Prover)가 증명한 것이다.

공포를 선사한 이유는 증명이 스무 줄도 안 되었다는 사실이다. EQP는 8일 동안 거의 5만 개에 달하는 명제식을 이리저리 대입해 보다가 증명에 성공했는데, 이때 대입한 명제식이 '컴퓨터에게 당연해 보이면' 출력하지 않도록 프로그램되어 있었다. 컴퓨터는 당연하다고 넘어갔지만 왜 당연하다는 건지 사람에게는 가늠조차 안 되는 부분이 많았는데, 달랑 증명 몇 줄 던져 놓고 "당연하잖아."를 남발하던 수학자들이 거꾸로 된통 당한 셈이다.

다행히도(?) 얼마 후 '인간적인 증명'이 나왔고, 지금은 한때의 소동으로 치부되며 아는 사람조차 별로 없다. 하지만 이 사건은 컴퓨터가 4색 정리를 증명한 이후, 딥 블루나 알파고가 또다시 인간의 무릎을 꿇리기 전까지는 상당한 화제였다.

앤스콤의 콰르텟

인공 지능 시대에 접어든 요즘 데이터의 중요성이 강조되고 있다. 컴퓨터가 많은 양의 데이터를 통해 어떤 것을 학습하는 것이 인공 지능의 주된 아이디어이기 때문이다. 거대한 데이터만 가지고는 의미 있는 정보를 얻기 어려운데, 통계학의 이론과 방법을 통해 데이터를 효율적이고 의미 있게 다룰 수 있다. 보통은 큰 데이터를 가지고 있을 때 산술적인 접근을 한다. 예를 들어 평균이나 표준 편차 같은 것을 통해 데이터 분포를 파악하려고 한다.

1973년 통계학자 프랜시스 앤스콤(Francis Anscombe, 1918~2001년)은 데이터에 대한 산술적 분석뿐 아니라 데이터를 시각화하는 것의 중요성을 보여 주는 흥미로운 예제를 제시했다. '앤스콤의 콰르텟(Anscombe's quartet)'이라 불리는 4종류의 데이터인데 이들 데이터는 통계적 설명으로는 동일한데, 실질적으로 매우 다른 분포를 갖는 데이터이다.

앤스콤이 제시한 4개의 데이터를 다음과 같은 상황으로 설명해 보자. 어떤 유기체가 하나 있다. 4명의 다른 연구자가 각각 열한 번에 걸쳐 어떤 자극(양을 조절할 수 있는 전기나 화학적 자극)을 주었다고 하자. 각 연구자는 열한 번 주어진 자극에 유기체가 보인 반응을 기록해 데이터를 만들었다.

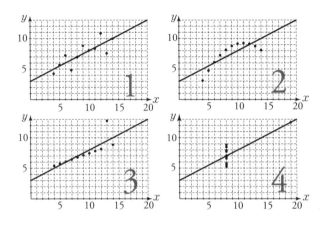

산술적인 데이터만 가지고 이들 4개의 데이터를 비교해 보면 자극 11번의 평균은 9이고 거기에 대한 유기체의 반응 값의 평균은 7.5이다. 4개의 데이터 모두 입력 값 11개의 표준 편차가 같고, 동시에 출력 값의 표준 편차도 같다. 동시에 입력 값과 출력 값 사이의 상관 계수는 네 데이터 모두 0.5이다. 이로부터 자동적으로 계산한 '회귀선 방정식(equation of regression line)', 즉 데이터의 입력과 출력의 상관관계를 1차 함수로 보았을 때 데이터와 가장 가까운 최적의 1차 함수는 $y=3+0.5x$였다.

그러나 그림과 같이 실제로 데이터 값들을 xy평면에 표시했을 때 분포는 서로 매우 상이하다. 첫 번째 데이터의 분포는 회귀선과 거의 일치하는 선형 분포인 반면, 두 번째 데이터는 선형이라기보다는 포물선의 분포를 보인다. 따라서 두 번째 데이터는 2차 함수를 이용한 회귀선 방정식을 사용해야 한다. 세 번째 데이터는 혼자 비껴 있는 값, 즉 아웃라이어의 존재 때문에 대부분의 입출력 값이 따르는 직선에서 비껴 있는 직선을 회귀선 방정식으로 얻고 말았다. 네 번째 데이터도 앞의 세 데이터와 매우 상이한 성격의 데이터 분포를 갖고 있음을 알 수 있다.

앤스콤의 제안대로 오늘날은 반드시 주어진 데이터가 아무리 크더라도, 반드시 산술적 방법과 시각화 모두를 통해 데이터의 성격을 파악하려고 한다.

1105는 카마이클 수

소수 자체의 성질을 규명하는 것은 수론에서 흥미로운 주제 중 하나이다.

페르마의 작은 정리에 따르면, p가 소수라면 어떤 정수 a든지 a^n과 a를 p로 나누었을 때 나머지가 같다. 예를 들어 $p=7$은 소수이며, $2^7 - 2 = 7 \cdot 18$이 되어 2^7은 7로 나누었을 때 나머지가 2이다. 페르마의 작은 정리의 역도 성립할까? 즉 어떤 자연수 $n \geq 2$이 있어, 임의의 정수 a에 대해 a^p와 a를 n으로 나누었을 때 나머지가 같다면 n은 소수일까?

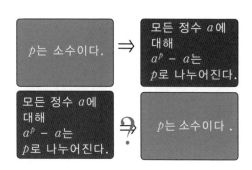

만약 그렇다면 좋은 소수 판정법이 될 수 있을 텐데, 아쉽게도 답은 "아니오."이다. 합성수 중에도 페르마의 작은 정리의 결론을 만족하는 수들이 있다. 이런 수들을 '카마이클 수(Carmichael number)' 또는 페르마의 유사 소수라고 한다.

어떤 수가 카마이클 수가 되는지 결정하는 조건을 알아내는 일은 카마이클 수의 정의만 이용해서는 쉬워 보이지 않는다. 앨윈 코르젤트(Alwin Korselt, 1864~1947년)는 합성수 n이 카마이클 수가 될 필요 충분 조건이 n이 제곱수가 아니고 n의 모든 소인수 p에 대해 $p-1$이 $n-1$의 약수가 되는 것임을 증명했다. 이를 이용하면 가령 1105가 카마이클 수임을 보일 수 있다. 1105=5·13·17이며, 4, 12, 16은 모두 1104의 약수이다. 카마이클 수가 될 조건을 처음 보인 것은 코르젤트였지만, 그는 그런 수를 실제로 찾지는 않았다. 코르젤트의 조건을 만족하는 수를 처음 찾은 사람이 로버트 카마이클(Robert Carmichael, 1879~1967년)이어서 이 수에는 코르젤트 수 대신 '카마이클 수'라는 이름이 붙었다.

한편 잭 처닉(Jack Chernick)은 카마이클 수를 만들어 내는 의미 있는 정리를 제시했다. 그의 정리에 따르면 $6k+1$, $12k+1$, $18k+1$가 모두 소수이면 $(6k+1)(12k+1)(18k+1)$는 카마이클 수이다. 코르젤트 정리의 조건을 만족하기 때문이다. 1729=7·13·19가 그런 수이므로, 1729는 카마이클 수이다.

카마이클 수는 무한히 많이 있을까? 수학자들은 오랫동안 그럴 것이라고 예상해 왔다. 1994년 윌리엄 앨포드(William Alford, 1937~2003), 앤드루 그랜빌(Andrew Granville, 1962년~), 칼 포머런스(Carl Pomerance, 1944년~)는 실제로 카마이클 수가 무한히 많이 있음을 증명했다.

11월
6일

작고도 작은 세상

낯선 사람과 대화하다가 알고 보니 친구 동생의 동창이라거나, 친척의 이웃이거나 해서 "세상 참 좁네!"라는 말을 하는 경우가 있다. 보통 한 사람이 아는 사람이 150명 정도 된다고 하니, 몇 다리 건너면 대부분의 사람이 연결되는 것이 그리 이상한 일은 아니라 하겠다. 이런 현상을 '작은 세상 효과(small world effect)'라 한다. 그러면 사람들은 보통 몇 단계를 거쳐 서로 연결되어 있을까?

하버드 대학교의 사회 심리학자였던 스탠리 밀그램(Stanley Milgram, 1933~1984년)은 1967년에 기발한 방법으로 작은 세상 효과를 연구했다. 밀그램의 연구 팀은 미국 네브래스카 주 오마하에 사는 사람 160명을 무작위로 골라 소포를 보낸 다음, 이 소포를 매사추세츠 주 보스턴에 사는 특정인에게 보내도록 요청했다. 네브래스카 주는 미국 중서부에 있고, 매사추세츠 주는 동부에 있어서 무작위로 선택된 오마하 주민과 최종 목적지인 보스턴 주민 사이에 특별한 관계가 있을 가능성은 별로 없었다.

밀그램은 최종 목표인에게 직접 소포를 전달하는 대신, 아는 사람 중에 최종 목표인을 알 것 같은 사람에게 전달하는 방식으로 소포를 보내도록 했고, 각 단계에서 소포를 보내는 사람의 이름을 함께 적도록 했다.

160개의 소포 가운데 끝내 최종 목적지에 도착하지 못한 것도 있었지만, 64개는 정확히 보스턴의 목표인에게 도착했다. 몇 단계를 거쳤는지를 조사해 보니, 평균적으로 6단계 정도를 거쳤다는 결론을 내릴 수 있었다. 네브래스카 주의 주민과 매사추세츠 주의 주민이 여섯 단계로 분리되어 있는 셈이었다. 이것을 '6단계 분리(six degrees of separation)'라 한다.

물론 이 실험은 아주 정밀하지도 않으며, 도착한 소포가 반도 안 되고, 결과를 해석하는 데도 이견이 있을 수 있어서 정확한 법칙이라고 할 수는 없지만, 두 사람이 생각보다 가까운 단계를 거쳐 연결될 수 있다는 점에서 학자들에게 많은 영향을 미쳤다. 예컨대 위키 백과의 항목들을 대상으로 출발지에서 목표까지 몇 번의 링크를 거쳐 갈 수 있는지를 알아보면, 평균적으로 세 단계 정도로 연결되어 있다고 한다. 그러니까 어느 항목에서든 클릭 세 번 정도면 웬만한 항목에 도달할 수 있다는 뜻이다. 링크가 연결되어 있는지 아닌지는 명확하므로 밀그램이 사람에게 소포를 보내는 방식으로 진행한 실험보다는 훨씬 정밀한 결과라 하겠다.

수학자들은 비슷한 아이디어로 에르되시 수(Erdős number)라는 개념을 만들었다. 이 수는 수많은 사람들과 공동 연구를 했던 수학자 에르되시 팔의 이름을 딴 것으로, 먼저 에르되시 자신의 에르되시 수는 0, 에르되시와 함께 논문을 쓴 사람의 에르되시 수는 1, 에르되시 수 1인 사람과 함께 논문을 쓴 사람의 에르되시 수는 2⋯ 이런 식으로 정의된다. 현재 에르되시 수가 유한인 사람들의 에르되시 수가 평균적으로 5 정도 된다고 하니, 적어도 이런 관점에서는 6단계 분리 현상이 어느 정도 들어맞는 셈이라 하겠다.

안드리카의 추측

$\sqrt{11} - \sqrt{7}$ 을 특별하다고 생각하는 사람은 많지 않을 것이다. 하지만 이 수는 소수에 관한 흥미로운 추측과 관련돼 있다.

두 소수 사이의 간격이 임의로 벌어질 수 있다는 사실은 잘 알려져 있다. 예를 들어 인접한 두 소수 사이의 간격이 1000조를 넘는 소수 쌍은 무수히 많다. 그렇다면 소수의 제곱근 사이의 간격은 어떨까? 다시 말해서 다음 수열에서 인접한 두 항 사이의 간격을 생각하자는 것이다.

$$\sqrt{2}, \sqrt{3}, \sqrt{5}, \sqrt{7}, \sqrt{11}, \sqrt{13}, \sqrt{17}, \sqrt{19}, \sqrt{23}, \cdots.$$

실제로 계산해 보면 생각보다 간격이 넓지 않음을 관찰할 수 있는데, 현재까지 컴퓨터로 확인한 바에 따르면 $\sqrt{7}$ 과 $\sqrt{11}$ 사이의 간격이 가장 크다. 그 다음으로 간격이 큰 것은 $\sqrt{127} - \sqrt{113} \approx 0.6392$ 인데 이후로 그나마 큰 값은 $\sqrt{1361} - \sqrt{1327} \approx 0.4637$ 이어서 아예 0.5조차 못 넘는 것처럼 보인다.

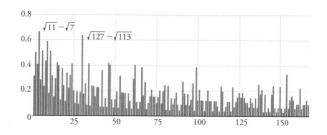

이제부터 n번째 소수를 p_n이라 표기하기로 하자. 예를 들어 네 번째 소수가 7이므로 $p_4=7$이라고 쓰자는 것이다. 따라서

$$\sqrt{p_{n+1}}-\sqrt{p_n} \leq \sqrt{11}-\sqrt{7} \approx 0.67087\cdots$$

이라고 추측할 수 있다.

증거가 명백해 보임에도 불구하고 이 추측은 현재까지 증명되지 않은 상태이며, 실은 이보다 훨씬 약한 결과인 다음 추측조차 증명되어 있지 않다.

$$\sqrt{p_{n+1}}-\sqrt{p_n} < 1$$

이 추측은 '안드리카 추측(Andrica's conjecture)'이라 하는데, 만약 참일 경우 에드문트 란다우(Edmund Landau, 1877~1938년)가 소수에 대해 제시한 4대 문제 중 하나인 다음의 르장드르 추측을 쉽게 증명할 수 있다.

k^2과 $(k+1)^2$ 사이에 소수가 적어도 하나 존재한다.

르장드르 추측이나 안드리카 추측 모두 사실이라는 수치적 증거는 많지만, 증명은 요원하기만 하다. 란다우는 1912년 골드바흐 추측, 쌍둥이 소수 추측, 르장드르 추측과 '$k^2 + 1$ 꼴의 소수가 무한하다.'라는 추측을 해결할 것을 제시했는데, 100년도 넘은 현재까지 어느 하나도 증명되지 않았다.

민코프스키의 정리

n차원 유클리드 공간 안에 있는 볼록 집합이 원점에 대해 대칭이고 부피가 2^n보다 크면 이 집합은 원점을 제외한 정수로 이루어진 격자점을 적어도 하나 포함한다. 이 정리는 헤르만 민코프스키(Hermann Minkowski, 1864~1909년)의 이름을 따서 민코프스키의 정리라고 불린다. 특수 상대성 이론에 등장하는 민코프스키 공간의 창시자로도 잘 알려진 그는 볼록 기하학 또는 기하학적 정수론의 개척자 중 한 사람이다.

정리를 이해하기 위해 평면을 예로 들어 보자. 원점을 중심으로 하는 정사각형의 한 변 길이가 2보다 약간 크다고 하자. 이때 면적은 4보다 약간 크다. 한 변의 길이가 2보다 크기 때문에 정수의 격자점 $(\pm 1, 0)$, $(\pm 1, \pm 1)$을 포함한다. 만약 한 변의 길이가 2보다 약간이라도 작으면 정사각형은 원점 외에는 정수의 격자점을 포함하지 않는다. 이때 면적은 4보다 작다. 이는 3차원 공간에서도 동일하다.

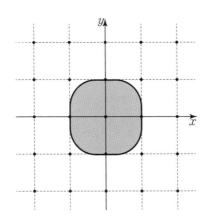

  원점을 중심으로 하는 정육면체의 한 변의 길이가 2보다 크냐 작으냐를 기준으로 정수의 격자점을 포함하느냐 포함하지 않느냐가 결정된다. 이때 기준 부피는 $2 \times 2 \times 2 = 8$이다.

  민코프스키 정리는 여러 가지 흥미로운 응용을 갖고 있다. 가령 라그랑주의 정리, 즉 모든 자연수는 제곱수 4개의 합으로 표현될 수 있다는 정리도 민코프스키의 정리를 이용해 증명할 수 있다. 이 정리는 레온하르트 오일러가 추측했지만 증명에 성공하지는 못했고, 한참 후 라그랑주가 겨우 증명에 성공할 정도로 어려운 결과였다. 이를 민코프스키의 정리를 이용하면 어렵지 않게 증명할 수 있어서 기하학적 정수론의 위력을 잘 보여 준다고 할 수 있다.

  네제곱수의 합은 다른 두 네제곱수의 곱으로 표현될 수

있기 때문에 임의의 소수 p가 네제곱수의 합으로 표현될 수 있음을 증명하면 된다. 주어진 p에 대해 정수 r^2+s^2+1이 p의 배수가 되는 정수 r, s가 존재함이 알려져 있다. 이 정수들을 이용해서 4차원 유클리드 공간 정수의 격자점들을 변환시킬 수 있다. 이 격자점들과 반지름이 $\sqrt{2p}$인 구에 민코프스키 정리를 적용하면 구 안에 변형된 격자점에 대해 정수 좌표를 갖는 격자점이 존재한다. (여기서 구의 부피는 $2\pi^2p^2$이며, 이는 변형된 격자점에서 기준 부피인 $2\pi^2p^2$보다 크므로 민코프스키의 정리를 적용할 수 있다.) 구 안에 존재하는 이 격자점의 각 좌표의 제곱수의 합이 p가 돼야 함을 간단한 계산을 통해 확인할 수 있다.

구점원

삼각형 ABC가 주어져 있다. 점 A, B, C의 각 대변의 중점을 각각 D, E, F라고 하자. 점 A, B, C에서 각 대변에 내린 수선의 발을 각각 G, H, I라고 하자. 이때 세 수선이 만나는 교점, 즉 삼각형의 수심을 S라고 할 때, 선분 AS, BS, CS의 중점을 각각 J, K, L이라 하자. 이렇게 해서 얻은 9개의 점 D, E, F, G, H, I, J, K, L은 한 원 위에 있다. 이를 구점원(nine points circle)의 정리라고 한다.

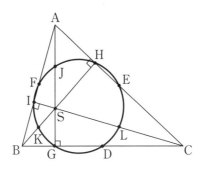

19세기 초 유럽 여러 나라에서 이 정리에 대한 논의가 동

시다발적으로 등장했으나 1822년에 처음으로 결과를 출판한 카를 빌헬름 포이어바흐(Karl Wilhelm Feuerbach, 1800~1834년)의 이름을 따서 구점원을 '포이어바흐의 원'이라고도 한다. 사실 포이어바흐는 처음 6개의 점이 한 원에 있다는 것을 발견했는데, 1842년 오를리 테르켐(Olry Terquem, 1782~1862년)이 각 꼭짓점과 수심을 연결한 선의 중점들도 같은 원 위에 있다는 것을 발견했다. 이후 구점원이라는 이름이 붙게 되었다.

실제로 구점원을 작도하기 위해서는 원의 중심을 정해야 한다. 각 변의 중점 D, E, F를 연결한 삼각형 DEF를 생각하자. 각 변의 수직이등분선을 작도하면 이들은 한 점에서 만나는데 이 점이 바로 구점원의 중심이 된다. 구점원의 반지름은 삼각형 ABC의 외접원 반지름의 1/2이다. 구점원은 구점원의 중심을 찾기 위해 사용했던 삼각형 DEF의 외접원이 된다. 동시에 수선의 발 세 점으로 이루어진 삼각형 GHI의 외접원도 된다.

포이어바흐는 삼각형 ABC의 세 방접원(삼각형 세 변의 연장선을 생각할 때 두 연장선과 사이에 낀 삼각형 ABC의 한 변에 접하는 원)과 구점원은 서로 접함을 증명했다. 이때의 세 접점을 연결해 만든 삼각형을 포이어바흐 삼각형이라고 한다. 이 포이어바흐 삼각형의 외접원 중심은 삼각형 ABC의 구점원 중심과 다시 일치한다.

11월
10일

퍼코의 매듭쌍

노트북, 스마트폰, 게임기 등등 전자 제품을 많이 사용하는 요즘에는 서로 얽혀 있는 전선 때문에 애를 먹은 적이 있을 것이다. 수학에서 매듭이라고 불리는 이 대상을 본격적으로 연구하기 시작한 것은 19세기 물리학자들이었다. 저명한 물리학자 윌리엄 톰슨(William Thomson, 1824~1907년)의 원자가 매듭으로 이루어졌다는 주장에 영향을 받은 동료 물리학자 피터 거스리 테이트(Peter Guthrie Tait, 1831~1901년)는 매듭을 분류하는 작업을 본격적으로 시작한 사람이다.

매듭을 수학적으로 정의하자면 원을 3차원 유클리드 공간에 매끄럽게 매립시킨 상이다. 매듭을 자르지 않고 연속적으로 변형시켜 한 매듭에서 다른 매듭으로 이동할 수 있을 때 두 매듭이 동일하다고 한다. 테이트가 사용한 방법은 매듭의 각 교차수에 따라서 평면 위에 가능한 매듭의 다이어그램을 그린 후 동일한 매듭을 분류해 나가는 것이었다. 1876년 테이트는 교차점 7개까지의 매듭을 분류한 표를 발표했다. 교차점이 8개 이상이 되면 서로 다른 매듭의 개수가 급격히 증가해 무척 어려운 문제가 된다. 알려진 바에 따르면 교차점의 개수가 n개인 매듭의 종류의 수는 n이 커질 때 $(13.5)^n$을 넘지 않는다고 한다. 그 후 미국 수학자 찰스 뉴턴 리틀(Charles Newton Little, 1858~1923년)이 교차점 10개까지 매듭을 분류하자, 테이트는 리틀과 협력해 교차점 11개까지 매듭의 분류표를 만들어 출판하게 된다.

20세기 초에 들어 위상 수학의 발전으로 수학자들은 매듭을 더 잘 다루게 되었지만, 1960년대 존 콘웨이가 매듭의 분류 연구를 새롭게 할 때까지 매듭 분류의 문제는 테이트와 리틀의 분류표에서 별 진전이 없었다. 콘웨이의 효율적인 방법은 테이트와 리틀의 고생스러운 분류를 상당히 간소한 방법으로 대체했는데도 여전히 교차점이 10개인 매듭의 분류에서 놓친 점이 있었다.

1974년 법조인이자 아마추어 수학자였던 케네스 퍼코(Kenneth Perko)는 콘웨이의 연구로 갱신된 최신의 매듭 분류표였던 데일 롤프센(Dale Rolfsen)의 표에서, 다른 것으로 분류되었던 교차점 10개짜리 두 매듭 161번과 162번이 사실 동일한 매듭임을 발견했다. 이 두 매듭은 소위 뒤틀림수라고 불리는 양이 달랐기 때문에 계속 다른 것으로 분류되어 왔던 것이다. 이후 이 두 매듭을 퍼코의 쌍(Perko's pair)이라 부르게 되었다.

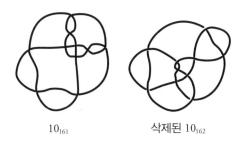

10_{161} 삭제된 10_{162}

　분류가 잘못되었다는 사실을 확인한 롤프센은 162번을 삭제하고, 다음 번호인 163번에서 마지막 번호인 166번까지를 하나씩 당겨서 162~165번으로 다시 번호를 붙인 개정판을 냈다. 그런데 이 사실을 정확히 알지 못한 사람들이 개정판의 161번과 162번을 퍼코의 쌍으로 잘못 소개하는 일이 여러 차례 벌어졌다. 오류에 오류가 겹친 셈이었다.

　이후 매듭 이론은 1984년 본 존스(Vaughan Jones, 1952~2020년)가 새로운 불변 다항식을 발견하면서 큰 전환점을 맞이했고, 이후 더욱 흥미로운 분야로 성장했다.

11진법과 유리수 세는 법

정수 집합은 유리수 집합의 일부분에 불과하다. 따라서 서로 다른 유리수마다 서로 다른 정수를 대응할 수 있다는 사실이 처음에는 잘 안 믿어질 수도 있다. 그런 방법은 많이 있으나, 여기서는 11진법을 이용한 방법을 소개하기로 한다.

수를 11진법으로 표현하려면 0부터 9까지의 숫자 10개로는 부족한데, 10진법으로 10에 해당하는 수를 11진법에서 T라고 쓰기로 하자.

양의 유리수는 서로소인 두 자연수의 몫으로 쓸 수 있는데, a/b와 같이 표기하기도 한다. 예를 들어 4.2는 21/5로 나타낼 수 있다. 양의 유리수를 이런 식으로 표기한 후 다음처럼 자연수를 대응하기로 하자.

$$21/5 \rightarrow 21T5_{(11)} = 2 \cdot 11^3 + 1 \cdot 11^2 + 10 \cdot 11 + 5 = 2898$$

즉 서로소인 자연수 a, b에 대해 a/b 꼴의 유리수가 주어진 경우 이를 $(aTb)_{(11)}$에 대응하자는 것이다.

0은 0으로 대응하고, 음의 유리수 $-a/b$는 $-(aTb)_{(11)}$로 대응한다. 예를 들어 유리수 $-70/31$은 정수 $-70T31_{(11)}$에 대응한다. 그러면 이런 대응에 의해 서로 다른 유리수가 서로 다른 정수로 대응한다는 것은 당연하다.

물론 이 대응 자체는 일대일 대응은 아니다. 예를 들어 정수를 11진법으로 표현했을 때 T가 없거나 둘 이상인 경우, T가 맨 뒷자리나 맨 앞자리에 나오는 경우 역대응하는 유리수를 찾을 수 없다. 또한 T보다 아랫 자릿수가 0이어서도 안 되는 등 여러 가지 조건을 만족해야 한다. 그렇게 보면 유리수의 '개수'가 정수의 '개수'보다 적다고 말하고 싶은 생각이 들지 않는가?

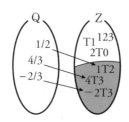

말케비치 다각형

변의 길이가 같은 정삼각형 모양의 타일과 정사각형 모양의
타일이 많이 주어져 있다고 하자. 이 타일들의 변과 변을 맞
붙여서 볼록 다각형을 만든다면, 그 변의 개수로는 어떤 값
이 가능할까? 이 문제는 위스콘신 대학교의 조지프 말케비
치(Joseph Malkevitch)가 《수학 매거진(*Mathemactics Magazine*)》에
출제한 문제였다.

　먼저, 변의 개수가 3개인 다각형과 4개인 다각형, 즉 삼
각형과 사각형은 타일 하나로도 만들 수 있으며 여러 개를 붙
여서도 쉽게 만들 수 있다. 오각형은 어떨까? 이것은 정사각
형에 정삼각형을 하나 붙이면 간단히 만들 수 있다. 육각형은
정삼각형 6개를 붙여서 정육각형을 만들면 되니까 이것도 어
렵지 않다. 칠각형부터는 어떨까? 여기서부터는 모양이 단번에
잘 떠오르지 않는다. 팔각형은 어떨까? 구각형은? 십각형은?

　가능한 도형을 만들어 내면 변의 개수로 가능한 값을
확인할 수 있지만, 일일이 만들어 보는 방식으로 변의 개수
로 불가능한 값을 알아낼 수는 없다. 예컨대 변의 개수가 100

개인 볼록 다각형을 만들 수 있을까? 잘 될 것 같지는 않지만, 내가 100각형을 만들어 내지 못했다는 사실이 100각형이 불가능함을 보장해 주지는 않는다. 이럴 때 필요한 것이 수학적인 사고다.

정삼각형과 정사각형을 붙여서 다각형을 만드니까, 이렇게 만들 수 있는 한 내각의 크기는 60도, 90도, 120도, 150도가 된다. 그러면 각 꼭짓점이 가질 수 있는 외각의 크기는 180도−(내각의 크기)이므로 120도, 90도, 60도, 30도가 된다. 한 다각형에서 외각의 크기를 모두 더하면 360도이므로, 변의 개수를 가장 많이 만들 수 있는 경우는 외각 30도가 12개 있는 십이각형이다. 그러니까 정삼각형과 정사각형을 맞붙여서 100각형은 물론이고 십삼각형부터 만들 수가 없다.

그러나 이 결과가 십이각형이 존재하는지를 알려 주는 것은 아니므로, 일일이 만들어서 확인해 보는 수밖에 없다. 실제로 다음과 같이 삼각형부터 십이각형까지 모두 만들 수 있으므로 말케비치의 문제에 대한 답은 3, 4, 5, 6, 7, 8, 9, 10, 11, 12의 10개다. 그림에서 다른 다각형은 모두 변의 길이가 같은 도형이지만, 십일각형은 정사각형 2개가 나란히 붙은 부분 때문에 변의 길이가 모두 같지는 않아서 예외적인 도형이라 할 수 있다.

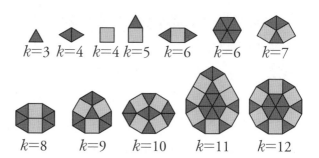

$k=3$ $k=4$ $k=4$ $k=5$ $k=6$ $k=6$ $k=7$

$k=8$ $k=9$ $k=10$ $k=11$ $k=12$

아르키메데스 다면체

모든 면이 똑같은 정다각형으로 둘러싸인 정다면체가 5개뿐
이라는 것은 고대로부터 잘 알려진 사실이다. 이 개념을 더 일
반화하면 어떻게 될까? 각 면을 이루는 정다각형이 2종류 이
상이라면? 2종류 이상의 정다각형으로 둘러싸인 입체 도형
은 사실 너무 많기 때문에 약간의 제한을 덧붙이자. 우선 오
목하게 들어간 부분이 없는, 볼록한 입체 도형만 생각한다.
또한 각 꼭짓점마다 정다각형들이 모이는 방식이 똑같아야
한다. 이 말인즉슨 어떤 점에서는 정삼각형 3개가 만나고, 다
른 점에서는 정삼각형 4개가 만나는 것과 같은 일이 없어야
한다는 뜻이다. 이런 제한은 우리가 정다면체를 생각할 때와
마찬가지이므로 그리 이상한 조건은 아니다.

　　이런 제한 아래 다면체를 만들어 보면 다음 그림처럼 꼭
13종류의 다면체를 만들 수 있다. 이 사실을 처음으로 알아
낸 사람이 아르키메데스로 알려져 있어서, 이런 입체 도형을
'아르키메데스 다면체'라 한다.

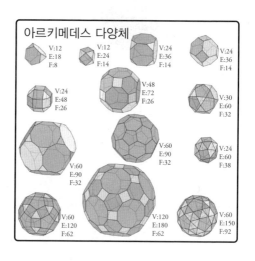

아르키메데스 다양체

V:12 E:18 F:8
V:12 E:24 F:14
V:24 E:36 F:14
V:24 E:36 F:14
V:24 E:48 F:26
V:48 E:72 F:26
V:30 E:60 F:32
V:60 E:90 F:32
V:60 E:90 F:32
V:24 E:60 F:38
V:60 E:120 F:62
V:120 E:180 F:62
V:60 E:150 F:92

　　아르키메데스의 발견은 거의 완전히 잊혔다가 1800년이 더 지난 1619년에 요하네스 케플러가 재발견했다. 사실 조건을 만족하는 다면체는 13종류만 있는 것은 아니다. 우선 옆면이 정사각형인 각기둥과, 옆면이 정삼각형으로 이루어진 엇각기둥이 있지만, 이것들은 제외하고 생각한다. 또 위 그림에서 꼭짓점 24개, 모서리 48개, 면 26개로 이루어진 다면체와 비슷한 입체 도형이 하나 더 있지만, 이 도형은 열세 가지 다면체와 달리 원래 배치를 유지한 채로 공을 굴리는 것처럼 자유롭게 움직일 수 없다는 점에서 제외한다. 간단히 말해 전체적으로 회전 변환이 자유로운 다면체라 할 수 있다.

　　케플러는 정다면체의 개념을 확장해, 삐죽삐죽한 부분이 있는 다면체를 생각했다. 이 개념은 나중에 1809년에 루이 푸앵소(Louis Poinsot, 1777~1859년)에 의해 재발견되고 완전히 분류되어 케플러-푸앵소 다면체라 불린다. 또, 1966년에 노먼 존슨(Norman Johnson, 1937~2017년)은 모든 면이 정다각형인 볼록 다면체를 완전히 분류해, 모든 꼭짓점에서 주변 모양이 같을 필요는 없는 존슨 다면체라는 분류를 제시하기도 했다.

쿠라토프스키의 폐포-여집합 문제

일반 위상 수학은 주어진 집합에 위상 구조를 주었을 때 그 위상 구조 때문에 일어나는 수학적 현상을 일차적으로 다룬다. 위상 구조란 집합의 원소들 사이에서 가까움을 정의하는 방식인데 부분 집합들을 지정해 주되 이들이 합집합과 교집합의 집합 연산에 대해 닫혀 있도록 지정하는 것을 의미한다. 가령 집합 $X = \{1, 2, 3\}$에 대해 부분 집합 $\emptyset$, $\{1\}$, $\{1, 2\}$, $\{3\}$, X을 지정해 주자. 이들은 합집합과 교집합에 대해 닫혀 있기 때문에 집합 X에 주어진 한 위상 구조가 된다. 이들 각 부분 집합을 '열린 집합(open set)', 그 여집합을 '닫힌 집합(closed set)'이라고 한다. 이 위상 구조에 따르면 1과 3은 서로 가깝지 않다. 1을 포함하는 열린 집합과 3을 포함하는 열린 집합이 있어서 두 집합이 교차하지 않는다. 반면 1은 2에 가까운데, 2를 포함하는 모든 열린 집합이 1을 포함하기 때문이다.

　1920년 카지미에시 쿠라토프스키(Kazimierz Kuratowski, 1896~1980년)는 다음과 같은 흥미로운 정리를 증명했다.

> **정리(쿠라토프스키의 정리)**: 위상 구조를 가진 집합 X의 임의의 부분 집합 A에 대해, 반복해서 여집합을 취하거나, 폐포(closure)를 취해서 얻을 수 있는 X의 부분 집합은 기껏해야 14개이다.

여기서 어떤 부분 집합의 폐포라는 것은 그 집합을 포함하는 가장 작은 닫힌 집합을 의미한다. 쿠라토프스키의 정리를 설명하기 위해 실직선(real line)의 부분 집합으로 예를 들어 보자.

집합 I를 모든 무리수의 집합이라 하고, 집합 $A=(-\infty, 0) \cup (0, 2) \cup ((2, 3) \cap I) \cup \{4\}$를 생각해 보자. A에 대해 폐포를 취하는 작용을 k, 여집합을 취하는 작용을 c라고 하자. 먼저 A에 대해 kA, ckA, $kckA$, $ckckA$, $kckckA$, $ckckckA$를 취하면 부분 집합

$$(-\infty, 3] \cup \{4\}, \ (3, 4) \cup (4, \infty), \ [3, \infty),$$
$$(-\infty, 3), \ (-\infty, 3], \ (3, \infty)$$

를 얻는다. 이후 k 또는 c를 취해도 더 이상 새로운 집합을 얻을 수 없다. 이번에 A에 대해

$$cA, \ kcA, \ ckcA, \ kckcA, \ ckckcA, \ kckckcA, \ ckckckcA$$

를 취하면 또 새로운 7개의 부분 집합을 얻으며 더 이상 새로운 부분 집합을 얻지 못한다. 이 예는 쿠라토프스키 정리에 등장하는 수 14개의 부분 집합을 정확히 얻게 되는 예이다. 이 밖에도 유한개의 원소로 이루어진 적당한 집합에 적당한 위상 구조를 주어 k와 c 작용을 통해 정확히 14개의 부분 집합을 만들어 내는 것도 가능하다.

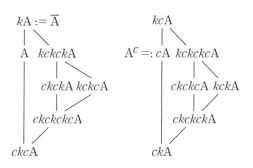

버그를 발견한 것 같아요

컴퓨터의 발달로 복잡한 계산을 얼마든지 정확하게 할 수 있게 되면서 수학은 이전에 비해 더욱 크게 발전했다. 특히 단순히 수를 연산해서 근삿값을 출력하는 정도가 아니라, 식을 직접 계산하고, 함수를 미분하고 적분까지 하는 '컴퓨터 대수 체계(computer algebra system, CAS)'는 수학에서 계산이 뜻하는 범위를 그야말로 획기적으로 바꾸어 놓았다.

CAS 분야의 유명한 소프트웨어로는 매스매티카(Mathematica), 메이플(Maple) 등이 있으며, 지금 시대의 수학자에게 이러한 소프트웨어는 계산의 보조 정도가 아니라 이것 없이는 연구를 진행하기 어려울 정도로 필수 도구가 되어 있다. 이런 소프트웨어로 다음 적분을 계산하면 1.570796 같은 근삿값이 아니라 정확한 값을 알려 준다.

$$\int_0^\infty \frac{\sin x}{x} dx = \frac{\pi}{2}$$

위 식에는 무한대가 들어 있지만, 무한히 많은 단계를 실제로 계산할 수는 없으므로 CAS 소프트웨어에는 무한과 관련된 식을 처리할 수학적인 과정이 반드시 필요하다. 위 식을 조금 바꾼 다음 적분도 같은 값이 된다.

$$\int_0^\infty \frac{\sin x}{x} \frac{\sin x/3}{x/3} dx = \frac{\pi}{2}$$

$$\int_0^\infty \frac{\sin x}{x} \frac{\sin x/3}{x/3} \frac{\sin x/5}{x/5} dx = \frac{\pi}{2}$$

어쩐지 같은 식으로 식을 확장해도 계속 같은 값이 될 것처럼 보인다. 실제로

$$\int_0^\infty \frac{\sin x}{x} \frac{\sin x/3}{x/3} \frac{\sin x/5}{x/5} \frac{\sin x/7}{x/7} dx = \frac{\pi}{2}$$

$$\int_0^\infty \frac{\sin x}{x} \frac{\sin x/3}{x/3} \frac{\sin x/5}{x/5} \frac{\sin x/7}{x/7} \frac{\sin x/9}{x/9} dx = \frac{\pi}{2}$$

$$\int_0^\infty \frac{\sin x}{x} \frac{\sin x/3}{x/3} \frac{\sin x/5}{x/5} \frac{\sin x/7}{x/7}$$
$$\frac{\sin x/9}{x/9} \frac{\sin x/11}{x/11} dx = \frac{\pi}{2}$$

$$\int_0^\infty \frac{\sin x}{x} \frac{\sin x/3}{x/3} \frac{\sin x/5}{x/5} \frac{\sin x/7}{x/7}$$
$$\frac{\sin x/9}{x/9} \frac{\sin x/11}{x/11} \frac{\sin x/13}{x/13} dx = \frac{\pi}{2}$$

가 된다. 그러면 그 다음은 어떨까? 희한하게도 다음과 같은 결과를 얻는다.

$$\int_0^\infty \frac{\sin x}{x} \frac{\sin x/3}{x/3} \cdots \frac{\sin x/15}{x/15} dx$$
$$= \frac{467807924713440738696537864469}{935615849440640907310521750000} \pi.$$

이 사실은 부자 관계인 두 수학자 데이비드 보웨인(David Borwein, 1924년~)과 조너선 보웨인(Jonathan Borwein, 1951~2016년)이 발견해 '보웨인 적분(Borwein integral)'으로 불린다. 그들은 이 기묘한 결과를 메이플 소프트웨어를 담당하는 자크 카레트(Jacques Carette)에게 알렸고, 메이플 소프트웨어에 심각한 버그가 있는 줄 착각한 카레트는 사흘 동안 원인을 알아내려 골머리를 앓았다고 한다.

실제로는 위 적분은 아무 문제없이 정확하게 계산된 값이며, 각각의 값이 $\pi/2$가 되는 것은 $1/1 + 1/3 + \cdots + 1/n$이 2보다 크지 않다는 데서 나온다. 그런데 $1/1 + 1/3 + \cdots + 1/13 + 1/15$는 2보다 아주 조금 큰 값이 되어서, 이처럼 이상해 보이는 결과가 나온 것이었다.

11월
16일

연결망이 끊겼을 때

도시가 4개 있고, 임의의 두 도시 사이에는 도로가 하나씩 연결되어 있다고 하자. 따라서 도로는 모두 6개 있을 것이다. 도로 중 한두 개가 없어진다면 직접 두 도시를 오갈 수는 없겠지만, 다른 도시를 거쳐서 갈 수는 있을 것이다.

물론 도로를 4개 이상 없애면 연결되지 않는 도시가 생길 수밖에 없다. 하지만 6개의 도로 중 셋만 남기면서도 임의의 두 도시가 연결되도록 할 수는 있다. 그런 방법은 모두 몇 가지일까? 누차 경험해 보았지만 이 정도는 직접 그려서 세는 편이 빠른데, 다음과 같이 모두 16가지임을 알 수 있다.

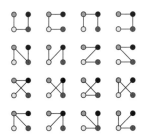

더 일반적으로 도시가 n개이며 각 도시 사이에 도로가 하나씩 연결된 경우, 도로의 개수를 최소 개수인 $n-1$개만 남기면서 임의의 두 도시는 연결되도록 하는 방법의 수는 얼마일까?

여러 가지 방법이 알려져 있으나, 여기서는 하인츠 프뤼퍼(Heinz Prüfer, 1896~1943년)가 개발한 프뤼퍼 부호라는 것을 써서 세어 보기로 한다. 먼저 도시마다 1부터 n까지 번호를 붙이자. 조건을 만족하는 도로망이 있을 때 이를 다음처럼 부호화한다.

이웃과 연결된 도시가 하나뿐인 도시 중에서 번호가 가장 작은 곳이 i인 경우, i와 연결된 도시의 번호 j를 기록한다. 그리고 꼭짓점 i와, i와 j를 연결한 도로를 지운다. 방금 했던 과정을 계속 반복해 도시가 하나만 남을 때까지 한다.

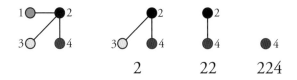

이때 기록한 숫자는 모두 $n-1$개인데, 마지막 숫자는 항상 n일 수밖에 없으므로 무의미하다. 따라서 의미가 있는 숫자가 모두 $n-2$개이고, 이 숫자들은 1과 n 사이에 있다.

역으로 1과 n 사이의 수를 $n-2$개 늘어놓고 끝에 n을 덧붙인 부호가 있으면, 그에 해당하는 도로망을 정확히 복원할 수 있을까? 즉 이 부호를 보고 지워진 도시의 번호를 순서대로 복원하라는 이야기가 된다.

예를 들어 $n=6$일 때 13166으로 주어진 부호는 어떤 도로망에서 온 걸까? 맨 먼저 지워진 번호는 이중에 없을 것이다. 따라서 13166 중에 나오지 않는 가장 작은 수 2일 것이다. 한편 두 번째로 지워진 수는 3166 중에도 없어야 하지만, 이미 지워졌던 2도 아니어야 한다. 따라서 31662 중에 나오지 않는 가장 작은 수 4가 두 번째로 지워진 도시의 번호다. 같은 방식으로 지워졌던 도시의 번호를 차례대로 쓰면 24315를 얻는다. 따라서 원래의 도로망은 1과 2, 3과 4, 1과 3, 6과 1, 6과 5를 이어 준 도로망이었어야 한다.

따라서 우리가 요구하는 조건을 갖춘 도로망의 개수는 정확히 n^{n-2}개임을 알 수 있다. 임의의 연결망이 주어져 있을 때 '가장 적은 개수로 모든 점을 연결하는 방법'의 개수를 세는 일반적인 방법도 있지만, 그래프 이론 및 행렬에 대한 이론이 필요하므로 여기서는 생략할 수밖에 없어 아쉽기만 하다.

돌 줍기 놀이와 황금비

돌멩이나 동전을 두 무더기 쌓아 두고, 갑과 을 2명이 돌 줍기 놀이를 하려고 한다. 어느 한 무더기를 선택해서 원하는 만큼 돌을 집어가거나, 두 무더기에서 동시에 같은 개수의 돌을 집어가는 것만 허용한다. 바닥에 돌을 남기지 않는 사람이 승리한다고 할 때, 갑부터 시작해 번갈아 가며 돌을 줍는다고 할 때 최선을 다하면 누가 이길까?

자연수 n에 대해 (n, n)개씩 놓여 있었거나, $(n, 0)$개나 $(0, n)$개가 놓여 있었다면 단번에 갑이 이길 것이다. 반대로 $(1, 2)$개나 $(2, 1)$개였다면 을이 이긴다는 것은 분명하고, $n \neq 2$에 대해 $(1, n)$개나 $(n, 1)$개에서 시작하면 당연히 갑이 이긴다.

이런 식으로 하나하나 따져 가면서 을이 이길 수 있는 개수의 쌍을 써 보면 다음과 같다.

$(1, 2), (2, 1), (3, 5), (4, 7), (5, 3), (6, 10), (7, 4), \cdots.$

모든 자연수 m에 대해 을이 이길 수 있는 순서쌍 (m, n)이 딱 하나씩 존재하는 걸 알 수 있는데, 조금만 생각해 보면 당연하다. 한편 (m, n)개로 출발하나 (n, m)개로 출발하나 결과는 같으므로, 중복을 제거하고 써 보면 다음과 같다.

$$(1, 2), (3, 5), (4, 7), (6, 10), (8, 13), \cdots.$$

이때 x 좌표에 나오는 수열 1, 3, 4, 6, 8, …과 y 좌표에 나오는 수열 2, 5, 7, 10, 13, …을 찬찬히 들여다보면, 「11월 2일의 수학」에서 다뤘던 것과 비슷한 현상을 볼 수 있을 것이다. 두 수열은 겹치지 않으며, 모든 자연수가 다 나온다!

또한 n번째 항의 차는 n이라는 사실을 이용하면, x 좌표에 나오는 수열 1, 3, 4, 6, 8, …은 $n\phi$의 정수 부분이며, y 좌표에 나오는 수열은 $n(1+\phi)=n\phi^2$의 정수 부분임을 알 수 있다. (단, $\phi = \dfrac{1+\sqrt{5}}{2}$는 황금비다.)

연습 삼아 $[11\phi]=17$로부터 $(17, 28)$로 시작하면 을이 반드시 이길 수 있음을 확인하길 바란다. (물론 이길 방법이 있다는 뜻이지 실제로 이기는 방법을 알아내는 작업은 만만치 않다.)

한편 이 두 수열은 고전적인 방식으로 정의하는 피보나치 수열과도 관련이 있다. 한 달이 지나면 어른 토끼가 아기 토끼를 낳고, 아기 토끼가 다시 어른 토끼가 되는 상황에서 매달 토끼의 수를 나열하면 피보나치 수열이 된다는 사실은 잘 알려져 있다.

이제 어른 토끼를 a, 아기 토끼를 b라 쓰기로 하면, 한 달 후 a는 ab로 바뀌며 b는 a로 바뀐다. 맨 처음은 어른 토끼 a로 시작하자. 한 달 뒤에는 ab로 바뀔 것이다. 다시 한 달 뒤에는 aba로 바뀔 것이고, 또 한 달 뒤에는 $abaab$로 바뀔 것이다. 이런 식으로 계속 써 보면 흥미로운 점을 발견할 수 있다.

$$a \rightarrow ab \rightarrow aba \rightarrow abaab \rightarrow abaababa \rightarrow \cdots.$$

이 문자열의 길이는 늘어나지만, 항상 한 달 전의 문자열을 서두에 포함한다! 이런 과정으로 얻는 극한 문자열 $abaa$ $babaabaab\cdots$에서 a가 나타나는 자리와 b가 나타나는 자리를 살펴보면 위에서 언급한 두 수열이 보일 것이다. 이외에도 피보나치 수열과의 관련성은 더 있지만, 이쯤에서 마무리하기로 한다.

넓이 마방진

연속한 자연수를 정사각형 모양으로 배열해 가로 세로 대각선 방향의 합이 같게 한 마방진은 오랫동안 사람들의 호기심을 끌어 왔다. 사람들은 1부터 9까지를 3×3으로 배열해 가로 세로 대각선 방향의 합이 15가 되는 가장 간단한 마방진에서 시작해 4×4, 5×5로 더 큰 마방진을 만들어 냈다.

독일의 수학자 발터 트룸프(Walter Trump)는 수 대신 도형의 넓이를 이용한 기발한 마방진을 개발했다. 정사각형에 3×3 격자를 만드는 것은 수평선 2개와 수직선 2개를 그어 9개의 영역을 만드는 것이라 할 수 있다. 그러면, 수평선과 수직선을 기울여서, 9개의 영역이 서로 다른 정수만큼의 넓이를 가지면서 그 넓이들의 합이 같아지는 마방진을 만들 수는 없을까?

트룸프는 수평선과 수직선을 기울여서 만들어지는 넓이를 식으로 나타내, 9개 영역의 넓이가 각각 1부터 9까지를 나타내고 마방진이 되는 경우를 찾아보았다. 안타깝게도(?) 그런 배열은 존재하지 않았다. 그러면 2부터 10까지는 어떨까? 이 경우에는 2부터 10까지의 합이 54이므로, 가로 세로 대각선의 합이 18인 마방진이 만들어져야 한다. 절묘하게도 이렇게 되는 경우가 꼭 하나 존재했다.

이 밖에도 그는 3부터 11까지, 4부터 12까지, 5부터 13 까지, 6부터 14까지, 7부터 15까지, 8부터 16까지 넓이를 이 용한 마방진을 발견했다. 트럼프는 이런 마방진에 직선으로 가로 세로 3칸을 만들었다는 뜻에서 '3차 선형 넓이 마방진' 이라는 이름을 붙였다. 이후에도 4차 선형 넓이 마방진을 비 롯한 다양한 넓이 마방진이 발견되고 있다.

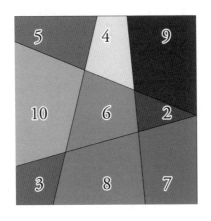

19는 3개의 서로 다른 소수의 합으로
표현되는 가장 작은 소수

소수는 자연수를 곱셈의 관점에서 분할하고자 할 때 유용한 수이다. 주어진 자연수를 소수의 합으로 분할하는 문제를 생각해 보는 것도 흥미로울 듯싶다. 아직 풀리지 않고 있는 골드바흐의 추측, 즉 '모든 짝수는 두 소수의 합으로 쓸 수 있다.'라는 추측도 한 가지 예가 되겠다.

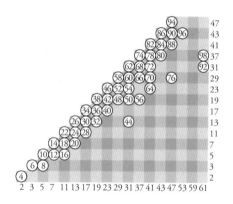

더 큰 범주에서 이 문제는 자연수를 특정한 형태로 분할하는 문제(partition problem)라고 볼 수 있다. 각 자연수에 대해

가능한 분할의 경우의 수를 묻는 분할수가 보통 수학자들이 관심을 가져 온 문제다. 자연수의 분할 중에 특별히 소수로만 분할하는 것을 '소수 분할(prime partition)'이라고 한다. 각 자연수에 대해 서로 다른 소수 분할의 경우의 수를 묻는 것도 흥미로운 문제이다.

가령 7은 7=2+5=2+2+3으로 소수 분할 수가 3이다. 여기에 조건을 더 주어 문제를 생각해 볼 수 있다. 즉 서로 다른 소수의 합만을 허용하는 것이다. 또 동시에 몇 개의 서로 다른 소수의 합으로 표현될지도 조건을 주어 생각해 볼 수 있다. 7은 오직 2개의 서로 다른 소수의 합으로만 쓸 수 있다.

또, 2+3+5=10이므로, 3개의 서로 다른 소수로 쓸 수 있는 수들은 최소한 10보다 같거나 큰 수들 중에서 생각해야 한다. 특별히 소수로서 그중 가장 작은 수는 19이다. 19 다음으로 작은 소수는 23이다. 23은 23=5+7+11=3+7+13으로 서로 다른 소수의 합으로 쓸 수 있는 방법이 두 가지다. 일반적으로 서로 다른 세 소수의 합으로 표현할 수 있는 소수와 그 표현의 가짓수를 물어볼 수 있다.

한스에곤 리헤르트(Hans-Egon Richert, 1924~1993년)는 6보다 큰 모든 자연수는 서로 다른 소수의 합으로 표현할 수 있음을 증명했다. 2보다 큰 소수만으로도 가능할까? 로버트 드레슬러(Robert Dressler)는 9보다 큰 자연수에 대해서는 그렇다는 것을 증명했다. 안제이 쉰젤(Andrzej Schinzel, 1937년~)은 골드바흐 추측이 다음과 동치임을 보였다.

정리(쉰젤의 추측): **17** 보다 큰 모든 자연수는 정확하게 **3**개의 서로 다른 소수의 합으로 표현할 수 있다.

20은 세 번째 데데킨트 수

'사과는 색이 빨갛고 모양이 둥글다.'라는 명제를 생각해 보자. 사과가 빨간색이 아니거나 모양이 둥글지 않으면 사과를 설명하는 이 명제는 참이 아니다. 거짓을 0, 참을 1로 표시하면 사과를 설명하는 명제는 논리곱을 나타내는 함수로 표현할 수 있다. 즉, $(1, 1)$만 함숫값 1을 가지고 $(1, 0)$, $(0, 1)$, $(0, 0)$은 모두 함숫값 0을 가지는 함수이다. 이와 같은 함수를 수학자 조지 불의 이름을 따라서 '불 함수(Boolean function)'라고 한다.

일반적으로 n개의 변수를 가진 불 함수란 0과 1로만 이루어진 n개의 순서쌍에 0 또는 1의 값을 대응시키는 함수이다. 수학적으로 $f : \{0, 1\}^n \to \{0, 1\}$로 표현할 수 있다.

불 함수의 대표적인 예가 논리합이나 논리곱을 표현하는 논리 함수이다. n개의 변수를 가진 단조 불 함수란 $x \le y$일 때 $f(x) \le f(y)$의 추가 조건을 만족하는 불 함수이다. 여기서 $x \le y$란 y의 각 성분이 x의 각 성분보다 크거나 같다는 의미이다. 예를 들면 위에서 논리곱을 나타내는 불 함수는 단조함수인데

$$(0, 0) < (0, 1) < (1, 1), \quad (0, 0) < (1, 0) < (1, 1)$$

이고 이에 대응하는 함숫값은

$$0 = 0 < 1, \quad 0 = 0 < 1$$

이기 때문이다.

주어진 자연수 n에 대해 n개의 변수를 가진 단조 불 함수의 개수를 n번째 '데데킨트 수(Dedekind number)'라고 한다. $n = 1, 2, 3, 4$일 때 대응되는 데데킨트 수는 3, 6, 20, 168인데 이는 리하르트 데데킨트(Richard Dedekind, 1831~1916년) 자신이 계산했다.

정의는 단순하지만 데데킨트 수를 구하는 것은 쉽지 않은 문제이다. 네 번째 데데킨트 수를 알게 된 후 다섯 번째 데데킨트 수를 알게 되기까지 무려 43년이 걸렸다. 현재 여덟 번째 데데킨트 수까지 알려져 있고 그 이상은 알려져 있지 않다.

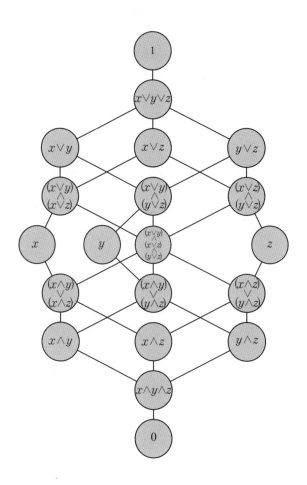

$1+2+5+13=21$

$F_1=1$, $F_2=1$ 및 $F_{n+1}=F_n+F_{n-1}$로 정의된 피보나치 수열은

$$1, 1, 2, 3, 5, 8, 13, 21, 34, 55, \cdots$$

로 나아가는 수열이다. 이 수열의 홀수 번째 항을 더한 합, 즉 $H_n=F_1+F_3+\cdots+F_{2n-1}$를 한번 구해 보자. 예를 들어 $H_4=1+2+5+13=21$인데, H_n을 몇 개 계산해 나열하면 다음과 같다.

$$1, 3, 8, 21, 55, \cdots.$$

눈썰미가 좋은 독자라면 $H_n=F_{2n}$임을 알아챘으리라 믿는다. 물론 이런 관찰을 관찰로만 끝내지 않으려면 증명을 해줘야 한다.

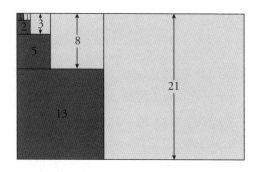

위 그림처럼 한눈에 알아볼 수 있는 증명이 있다면 물론 좋겠지만, 항상 그럴 수 있는 것은 아니기 때문에 예를 들어 수학적 귀납법과 같은 방법을 동원해 '증명'해야 한다. 수학적 귀납법은 대체로 어렵지 않지만, 이미 '아는 답'을 아는 확인하는 용도로 기계적인 답을 써야 할 때가 많아 귀찮을 때가 있다. 그런데 이미 관찰한 답을 확인하는 방법은 수학적 귀납법이 최선인 걸까?

어떤 두 수열 a_n, b_n에 대해 계차 수열이 같다고, 즉 $a_n - a_{n-1} = b_n - b_{n-1}$이 $n \geq 2$에 대해 성립한다고 하자. 그러면 $a_n - b_n = a_{n-1} - b_{n-1}$이므로, 모든 n에 대해 $a_n - b_n = C$인 상수 C가 존재할 수밖에 없다는 사실을 알 수 있다.

$H_n - H_{n-1} = F_{2n-1}$이고, $F_{2n} - F_{2n-2} = F_{2n-1}$임은 쉽게 알 수 있으므로, $H_n = F_{2n} + C$인 상수 C가 존재해야 한다. $n = 1$인 경우를 생각해 보면 $C = 0$임을 알 수 있어 $H_n = F_{2n}$임을 증명했다!

이런 논법을 사용하면 예를 들어 다음 사실들을 수월하게 입증할 수 있으니 한번 검증해 보기 바란다.

- $F_1 + F_2 + \cdots + F_n = F_{n+2} - 1$.
- $F_2 + F_4 + \cdots + F_{2n} = F_{2n+1} - 1$.
- $F_1^2 + F_2^2 + \cdots + F_n^2 = F_n F_{n+1}$.
- $1^2 + 2^2 + \cdots + n^2 = \dfrac{1}{6} n(n+1)(2n+1)$.

그런데 $a_n - b_n = a_{n-1} - b_{n-1}$ 이므로 $a_n - b_n = C$ 인 상수 C가 존재한다고 한 부분을 음미해 보면, 실은 암암리에 귀납적 사고를 했다는 걸 알 수 있다. 다만 형식적으로 밝히지 않았을 뿐이라는 이야기인데, 이 정도 사실조차 수학적 귀납법으로 증명하길 요구하다간 세상이 형식적인 수학으로 가득 차 버릴 것 같긴 하다.

사실 자연수를 구성하는 기본 원리인 '페아노 공리계'에는 수학적 귀납법의 원리가 어엿한 공리의 하나로 자리 잡고 있다. 따라서 원칙적으로 말하자면 자연수를 다룰 때 수학적 귀납법을 피하기란 불가능에 가깝다고 할 수 있을 것이다.

n과 $2n$ 사이에는 반드시 소수가 하나 존재한다.

11과 22 사이에는 소수가 몇 개나 있는가? 물론 금방 확인할 수 있다. 13, 17, 19 해서 전부 3개의 소수가 있다. 그렇다면 일반적으로 자연수 n과 $2n$ 사이에 적어도 하나의 소수가 있을까? 두 수 사이의 간격이 점점 커지기 때문에 우리는 당연히 소수 하나 정도는 있을 것으로 예상한다. 그러나 임의의 짝수에 대해 무한히 많은 두 이웃하는 소수가 있어서 이 소수들의 차이는 주어진 짝수와 같다는 알퐁스 드 폴리냑(Alphonse de Polignac, 1826~1863년)의 예상은 우리 생각이 꼭 당연하지는 않다는 사실을 일깨운다.

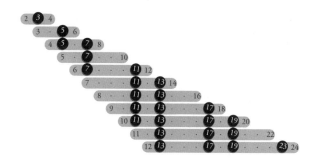

자연수 n과 $2n$ 사이의 소수 존재 여부는 조제프 베르트랑(Joseph Bertrand, 1822~1900년)의 추측이라 불린다. 베르트랑의 추측이 실제로 참이라는 사실은 파프누티 체비쇼프(Pafnuty Chebyshev, 1821~1894년)가 증명했다. 이 증명은 간단하지 않기에 이후 여러 사람이 좀 더 단순한 증명을 시도했다. x보다 크지 않은 소수의 개수를 $\pi(x)$라 하자. 베르트랑의 추측을 증명하는 것은 $\pi(x) - \pi(x/2) \geq 1$임을 증명하는 것과 같다.

단 두 쪽짜리 논문에서 스리니바사 라마누잔은 x보다 크지 않은 모든 소수의 로그 합을 이용해서 $x > 300$일 때 $\pi(x) - \pi(x/2) > (x/6 - 3\sqrt{x}) / \ln x$임을 보였다. 또한 그는 특별히 $x \geq 2, 11, 17, 29, 41$일 때 $\pi(x) - \pi(x/2) \geq 1, 2, 3, 4, 5$임을 보였다.

라마누잔은 베르트랑의 처음 질문보다 한 발 더 나아가 n과 $2n$ 사이에 있는 소수의 개수가 m개 이상이려면 n이 최소 얼마이어야 하는가라는 질문에 답한 것이다. 특별히 $\pi(x) - \pi(x/2) \geq m$이 되는 가장 작은 소수 x를 m번째 라마누잔 소수라고 한다.

라마누잔의 결과의 관점에서 보면 n과 $2n$ 사이는 너무 간격이 넓기 때문에, 이후 수학자들은 1보다 작은 양의 실수 ϵ에 대해 n과 $(1 + \epsilon)n$ 사이에 적어도 하나의 소수가 존재한다고 말할 수 있는지를 탐구하고 있다.

23은 열한 번째 소수?

짝수 $2n$을 두 소수의 합으로 쓸 수 있다는 추측을 골드바흐의 추측이라 부른다. 대체로 큰 수가 소수일 가능성보다는 작은 수가 소수일 가능성이 높기 때문에, 보통 $2n$을 두 소수의 합으로 분해할 때는 $2n-2$ 이하의 소수 중 가장 큰 것 p를 찾은 뒤 $2n-p$가 소수인지 확인하는 방법이 꽤 유력하다. 예를 들어 30의 경우 28 이하의 자연수 중 가장 큰 소수는 23이고, 30에서 23을 뺀 7이 소수이기 때문에 $30=23+7$처럼 두 소수의 합으로 쓸 수 있는 것이다.

물론 이 전략이 항상 통하는 것은 아니다. 예를 들어 98을 보면, 96 이하의 소수 중 가장 큰 것은 89다. 그렇지만 $98-89=9$는 소수가 아니기 때문에 이런 전략이 안 통한다. 사실 이런 전략이 실패하는 가장 작은 짝수가 98인데, 일반적으로 $2n$이 큰 수일수록 이런 전략이 통하지 않을 가능성이 커지리라고 짐작할 수 있을 것이다.

이제 다음과 같은 수열을 생각해 보자. 먼저 $a_0=4$라 하자. a_0, a_1, $\cdots$, a_k가 결정되면, $b_k=a_0 \times a_1 \times \cdots \times a_k$라 둔

뒤, $b_k - 2$ 이하의 소수 중 가장 큰 수를 b_k에서 빼 준 것을 a_{k+1}이라고 정의하자.

예를 들어 $b_0 = 4$인데 2 이하의 소수 중 가장 큰 것이 2이므로 $a_1 = 4 - 2 = 2$일 것이다. 따라서 $b_1 = 4 \cdot 2 = 8$인데 6 이하의 소수 중 가장 큰 것이 5이므로 $a_2 = 8 - 5 = 3$이다. $b_2 = 8 \cdot 3 = 24$인데 22 이하의 소수 중 가장 큰 것이 19이므로 $a_3 = 24 - 19 = 5$이다.

프랭크 부스(Frank Buss)는 이런 방식으로 구한 수열을 a_1부터 나열해 보았다.

2, 3, 5, 7, 11, 13, 17, 19, 31, 29, 23,

41, 43, 37, 89, 59, 53, 67, 79, 71, 137, 109, 239, ….

흥미롭게도 여기에 등장하는 수는 모두 소수인 것처럼 보인다. 다만 처음에는 순서대로 나오는 듯하다가 금세 규칙이 어긋난다는 점에 유의한다. 예를 들어 23은 원래 아홉 번째 소수인데 여기서는 열한 번째 항에 나오기 때문이다.

부스는 이 수열이 소수로만 이루어지겠느냐는 질문을 던졌는데 지금까지는 아직 입증되지도 않았고, 반례도 나오지 않았다. a_{k+1}이 a_1, a_2, …, a_k와 서로소라는 사실 정도는 쉽게 입증할 수 있지만, 그렇다고 해서 소수라는 뜻은 아니어서 문제다. 게다가 b_k가 매우 커지기 때문에 $b_k - 2$ 이하의 소수 중 가장 큰 것을 컴퓨터로 계산하는 것도 만만치 않아서 반례를 찾는 일도 쉽지만은 않다.

거꾸로 모든 소수가 이 수열에 등장하느냐는 질문도 할 수 있는데, 이 또한 아직 미해결 문제다. 이 두 질문이 사실로 드러난다면 우리는 소수를 나열하는 완전히 색다른 방법을 하나 더 얻게 되는 셈이다.

라마누잔 타우 함수

다음과 같은 곱셈을 해 보자.

$$q(1-q)^{24}(1-q^2)^{24}(1-q^3)^{24}\cdots.$$

맨 앞의 두 항만 곱하더라도 지겨운 일일 테니 답을 알려 주기로 한다.

$$q-24q^2+252q^3-1472q^4+4830q^5-6048q^6$$
$$-16744q^7+84480q^8-113643q^9-115920q^{10}+\cdots.$$

여기에서 q^n 앞의 계수를 $\tau(n)$이라 말하고, τ를 '라마누잔 타우 함수'라 부른다. 가만히 살펴보면 $\tau(2)\tau(3)$ $=-24\cdot252=-6048$은 $\tau(6)$과 일치하며, $\tau(2)\tau(5)=-24$ $\cdot4830$은 $\tau(10)$과 일치한다. 그렇지만 $\tau(2)\tau(2)=576$은 $\tau(4)$와 2048만큼 차이가 난다.

스리니바사 라마누잔은 m, n이 서로소인 자연수이면

$\tau(m)\tau(n)=\tau(mn)$이 항상 성립함을 관찰했고, 더 나아가서 p가 소수일 때

$$\tau(p^{k+1})=\tau(p)\tau(p^k)-p^{11}\tau(p^{k-1})$$

임을 관찰했다. 이 두 가지 관찰이 사실이라면 소수 p에 대해 $\tau(p)$ 값들만 알면 모든 타우 함숫값을 알 수 있게 된다.

얼마 지나지 않아 1917년 루이스 모델(Louis Mordell, 1888~1972년)이 이 사실을 증명했는데, 아주 어렵다고는 할 수 없으나 여기서 소개하기 곤란한 모듈러 형식 이론, 푸리에 급수 이론 등을 사용했다.

한편 라마누잔은 $|\tau(p)|<2p^{11/2}$이라는 것, 즉 2차 방정식

$$t^2-\tau(p)t+p^{11}=0$$

이 켤레 복소근을 가진다는 것도 관찰했는데, 이를 증명하는 데는 생각보다 오랜 세월이 걸렸다. 1974년에 와서야 피에르 들리뉴(Pierre Deligne, 1944년~)가 앙드레 베유(Andre Weil, 1906~1998년)의 추측이라 부르는 것을 해결하면서 같이 해결되었는데, 들리뉴는 베유 추측의 증명을 포함한 업적으로 필즈 메달을 받기도 했다.

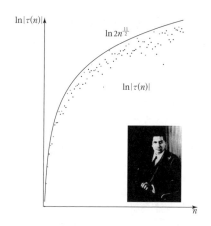

라마누잔 타우 함수는 타원 곡선이라 부르는 것과 많은 관련성을 보이기 때문에 특히 주목을 받고 있다는 정도로만 말해 두기로 한다.

$$q(1-q)^{24}(1-q^2)^{24}(1-q^3)^{24}\cdots$$

에서 거듭제곱의 지수가 24(의 배수)가 아니면 이와 비슷한 종류의 성질이 없다는 것도 흥미로운 대목인데, '2월 24일의 수학'에서 소개한 리치 격자와 관련지어 이해할 수 있다고 한다.

한편 미국 수학자 데릭 레머(Derrick Lehmer, 1905~1991년)는 $\tau(n)=0$인 경우가 없다는 추측을 했고 상당한 범위까지 이를 입증했지만 현재까지 증명되지 않았으며, 반례도 발견되지 않았다.

저글러 수열

다음과 같은 수열을 생각해 보자. a_0는 자연수인데 짝수인 경우 a_1은 $(a_0)^{1/2}$보다 크지 않은 최대의 자연수이고, 홀수인 경우 a_1은 $(a_0)^{3/2}$보다 크지 않은 최대의 자연수이다. a_2는 다시 a_1이 짝수냐 홀수냐에 따라 앞의 식을 따라 정해진다.

$$a_{n+1}=\begin{cases}[a_n^{1/2}] & a_n \text{이 짝수}\\ [a_n^{3/2}] & a_n \text{이 홀수}\end{cases}$$

로 정의하자는 것이다.

이와 같은 과정을 계속 반복하면 하나의 수열을 얻는다. 가령 $a_0=5$이면 a_1은 $5^{3/2}=11.180\cdots$을 넘지 않는 최대 자연수이므로 11이 된다. 11이 홀수이므로 a_2는 $11^{3/2}=36.482\cdots$로부터 36이 되고, a_3은 $36^{1/2}=6$이다. a_4는 $6^{1/2}=2.449\cdots$로부터 2이며, $2^{1/2}=1.41\cdots$로부터 $a_5=1$이 된다. 이 수열을 살펴보면 처음에는 수가 한동안 증가했다가 급격히 감소하면서 1에서 멈춘다. 이와 같은 수열을 저글러 수열이라고 한다. 저글러 수열은 보통 콜라츠 수열처럼 증가와 감소를 반복하다 1에서 끝난다.

25로 시작하는 저글러 수열은 25, 125, 1397, 52214, 228, 15, 58, 7, 18, 4, 2, 1인데, 증가와 감소를 반복하다 1에서 끝난다. 수열을 정의하는 방식에서 이는 짐작할 수 있는 현상이다. 제곱근을 취하면 숫자가 작아지지만, 제곱근을 취한 다음 세제곱을 하면 숫자가 커진다.

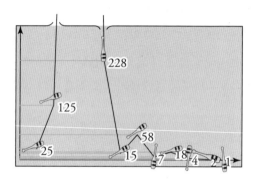

흥미로운 점은 작은 수에서 시작했는데도 아주 큰 수까지 증가했다가 결국은 1로 끝난다는 점이다. 가령 $a_0 = 37$인 경우는 무려 24906114455136까지 증가한다. 홀수로 시작할 경우 제곱근을 취하고 세제곱을 하기 때문에 수열을 계속 키울 수 있는 후보는 81과 같은 홀수의 제곱수이다. $81 = 9^2$로 시작하면 다음 수는 $9^3 = 81 \times 9$이고 그 다음 수는 $9^3 \times 3^3 = 81 \times 27$로 처음부터 가파르게 증가한다. 그렇지만 한편으로는 제곱근을 취했을 때 정수로 떨어지지 않는다면 짝수로 바뀔 가능성이 있고 그렇게 되면 더는 증가하지 못한다.

최초의 값이 무엇이든 저글러 수열은 마지막에 1로 끝날 것이라고 예상하지만, 아직 아무도 증명을 하지는 못했다. 콜라츠 추측과 유사한 상황인 것이다.

수비학과 신의 이름

수에 신비로운 힘이 깃들어 있다는 생각은 고대에 동서양을 막론하고 널리 퍼진 믿음이었다. 지금은 수학을 신비로워할 수는 있어도 수 자체에 특별한 힘이 있다고 믿는 사람은 그리 많을 것 같지 않다.

　수를 주술적으로 이해하고 신성시한 인물로는 피타고라스를 들 수 있겠다. 그는 1은 남자, 2는 여자를 뜻하며, 따라서 1과 2를 더한 3은 결혼을 뜻한다는 식으로 수에 의미를 부여했다. 이런 사고방식을 수비학(數秘學)이라 한다. 이름 지을 때 한자 획수를 따지는 것도 일종의 수비학이라 할 수 있는데, 이런 걸 보면 현대 사회에서 수비학과 같은 미신이 완전히 사라지지는 않은 것 같기도 하다.

　문자와 수를 연결해 생각한 수비학으로는 유대교의 게마트리아(gematria)가 유명하다. 유대인은 22개의 글자로 이루어진 히브리 문자를 사용했다. 우리에게는 좀 낯설지만, 페니키아 문자에서 유래한 로마 문자, 아랍 문자와 같은 계열의 글자이고 이름도 비슷한 것이 많다. 이 글자 하나하나에 수를 부여해 단어에 수를 대응시키는 방식이 게마트리아였다. 22개의 글자 가운데 처음 9개는 1에서 9까지, 다음 9개는 10에서 90까지, 다시 그다음 4개는 100에서 400까지로 생각하고, 단어 끝에 쓰이는 특별한 글자 5개는 500에서 900까지로 생각했다.

게마트리아를 이용한 대표적인 예로는 기독교 성서에 등장해 유명한 666을 들 수 있다. 666이 무엇을 뜻하는지는 분명하지 않으나, 이것이 로마 황제였던 네로를 나타낸다는 설이 잘 알려져 있다. '네로 황제(Nero Caesar)'를 히브리 어로 나타낸 **נרון קסר**에 대응하는 수들을 더한 값이 666이기 때문이다.

또 하나 유명한 예로는 유대교에서 신의 이름인 **יהוה**를 들 수 있다. 로마 문자로 바꾸면 YHWH인데, 각 글자가 나타내는 수를 더하면 $10+5+6+5=26$이 된다. 그러니까 유대인들에게 26은 신을 뜻하는 수였던 셈이다.

당시 사람들은 신의 이름을 직접 부르는 것은 불경한 일로 생각해 문자 대신 이런 식으로 수를 이용하는 경우가 흔했다. 한편, 히브리 문자의 첫 번째 글자인 알레프(aleph, **א**)는 그 모양이 10을 뜻하는 글자 2개와 6을 뜻하는 글자 하나를 조합한 것처럼 생겨서, 알레프 자체를 $10+10+6=26$으로 생각하기도 했다. 26은 신을 뜻하는 수이니, 그러면 알레프가 신을 나타내는 글자가 된 셈이다.

　무한 집합론의 창시자인 수학자 게오르크 칸토어는 어느 누구도 생각하지 못했던 무한의 세계를 탐구하면서 무한에도 크기에 차이가 있음을 보였다. 그러면서 무한의 정도를 나타내는 기호로 알레프를 도입했다. 유대인이었던 칸토어로서는 어쩌면 당연한 선택이었는지도 모르겠다.

정사각형 분할 문제

정사각형을 여러 개의 작은 다각형 조각으로 분할한 후 이 조각들을 다시 조합해 정오각형으로 만들 수 있을까? 정사각형을 4개의 사각형과 1개의 삼각형으로 분할한 후 다시 잘 붙여서 정오각형을 만드는 것은 가능하다. 이때 물론 두 도형은 넓이가 같다. 이처럼 주어진 다각형을 여러 개의 작은 다각형으로 분할한 후 다시 잘 조합해 다른 주어진 다각형으로 만드는 문제를 기하학적 분할 문제라고 한다. 기하학적 분할 문제의 역사는 고대 그리스까지 거슬러 올라간다. 아르키메데스는 하나의 정사각형을 14개의 다각형 조각으로 분할한 후 이를 다시 조합해 넓이가 각각 원래 정사각형의 1/2인 2개의 정사각형으로 만드는 방법을 제시했다.

기하학적 분할 문제는 대표적인 수학 퍼즐로 인기가 있는데 정말 신기한 분할도 가능하다. 가령 정사각형을 분할해 여러 개의 다각형으로 재구성하는 일이 가능하다. 1개의 정삼각형과 1개의 정사각형으로 변환할 수도 있고, 심지어는 각각 1개의 정삼각형, 정사각형, 정오각형, 정육각형, 정칠각형, 정팔각형으로 이루어진 다각형 그룹으로 변환도 가능하다. 이때 주어진 정사각형을 27개의 조각으로 분할하는 것으로 충분하다.

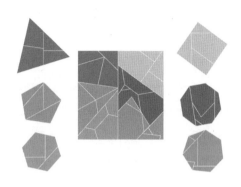

　'월리스-보여이-게르빈 정리(Wallace-Bolyai-Gerwien theorem)'라고 알려진 정리에 따르면 주어진 임의의 다각형은 또다른 주어진 임의의 다각형으로 분할과 재조립을 통해 옮겨질 수 있다. 그렇지만 모든 것이 가능하지는 않다. '주어진 다각형을 같은 넓이를 갖는 여러 개의 삼각형으로 기하학적 분할을 통해 옮길 수 있는가?'라는 질문이 있다. 폴 몬스키(Paul Monsky, 1936년~)는 주어진 정사각형을 기하학적 분할을 통해 홀수 개의 서로 같은 넓이를 갖는 삼각형으로 옮기기란 불가능함을 증명했다. 가령 넓이가 1인 정사각형을 넓이가 1/27인 삼각형 27개로 분할하려면 정사각형 안에 넓이 1/27을 차지하는 한 영역이 삼각형으로 구현되지 않는다. 하지만 삼각형들이 서로 같은 넓이여야 한다는 조건을 포기한다면, 27개의 삼각형으로 분할하는 것은 가능하다.

리만 가설

현대 수학에서 가장 해결하고 싶어 하는 문제로 손꼽히는 것 중 하나가 바로 '리만 가설'이라고 하는 추측이다. 그러나 이 추측이 무엇인지 이해라도 하기 위해서는 상당한 고급 수학이 필요하다. 예를 들어 해석적 확장(연속)을 포함해 복소 미적분 등의 복소함수 이론이 필요하기 때문에 아무리 쉽게 설명하더라도 제대로 이해하기란 매우 어렵다. 다른 방법은 없을까?

다행히도 방법이 없는 것은 아니다. $n > 5040 = 7!$에 대해

$$\frac{\sigma(n)}{n} < e^{\gamma} \ln(\ln n) \qquad (*)$$

이 항상 성립한다는 것과 리만 가설이 동치라는 '로빈의 정리 (Robins' theorem)'가 알려져 있기 때문이다. 물론 여기에서 설명이 필요한 부분이 있다. 먼저 $\sigma(n)$은 n의 약수를 모두 더한 값이다. 또한 $\gamma \approx 0.5772$는 오일러-마스케로니 상수라 부르는 것인데

$$\frac{1}{1}+\frac{1}{2}+\cdots+\frac{1}{n}-\ln n$$

의 극한값이다.

　예를 들어 $n=10000=2^4\cdot5^4$일 때 $\sigma(n)=24211$이며, $e^\gamma\ln(\ln n)\approx3.9545$이므로 앞 쪽의 부등식 (＊)이 성립함을 알 수 있다.

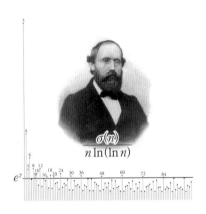

　그런데 $n\le7!$이면 어떨까? 겨우 5040개뿐이므로 하나하나 확인해 주면 되는데, 부등식 (＊)에 어긋나는 것은 다음과 같이 정확히 28개뿐이다.

1, 2, 3, 4, 5, 6, 8, 9, 10, 12, 16, 18, 20, 24, 30, 36, 48, 60, 72, 84, 120, 180, 240, 360, 720, 840, 2520, 5040.

포항 공과 대학교의 최영주 교수를 포함한 수학자들은, 제곱수를 인수로 가지지 않거나 홀수인 $n > 7!$에 대해 부등식 (＊)이 항상 성립함을 증명했다. 따라서 $\frac{1}{2} + \frac{2}{\pi^2} = 0.7027\cdots$의 비율로 리만 가설을 증명한 셈이라는 농담도 잊지 않았다.

한편 부등식 (＊)이 '소수의 다섯 제곱으로 나눠지는 자연수' n에 대해 성립한다는 것과, 리만 가설이 동치라는 것도 보였는데, 이는 $n > 7!$과 같은 제한 조건이 없다는 점에서 깔끔하다고 할 수 있겠다.

한편 $\dfrac{\sigma(n)}{n \ln(\ln n)}$은 e^γ에 얼마든지 가까워질 수 있다는 사실은 이미 증명돼 있다. 이 방향으로 리만 가설을 해결하는 것이 만만하지만은 않은 이유다.

11월
29일

직소 퍼즐 29

퍼즐이라고 하면 대개 간단한 수수께끼 정도로 생각하는 경우가 많지만, 퍼즐의 한 분야인 기계 퍼즐(mechanical puzzle)도 엄청나게 큰 분야이다. 이 분야를 대표하는 작품이라면 루빅스 큐브를 들 수 있을 것 같다. 이처럼 실제 물건을 이리저리 움직여 문제를 해결하는 분야를 기계 퍼즐이라 부른다.

기계 퍼즐 분야의 살아 있는 전설이라면 제리 슬로컴 (Jerry Slocum, 1931년~)을 들 수 있다. 휴즈 항공의 기술자로 근무했던 그는 세계 각국을 돌아다니며 온갖 종류의 기계 퍼즐을 수집하고 원리를 연구했다. 나중에는 자기가 모은 퍼즐 4만 점을 인디애나 대학교에 기증해 많은 이가 기계 퍼즐을 연구할 수 있도록 했다.

그는 국제 퍼즐 파티(International Puzzle Party, IPP)를 창립해, 전 세계 퍼즐 제작자의 교류의 장을 마련하기도 앴다. IPP에서는 매년 새로운 기계 퍼즐이 출품되며, 전문가의 평가를 거쳐 상품화되기도 한다. 최근 우리나라 퍼즐 제작자들도 IPP에서 수상하면서 두각을 드러내고 있다.

　　2018년의 IPP에서 가작(Jury Honorable Mention)을 받은 아사카 유(淺香遊)의 '직소 퍼즐 29'는 단순하게만 생각되던 직소 퍼즐의 수준을 끌어올린 걸작이었다. 이 퍼즐은 정사각형 틀 안에 29개의 직소 퍼즐 조각을 맞춰 넣기만 하면 되는 간단한(?) 작품이다. 특별한 그림 같은 것 없이 모든 조각이 투명한 푸른색이어서, 조각을 뒤집는 것까지 생각하면 좀 까다롭기는 하다. 하지만 이 퍼즐이 어려운 것은 그런 이유 때문이 아니다.

　　이 퍼즐을 맞추다 보면 언뜻 보기에는 5 × 5 모양으로 조각을 배열해야 할 것 같은데, 실제로는 29조각이어서 네 조각이 어딘가에 끼어 들어가야 한다. 물론 5 × 5 모양으로 25개 조각을 만든 다음, 조각 4개를 골라 아무렇게나 반으로 나누어도 29 조각을 만들 수 있지만, 이런 식으로 만들어서야 가작을 받을 수가 없다.

보통 직소 퍼즐을 풀 때는 네 귀퉁이와 네 변에 해당하는 조각을 찾아 먼저 맞추면 쉽게 풀 수 있는데, 이 작품은 그런 전략의 맹점을 찌르는 구조로 만들어져 있어서 실제로 풀어 보면 대단히 어렵다. 네 귀퉁이에 맞는 조각이 5개 있다고 하면 상황이 이해될 것 같다.

유튜브에서 퍼즐을 소개하는 한 채널의 동영상을 보면, 이 퍼즐을 최고 단계인 레벨 10으로 평가하고 있으며, 푸는 데 무려 1시간 49분이 걸린다. 고작 조각 29개짜리 직소 퍼즐에 불과한데도!

30은 주가 수

어떤 자연수가 소수일 필요 충분 조건을 찾는 일은 항상 많은 이들의 관심사였다. p가 소수이면 $k=1, 2, \cdots, p-1$에 대해 k^{p-1}을 p로 나눈 나머지는 1이라는 페르마의 작은 정리는 잘 알려져 있다. 따라서

$$1^{p-1}+2^{p-1}+\cdots+(p-1)^{p-1}+1$$

는 p의 배수여야 할 것이다. 예를 들어 $p=3$이라면 $1^2+2^2+1=6$은 3의 배수이다. 그 역도 성립할까? 다시 말해

$$s_n=1^{n-1}+2^{n-1}+\cdots+(n-1)^{n-1}+1$$

이 n의 배수이면 $n \geq 2$은 소수일까?

짐작하다시피 이 추측은 현재까지 미해결 상태다. 하지만 수학자들이 이런 n이 어때야 하는지에 대해서 완전히 손을 놓고 있는 것만은 아니다. 'n의 모든 소인수 p에 대해

$\frac{n}{p} - 1$이 $p-1$ 및 p의 배수'라는 것과 같은 이야기임을 주세페 주가(Giuseppe Giuga)가 증명했기 때문이다.

n의 모든 소인수 p에 대해 $\frac{n}{p} - 1$이 $p-1$의 배수라는 것과 $n-p$가 $p(p-1)$의 배수라는 것은 같은 말이다. 따라서 $n-p$가 $p-1$의 배수라는 말과도 같으며, $n-1$이 $p-1$의 배수라는 말과도 같다. 「11월 5일의 수학」에서 보았듯이 이런 수 중에서 소수가 아닌 것이 카마이클 수이다.

어쨌거나 두 번째 조건, 즉 소수가 아닌 n의 모든 소인수 p에 대해 $\frac{n}{p} - 1$이 p의 배수라는 조건을 만족할 때 n을 '주가 수'라 부르는 것도 당연해 보인다. $30-2$가 4의 배수, $30-3$이 9의 배수, $30-5$가 25의 배수라는 것을 확인할 수 있으므로 30은 주가 수이다.

카마이클 수가 무한하다는 것은 잘 알려져 있으며 생각보다는 흔한 편인데, 다행히도(?) 주가 수는 매우 드물게 나온다. 방금 이야기한 30 이외에

858, 1722, 66198, 2214408306, 24423128562,
432749205173838, …

와 같은 것들이 주가 수인데, 어느 정도로 드문지 짐작될 것이다. 하지만 주가 수가 무한히 많은지의 여부는 아직 알려져 있지 않다.

주가 수는 카마이클 수에 비해 잘 알려져 있지 않은 편이지만, 의외로 정수론의 여러 개념과 관련돼 있다. 「4월 30일의 수학」에서 소개했던 베르누이 수와도 연관이 있으며, 여기저기서 여러 번 나왔던 오일러의 피 함수와도 관련돼 있고, 「3월 31일의 수학」에서 소개했던 산술 미분과도 관련되어 있다.

그중에 주가 수가 지니는 특징 하나를 소개하자. n이 주가 수라면, n의 소인수의 역수의 합에서 $\frac{1}{n}$을 빼면 자연수여야 한다. 예를 들어

$$\frac{1}{2} + \frac{1}{3} + \frac{1}{5} - \frac{1}{30} = 1$$

임을 확인할 수 있을 것이다. 사실 지금까지 알려진 모든 주가 수에 대해 n의 소인수의 역수의 합에서 $\frac{1}{n}$을 빼면 항상 1이었는데, 이 또한 사실인지 아직 모른다.

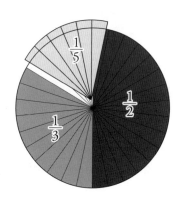

카마이클 수이면서 동시에 주가 수인 것은 있을까? 그런 수가 없다면 주가 추측이 성립할 것이고, 따라서 어떤 수가 소수인지의 여부를 판정하는 방법을 한 가지 얻게 된다.

12월의

수학

1＋1은 2보다 크다?

유클리드 공간의 두 집합 A, B에 대해 민코프스키 합(Min-kowski sum)은 $A+B=\{a+b : a \in A,\ b \in B\}$로 정의된다. 여기서 두 원소의 합은 유클리드 공간상의 점을 벡터로 간주할 때 벡터의 합이다. 벡터의 합은 평행사변형의 법칙을 따라 정의된다.

민코프스키 합에 대해 $A+A=2A$가 성립할까? 여기서 $2A=\{2a : a \in A\}$는 벡터 a에 대해 스칼라 2를 곱한 것이다. 즉 점 a의 각 좌표 값에 2를 곱한 것이다.

예를 들어 2차원 평면 위의 집합 $A=\{a=(a_1, a_2) : 0 \le a_1, a_2 \le 1\}$에 대해서 $A+A=\{a=(a_1, a_2) : 0 \le a_1, a_2 \le 2\}$이다. 따라서 $A+A=2A$가 성립한다. 반면에 실수 집합 $B=[1, 2] \cup [3, 4]$에 대해서 $B+B=[2, 8]$이다. 이는 $[1, 2]+[1, 2]=[2, 4]$, $[1, 2]+[3, 4]=[4, 6]$, $[3, 4]+[3, 4]=[6, 8]$임을 통해 확인할 수 있다. 그런데 $2B=[2, 4] \cup [6, 8]$로 $B+B$가 $2B$를 포함하는 훨씬 더 큰 집합이다. 일반적으로 유클리드 공간의 부분 집합 A가 볼록일 경우 $A+A=2A$가

성립한다.

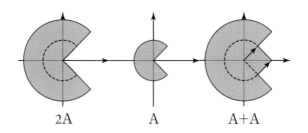

2A   A   A+A

민코프스키 합과 관련해 가장 유명한 정리 중 하나는 '브룬-민코프스키의 정리(Brunn-Minkowski theorem)'이다.

정리(브룬-민코프스키의 정리): n차원 유클리드 공간의 두 볼록 집합 A, B에 대해 각각의 부피를 $V(A)$, $V(B)$라고 하고, $A+B$의 부피를 $V(A+B)$라 하면

$$V(A+B)^{1/n} \geq V(A)^{1/n} + V(B)^{1/n}$$

가 성립한다.

브룬-민코프스키 부등식을 이용하면 평면상에 닫힌 곡선의 길이가 L이고 곡선이 둘러싸고 있는 영역의 면적이 S일 때 $L^2 \geq 4\pi S$이라는 등주 부등식에 대한 간단한 증명을 얻

을 수가 있다. 그뿐만 아니라 이를 이용해 다른 여러 유용한 부등식도 얻을 수 있다. 이를 통해 기하학 및 확률론과 통계학 등의 분야에 여러 가지 흥미로운 응용이 가능하게 되었다.

2인 제로섬 게임

플레이어 A와 플레이어 B가 게임을 한다. 각각 손가락 하나 또는 둘을 동시에 내는데 두 사람의 손가락의 합이 홀수이면 A가 이기고 짝수이면 B가 이긴다. 수익에 대한 규칙도 만들어서 진 사람이 이긴 사람에게 200원을 준다고 해 보자. 그러면 다음과 같이 수익을 나타내는 행렬을 얻을 수 있다.

$$\begin{bmatrix} -200 & +200 \\ +200 & -200 \end{bmatrix}$$

이는 행은 A의 전략, 열은 B의 전략을 나타낼 때 A의 수익을 나타낸 행렬이다. 가령 1행 2열은 A가 손가락 1개, B가 손가락 2개를 낸 경우이고 이때 합이 홀수가 되므로 A가 200원을 가져간다. B의 수익 행렬은 A 수익 행렬의 부호를 정반대로 바꾸면 된다. 이와 같이 두 플레이어의 수익의 합이 항상 0이 되는 게임을 제로섬 게임이라고 한다.

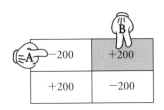

만약 손가락 내기 게임을 다섯 번 연속으로 한다면 A는 전략을 어떻게 짜야 할까? A가 손가락을 1개 낼 확률을 p라고 하면, 손가락 2개를 낼 확률은 $1-p$가 된다. 이 상황에서 B가 손가락 1개를 낼 때 기대 수익은

$$-200p + 200(1-p) = 200 - 400p$$

이다. 반면에 B가 손가락 2개를 낼 때 기대 수익은

$$200p - 200(1-p) = -200 + 400p$$

이다. 두 경우 모두 기대 수익이 양수가 될 수 없다. B가 손가락 1개를 더 자주 낼 것 같다면 p를 0.5보다 작게, 즉 다섯 번 게임한다면 A가 두 번이나 한 번 정도만 손가락 1개를 내면 돈을 딸 것으로 기대할 수 있다.

수익에 대한 규정을 살짝 바꾸어 두 사람이 낸 손가락 수만큼 100원을 이긴 사람에게 준다고 해보자. 그때의 수익

행렬은

$$\begin{bmatrix} -200 & +300 \\ +300 & -400 \end{bmatrix}$$

이다. 마찬가지로 다섯 번 연속 게임을 할 때 A가 세 번은 손가락 1개를 내고, 두 번은 손가락 2개를 낸다고 하자. 그러면 이 상황에서 B가 손가락 1개를 낼 때 기대 수익은 -200 $(3/5) + 300\,(2/5) = 0$이다. 반면에 B가 손가락 2개를 낼 때 기대 수익은 $300\,(3/5) - 400\,(2/5) = 20$이다. 즉 B가 어떻게 전략을 수립해 게임을 하든 A는 손해를 보지는 않는다. 흥미로운 것은 이 수익 규정은 처음부터 A에게 유리하다는 사실이다. B도 마찬가지로 기대 수익을 계산해 보면 양수도 될 수 있고 음수도 될 수 있기 때문이다.

나폴레옹 삼각형

정복자 보나파르트 나폴레옹이 굉장한 독서가였다는 사실은 잘 알려져 있지만, 수학에도 관심이 있었다는 것은 비교적 덜 알려져 있다. 사실 나폴레옹은 포병 장교 출신이기 때문에 군사 학교 교육 과정에서 일정 수준 수학 공부를 해야 했을 것으로 짐작된다. 아무튼 평면 기하학에 '나폴레옹 정리(Napoleon theorem)'라는 것이 있다는 이야기를 하면 많은 사람이 놀라는 것이 이상한 일은 아니다.

주어진 임의의 삼각형의 각 변에 그 변의 길이를 갖는 정삼각형을 바깥에 붙인다. 이렇게 해서 얻은 3개의 삼각형의 중점을 연결해서 얻은 삼각형은 정삼각형이라는 것이 나폴레옹 정리의 내용이다.

여기서 각 변에 정삼각형을 붙일 때 처음에 주어진 삼각형의 안쪽으로 붙일 수도 있다. 이렇게 안쪽으로 붙여 얻은 세 삼각형의 중심을 연결해서 얻은 삼각형도 역시 정삼각형이다.

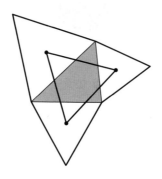

　편의상 첫 번째 것을 나폴레옹 외삼각형, 두 번째 것을 나폴레옹 내삼각형이라 하자. 본래 주어진 삼각형과 두 나폴레옹 삼각형은 모두 무게 중심을 공유한다.

　나폴레옹 삼각형의 넓이도 구할 수 있다. 주어진 삼각형의 변의 길이를 a, b, c라고 하고, 넓이를 S라고 하면 바깥쪽에 정삼각형을 붙인 나폴레옹 외삼각형의 넓이는 $\dfrac{S}{2} + \dfrac{\sqrt{3}}{24}(a^2+b^2+c^2)$, 안쪽에 정삼각형을 붙인 나폴레옹 내삼각형의 넓이는 $-\dfrac{S}{2} + \dfrac{\sqrt{3}}{24}(a^2+b^2+c^2)$이다.

　나폴레옹 삼각형에는 몇 가지 흥미로운 성질이 있다. 가령 처음 주어진 삼각형을 ABC라고 하자. 이때 변 AB 위에 바깥으로 붙인 정삼각형의 중심(이는 나폴레옹 외삼각형의 꼭짓점이 된다.)과 변 AB와 마주보는 점 C를 연결한다. 마찬가지로 나폴레옹 외삼각형의 각 꼭짓점을 마주보는 삼각형 ABC의 꼭짓점과 연결해 얻을 수 있는 세 선분은 한 점에서 만난다. 이를 나폴레옹 점이라고 한다.

나폴레옹의 정리가 정말 그가 처음 발견한 것인지, 또는 실제로 이 정리를 증명했는지 여부는 논란의 여지가 많다. 나폴레옹에게는 실제로 로렌초 마스케로니(Lorenzo Mascheroni, 1750~1800년)와 같은 수학자 친구들이 있었고, '나폴레옹의 문제'라는 기하학 문제도 있는 것을 보면 어떤 식으로든 기여가 있었던 것은 아닐까 하고 생각해 볼 뿐이다.

네 꼭짓점의 정리

'곡선이 직선을 이긴다.'라는 광고 문구가 한동안 유행한 적이 있었다. 자연은 직선보다 곡선을 선호한다는 주장도 있다. 사실 우리 주변의 자연을 보면 직선보다 곡선이 더 많은 것 같기는 하다. 자연에서 발견되는 나선은 흥미롭다. 달팽이 집, 앵무조개, 대기층에 발생하는 구름이 그렇다. 그뿐만 아니라 건축과 예술에도 많은 곡선이 등장한다. 곡선의 특징은 휘어짐인데 곡선이 휘어진 정도를 곡률이라고 한다.

곡선의 곡률은 그 곡선 위를 일정한 속력(가령 속력이 1)으로 움직일 때 주어진 점에서의 속도, 즉 움직임의 방향이 얼마나 급격하게 변하는지로 정의된다. 미분의 개념을 사용한다면 속도 벡터의 미분, 다시 말해 가속도 벡터의 절댓값이다.

곡선의 곡률을 가시적으로 보는 방법으로 곡률원을 이용하는 방법이 있다. 즉 주어진 곡선의 각 점에 곡선이 휘어진 방향 안쪽으로 그 점에서 곡선의 곡률을 가지는 원을 붙이는 것이다. 원의 곡률은 반지름의 역수이기 때문에 곡선에 붙인 곡률원의 크기로부터 곡률을 짐작할 수 있다.

타원 $\dfrac{x^2}{4}+y^2=1$을 예로 들어 보자. 타원이 y축과 만나는 점은 비교적 평평해 큰 곡률원을 붙여야 하고, x축과 만나는 점은 많이 휘어져 있기 때문에 작은 곡률원을 붙여야 한다. 곡률원이 y절편에서 x절편으로 타원을 따라 굴러간다면 곡률원이 작아지는 모습을 볼 수 있다. 즉 곡률이 증가하는 것이다.

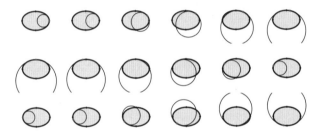

타원과 같이 닫힌 평면 곡선의 곡률에 대해 유명한 네 꼭짓점의 정리가 있는데 다음과 같다.

정리(네 꼭짓점의 정리): 단순하며 닫혀 있는 평면 곡선은 적어도 4개의 꼭짓점을 갖는다.

단순 곡선이란 자기 자신을 만나지 않는다는 뜻이다. 8자형 곡선 같은 경우는 자기 자신을 만나기 때문에 단순 곡선이 아니다. 닫혀 있는 곡선이란 출발점으로 다시 돌아오는 곡선이다. 원이나 타원 같은 것을 생각하면 된다. 마지막으로 꼭짓점이란 곡률이 국소적으로 최대가 되거나 최소가 되는 점이다. 위에서 언급한 타원이 대표적인 예인데, 두 x절편에서 곡률이 최대가 되고, 두 y절편에서 곡률이 최소가 된다. 즉 4개의 꼭짓점을 갖는다.

닫혀 있는 곡선이 2개의 꼭짓점만을 갖게 하려면, 즉 최대 곡률의 점이 하나 있고 최소 곡률의 점이 하나 있게 하려면, 곡선이 안으로 꼬이는 루프를 만들지 않으면 불가능함을 실험으로 알 수 있다. 그 경우는 단순 곡선이 아니다. 네 꼭짓점의 정리는 1909년 인도 수학자 샤마다스 무코파다야(Sya-madas Mukhopadhyaya, 1866~1937년)가 강한 볼록 곡선에 대해서 증명했고, 1912년 독일 수학자 아돌프 크네저(Adolf Kneser, 1862~1930년)가 일반적인 경우에 대해 증명했다.

디오판토스의 다섯 수는 존재하는가?

고대 그리스 수학자인 알렉산드리아의 디오판토스는 4개의 숫자를 잘 선택해서 이들 중 임의의 두 수의 곱에 1을 더하면 제곱수가 되게 하는 것이 가능한가라는 질문을 했다. 디오판토스가 찾아낸 네 수는 $\frac{1}{16}, \frac{33}{16}, \frac{17}{4}, \frac{105}{16}$ 이다. 디오판토스가 요구한 성질을 만족하는 4개의 수를 자연수로 선택하는 것이 가능할까? 오랜 세월이 지난 후 피에르 드 페르마가 찾아낸 1, 3, 8, 120이 바로 그런 수이다. 실제로

$$1 \cdot 3 + 1 = 2^2, \quad 1 \cdot 8 + 1 = 3^2, \quad 1 \cdot 120 + 1 = 11^2,$$
$$3 \cdot 8 + 1 = 5^2, \quad 3 \cdot 120 + 1 = 19^2, \quad 8 \cdot 120 + 1 = 31^2$$

이 성립한다.

오일러는 그런 네 자연수가 실제로 무한히 많이 있음을 보였다. 즉, $a, b, a+b+2r, 4r(r+a)(r+b)$가 그러한 수이다. 여기서 r는 $ab+1=r^2$을 만족하는 수이다. 오일러는 또한 페르마의 네 수에 $\frac{777480}{8288641}$을 추가하면 디오판토스 조

건을 만족하는 5개의 수가 됨을 보였다. 그러한 수의 조합을 '디오판토스의 다섯 수(Diophantine quintuple)'라고 부른다. 그러나 자연수로만 구성된 디오판토스의 다섯 수의 존재 여부를 결정하는 문제는 오랫동안 해결되지 않았다.

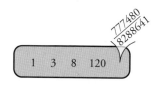

2004년 크로아티아의 수학자 안드레이 두옐라(Andrej Dujella, 1966년~)는 디오판토스의 다섯 수가 존재한다면 그 조합의 개수는 유한하다는 사실을 증명했다. 이것은 사실상 디오판토스의 다섯 수가 존재하지 않을 가능성이 높음을 강하게 시사한다. 왜냐하면 네 수에 대해서는 존재함과 동시에 무한히 많이 만드는 것도 가능했기 때문이다. 마침내 2016년 보허(Bo He), 알랭 토그베(Alain Togbe), 폴커 치글러(Volker Ziegler)는 디오판토스의 다섯 수가 존재하지 않음을 증명했다.

그렇다면 m이 5보다 클 때 디오판토스의 조건을 만족하는 m개의 수는 어떨까? 디오판토스의 여섯 수도 존재하지 않는다는 사실이 알려져 있는데 이는 2004년에 두옐라가 증명했다. 5개가 훨씬 어려운 문제였던 것이다.

지름이 1인 육각형이 가질 수 있는
최대 둘레는 얼마인가?

지름이 1인 n각형이 가질 수 있는 최대 둘레는 얼마일까? 다각형의 지름이란 다각형의 두 점 사이의 거리의 최댓값을 의미한다. 가령 한 변의 길이가 1인 정삼각형의 경우 두 꼭짓점 사이가 가장 멀다. 따라서 지름이 1이 된다.

다각형의 최대 둘레에 대해 1922년 카를 라인하르트는 n이 2의 제곱수가 아닌 경우에 지름 1인 n각형의 둘레는 $2n \sin\left(\frac{\pi}{2n}\right)$보다 클 수 없음을 증명했다. n이 2의 제곱수인 경우는 1997년 바수뎁 다타(Basudeb Datta)가 마찬가지로 라인하르트의 정리가 성립함을 보였다. n이 홀수인 경우에는 실제로 지름이 1인 정 n각형의 둘레가 $2n \sin\left(\frac{\pi}{2n}\right)$이다.

정삼각형에 시험해 보면 실제로 정삼각형의 둘레 3을 얻을 수 있다. n이 짝수면 사정이 조금 복잡하다. n이 2의 제곱수가 아닌 짝수라고 하자. 즉 홀수 $m \geq 3$에 대해 $n = m \cdot 2^s$ 꼴이라 하자. 이때 최대 둘레를 갖는 다각형은 다음과 같이 만들 수 있다.

먼저 지름이 1인 정 m각형에서 각 변을 원호로 바꾼다.

이 원호는 변이 마주보는 꼭짓점과 이 변의 꼭짓점 사이 거리를 반지름으로 갖는 원의 일부이다. 이제 이 원호상에 일정한 간격으로 $2^s - 1$개의 점을 추가한다. 기존의 m각형의 점과 새로 추가한 점을 연결한 볼록 다각형이 바로 최대 둘레를 갖는 다각형이 된다.

가령 지름이 1인 육각형 중 최대 둘레를 갖는 것을 구성해 보자. 한 변의 길이가 1인 정삼각형의 각 변을, 변과 마주보는 점을 중심으로 하고 변의 두 꼭짓점을 지나는 원호로 바꾸고 원호 위에 중점을 선택한다. 기존의 꼭짓점 3개와 원호 위의 점 3개를 연결한 다각형의 둘레를 계산해 보면 정확히 $12\sin\dfrac{\pi}{12}$가 된다.

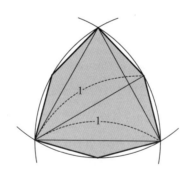

365 수학

12월
7일

소마 큐브

요즘은 전국 각지에서 수학 체험전이 많이 개최되고 있다. 종이와 연필을 들고 계산만 반복하는 수학에서 벗어나, 다양한 교구를 만지고 만들어 보는 수학 체험전은 수학이 어떻게 활용되는지를 파악할 좋은 기회다.

수학 체험전에서 자주 눈에 띄는 교구 가운데 하나로 '소마 큐브(soma cube)'가 있다. 덴마크의 수학자이자 발명가이며 시인이었던 피엣 헤인(Piet Hein, 1905~1996년)이 1933년에 개발한 이 교구는 7개의 조각을 조합해 하나의 정육면체를 만드는 일종의 장난감이라 할 수 있다. 소마라는 이름은 올더스 헉슬리(Aldous Huxley, 1894~1963년)의 소설 『멋진 신세계(Brave New World)』에 나오는 환각제의 이름을 딴 것으로, 소설에서는 사람들이 무료한 시간을 보내기 위해 사용하는 약으로 나온다. 그만큼 시간 가는 줄 모르게 갖고 놀기 좋은 물건이라는 뜻에서 지어진 이름이다.

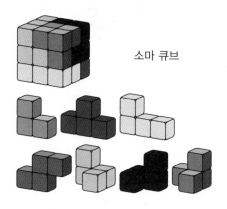

소마 큐브

소마 큐브의 일곱 조각은 각각 작은 정육면체 3개 또는 4개로 이루어져 있어서, 전체적으로는 작은 정육면체 27개가 된다. 이 일곱 조각을 조합해 3 × 3 × 3 모양의 큰 정육면체를 만들 수 있다. 이런 조합은 유일하지 않아서, 다양한 방법으로 큰 정육면체를 만들 수 있다. 돌리거나 뒤집어서 같은 경우를 제외하면 모두 240가지 방법이 존재한다.

콘웨이의 생명 게임

콘웨이의 생명 게임은 일반적인 게임이 아니다. 이 게임은 몇 가지 간단한 수학 규칙을 따라 살거나 죽거나 번식할 수 있는 세포들의 모임으로 구성된다. 초기 조건에 따라, 세포들은 게임 진행 과정에서 다양한 패턴을 만들어 낸다. 생명 게임은 수학자인 존 콘웨이에 의해 발명되었으며 1970년 마틴 가드너의 대중적인 수학 칼럼을 통해 유명하게 되었다.

무한한 바둑판과 같은 직사각형 격자를 생각하자. 각 사각형에는 살거나 죽은 세포가 놓여 있으며, 각 세포의 상태는 이웃한 8개 세포의 상태에 따라 다음 세대로 업데이트된다. 이때 적용되는 변화의 규칙은 다음과 같다.

1. 세포가 살아 있는 경우: 2개 또는 3개의 살아 있는 이웃이 있다면 이 세포는 살아남고 아니면 죽는다.
2. 세포가 죽어 있는 경우: 살아 있는 이웃이 정확히 3개인 경우 이 자리에선 세포가 생겨난다.

초기 상태인 0세대 패턴에서 이 규칙을 모든 세포에 적용해 1세대를 얻는다. 같은 규칙을 계속 적용하면 0세대, 1세대, 2세대, ……를 차례대로 끊임없이 얻을 수 있다. 게임에 참여하는 사람이 개입 가능한 부분은 오직 0세대를 선택하는 것뿐이지만, 게임에서 나타나는 패턴은 경이로울 정도로 다양하며 이를 가만히 지켜보는 일은 충분히 흥미진진하다.

생명 게임에서 '에덴동산'이란 오직 0세대에만 나타날 수 있는 패턴을 말한다. 다른 어떤 패턴을 선택하더라도 그 다음 세대에서 등장할 수 없는 패턴이라는 것이다. 지금까지 알려진 가장 작은 에덴동산은 2016년 4월 스티븐 에커(Steven Eker)가 발견한 것으로 12 × 8 크기의 직사각형에 살아 있는 세포가 57개 있는 패턴을 이룬다.

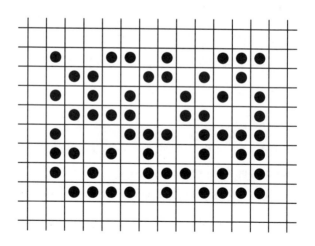

생명 게임의 규칙은 고립이나 과밀이 일어나는 경우 개체의 생명을 유지하기 어렵다는 점에 착안해 고안된 것이다. 비교적 간단하지만 이를 통해 삶의 과정, 죽음의 과정 및 인구 역학에 대한 모의실험을 하고 현상에 대한 중요한 통찰을 얻을 수 있게 된다. 콘웨이의 생명 게임처럼 몇 가지 간단한 규칙으로 주어지는 복잡한 현상의 진화 모델을 세포 자동 장치라고 하며, 컴퓨터 과학, 복잡계 과학, 이론 생물학 등 다양한 과학 분야에서 폭넓게 연구되고 있다.

9를 곱하면 뒤집히는 수

순서를 뒤집으면 달라지는 세 자리 자연수를 아무렇게나 고르자. 예를 들어 723을 골랐다고 하자. 이제 이 수를 뒤집은 327을 만들고, 큰 수에서 작은 수를 빼자. 즉 723－327＝396을 얻는다. 이 수를 다시 뒤집어서 이번에는 더해 주면 396＋693＝1089를 얻는다. 단 처음에 두 수를 뺐을 때 결과가 두 자리 수인 경우에는 백의 자리에 0이 있다고 간주하기로 한다. 예를 들어 132에서 시작한 경우 231－132＝99인데, 이를 099로 간주하고 뒤집은 수 990에 더하기로 하자. 즉 099＋990＝1089가 된다.

어떤 수를 고르더라도 항상 동일한 수 1089가 나온다는 것을 짐작할 수 있겠는가? 입증하기도 꽤 수월한 편이고 단순한 흥밋거리에 그칠 만한 결과라 볼 수 있다. 그런데 이런 뒤집기에 관해서 1089는 또 다른 재주를 선보인다. 1089에 9를 곱하면 「9월 8일의 수학」에서 다룬 9801인데 이는 1089를 뒤집은 수다! 네 자리 수 중에서 9를 곱해 뒤집히는 수는 1089 하나뿐이라는 것도 입증할 수 있다.

$$1089$$
$$\times \quad 9$$
$$9801$$

그럼 네 자리 수 중에서 8을 곱해 뒤집히는 수는 있을까? 7을 곱하면? 없다. 네 자리 수 중에 1이 아닌 한 자리 수를 곱해 뒤집힌 수가 나오는 경우는 4를 곱하는 경우뿐이다. 그 답은 2178뿐이라는 것도 역시 입증할 수 있다. 그런데 2178은 1089의 2배다! 1089는 뭔가 수를 뒤집는 것과 관련이 많은 듯하다. 조금 덜 예쁜 결과지만, 1089의 3배인 3267은 7/3을 곱하면 뒤집히는 유일한 수다. 1089의 4배인 4356은 3/2을 곱하면 뒤집히는 유일한 수다. 물론 모든 네 자리 수는 어떤 유리수를 곱하면 순서가 뒤집히긴 하지만, 이렇게 분모와 분자가 작은 유리수를 곱해서 뒤집히는 일은 드물다. 한편 5배인 5445는 뒤집어도 똑같은 수다.

스리니바사 라마누잔이 발견했다는 다음 등식에서 9801이 등장하는 것도 감상할 가치가 있을 듯하다.

$$\frac{1}{\pi} = \frac{2\sqrt{2}}{9801} \sum_{k=0}^{\infty} \frac{(4k)! \, (1103 + 26390k)}{(k!)^4 \cdot 396^{4k}}.$$

한편 9801의 역수, 즉 1/9801을 직접 계산해 보면 재미있는 점이 또 발견될 것이다.

$\tan x = x$의 해는?

탄젠트 함수에 대해 $\tan x = x$인 x값은 무엇일까? 물론 $x=0$이 답인 것은 아는데, 그 외에도 답이 있다. 실제로 $y=\tan x$와 $y=x$의 그래프를 좌표 평면에 그려 보면 무수히 많은 양수 해 $a_1 < a_2 < a_3 < \cdots$가 존재한다.

이런 초월 함수 방정식의 해들은 대개 수치적으로 구하는 것밖에 뾰족한 수가 없는데, 예를 들어 수치 계산 프로그램을 이용하면 $a_1 \approx 4.493409\cdots$를 얻을 수 있다. 따라서 이런 해와 관련된 어떤 합을 구한다거나 하는 일은 대개 쉽지 않기 마련이다. 그런데 이 수열의 '역수의 제곱' $\dfrac{1}{a_n^2}$을 모두 더한 값은 정확히 구할 수 있다!

먼저 0과 $\pm a_n$만이 방정식 $f(x) = \sin x - x\cos x = 0$의 해임을 이용한다.

$$f(x) = \left(\frac{1}{2!} - \frac{1}{3!}\right)x^3 - \left(\frac{1}{4!} - \frac{1}{5!}\right)x^5 + \left(\frac{1}{6!} - \frac{1}{7!}\right)x^7 - \cdots$$

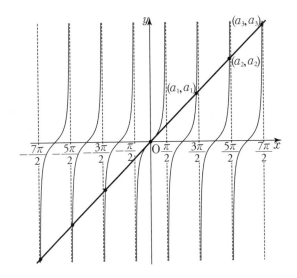

이므로 「2월 6일의 수학」에서 소개했던 방법을 흉내내면

$$\frac{f(x)}{x^3} = \left(\frac{1}{2!} - \frac{1}{3!}\right)\left(1 - \frac{x^2}{a_1^2}\right)\left(1 - \frac{x^2}{a_2^2}\right)\cdots$$

임을 알 수 있다. 따라서 우리가 구하는 값은 $\frac{1}{4!} - \frac{1}{5!}$ 을 $\frac{1}{2!} - \frac{1}{3!}$ 으로 나눈 $\frac{1}{10}$ 이다!

한편 $m \neq 1$일 때 $\tan x = mx$의 양수 해의 역수 제곱의 합을 같은 방법으로 구하면, $\frac{1-3m}{6-6m}$ 이어서 사뭇 다른 값을 얻는다. 특히 $m=0$인 경우

$$\frac{1}{\pi^2} + \frac{1}{(2\pi)^2} + \frac{1}{(3\pi)^2} + \cdots = \frac{1}{6}$$

를 다시 한번 확인할 수 있을 것이다.

이 외에도 a_n은 원점 $(0, 0)$에서 사인 함수 $y = \sin x$에 대해 접선을 그었을 때 곡선과 만나는 점의 x 좌표들이기도 하며, 베셀 함수(Bessel function) $J_{3/2}(x) = 0$의 해이기도 하다. 우연히도 2019학년도 대학 수학 능력 시험에서 거의 비슷한 수열이 출제됐는데, 바로 $\tan a_n = a_n + \frac{\pi}{2}$인 양수 수열 a_n의 성질을 묻는 문제였다.

시곗바늘 분침과 시침이 일치하려면

12시간 단위로 시각을 알려 주는 보통의 아날로그 시계에서는 12시 정각에 시침과 분침이 같은 방향을 가리킨다. 시간이 흐르면서 시침은 분침에 비해 느리게 움직이므로 12시부터 1시 사이에 시침과 분침이 다시 만날 일은 없다. 1시 5분부터 1시 10분 사이에 시침과 분침이 정확히 같은 방향을 가리킬 때가 한 번 있음을 직관적으로 알 수 있다. 과연 두 시곗바늘은 1시 몇 분에 일치할까?

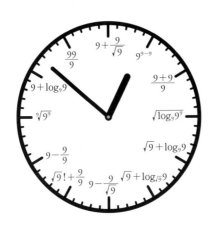

1시 x분에 만난다고 하면, 시침이 12시 방향과 이루는 각은

$$\left(1+\frac{x}{60}\right) \times \frac{360^\circ}{12}$$

이고, 분침이 12시 방향과 이루는 각은

$$x \times \frac{360^\circ}{60}$$

이므로 둘을 같다고 놓고 풀어서 $x=\frac{60}{11}$ 을 얻을 수 있을 것이다.

그런데 잘 생각해 보면 조금 더 간단한 방법이 있다. 이후 두 시곗바늘은 2시부터 3시 사이, 3시부터 4시 사이……, 10시부터 11시 사이에 한 번씩 일치했다가, 다시 12시가 되어야 일치한다. 12시간이 흐르는 동안 열한 번 일치하는 데다, 매번 걸리는 시간은 동일하므로(!), 구하는 시각은 $\frac{12}{11}$ 시, 즉 1시 $\frac{60}{11}$ 분일 수밖에 없다!

하나를 알면 바로 둘, 셋도 아는 독자 여러분은 두 바늘이 완전히 반대 방향을 가리키는 시각이라든지, 두 바늘의 각이 직각을 이루는 시각을 구한다든지 할 때도 같은 논법을 쓰면 수월하게 계산 가능하다는 사실을 짐작했을 것이다.

요즘에는 예전처럼 아날로그 시계를 볼 일이 많지 않긴

하다. 그러다 보니 시계를 이용해 구구단 5단을 외우거나 활용하는 일도 적어진 것 같다. 하긴 수학에서 많이 쓰는 '시계 방향'이나 '반시계 방향'이 무슨 뜻인지 얼른 이해하지 못하는 이들이 점차 늘고 있다고도 하니, 수학계에서도 얼른 대체 용어를 찾아야 할지도 모르겠다.

자연수를 모두 더하면:

$$1+2+3+4+\cdots = -\frac{1}{12}$$

스리니바사 라마누잔은 위 등식을 적은 편지를 고드프리 하디에게 부치면서 "내가 이 등식을 보여 주면 '당신이 가야 할 곳은 정신병원이다.'라고 말할 겁니다."라고 썼다고 한다. 아닌 게 아니라 이 등식(?)을 보면 왼쪽의 값은 무한대로 발산하는데 어떻게 수렴값이 있느냐는 것과, 설령 값이 있다고 해도 그게 왜 음수냐고 되묻는 건 당연할 것이다.

이제는 여러 가지 방식으로 설명할 수 있을 정도로 유명한 이 등식을 설명할 때 자주 등장하는 키워드가 바로 '해석적 확장(analytic continuation)'이다. 해석적 확장의 개념은 "실수 영역에서의 두 진실을 잇는 최단 경로는 복소수를 거쳐 가는 길이다."라는 수학계의 금언에 딱 들어맞는 경우이긴 하지만, 제대로 설명하자면 복소수 세상에 대한 심오한 탐구가 필요하다. 그렇기 때문에 엄밀성은 살짝 포기해야 설명이 가능할 것 같다.

　　복소수에서 정의된 함수가 해석 함수라는 말은 각 점(과 그 주변)에서 미분 가능한 함수라는 뜻이다. 복소함수로 미분 가능하려면 생각보다 까다로운 조건을 만족해야 하는데, 반대로 그 까다로운 조건을 통과하면 실수 세상과는 비교조차 거부하는 매우 좋은 성질을 가진다.

　　두 해석 함수 $F(z)$, $f(z)$에 대해 $f(z)$의 정의역에서 두 함수가 일치한다고 하자. 이때 $F(z)$를 $f(z)$의 해석적 확장이라고 말하는데, 해석적 확장은 본질적으로 하나뿐이라는 사실도 입증되어 있다.

　　예를 들어 보자. $f(z) = 1 + 2z + 3z^2 + 4z^3 + \cdots$는 $|z| < 1$인 곳에서 해석 함수다. 한편 $z \neq 1$에서 정의된 함수 $F(z) = \dfrac{1}{(1-z)^2}$는 해석 함수이며, $|z| < 1$인 곳에서 $f(z)$와 일치한다. 예를 들어 $|z| < 1$일 때

$$f(z) = (1 + z + z^2 + z^3 + \cdots)^2$$

임을 알기 때문이다. 따라서 $F(z)$는 $f(z)$의 해석적 확장이다.

이때 원래대로라면 $f(-1) = 1 - 2 + 3 - 4 + \cdots$ 같은 것은 아무 의미가 없지만, $F(-1) = \frac{1}{4}$은 의미가 있다. 이럴 때 이를 그냥 $f(-1) = \frac{1}{4}$이라고 쓰고 해석적 확장의 의미로 같다고 말한다. 요컨대 이 등식은 실은 진짜 등식이 아니며, 해석적 확장을 거쳐야만 올바른 등식이라는 이야기다.

그런데 $F(z)$라 한들 $z = 1$은 대입할 수 없다. 그러니 $f(1) = 1 + 2 + 3 + 4 + \cdots$는 여전히 정의할 방법이 없어 보인다. 오일러나 라마누잔을 천재라 부르는 것은 이런 데서 번득이는 아이디어를 냈기 때문인데, 이쯤에서 해석적 확장의 보조 수단인 함수 방정식이 나온다.

$|z| < 1$에서 $f(-z) = f(z) - 4zf(z^2)$라는 함수 방정식이 성립함을 확인할 수 있다. (양변의 해석적 확장 $F(-z) = F(z) - 4zF(z^2)$이 $\frac{1}{(1+z)^2}$로 일치함을 확인하는 일은 독자의 연습 문제로 남겨 두겠다.) 따라서 $f(1)$에 의미를 부여할 수 있다면 $f(-1) = -3f(1)$이어야 하므로 $f(1)$은 $-\frac{1}{12}$일 수밖에 없는 것이다.

리만 제타 함수 $\zeta(s) = 1^{-s} + 2^{-s} + 3^{-s} + \cdots$ 역시 원래는 $s > 1$일 때만 의미가 있는데 이를 해석적 확장하고 함수 방정식을 적용하면 $\zeta(-1) = -\frac{1}{12}$을 얻는다는 이야기가 되겠다.

뭔가 속임수를 쓴 것 같지만, 제타 함수 이론 등을 비롯한 분야에서 반드시 필요한 기교다. 놀랍게도 물리학에서도 이런 개념을 써야만 함수의 값을 올바로 해석할 수 있는 경우가 있다. 예를 들어 1997년에 관측된 물리적 현상인 카시미르 효과(Casimir effect)의 계산에도 저 도깨비 같은 등식이 등장한다.

피타고라스 세 쌍:
$5^2 + 12^2 = 13^2$

일반적으로 자연수 m, n에 대해 $z=m+ni$의 절댓값은 $\sqrt{m^2+n^2}$ 이므로 정수가 아니다. 하지만 z^2의 절댓값 $|z|^2$은 당연히 정수 m^2+n^2일 것이다. 사실 $z^2=(m^2-n^2)+2mni$ 이므로

$$(m^2-n^2)^2 + (2mn)^2 = (m^2+n^2)^2$$

임을 확인할 수 있다.

세 자연수 a, b, c에 대해 직각삼각형 조건 $a^2+b^2=c^2$을 만족하면 '피타고라스 세 쌍'이라 부르므로, 특히 자연수 $m>n$에 대해 m^2-n^2, $2mn$, m^2+n^2이 피타고라스 세 쌍이라는 뜻이 된다. 우리가 잘 아는 $3:4:5$, $5:12:13$인 삼각형은 모두 이런 식으로 나온다. 예를 들어 $(3+2i)^2=5+12i$의 절댓값을 계산하면 $5^2+12^2=13^2$임을 알 수 있다.

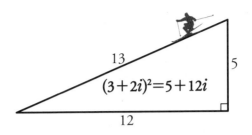

하지만 3:4:5를 2배한 6:8:10과 같은 삼각형은 이런 식으로는 구할 수 없다. 이런 세 쌍을 포괄하기 위해서는 $k(m^2-n^2)$, $2kmn$, $k(m^2+n^2)$ 꼴도 생각해야 한다. 다행히도(!) 이 이상의 조건은 필요하지 않다. (물론 a와 b의 순서를 바꾸는 것은 빼고 말이다.)

피타고라스 세 쌍이 방금 언급한 모양뿐이라는 사실은 이미 유클리드 시절부터 알려진 사실인데 간단히 설명해 보자. 세 자연수 a, b, c에 대해 $a^2+b^2=c^2$이라 하면, a, b 중 최소한 하나는 짝수여야 한다. 그렇지 않으면 왼쪽을 4로 나눈 나머지는 2이지만, 오른쪽은 4로 나눈 나머지가 1 또는 0이므로 모순이기 때문이다. 필요하면 a, b의 역할을 바꾸면 되므로, b가 짝수라고 가정해도 좋다. 이때 다음 식이 성립한다.

$$\frac{c-a}{b}=\frac{b}{c+a}.$$

이 수는 자연수의 몫이므로 양의 유리수이다. 따라서 기약 분수 $\dfrac{n}{m}$ 꼴로 쓸 수 있다. $\dfrac{c-a}{b}=\dfrac{n}{m}$ 이고 기약 분수이므로 b는 m의 배수여야 한다. 마찬가지로 $\dfrac{b}{c+a}=\dfrac{n}{m}$ 이므로 b는 n의 배수여야 한다. m, n이 서로소이므로 b는 mn의 배수여야 한다.

따라서 $b=mnu$인 자연수 u가 존재하고, 이때 $c-a=n^2u$및 $c+a=m^2u$가 성립한다. 즉 $c=(m^2+n^2)u/2$와 $a=(m^2-n^2)u/2$임을 알 수 있는데 u가 짝수임을 보이려고 한다.

m, n은 서로소이므로 모두가 짝수일 수는 없다. 둘 다 홀수라면 $b=mnu$가 짝수라는 가정 때문에 u는 짝수여야 한다. m, n 중 어느 하나만 홀수라면 $a=(m^2-n^2)u/2$가 정수여야 하므로 u는 짝수여야 한다. 따라서 $u=2k$라 둘 수 있고, 이를 대입하면 원하는 결과를 얻을 수 있다.

낙하 문제

어느 회사에서 높은 곳에서 떨어뜨려도 깨지지 않을 것으로 기대되는 스마트폰을 새로 출시한다고 한다. 시제품을 100층 짜리 건물 이층 저층에서 실제로 낙하시키는 실험을 하고 매번 촬영하기로 계획을 세웠다. 예를 들어 12층에서 떨어뜨렸을 때 깨지지 않지만 13층에서 떨어뜨리면 깨짐을 알았다면, 12층에서 떨어뜨리는 영상을 광고 영상으로 내보내겠다는 구상이다. (물론 1층에서 떨어뜨렸는데 깨지면 광고를 내보내지 않을 것이고, 100층에서 떨어뜨려도 안 깨지면 그 영상을 쓸 것이다.)

가능하면 낙하 실험 횟수를 줄이면서도 원하는 영상을 확보하고 싶다고 할 때 어떻게 하는 것이 좋을까? 일단 50층에서 떨어뜨려 보고, 깨지면 25층으로 내려가고, 안 깨지면 75층으로 올라가는 등 이분법 원리를 이용하는 방법이 맨 먼저 떠오를지 모르겠다. 사실 시제품이 많다면 별 문제가 없고 효율적인 방법이다.

그런데 낙하 실험에 쓸 시제품이 2개밖에 없다면 어떻게 해야 할까? 50층부터 떨어뜨려 보는 전략이 좋지 않음은 쉽게 알 수 있다. 안 깨진다면야 위로 올라가서 떨어뜨려 보는 전략이 그럴듯하겠지만, 깨져 버릴 경우 하나 남은 시제품만으로 원하는 층수를 알아내려면 1층부터 계속 떨어뜨려 보는 수밖에 도리가 없다. 최악의 경우 무려 50번의 낙하 실험을 해야 하는 사태가 벌어질 수도 있는 것이다.

이런 종류의 문제를 푸는 기본 전략 중 하나는 층수가 작을 때부터 생각해 보는 것이다. 이제 n층짜리 건물일 때의 최적 낙하 실험 횟수를 t_n이라 두자. $t_1=1$, $t_2=2$라는 건 누구나 알 수 있다. (편의상 $t_0=0$이라 두자.)

이제 최초로 낙하 실험을 한 곳을 k층으로 선택했다고 하자. 이때 스마트폰이 깨진다면 최악의 경우 낙하 실험의 횟수는 k번일 것이다. 깨지지 않는다면 남은 $n-k$개의 층에서 낙하 실험을 하는 경우와 같다. 따라서 이때 필요한 낙하 실험 횟수는 k와 $t_{n-k}+1$ 중에서 더 큰 값일 것이다. 당연히 1부터 n까지의 수 중에서 이 값이 최소인 k를 선택해야 할 것이다! 다소 복잡하지만 수식으로 굳이 쓰자면

$$t_n = \min_{1 \le k \le n} \max(k, t_{n-k}+1)$$

이라는 이야기다. 예를 들어 $t_3=2$나 $t_4=3$이라는 것을 확인해 볼 수 있는데, 이처럼 차근차근 t_n을 계산해 보면 다음과 같다.

1, 2, 2, 3, 3, 3, 4, 4, 4, 4, 5, 5, 5, 5, 5, 6, $\cdots$.

이 정도면 삼척동자도 규칙을 알아챌 수 있고, $1+2+\cdots +14=105$이므로 원하는 답이 $t_{100}=14$임도 금세 알 수 있다.

실제로 $1+2+\cdots+k \geq n$인 최소의 정수 k를 u_n이라 정의한 뒤, u_n이

$$u_n = \min_{1 \leq k \leq n} \max(k, u_{n-k}+1)$$

을 만족한다는 것을 증명하면 된다. 이때, 실제로 $u_n=k$라면 k층부터 떨어뜨리는 전략이 항상 통한다는 것도 입증할 수 있다.

즉 100층짜리 건물이라면 14층에서 떨어뜨린다. 깨지면 1층부터 13층까지 한 층씩 올라가며 떨어뜨리는 실험을 하면 된다. 안 깨지면 두 번째 낙하 실험은 $27=14+13$층에서 실시한다. 깨지면 15층부터 26층까지 떨어뜨려 보면 된다. 이 번에도 안 깨지면 세 번째에는 $41=14+13+12$층으로 올라가서 실험한다. 이런 식으로 52, 62, 71, 79, 86, 92, 97, 99, 100층까지 낙하 실험을 하면 최악의 경우라도 열네 번 떨어뜨려 보면 구하는 층수를 알 수 있다.

사실은 105가 100보다는 크기 때문에 처음에는 13층에서 시작해도 무방하고, 미세하게나마 낙하 횟수의 기댓값

을 줄일 수 있지만 이쯤에서 줄이기로 한다. 그런데 만약 시 제품이 3개라면 어떨까? 당연히 14번보다는 횟수가 줄 것이다. 독자 여러분의 능력을 보여 주기 바란다.

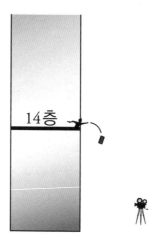

열두 번째 비제곱수는 15

어떤 (자연수) 수열이 있을 때 그 수의 n번째 항을 항상 n에 대한 '식'으로 나타낼 수 있는 것은 아니다. 예를 들어 제곱수의 수열 1, 4, 9, 16, 25, 36, …의 n번째 항은 n^2이다. 그렇다면 비제곱수, 즉 제곱수가 아닌 수

$$2, 3, 5, 6, 7, 8, 10, 11, 12, \cdots$$

의 n번째 항도 식으로 나타낼 수 있을까?

n번째 비제곱수를 a_n이라 쓰면,

$$k^2 < a_n < (k+1)^2$$

인 k가 있을 것이다.

이때 1부터 a_n까지의 수를 나열한 뒤 제곱수를 제외하면 모두 n개가 남아야 한다. 당연히 제외된 수는 k개이므로 $a_n - k = n$일 수밖에 없다.

따라서 $k^2 < n+k < (k+1)^2$이어야 하고, 이로부터

$$\left(k-\frac{1}{2}\right)^2 < n < \left(k+\frac{1}{2}\right)^2$$

를 얻는다. 따라서 $\sqrt{n} - \frac{1}{2} < k < \sqrt{n} + \frac{1}{2}$이므로,

$$a_n = n+k = n + \left\lfloor \sqrt{n} + \frac{1}{2} \right\rfloor$$

임을 알 수 있다. 예를 들어 열두 번째 비제곱수는 $12 + \lfloor \sqrt{12} + 0.5 \rfloor = 12 + \lfloor 3.96\cdots \rfloor = 15$임을 확인할 수 있다.

연습 삼아 「12월 14일의 수학」에서 나온 수열

$$t_n = (1, 2, 2, 3, 3, 3, 4, 4, 4, 4, 5, 5, \cdots)$$

도

$$t_n = -\left\lfloor \frac{1 - \sqrt{1+8n}}{2} \right\rfloor$$

처럼 나타낼 수 있다는 걸 보이면 어떨까?

파도반 수열

변의 길이가 1인 정삼각형을 하나 그리자. 시계 방향으로 이동하면서 기존 삼각형과 밑변을 공유하는 새로운 정삼각형을 그린다. 이런 과정을 반복할 때 그림에 새롭게 추가되는 꼭짓점은 나선을 그리게 될 것이다. 이 그림에 등장하는 정삼각형들의 변의 길이는 파도반 수열이라 불리는 수열을 이룬다.

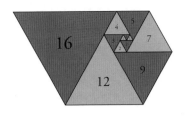

파도반 수열은 초깃값 $P(0) = P(1) = P(2) = 1$과 점화식 $P(n) = P(n-2) + P(n-3)$으로 정의된다. 처음 몇 개의 항을 나열하면 1, 1, 1, 2, 2, 3, 4, 5, 7, 9, 12, 16, …이 된다. 점화식의 생김새가 피보나치 수열 $F(n) = F(n-1) + F(n-2)$, $F(1) = F(2) = 1$과 많이 닮아 있다.

파도반 수열은 피보나치 수열보다는 느리게 증가하는데, 이는 각 수열에서 인접한 두 수의 비율을 통해서 살펴볼 수 있다. 피보나치 수열에서 인접한 두 수의 비는 「1월 21일의 수학」에서 언급했듯이 황금비 1.618034…에 가까워진다. 파도반 수열에서 인접한 두 수의 비율은 1.324718…에 수렴하는데, 이 수는 3차 방정식 $x^3 = x + 1$의 해이기도 하다.

20세기 네덜란드의 건축가이자 베네딕트회 수도사였던 한스 반 데르 란(Hans van der Laan, 1904~1991년)은 비례에 대한 건축 이론을 개발하며 이 수에 '플라스틱 수(plastic number)'라는 이름을 붙였다. 파도반 수열은 역시 건축가인 리처드 파도반(Richard Padovan, 1935년~)의 이름에서 따온 것이다. 파도반은 수열의 발견을 반 데르 란의 공으로 돌렸는데, 과학 발견이 실제 발견자의 이름을 따라 명명되지 않은 흔한 사례 중 하나다.

파도반 수열이 등장하는 현대 수학의 난제도 있다. 다중 제타 값은 리만 제타 함수의 양의 정수에서의 값을 일반화한 것인데, 초월수 이론에서 매우 중요하게 여기는 수학적 대상이다. 다중 제타 값에 대한 연구에서 중요한 주제는 이 수들 사이에 있는 대수적 관계를 이해하는 것이다. 여기서 유명한 추측의 하나는 무게가 $w > 1$인 다중 제타 값들이 이루는 유리수 위의 벡터 공간 차원이 바로 파도반 수열의 항 $P(w - 2)$이 된다는 것이다.

$\sqrt{2}$ 는 유리수가 아니다:
$(\sqrt{2}-1)^4=17-12\sqrt{2}$

$\sqrt{2}$ 가 유리수가 아니라는 사실은 기원전부터 이미 알려져 있는데, 이를 증명하는 방법만 해도 수십 가지나 알려져 있다. 오늘은 많이 못 들어 봤을 방법을 하나 소개하기로 하자.

$a=\sqrt{2}-1$ 이라 하면, $0<a<1$ 임을 쉽게 알 수 있다. 따라서 a, a^2, a^3, $\cdots$ 은 0이 아니면서도 점차 0에 다가가는 수열이다. 실제로 계산하면

$$a^2=3-2\sqrt{2}$$
$$a^3=-7+5\sqrt{2}$$
$$a^4=17-12\sqrt{2}$$

등을 알 수 있다. 어느 경우든 $a^n=p_n-q_n\sqrt{2}$ 인 정수 수열 p_n, q_n 을 찾을 수 있을 것이다.

이제 $\sqrt{2}=\dfrac{p}{q}$ 인 자연수 p, q 가 존재한다고 하고, 모순을 찾아보자. 이때 $qa^n=qp_n-q_np$ 이어야 한다. 오른쪽은 정수를 곱하고 뺀 것이므로 정수임을 알 수 있다. 따라서 qa^n 은

정수 수열이어야 한다. 그런데 $a^n > 0$이고 $q > 0$이므로 qa^n은 양의 정수, 즉 자연수의 수열이어야 한다. 그렇지만 qa^n은 n이 커질수록 0에 가까워진다고 했으므로, 이는 모순이다!

더 일반적으로 자연수 N에 대해 $\sqrt{N}$이 자연수가 아니라면 $k < \sqrt{N} < k+1$인 정수 k가 존재할 텐데, $a = \sqrt{N} - k$를 생각하면 똑같은 논리로 $\sqrt{N}$이 유리수가 아님을 알 수 있다. 즉 $\sqrt{N}$은 무리수가 아니면 자연수여야 한다는 이야기다.

한편 $(\sqrt{2} - 1)^n$을 계산할 때 나오는 수열 p_n, q_n은 흥미롭게도 $\sqrt{2}$의 연분수와 관련돼 있다.

$$\sqrt{2} = 1 + \cfrac{1}{2 + \cfrac{1}{2 + \cfrac{1}{2 + \cdots}}}$$

에서 1단계, 2단계, 3단계 근삿값 등을 구해 보면

$$1 + \frac{1}{2} = \frac{3}{2}, \quad 1 + \cfrac{1}{2 + \cfrac{1}{2}} = \frac{7}{5}, \quad 1 + \cfrac{1}{2 + \cfrac{1}{2 + \cfrac{1}{2}}} = \frac{17}{12}$$

임을 확인해 보기 바란다.

12와 18은 실용수

수학이 발달한 고대 문명에서 분수를 잘 다루는 것은 실용적인 목적에서 아주 중요한 문제였다. 예를 들어 빵 5개를 8명에게 균등하게 나누어 주려면 어떻게 해야 할까? 고대 이집트 인은 주어진 분수를 분자가 1인 분수의 합으로 표시하되 각 분수의 분모가 서로 다르도록 표현할 수 있다는 것에 주목했다. 가령 $\frac{5}{8} = \frac{1}{2} + \frac{1}{8}$로 쓸 수가 있다. 이것을 이용하면 각자에게 빵 반 조각과 8분의 1조각씩을 주면 8명 모두 균등하게 빵을 받게 된다.

피보나치 수열로 잘 알려진 레오나르도 피보나치도 이 문제에 흥미를 느껴 그의 『산반서(*Liber abacci*)』에서 다음과 같은 수들을 생각했다. 자연수 n 중에서 자신보다 작은 모든 자연수가 n의 서로 다른 진약수의 합으로 표현될 수 있는 수는 어떤 수인가? 가령 12의 진약수는 1, 2, 3, 4, 6인데, 12보다 작은 나머지 수들은 서로 다른 진약수의 합으로 표시 가능하다.

$$5=3+2, \quad 7=6+1, \quad 8=6+2$$
$$9=6+3, \quad 10=6+3+1, \quad 11=6+3+2$$

이기 때문이다. 18도 1부터 17까지를 진약수 1, 2, 3, 6, 9로
나타낼 수 있다.

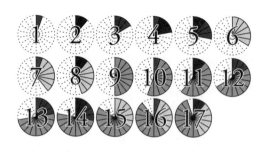

1948년 스리니바산(A. K. Srinivasan)은 이런 수를 '실용수
(practical number)'라고 불렀다. 보니 매디슨 스튜어트(Bonnie
Madison Stewart, 1914~1994년)와 바츠와프 시에르핀스키는 자
연수 n이 실용수일 필요 충분 조건이 자연수 n을 소인수 분
해했을 때

$$n=p_1^{\alpha_1}\cdots p_k^{\alpha_k}, \quad p_1<p_2<\cdots<p_k$$

라고 하면

$$p_j \leq 1 + \sigma(p_1^{\alpha_1} \cdots p_{j-1}^{\alpha_{j-1}}), \, j = 1, \cdots, k$$

임을 증명했다. 여기서 $\sigma(n)$은 n의 모든 약수들의 합이며, $j=1$인 경우 우변의 σ값은 1로 둔다.

따라서 일단 실용수가 되려면 짝수여야 한다. 가령 12를 생각해 보면 $12 = 2^2 \times 3$이며 $3 \leq 1 + \sigma(2^2) = 1 + (1 + 2 + 4)$로 조건을 만족한다. 특별히 모든 완전수는 실용수이다. 또한 모든 짝수는 두 실용수의 합으로 표현될 수 있다. 실용수는 무한히 많을 뿐만 아니라 자기 바로 앞의 짝수와 자기 바로 뒤의 짝수를 포함해 자기까지 모두 실용수인 짝수도 무한히 많이 존재한다는 사실이 알려져 있다.

19단

몇 년 전 인도 수학을 본받자며 19단 곱셈을 외워야 한다는
바람이 분 적이 있는데, 이에 우려를 나타내는 이도 많았다.
여러 가지 이유가 있겠지만, 1단을 제외하면 구구단을 배울
때는 $8^2=64$개를 외우면 되지만 19단은 $18^2=324$개나 외워
야 한다는 것과, 아예 99단을 외운다면 몰라도 실제로 쓸 수
있는 상황 자체가 그다지 많지 않아서 시쳇말로 가성비가 떨
어지기 때문이다.

거기에다 19단 정도는 이미 알려진(?) 계산법이 있다는
것도 한 가지 이유가 될 것이다. 예를 들어 17×16을 생각해
보자. 분배 법칙을 쓰면

$$(10+7) \times (10+6) = 100+70+60+7 \times 6$$

이어야 하므로 $(17+6) \times 10+7 \times 6$처럼 계산하면 된다. 즉
마지막 자릿수 7과 6을 곱한 42에다, 16에서 앞의 1을 떼어
버리고 17에 더한 23을 한 자리 올린 230을 더한 272가 답

이다. 말로 설명하니 복잡해 보이지만, 실제로 써 놓고 계산하면 시간이 많이 걸리지도 않는다.

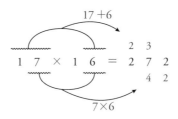

예를 들어 14 × 7 같은 것은 어떻게 할까? 역시 분배 법칙을 쓰면

$$(10+4) \times 7 = 70 + 4 \times 7$$

임을 알 수 있다. 어떤 식으로 계산해야 할지 쉽게 알 수 있을 것이다.

수를 빠르게 계산하는 기법을 속셈법이라 하는데, 신기해 보이는 효과로 수학에 관한 흥미를 자극할 수도 있고, 개중에는 마술에 활용할 수 있는 것도 있다.

일례로 두 자릿수 수 2개가 십의 자리는 같고, 일의 자리를 더하면 10일 때 빠르게 곱하는 방법은 잘 알려져 있다. 예를 들어 43과 47은 십의 자리가 같고, 일의 자리 3과 7의 합이 10이다. 이때 십의 자리의 수 4에, 1을 더한 수 5를 곱한

20에다 일의 자리의 두 수 3과 7을 곱한 21을 붙여 쓴 2021
이 답이다. 이는

$$(40+3) \times (40+7) = 40 \times 40 + 40 \times (3+7) + 3 \times 7$$
$$= 4 \times 5 \times 100 + 3 \times 7$$

이라는 사실로 설명할 수 있다.

하지만 이런 속셈법은 대개 특정한 종류의 수에만 적용
되는 경우가 많다 보니 익히는 데 들이는 수고보다 이익이 크
지 않을 때가 많다.

쌍대 다면체

정다면체는 모두 5개뿐이다. 이 5개의 다면체에 대해 꼭 짓점의 개수 V, 모서리의 개수 E, 면의 개수 F를 구해 보면 다음과 같다.

다면체 이름	V	E	F
정사면체	4	6	4
정육면체	8	12	6
정팔면체	6	12	8
정십이면체	20	30	12
정이십면체	12	30	20

이 표를 잘 들여다보면 숫자 사이에 나타나는 대칭성이 눈에 띌 것이다. 정육면체와 정팔면체의 쌍은 서로 모서리의 개수가 같은데, V와 F의 순서가 반대로 되어 있다. 정십이면체와 정이십면체의 쌍 역시 모서리의 개수가 같으며 V와 F의 순서가 반대이다. 하나 남은 정사면체는 V와 F가 같은데, 이는 정사면체와 정사면체의 쌍으로 생각할 수 있다. 그런데 이런 대칭성은 과연 우연일까?

일반적으로 정다면체가 주어졌을 때, 다음과 같은 방식으로 다면체를 하나 만들 수 있다. 주어진 다면체의 면의 중심마다 점을 찍고, 이 점들을 새로운 다면체의 꼭짓점으로 삼자. 벌써 면과 꼭짓점 개수 사이의 대칭성이 확보되었다. 원래 두 다면체의 두 면이 인접한 경우, 다시 말해 모서리를 공유한 경우 새로운 다면체의 두 점을 이어 주기로 하자. 당연히 새로운 다면체의 모서리의 개수는 원래 다면체의 모서리의 개수와 같아야 한다. 이때 새로 얻은 다면체에서 오일러의 다면체 공식 $V - E + F = 2$가 성립해야 하므로, 면의 개수는 원래 다면체의 꼭짓점 개수일 수밖에 없다!

한편 새로 얻은 다면체에 같은 작업을 해 얻는 다면체는 크기만 다른 원래 다면체가 복구되기 때문에, 이런 식으로 얻은 다면체를 원래 다면체의 쌍대 다면체라 부른다.

행성의 운동 법칙을 발견한 요하네스 케플러는 『우주의 조화』(Harmonices Mundi)라는 책을 통해 수성, 금성, 지구, 화성, 목성, 토성의 각 궤도 사이에 '조화로운 도형'인 정다면체가 하나씩 배치되며 이들이 고유의 진동수를 낸다며 다소 신비주의적인 자신의 주장을 합리화하려고 애쓰기도 했다. 그런 그도 쌍대 다면체에 대해 관심이 있었던지 이런 그림을 남겼다.

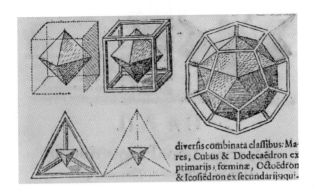

정십이면체 모형을 만들어 다시 제자리에 포개는 방법
의 수를 생각해 보자. 꼭짓점을 하나 고정하고, 이 꼭짓점을
끝점으로 가지는 세 모서리 중 하나를 고정하자. 고정한 꼭짓
점이 옮겨갈 수 있는 방법의 수가 20가지이고, 모서리가 옮겨
갈 방법이 3가지이므로 대칭의 개수는 모두 60가지이다. 정
이십면체의 경우에는 12 × 5가 되어 똑같다. 이런 개수의 일
치 역시 쌍대성으로 설명할 수 있는데, 개수만 같은 것이 아
니라 서로 쌍대인 다면체의 대칭군도 같다는 것을 알 수 있기
때문이다. (참고로 정십이면체의 회전 대칭군은 A_5라 부르는 교대
군이다.)

　　4차원 이상의 초정다면체(정칙다포체)에도 역시 쌍대 도
형을 생각할 수 있다. 일반적으로 하나의 대상에 대한 연구로
부터 쌍대인 대상의 성질을 알아낼 수 있기 때문에 현대 수학
에서 쌍대성은 매우 중요한 개념이다.

정다각형들이 만나려면

평면을 크기가 같은 정다각형 한 종류로 빈틈없이 완전히 채우려면 정삼각형, 정사각형, 정육각형을 이용할 수밖에 없다. 정다각형을 2종류 이상 이용한다면 여기에 여덟 가지 경우가 더 가능하다. 이것을 아르키메데스 타일링이라고 하며, 「8월 11일의 수학」에서 어떤 모양이 있는지 다루었다.

　이번에는 문제를 조금 바꿔서, 변의 길이가 같은 정다각형들이 한 꼭짓점에서 만나는 경우를 생각해 보자. 이 다각형들이 빈틈없이 꽉 맞물리게 만나는 경우는 몇 가지나 될까? 우선 앞서 언급했던 아르키메데스 타일링에 해당하는 모양들이 가능하지만, 평면 전체를 덮는다는 조건은 없으므로 몇 가지 방법이 더 있을 것 같다.

　정다각형 3개가 한 꼭짓점에서 만나는 경우를 생각해 보자. 세 정다각형이 각각 a각형, b각형, c각형이라 하면, 한 내각의 크기는 각각

$$\frac{a-2}{a} \times 180\text{도}, \; \frac{b-2}{b} \times 180\text{도}, \; \frac{c-2}{c} \times 180\text{도}$$

이고 이 세 각의 크기를 더한 합이 360도가 되어야 하므로, 결국 $\frac{1}{a}+\frac{1}{b}+\frac{1}{c}=\frac{1}{2}$ 을 만족하는 자연수 a, b, c를 찾는 문제가 된다. 같은 식으로 정다각형 4개, 5개, 6개인 경우를 풀면 되는데 한 내각의 크기가 가장 작은 정삼각형을 생각하면 정다각형 7개 이상이 한 꼭짓점에서 만날 수는 없으므로 최종적으로 다음과 같은 스물한 가지 방법을 찾을 수 있다.

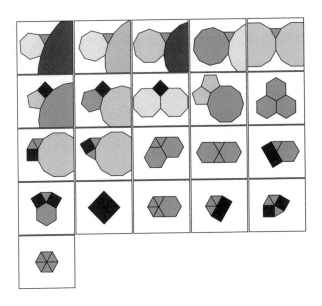

프루에-타리-에스콧 문제

해결에 400년이 걸린 페르마의 마지막 정리, 즉 '정수 $k \geq 3$ 일 때 0이 아닌 임의의 정수의 k제곱이 0이 아닌 두 정수의 k제곱의 합으로 표현될 수 없다.'는 수학사에서 다른 흥미로운 문제들을 많이 만들었다.

페르마의 정리는 부정적인 쪽으로의 결론에 관심이 있지만, 가령 정수의 세제곱이 아닌 수 중에는 두 정수의 세제곱의 합으로 표현될 수 있는 수도 있다. 그렇다면 그러한 표현법이 몇 가지나 있는가라는 질문도 생각해 볼 수 있다. 택시수라고도 불리는 1729의 경우 $1729 = 1^3 + 12^3 = 9^3 + 10^3$과 같이 두 가지 표현법이 있다.

훨씬 더 오래 전 오일러도 $59^4 + 158^4 = 133^4 + 134^4$이 성립함을 알고 있었다. 이와 관련해 오일러가 제시한 문제 중 하나는 다음과 같다.

몇 가지 경우에 이 문제를 푼 사람들의 이름을 따서 이 문제는 통상 '프루에-타리-에스콧 문제(Prouhet-Tarry-Escott problem)'라고 한다.

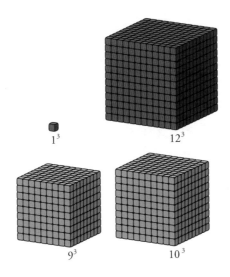

1^3 12^3

9^3 10^3

이 문제를 정의하는 식은 보통 대칭 다항식이라 불리며 문제 풀이 또한 다항식의 대칭성에 의존한다. 가령 $\{x_1, \cdots, x_n\}$, $\{y_1, \cdots, y_n\}$이 해가 되면 임의의 정수 a, b에 대해 $\{ax_1+b, \cdots, ax_n+b\}$, $\{ay_1+b, \cdots, ay_n+b\}$ 또한 해가 된다. 또한 임의의 정수 c에 대해, $\{x_1, \cdots, x_n, y_1+c, \cdots, y_n+c\}$, $\{y_1, \cdots, y_n, x_1+c, \cdots, x_n+c\}$가 $j=1, \cdots, k+1$에 대해 또한 해가 된다.

이 문제가 해를 가질 필요 조건은 $k \leq n-1$이다. 특별히 $k=n-1$일 때의 해를 이상적인 해라고 한다. 가령 $n=12$일 때 이상적인 해는

$$\{\pm 22, \pm 61, \pm 86, \pm 127, \pm 140, \pm 151\},$$
$$\{\pm 35, \pm 47, \pm 94, \pm 121, \pm 146, \pm 148\}$$

이다. $3 \leq n \leq 10$, $n=12$에 대해서 이상적인 해가 존재함이 알려져 있다. $n=11$, $n \geq 13$인 경우에 대해서는 이상적인 해의 존재 여부가 알려져 있지 않다.

샤피로의 부등식

1954년 《미국 수학 월보(*Notices of the American Mathematical Society*)》에서 헤롤드 샤피로(Harold Shapiro, 1935년~)는 다음과 같은 부등식이 성립하는지를 질문했다.

---

n개의 0 이상의 실수 $x_1, \cdots, x_n$에 대해서

$$\sum_{i=1}^{n} \frac{x_i}{x_{i+1} + x_{i+2}} \geq \frac{n}{2}$$

가 성립한다. 여기서 $x_{n+1} = x_1$, $x_{n+2} = x_2$이다.

특별히 부등식 우변의 하한값이 적당한지가 주요 관심사가 될 것이다. 부등식이 갖고 있는 대칭성 때문에 최솟값은 $x_1 = \cdots = x_n$일 때 나올 것이라고 짐작할 수 있다. 그때 좌변의 값은 실제로 $\frac{n}{2}$이다. 그러나 곧 수학자들은 일반적인 n에 대해 해석적인 방법으로 이 부등식을 증명하기가 쉽지 않음

을 발견하게 되었다.

1956년 마이크 제임스 라이트힐(Michael James Lighthill, 1924~1998년)은 $n=20$인 경우 부등식이 성립하지 않음을 보였고 이는 많은 사람을 놀라게 했다. 이때부터 샤피로의 부등식은 비상한 관심의 대상이 되었다. 1985년 트뢰슈(B. A. Troesch)는 $n=14$인 경우

$$(x_1, \cdots, x_{14})=(0, 42, 2, 42, 4, 41, 5, 39, 4, 38, 2, 38, 0, 40)$$

에 대해 샤피로 부등식이 성립하지 않음을 보였다.

$$\sum_{i=1}^{14} \frac{x_i}{x_{i+1}+x_{i+2}}=\frac{202566829}{28938140}=6.99999478\cdots<\frac{14}{2}.$$

결론적으로 $4\leq n\leq 12$의 모든 짝수 n과 $3\leq n\leq 23$의 모든 홀수 n에 대해서 샤피로 부등식이 성립하나, n이 12보다 큰 짝수이거나 23보다 큰 홀수인 경우는 모두 성립하지 않는다.

일반적으로 샤피로 부등식이 성립하지 않기 때문에 수학자들은 $\frac{1}{n}\sum_{i=1}^{n} \frac{x_i}{x_{i+1}+x_{i+2}}$이 가질 수 있는 하한값에 관심을 갖게 되었다. 1971년 블라디미르 드린펠트(Vladimir Drinfeld, 1954년~)는 이 값이 정확하게 함수 $f(x)=e^{-x}$와 $g(x)=\frac{2}{e^x+e^{x/2}}$를 동시에 지지하는 볼록 함수 $y=\psi(x)$의

0에서의 함숫값의 절반임을 밝혔다. 이 값은 0.494566817 2…로 알려져 있으며 샤피로-드린펠트 상수라고 한다. 이때 17세였던 드린펠트는 훗날 필즈 메달을 받는 저명한 수학자로 성장하게 된다.

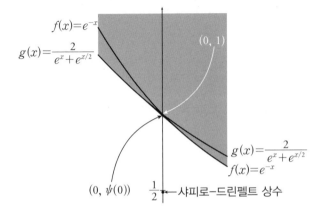

사등분, 사등분, 또 사등분

정육면체의 각 면은 정사각형이다. 이 정사각형의 한 대각선을 따라 맞은 편 면의 대각선까지 칼로 자르면 삼각기둥 2개가 된다. 이번에는 같은 면의 다른 대각선을 따라 같은 식으로 자르면 작은 삼각기둥 4개가 된다. 잘리지 않은 나머지 면들에도 이런 조작을 반복하면, 최종 결과는 몇 조각이 될까?

언뜻 생각하기에는 칼질 한 번에 조각이 2배로 늘어서, 모두 여섯 번의 칼질을 마치고 나면 $2^6 = 64$ 조각이 될 것 같다. 과연 그럴까?

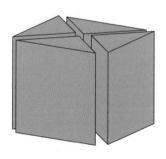

무턱대고 개수를 세어 보려면 세 번째 칼질부터 헷갈리기 시작한다. 삼각기둥이 어떤 모양으로 잘리는지 머릿속에 그림이 잘 그려지지 않는다.

　　체계적인 접근을 위해 먼저 정육면체의 한 면만 생각해 보면, 이 면을 밑면으로 하는 사각뿔 모양이 네 번의 칼질로 만들어진다는 사실을 알 수 있다. 남은 두 번의 칼질이 이 사각뿔을 다시 네 조각으로 나눈다는 사실에 주목하면, 최종 결과는 6 × 4 = 24조각이 된다. 생각의 방향을 조금 바꾸면 간단히 해결되는 문제라 하겠다.

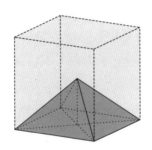

1225는 삼각수인 동시에 사각수

같은 크기의 공을 배열해 정삼각형이 될 때 공의 개수를 삼각수라고 하고 정사각형이 될 때 공의 개수를 사각수라고 한다. 삼각수는 1, 1+2, 1+2+3, …과 같이 전개된다. 따라서 n번째 삼각수는 $\dfrac{n(n+1)}{2}$이다. m번째 사각수는 m^2이다.

삼각수이면서 동시에 사각수가 되는 수가 있을까? 36은 6^2이므로 사각수이며, 동시에 $\dfrac{8 \cdot 9}{2}$가 되므로 삼각수이다. 그런 수들은 어떻게 찾을 수 있을까? n번째 삼각수와 m번째 사각수가 같다고 식을 세워 보면 $\dfrac{n(n+1)}{2}=m^2$이다. 좌변에 완전제곱을 취하면 이 식은 $(2n+1)^2-8m^2=1$이 된다. 따라서 방정식 $x^2-2y^2=1$을 만족하는 $x=2n+1$, $y=2m$을 찾으면 된다.

이 방정식은 '펠 방정식(Pell's equation)'이라고 불리며 꽤 역사가 깊다. 2의 제곱근에 대한 근삿값을 주기 때문에 고대 그리스와 인도 수학자들이 이 방정식을 많이 연구했다. $x=99=2 \cdot 49+1$, $y=70=2 \cdot 35$은 이 방정식의 해 중 하나인데 이에 해당하는 삼각수와 사각수는 각각 마흔아홉 번째 삼각수이자, 서른다섯 번째 사각수이며 그 수는 1225이다.

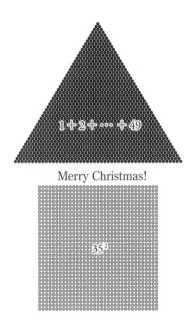

$1+2+\cdots+49$

Merry Christmas!

35^2

삼각수이자 사각수를 찾아내는 편리한 알고리듬은 처음 몇 개의 사각-삼각수를 살펴봄으로 짐작할 수 있다. 처음 5개의 사각-삼각수는 1^2, 6^2, 35^2, 204^2, 1189^2이다. 이 수들을 잘 보면 어떤 규칙이 있다. 즉

$$(1 \cdot 1)^2,$$
$$(2 \cdot 3)^2 = (1+1)^2 (2 \cdot 1 + 1)^2,$$

$$(5 \cdot 7)^2 = (2+3)^2(2 \cdot 2+3)^2,$$
$$(12 \cdot 17)^2 = (5+7)^2(2 \cdot 5+7)^2,$$
$$(29 \cdot 41)^2 = (12+17)^2(2 \cdot 12+17)^2$$

이다. 여기서 $1+1=2$, $1+2=3$, $2+3=5$, $2+5=7$, $5+7$ $=12$, $5+12=17$로 어떤 점화식을 통해 일련의 숫자를 얻음을 볼 수 있다. 이 규칙을 일반화하면 다음과 같다.

$a_0=0$, $a_1=1$, $a_n=2a_{n-1}+a_{n-2}$, $n \geq 2$로 정의된 수열에 대해 $a_n^2(a_n+a_{n-1})^2$은 사각-삼각수를 만들어 낸다. 놀라운 점은 이 수열이 모든 사각-삼각수를 다 포함한다는 사실이다.

소수를 만드는 다항식

1900년 제2회 세계 수학자 대회에서 다비트 힐베르트가 제시한 23개 문제는 20세기 수학의 발전에 큰 영향을 미쳤다. 특히, '디오판토스 방정식(Diophantine equation)의 해가 존재하는지 판정하는 방법'을 묻는 열 번째 문제는 수학이라는 학문에서 계산이 무엇인지에 대한 근본적인 질문을 던져, 이후 수학과 전산학이 발전하는 계기가 되었다. 디오판토스 방정식이란 정수 계수 다항 방정식으로 이 방정식의 정수해를 구하는 것이 문제가 된다.

예를 들어, $x^2 - y^2 = 2$가 정수해를 갖는지 아닌지를 생각해 보자. 만약 이 방정식의 정수해를 실제로 찾는다면, 당연히 정수해를 갖는다는 결론을 내릴 수 있다. 그런데 이 방정식이 정수해를 갖지 않는다면 어떨까? 두 미지수 x와 y에 넣어 볼 정수가 무한히 많기 때문에, 100개나 1000개쯤 넣어서 계산해 본 결과만으로 이 방정식이 정수해를 갖지 않는다고 말할 수는 없다. 따라서 이 사실을 증명하려면 단순 계산이 아닌 특별한 방법이 필요하다. 이 문제에서는 4로 나눈 나머지를 따져 보면 정수해가 존재하지 않음을 보일 수 있는데, 구체적인 방법은 독자들 여러분에게 연습 문제로 남긴다.

힐베르트가 열 번째로 물었던 것은, 어떤 디오판토스 방정식이 주어지더라도 이 방정식이 정수해를 갖는지 판정하는 방법이 존재하는지였다. 모든 것을 단 한 방에 해결한다는 '만능의 해결책'은 대개 존재하지 않지만, 디오판토스 방정식이 $x^2 - y^2 = 2z^2$처럼 2차 동차 다항식인 경우는 실제로 판정법이 존재하기에 힐베르트의 질문 자체는 충분히 연구할 만한 것이었다.

1940년대 말에 미국의 마틴 데이비스(Martin Davis, 1928년~)가 본격적인 연구를 시작했고, 이후 힐러리 퍼트넘(Hilary Putnam, 1926~2016년)이 합류했으며, 이들과 독자적으로 줄리아 로빈슨(Julia Robinson, 1919~1985년)이 연구하면서 이 힐베르트의 열 번째 문제는 '판정법이 존재하지 않는다.'라는 사실을 증명하기 일보 직전에 이르렀다. 그러나 어떤 특별한 조건을 만족하는 정수 수열과 대응하는 디오판토스 방정식을 실제로 구성하는 단계에서 아무도 문제를 해결하지 못하고 있었다. 3명의 미국 수학자가 간절히 찾던 마지막 퍼즐 조각은 1970년에 소련의 젊은 수학자 유리 마티야세비치(Yuri Matiyasevich, 1947년~)가 발견했다. 마티야세비치는 피보나치 수열에 대응하는 디오판토스 방정식을 구성함으로써, 마침내 힐베르트의 열 번째 문제를 해결했다.

이들의 결과는 디오판토스 방정식이 정수해를 갖는지 판정할 방법이 없다는 점에서는 실망스럽기도 하지만, 반대로 규칙에 따라 나열할 수 있는 모든 양의 정수열은 그에 해당하는 디오판토스 방정식이 존재한다는 점에서 놀라운 결과이기도 하다. 예컨대 이들의 결과에 따르면 어떤 정수 계수 다항식이 존재해 그 다항 함수의 함수값이 양수일 때 모두 소수가 되는 경우도 존재해야 한다. 소수를 만들어 내는 식이 사실상 존재하지 않는 셈이어서 이 결과는 상당히 놀랍다 할 수 있다. 물론 실제로 이런 다항식을 구성하는 것은 대단히 어려운 일이어서, 1976년에 이르러서야 제임스 존스(James Jones), 사토 다이하치로(佐藤大八郎, 1932~2008년), 와다 히데오(和田秀男, 1940~2012년), 더글러스 빈스(Douglas Wiens)에 의해 만들어졌다. 이 다항식은 변수 26개짜리인 25차 다항식이다. 알파벳 26개를 총동원해 이 식을 나타내면 다음과 같다.

$(k, 2)(1$

$-[wz+h+j-q]^2$

$-[(gk+2g+k+1)(h+j)+h-z]^2$

$-[16(k+1)^3(k+2)(n+1)^2+1-f^2]^2$

$-[2n+p+q+z-e]^2$

$-[e^3(e+2)(a+1)^2+1-o^2]^2$

$-[(a^2-1)y^2+1-x^2]^2$

$-[16r^2y^4(a^2-1)+1-u^2]^2$

$-[n+l+v-y]^2$

$-[(a^2-1)l^2+1-m^2]^2$

$-[ai+k+1-l-i]^2$

$-[((a+u^2(u^2-a))^2-1)(n+4dy)^2+1-(x+cu^2)^2]^2$

$-[p+l(a-n-1)+b(2an+2a-n^2-2n-2)-m]^2$

$-[q+y(a-p-1)+s(2ap+2a-p^2-2p-2)-x]^2$

$-[z+pl(a-p)+t(2ap-p^2-1)-pm]^2)$

>0

세제곱수를 얻는 뫼스너의 알고리듬

제곱수는 기하적인 수라 해서 같은 크기의 공을 배열해 정사각형을 만들 때의 공 개수로 이해할 수 있다. 일련의 제곱수를 얻는 기하적인 방법은 공 하나에서 시작해 북쪽과 동쪽으로 공을 채워 정사각형을 만드는 것이다. 즉 $1+3=2^2$이다. 다시 북쪽으로 동쪽으로 한 줄씩 공을 채워 넣어 정사각형을 만들면 $1+3+5=3^2$이다. 이 과정은 홀수를 순서대로 나열한 후 이들의 부분합으로부터 제곱수를 얻을 수 있음을 보여준다. 유사한 과정으로 세제곱수도 얻을 수 있을까?

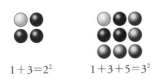

$1+3=2^2$ $1+3+5=3^2$

1951년 알프레드 뫼스너(Alfred Moessner)는 제곱수를 얻는 위 과정을 일반화하면 세제곱수, 네제곱수 등을 얻을 수 있다는 아이디어를 제시했다. 앞서 살펴본 제곱수를 얻는 과정은 두 단계로 이루어져 있다. 먼저 자연수를 순서대로 나열하고 짝수 번째 수를 삭제한다. 그 다음에 남은 수열의 부분합을 취해 제곱수를 얻는다.

세제곱수도 유사한 과정을 통해 얻을 수 있다. 자연수를 순서대로 나열하고 3의 배수들을 삭제한다.

$$1, 2, ③, 4, 5, ⑥, 7, 8, ⑨, 10, 11, ⑫, 13, \cdots$$

이 수들의 부분합을 생각하자. 그러면

$$1, 3, 7, 12, 19, 27, \cdots$$

을 얻게 된다. 여기서 짝수 번째 수들을 삭제하면 1, 7, 19, … 가 되고 다시 이들의 부분합을 취하면 1, 8, 27, …과 같이 세제곱수를 얻을 수 있다.

$$
\begin{array}{cccccccccc}
1 & 2 & 3 & 4 & 5 & 6 & 7 & 8 & 9 & 10 \\
 & & \uparrow & & & \uparrow & & & \uparrow & \\
 & & 3 & & & 6 & & & 9 &
\end{array}
$$

제곱수들을 얻기 위해서는 일정한 간격으로 수를 삭제해야 한다. 만약 이 간격이 일정하지 않다면 어떻게 될까? 가령 간격이 어떤 규칙을 따라 증가한다면 어떨까?

365 수학

자연수를 순서대로 나열하고 이번에는 삼각수 1, 3, 6, 10, 15, …를 순서대로 삭제해 보자. 그러면 2, 4, 5, 7, 8, 9, 11, …을 얻는다. 이 수열에 부분합을 취하면

$$2, 6, 11, 18, 26, 35, \cdots$$

가 된다. 이제 다시 삼각수의 순서에 따라 1, 3, 6, 10, 15, … 번째 수들을 삭제한다. 그러면 6, 18, 26, 46, 58, …이 된다. 다시 이 수들의 부분합을 취하면

$$6, 24, 50, 96, 154, \cdots$$

이다. 이 수에 대해 다시 삼각수 번째 수를 삭제하고 부분합을 취하면

$$24, 120, 274, \cdots$$

가 된다.

이런 식으로 계속하면 흥미로운 수열들을 발견할 수 있는데, 각 단계의 첫 번째 수를 보면 $2=2!$, $6=3!$, $24=4!$, … 이 된다.

수직으로 날아가는 생명의 우주선

존 콘웨이가 창안한 생명 게임은 격자에 생명을 심어 놓고 규칙에 따라 변화하는 모양을 감상하는 게임이다. 「10월 4일의 수학」에서 4단계마다 자리를 이동하는 글라이더 패턴에 대해 다루었고, 「12월 8일의 수학」에서는 다른 패턴의 후예로 나타날 수 없는 패턴인 '에덴동산'을 다루었다.

생명 게임이 처음 등장했을 때, 수많은 해커가 자신의 컴퓨터에 생명 게임을 실행하면서 새롭고 다양한 패턴을 만들어 냈다. 그중에 글라이더처럼 날아가는 패턴들은 많은 관심을 끌었다. 글라이더는 격자판에서 대각선 방향으로 움직이는데, 가로나 세로로 움직이는 패턴이 있을까? 또 글라이더보다 더 빠르게 움직이는 패턴은 없을까?

생명 게임 애호가들은 글라이더처럼 격자판에서 날아가는 패턴을 '우주선(spaceship)'이라 불렀고, 한 세대에 한 칸을 이동하는 속력을 '광속', 즉 빛의 속력이라 부르고 c로 나타냈다. 한 세대에 두 칸을 가거나 할 수는 없으니, 속력의 최대 한계인 광속이라 부른 것은 아주 적절한 작명이었다.

생명 게임 속에서 다양한 속력의 수많은 우주선이 새롭게 발견되고 동시에 개발되었다. 그러던 어느 날, 인터넷에서 생명 게임과 관련해 가장 큰 모임이라 할 수 있는 ConwayLife.com의 게시판에 zdr이라는 아이디를 사용하는 신입 회원이 나타났다. 보통 신입 회원은 자신이 발견한 새로운 패턴을 소개하곤 했지만 대개 이미 잘 알려져 있거나 큰 의미가 없는 경우가 많았다. 하지만 zdr의 게시물은 달랐다.

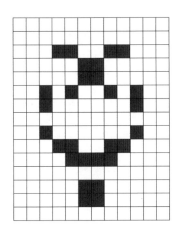

그가 게시판에 올린 패턴은 겨우 28개의 생명으로 이루어진 우주선으로, 수직 방향으로 움직이며 속력은 $\frac{1}{10}c$였다. 즉 10세대가 지나면 다시 원래 모양이 되면서 한 칸 이동하게 된다. 그동안 다양한 속력의 우주선이 많이 발견되었지만, 속력이 $\frac{1}{10}c$인 우주선으로는 처음 발견된 패턴이었다. 게다가 개수도 28개밖에 되지 않아 사람들을 놀라게 했다.

이 우주선에는 '코퍼헤드(copperhead)'란 이름이 붙었는데, 미국살무사(*Agkistrodon contortrix*)를 뜻한다. 이후 이에 대한 다양한 분석이 이루어져 관련 패턴이 며칠 동안 속속 개발되었다.

이런 비교적 간단한 패턴이 그동안 전혀 발견되지 않고 있었다니, 정말로 '생명은 경이로 가득 차 있다.'라는 찬사를 받을 만하다.

농부의 소수

현대 암호 이론이 소인수 분해가 어려운 큰 수를 사용하면서 아주 큰 소수에 대한 관심이 커지게 되었다. 사실 수가 아주 크면 그 수가 소수인지 판별하기도 쉽지가 않다.

수백 년 전 페르마나 오일러 같은 수학자들은 이미 큰 소수를 만들어 내는 아이디어를 제시했다. 페르마의 수라고 알려진 수는 $2^{2^n}+1$ 형태의 수이다. 2^k+1 꼴의 수가 소수라면 k가 2의 거듭제곱이어야 하므로, 페르마 수 형태의 소수를 연구하는 것은 자연스러운 과정이라 볼 수 있다. 3, 5, 17은 페르마 수이며 동시에 소수이다.

페르마 수 중에 물론 소수가 아닌 것이 있다. 가령 다섯 번째 페르마 수는 소수가 아닌데 $2^{2^5}+1=2^{32}+1=641 \times 6700417$로 소인수 분해가 된다. 그런데 여기서 641은 흥미로운 소수이다. $641=5 \times 2^7+1$인데 2의 제곱수 앞의 계수를 1이 아닌 수를 허용한다는 점에서 2^k+1 형태의 소수를 일반화한 것이라 볼 수 있다. 이와 관련된 내용은 '7월 17일의 수학'에서도 다루었다.

프랑수아 프로트(François Proth, 1852~1879년)는 $k \cdot 2^n + 1$ 꼴의 소수에 대해 다음과 같은 판정법을 제시했다.

정리(프로트의 정리): 홀수 k가 $k < 2^n$일 때 $N = k \cdot 2^n + 1$이 소수가 될 필요 충분 조건은 어떤 수 a에 대해 $a^{(N-1)/2} + 1$이 N의 배수가 되는 것이다.

19세기 후반에 살았던 프로트는 프랑스의 농부였는데 독학으로 수학을 공부해 일생 동안 4편의 수학 논문을 발표했다. 이 소수 판정법은 그중 한 논문에 실려 있다. 프로트 판정법을 만족하는 소수를 프로트 소수라고 한다.

프로트의 판정법으로 $13 = 3 \times 2^2 + 1$이 소수임을 확인해 보자. $a^6 + 1$ 꼴이면서 13의 배수를 찾으면 된다. a를 5로 잡으면 $5^6 + 1 = 15626 = 13 \times 1202$가 되므로 13은 프로트 소수이다.

프로트 소수의 판정법은 오늘날 큰 소수를 구할 때 유용하다. 현재까지 알려진 가장 큰 프로트 소수는 2016년에 발견된 것으로 $10223 \times 2^{31172165} + 1$이며 무려 900만 자리가 넘는 소수이다.

$$29 \times 257 + 1$$

$$\mu(30) = -1$$

자연수 n이 소인수의 제곱으로 나누어떨어지면 값을 0으로 주고, 서로 다른 소수가 홀수 개만큼 곱해져 있으면 값을 -1로 주며, 서로 다른 소수가 짝수 개만큼 곱해져 있으면 값을 1로 주는 함수를 '뫼비우스 함수(Möbius function)'라 부르고 μ라고 쓴다. 편의상 $\mu(1) = 1$로 정의한다.

예를 들어 12는 2^2으로 나누어떨어지므로 $\mu(12) = 0$이다. 또한 6은 서로 다른 소수 2와 3의 곱인데, 소인수가 2개이므로 $\mu(6) = 1$이다. 30은 서로 다른 소수 2, 3, 5의 곱으로 쓸 수 있는데 이 소인수의 개수가 3개이므로 $\mu(30) = -1$이다. 사실 소수가 아닌 것 중에서 μ값이 -1인 가장 작은 것이 30인데, 아무튼 뫼비우스 함수의 함숫값을 차례로 나열하면 다음과 같다.

$$\mu(n): 1, -1, \ -1, \ 0, \ -1, \ 1, \ -1, \ 0, \quad 0, \quad 1,$$
$$-1, \quad 0, \ -1, \ 1, \quad 1, \ 0, \ -1, \ 0, \ -1, \quad 0,$$
$$1, \quad 1, \ -1, \ 0, \quad 0, \ 1, \quad 0, \ 0, \ -1, \ -1, \ \cdots$$

$\mu(n)=1$과 $\mu(n)=-1$이 비교적 골고루 나온다는 생각이 들지 모르겠다. 그 말은 뫼비우스 함수의 합 $M(n)=\mu(1)+\mu(2)+\cdots+\mu(n)$은 그다지 많이 증가하지 않을 것이라는 추측에 해당한다. 이 합을 '메르텐스 함수(Mertens function)'라 한다. 실제로 $M(n)$을 나열해 보면

$$M(n):\ 1,\quad 0,\ -1,\ -1,\ -2,\ -1,\ -2,\ -2,\ -2,\ -1,$$
$$-2,-2,\ -3,\ -2,\ -1,\ -1,\ -2,\ -2,\ -3,\ -2,$$
$$-2,-1,\ -2,\ -2,\ -2,\ -1,\ -2,\ -1,\ -2,\ -3,\ \cdots$$

이므로 도무지 절댓값이 커질 생각을 하지 않는다. 예를 들어 $M(1230)=-1$인데, 다시 말해 1230 이하의 수 중에서 μ값이 1인 것과 -1인 것이 거의 같다는 사실을 알 수 있다.

1800년대 말 메르텐스 함수 $M(n)$에 대해 $n \geq 2$일 때 $|M(n)|<\sqrt{n}$이 성립함을 입증할 수 있으면 리만 가설을 증명할 수 있음이 알려졌다. 메르텐스 함수는 그다지 증가하지 않기 때문에, 이를 이용해 리만 가설이 곧 증명되리라 기대한 것은 당연한 일이었다.

하지만 그로부터 100년 정도가 지난 1985년, 그동안 쌓인 엄청난 증거에도 불구하고 $|M(n)| \geq \sqrt{n}$인 예가 존재한다는 사실이 입증된다. 좀 어처구니없지만, 아직까지 구체적인 예는 하나도 구하지 못했다. 대단히 큰 수여야 한다는 사실만은 알고 있는데 지금의 컴퓨터 능력으로 언제쯤 찾아낼

수 있을지 모르겠다.

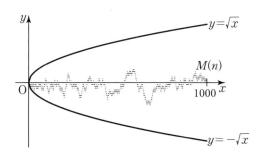

사실 $k > \frac{1}{2}$인 임의의 k에 대해 $|M(n)| < C_k \cdot n^k$인 상수가 존재한다는 것이 리만 가설과 동치임이 알려져 있다. 그런데 뫼비우스 함수나 메르텐스 함수는 왜 리만 가설과 관련된 것일까? 다음 등식을 감상하는 것으로 대답을 대신할까 한다.

$$\sum_{n=1}^{\infty} \frac{\mu(n)}{n^s} = \frac{1}{\zeta(s)}$$

생일 카드를 찾는 전략:

$$1 - \left(\frac{1}{184} + \frac{1}{185} + \cdots + \frac{1}{366} \right) \approx 0.31$$

1월 1일부터 12월 31일까지 생일이 모두 다른 366명이 모여 있다. 이들 앞에 1월 1일부터 12월 31일까지 날짜를 하나씩 붙인 서랍이 있는데, 각각 1월 1일부터 12월 31일까지 날짜가 적힌 생일 카드를 무작위로 하나씩 넣어 놨다고 한다. (서랍이 다르면 생일 카드의 날짜도 다르다.)

이제 각자에게 서랍을 183개씩 열어 볼 기회를 주기로 했다. 그런 다음 모든 사람이 자신의 생일 카드를 제대로 발견하면 모두에게 엄청난 생일 선물을 주지만, 한 명이라도 생일 카드를 못 찾으면 국물도 없다고 한다. 사람들끼리 미리 상의할 수 없으며, 다른 사람이 어떤 서랍을 여는지 전혀 알 수 없고, 정보를 알려 줄 방법도 없다고 하자. 모두가 생일 선물을 챙겨 갈 희망은 있을까?

아무 서랍이나 무작위로 183개씩 연다면 자신의 생일 카드를 찾을 확률은 1/2이다. 따라서 전략이 없이 아무렇게나 열 때 생일 선물을 받아 갈 가능성은 $1/2^{366} \approx 6.653 \times$

10^{-111}에 불과해 없는 거나 마찬가지다. 주최측은 이런 확률을 믿고 일을 벌였을지 모르지만, 전원이 생일 선물을 받아 갈 확률을 31퍼센트 이상으로 만들어 줄 전략이 있다는 걸 몰랐을 거다!

거두절미하고 전략부터 소개하자. 맨 처음에는 각자 자신의 생일에 해당하는 서랍을 연다. 그 이후부터는 열어 본 서랍 속에 든 카드에 적힌 생일에 해당하는 서랍을 다음에 연다는 것이 전략이다. 예를 들어 1월 1일이 생일인 사람은 1월 1일 서랍을 연다. 이 서랍 속에 3월 14일이 적힌 카드가 있으면 다음에는 3월 14일 서랍을 연다. 3월 14일 서랍에 2월 17일이 적힌 카드가 있으면, 다음에는 2월 17일 서랍을 여는 식이다.

이런 전략을 쓸 때 성공 확률은 얼마나 될까? 예를 들어 생일이 12월 25일인 사람이 열어 본 서랍의 순서가 12월 25일, 3월 1일, 12월 20일, 8월 11일, 10월 9일, 11월 23일이어서 모두 여섯 번 만에 찾았다고 하자. 그러면 이 여섯 날짜가 생일인 6명은 모두 여섯 번 만에 찾게 된다! 말하자면 공동 운명체다. 따라서 184명 이상이 공동 운명체를 이룬 집단이 없을 확률을 알아야 한다.

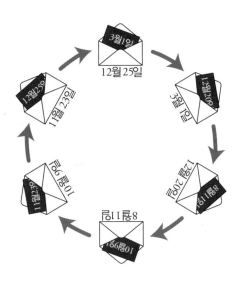

예를 들어 200명이 공동 운명체를 이루는 경우의 수를 구해 보자. 200명을 고르고 이들을 원순열로 배치하고, 남은 166명은 아무렇게나 카드를 배치한 경우이므로 $\binom{366}{200} \cdot 199! \cdot 166! = \frac{366!}{200}$ 이다.

따라서 구하고자 하는 확률은

$$1 - \left(\frac{1}{184} + \frac{1}{185} + \cdots + \frac{1}{366} \right)$$

이다. 이 값이 거의 $1 - \ln 2 \approx 0.31$이라는 사실도 알아 두면 더 흥미로울 것이다.

2018년 한 해는 『365 수학』을 써 내려가던 해로 기억될 것이다. 365일 동안 매일 수학 이야기를 하나씩 내놓기란 쉬운 일일까, 어려운 일일까? 수학자가 수학을 이야기하는 것보다 더 쉬운 일이 어디 있겠는가 싶겠지만, 그 날짜와 관련된 주제로 써야 한다면 이야기가 다르다.

　『365 수학』 필자진이 논의를 위해 만들었던 단체 채팅방에는 마감에 쫓기면서 주제를 발굴하느라 여념이 없었던 기록이 고스란히 남아 있다. 제 날짜에 맞춰 내보내기 위해 네이버에서는 1개월 전까지 해당 날짜의 원고를 집필해 주기를 원했다. 하지만 그 기한은 차츰 줄더니 얼마 지나지 않아 일주일 전까지 집필을 끝내기만 해도 다행으로 여기게 됐고, 심지어 나흘 전에도 원고를 내놓지 못한 경우도 있었다. 속된 말로 '쪽대본' 식으로 작업했던 거다. 겨우 탈고했는데 계산에 실수가 존재함을 알고 '이 날이 아닌가.' 싶어 결국 해당 원고를 통째로 날려야 했을 때는 얼마나 당황스러웠던지…….

　대중의 편견과는 달리 수학에도 흥미롭고 재미있는 이

야기가 널려 있다. 우리는 숫자 놀이나 퍼즐에서 초중고 수학이나 고급 수학에 이르기까지 다양한 이야기를 담으려고 했다. 수학 애호가만이 알던 이야기, 수학을 싫어하는 사람들은 알고 싶어 하지도 않았던 이야기를 365+1개의 글로 꿰는 일은 흥미로우면서도 유익했고, 힘들면서도 즐거웠던 기억으로 남았다. 우리는 누구나 아는 평범한 이야기의 이면을 들춰 보려고 했고, 누구도 해법을 모르는 미해결 문제들을 소개하며 독자가 도전하기를 바랐다. 초등학생도 볼 수 있는 이야기부터 어른들까지 흥미롭다고 느낄 만한 이야기를 고르고 골랐다. 입시 수학에 가려 있던 이야기들, 전문적인 책이나 논문, 자료를 보아야만 알 수 있는 이야기까지도 실었다. 그렇게 우리는 수학을 이야기했고, 적지 않은 독자가 매일 기다려 줬다. 이 지면을 빌어 감사드린다.

꼭 소개하고 싶어서 다소 무리해서 끼워 넣은 운 좋은 이야기들도 있지만, 날짜의 제약 때문에 미처 소개하지 못한 이야기도 많았다. 두 번 다시는 이런 무모한 글쓰기는 하지 않을 터이기 때문에 이런 이야기들이 빛을 볼 날이 있을까 싶다. 다행히도 책으로 엮으면서 새로 쓴 이야기도 몇 편 있으니 보는 재미를 찾을 수 있기 바란다.

『365 수학』을 쓰면서 개인적인 소득도 있었다. 이미 글 하나를 얼마 전 수학 학술지에 게재하기도 했다. 「6월 16일의 수학」은 동료인 최형규 서울 대학교 교수가 발견해 최근 학술지에 게재된 따끈따끈한 내용을 토대로 쓴 것인데, 이를 3차 원으로 일반화한 논문 또한 나올 예정이다. 이 후기를 쓰는 지금 반가운 소식이 하나 더 들어왔다. 「6월 1일의 수학」에 썼던 내용을 활용해 최형규 교수와 공동 논문을 하나 써서 《아메리칸 매스매티컬 먼슬리》에 투고했는데 게재 승인이 난 것이다. 『365 수학』을 쓰면서 많이 참고했던 학술지에 논문을 싣게 된 셈이어서 고생했던 것에 대한 작은 보상일 수도 있겠다. 독자 여러분도 『365 수학』을 읽어 가면서 흥미로운 이야기를 찾아낼 수 있길 바라마지 않는다.

정경훈

서울 대학교 기초 교육원 교수

참고 문헌

단행본

데이비드 웰스, 심재관 옮김, 『소수, 수학 최대의 미스터리』, (한승, 2007년).

로저 넬슨, 조영주 옮김, 『말이 필요 없는 증명』(전2권), (W미디어, 2010년).

마틴 가드너, 헨리 듀드니, 샘 로이드의 칼럼 및 책들.

마틴 아이그너, 이상욱 등역, 『하늘책의 증명』, (교우사, 2008년).

한국과학기술원 수학 문제 연구회, 『Math Letter』 1~16권, (셈플로미디어).

저널

《계간 피보나치(*Fibonacci Quarterly*)》, 피보나치 협회.

《아메리칸 매스매티컬 먼슬리(*American Mathematical Monthly*)》, 미국 수학회.

『*What's happening in the Mathematical Sciences*』 Vol. 1~11, 미국 수학회.

인터넷 사이트

넘버파일(Numberphile) http://www.numberphile.com

대한수학회 네이버 지식백과 「수학 백과」

https://terms.naver.com/list.nhn?cid=60207&categoryId=60207

대한수학회 「수학이 빛나는 순간(Mathematical Moments)」

http://www.kms.or.kr/data/sub09.html

온라인 정수열 사전(The On-line Encyclopedia of Integer Sequences) http://oeis.org

올프럼알파(wolframalpha) http://www.wolframalpha.com

위키피디아(wikipedia) http://wikipedia.org

프라임페이지(The PrimePages) http://primes.utm.edu

Interactive Mathematics Miscellany and Puzzles http://www.cut-the-knot.org

1판 1쇄 펴냄 2020년 11월 15일
1판 3쇄 펴냄 2022년 12월 15일

기획 대한수학회
지은이 박부성, 정경훈, 이한진, 이종규, 이철희
펴낸이 박상준
펴낸곳 (주)사이언스북스

출판등록 1997. 3. 24.(제16-1444호)
(06027) 서울특별시 강남구 도산대로1길 62
대표전화 515-2000, 팩시밀리 515-2007
편집부 517-4263, 팩시밀리 514-2329
www.sciencebooks.co.kr

ISBN 979-11-91187-06-9 03410

이 도서는 한국출판문화산업진흥원의
'2020년 우수출판콘텐츠 제작 지원' 사업 선정작입니다.